Leçons

SUR

L'Électricité

PROFESSÉES

A L'INSTITUT ÉLECTRO-TECHNIQUE MONTEFIORE
ANNEXÉ A L'UNIVERSITÉ DE LIÉGE

PAR

Eric GERARD

DIRECTEUR DE CET INSTITUT

TOME SECOND

Canalisation et Distribution de l'énergie électrique
Applications de l'Électricité
à la production et à la transmission de la puissance motrice
à la Traction, à l'Éclairage et à la Métallurgie

Avec 159 figures dans le texte

DEUXIÈME ÉDITION
REVUE ET NOTABLEMENT AUGMENTÉE

<table>
<tr><td>PARIS</td><td>LIÉGE</td></tr>
<tr><td>GAUTHIER-VILLARS ET FILS</td><td>Léon DE THIER</td></tr>
<tr><td>ÉDITEURS</td><td>DÉPOSITAIRE POUR LA BELGIQUE</td></tr>
<tr><td>Quai des Grands-Augustins, 55</td><td>Boulevard de la Sauvenière, 10</td></tr>
</table>

1891

(Tous droits réservés.)

Leçons sur l'Électricité

AVANT-PROPOS

Après avoir exposé dans le premier volume de cet ouvrage la théorie de l'électricité et les modes de production de cet agent, l'auteur développe dans cette seconde partie les applications industrielles basées sur les effets mécaniques, lumineux, calorifiques ou chimiques du courant. Il débute par une description des canalisations et des distributions qui forment le lien entre les appareils qui engendrent la puissance électrique et ceux qui l'utilisent.

L'art de l'Électro-technique a eu le privilège d'exciter l'imagination des inventeurs au point que les solutions données aux problèmes pratiques ont surgi avec une fécondité surprenante dans ces dernières années, ainsi qu'on peut s'en rendre compte en visitant les installations électriques et en feuilletant les revues spéciales et les recueils de brevets.

La préoccupation de l'auteur a été de chercher à dégager, au milieu de cette richesse d'informations, des préceptes généraux destinés à guider les ingénieurs. Une fois les règles fixées, il en a montré l'application à des exemples existants. Fidèle à la méthode adoptée dans le premier volume, il a, chaque fois que l'occasion s'en est offerte, indiqué la voie à suivre dans la conception des projets d'installations, ne dédaignant pas d'entrer dans des détails de devis dont l'utilité sera appréciée par les personnes vouées à l'étude des questions industrielles.

DISTRIBUTION DE L'ÉNERGIE ÉLECTRIQUE.

CONDUCTEURS.

439. — **Circuits électriques. Retour par la terre. Division.** — Les canalisations électriques servent à relier les générateurs qui produisent le courant aux récepteurs, tels que les lampes et les moteurs, qui l'utilisent. Il est donc logique, après avoir décrit les générateurs et les transformateurs électriques, de passer en revue les canalisations avant d'aborder l'étude des récepteurs. Dans ce qui suivra, nous envisagerons spécialement les réseaux conducteurs employés dans les applications de l'électricité à l'éclairage et au transport de l'énergie.

Un générateur est généralement relié à un récepteur par deux conducteurs soutenus par l'intermédiaire de corps isolants destinés à éviter les déperditions du flux électrique. Parfois, cependant, on n'emploie qu'un seul conducteur spécial isolé, la seconde connexion entre les appareils étant établie par une conduite métallique existante. Dans les villes, les conduites d'eau, par exemple, ont souvent des joints matés au plomb qui assurent à l'ensemble des tuyaux une conductibilité suffisante pour certaines applications spéciales. Il n'en est pas de même des conduites de gaz dont les joints renferment ordinairement des matières mauvaises conductrices.

Dans les applications télégraphiques et téléphoniques, les circuits électriques sont ordinairement complétés de cette manière. Lorsqu'il n'existe pas de conduites métalliques entre les postes de transmission et de réception, on établit un *retour par la terre*, c'est à dire qu'on fait communiquer le générateur et le récepteur avec le sol par des tuyaux ou des plaques métalliques enfouis dans la terre humide ou immergés dans l'eau; tout se passe alors comme si la terre servait de conducteur de retour.

Ce procédé peut suffire avec les courants faibles, mais il n'est guère admissible lorsqu'on a affaire aux courants intenses employés dans les applications industrielles de l'électricité. La variabilité de la résistance au contact des *plaques de terre* et du sol, due particulièrement aux phénomènes d'électrolyse qui se produisent à la surface des plaques, apporterait dans ces courants des perturbations inadmissibles.

Dans certains systèmes de traction électrique, le générateur fixe communique avec le moteur, porté par le véhicule, à l'aide d'un conducteur isolé, d'une part, et des rails, d'autre part. Dans ce cas, pour diminuer la résistance du circuit, on relie les rails aux conduites métalliques voisines. On peut, dans le même but, les mettre en relation par des plaques de terre avec des puits, attendu que ceux-ci communiquent entr'eux par des nappes aquifères souterraines.

Ce procédé permet d'économiser un conducteur de retour, mais il nuit aux communications téléphoniques lorsque ces dernières, au lieu de se faire par double fil, emploient également le retour par la terre. Il se produit, en effet, entre les conducteurs qui prennent terre dans le voisinage les uns des autres, des dérivations de courant susceptibles d'empêcher ou de gêner l'audition téléphonique.

Le retour par la terre présente parfois certains dangers. Lorsqu'une personne reposant sur le sol humide touche le conducteur isolé, il se forme à travers son corps une dérivation de courant qui, dans le cas où le conducteur est à un potentiel très élevé, peut occasionner des accidents graves.

Lorsque le circuit est parcouru par des courants alternatifs, on constate dans un cas semblable une succession de décharges qui ont une action spéciale sur le système nerveux. Le retour par la terre ou par un conducteur non isolé a, en outre, l'inconvénient de favoriser les courts-circuits.

Les canalisations électriques se partagent en deux classes : les *canalisations aériennes* et les *canalisations souterraines*. Les premières comportent des conducteurs fixés sur des supports en bois ou en fer par l'intermédiaire d'isolateurs. Les canalisations souterraines présentent des conducteurs supportés dans des caniveaux ou des égouts ou simplement enfouis dans le sol.

Le cuivre et les alliages de cuivre sont à peu près exclusivement employés dans les canalisations destinées aux applications industrielles de l'électricité.

Dans les lignes souterraines, on fait usage de cuivre dont la résistance spécifique ne doit guère dépassser 1,654 microhm-cm à la température de 0° C. On exprime souvent la conductibilité du cuivre par rapport à celle d'un étalon qualifié de cuivre pur et établi par Matthiessen à une époque où la préparation industrielle de ce métal laissait à désirer. On trouve actuellement des cuivres ayant 105 pour 100 de la conductibilité de l'étalon Matthiessen. Pour éviter toute ambiguïté, le mieux est d'exprimer la résistance spécifique du métal en ohms-cm.

Dans les lignes aériennes, qui doivent résister à des efforts résultant de leur poids ainsi que de la surcharge occasionnée par la neige et le givre, le cuivre ordinaire ne peut être employé, car sa faible tenacité conduirait à adopter des supports trop rapprochés. La charge de rupture du cuivre pur n'est guère, en effet, que de 28 kg par mm². On fait usage de cuivre additionné de faibles proportions d'étain et de phosphore ou de silicium qui jouissent de la propriété d'accroître notablement la ténacité du conducteur. C'est ainsi qu'on fabrique du bronze phosphoreux ayant une résistance spécifique de 1,73 microhm-cm à 0° C et résistant à un effort de 45 kg par mm².

440. — Section à donner aux conducteurs. Conditions de sécurité. — La section à donner aux conducteurs qui transportent l'énergie électrique d'une station génératrice à des appareils récepteurs est définie par trois conditions distinctes.

La section doit être suffisante pour éviter que l'échauffement dû à l'effet Joule ne soit de nature à compromettre la solidité des conducteurs s'ils ont à supporter des efforts de traction, comme c'est le cas pour les fils aériens, ou à détériorer la gaîne isolante dont les conducteurs peuvent être recouverts.

En deuxième lieu, il convient d'examiner la question au point de vue économique en tenant compte du coût des conducteurs et du prix de l'énergie perdue en chaleur.

Enfin, lorsque plusieurs récepteurs sont échelonnés en dérivation sur les conducteurs, la tension à laquelle ces appareils sont soumis ne peut varier au delà d'une certaine limite d'un appareil à l'autre, ce qui détermine la chute de potentiel admissible entre les récepteurs extrêmes.

Examinons d'abord la question de l'échauffement. Les conducteurs traversés par le courant tendent à se refroidir par rayonnement et par conductibilité, éléments qui varient avec la nature, la forme, la section et l'état de la surface des conducteurs, ainsi qu'avec les isolants et les revêtements protecteurs employés. Le calcul de la température de régime est généralement très complexe et donne lieu à beaucoup d'incertitude. C'est pourquoi on préfère relever empiriquement la température acquise par les conducteurs soumis à des courants déterminés.

M. Kennely a fait dans le laboratoire de M. Edison un grand nombre d'essais en vue de déterminer l'échauffement des conducteurs aériens, ainsi que des conducteurs recouverts de coton et enfermés dans des moulures en bois, comme c'est généralement le cas pour les fils qui sont posés à l'intérieur des habitations.

1° *Fils nus suspendus à l'air libre.* Des conducteurs en cuivre de diamètres variant entre 0,2 cm et 2,4 cm ont été librement suspendus comme les fils aériens et soumis à des courants d'intensités croissantes. Pour chaque intensité, la température de régime était atteinte à 3 pour 100 près en une dizaine de minutes. On mesurait cette température par l'observation de l'accroissement de résistance électrique du métal. On a ainsi relevé les données contenues dans le tableau ci-après.

Intensités minima, en ampères, capables d'élever la température des fils aériens en cuivre nu de 5°, 10°, 20° et 40° dans l'air calme. (Résistance spécifique du cuivre : 1,654 microhm-cm à 0° C.)

DIAMÈTRES EN CM.	5° C.		10° C.		20° C.		40° C.	
	FIL POLI.	FIL NOIRCI	FIL POLI.	FIL NOIRCI	FIL POLI.	FIL NOIRCI	FIL POLI.	FIL NOIRCI
0,2	21	23	29	31	40	44	55	59
0,4	52	54	71	75	100	105	139	145
0,6	90	93	125	132	175	184	244	256
0,8	139	141	192	200	268	280	370	388
1,0	190	196	264	276	367	380	506	533
1,2	245	257	343	360	478	501	560	600
1,4	310	325	432	453	602	632	816	877
1,6	375	393	525	553	728	765	1 000	1 060
1,8	443	465	625	660	870	910	1 190	1 260
2,0	517	544	728	765	1 010	1 060	1 400	1 470
2,2	586	624	839	880	1 160	1 220	»	»
2,4	680	710	950	995	1 300	1 370	»	»

2° *Fils de cuivre isolés posés dans des moulures en bois à l'intérieur des habitations.* Les essais ont porté sur des fils ayant de 0,3 à 1,13 cm de diamètre. L'élévation maximum de température admise a été déduite de la règle recommandée par l'*Institution of Electrical Engineers* de Londres, suivant laquelle la température ne doit pas s'élever à plus de 41°7 C au-dessus de la température ambiante, lorsque le courant atteint une intensité double de l'intensité normale. Il en résulte que, comme les échauffements sont sensiblement proportionnels au carré des intensités, le courant normal ne doit pas amener dans le fil une élévation de température supérieure à 10°4 C.

La limite supérieure des intensités et la limité inférieure des diamètres répondant à cette condition sont données par les formules suivantes, tirées des résultats d'expériences.

$$I_{amp.} = 4,375\ d^{3/2}_{mm}$$
$$d_{mm} = 0,374\ I^{2/3}_{amp.}$$

Le tableau suivant a été calculé d'après cette double formule. Il montre qu'on ne peut pas fixer, comme on l'a fait par erreur, une densité de courant uniforme pour les fils de divers diamètres. Il fait ressortir en outre qu'il est économique de subdiviser les conducteurs destinés au transport des courants intenses, en vue d'accroître la surface de rayonnement.

INTENSITÉS MAXIMA EN AMPÈRES.	DIAMÈTRES MINIMA EN MM.	PERTES DE CHARGE EN VOLTS PAR KM.	INTENSITÉS MAXIMA EN AMPÈRES.	DIAMÈTRES MINIMA EN MM.	PERTES DE CHARGE EN VOLTS PAR KM.
1	0,38	165,0	85	7,24	38,6
5	1,09	100,0	90	7,52	37,9
10	1,75	77,7	95	7,80	37,2
15	2,29	68,1	100	8,08	36,5
20	2,77	62,1	110	8,61	35,3
25	3,20	58,1	120	9,09	34,6
30	3,61	54,8	130	9,58	33,7
35	4,01	51,8	140	10,1	33,7
40	4,37	49,9	150	10,5	32,0
45	4,72	48,1	175	11,7	30,5
50	5,08	46,1	200	12,8	29,1
55	5,41	44,7	225	13,8	28,0
60	5,72	43,7	250	14,9	26,8
65	6,05	42,3	275	15,8	26,2
70	6,35	41,3	300	16,8	25,3
75	6,55	40,3	350	18,6	24,1
80	6,90	39,3	400	20,3	23,1

Dans les câbles souterrains, on peut admettre des échauffements supérieurs en vue de tirer le meilleur parti possible du cuivre. Les densités de courant adoptées dans ce cas varient entre 1,5 et 2,5 ampères par mm².

441. — Condition d'économie. Règle de Thomson. — La condition de sécurité n'est pas la seule à prendre en considération dans la détermination de la section des conducteurs. L'échauffement de ceux-ci constitue une perte d'énergie que l'on peut restreindre en augmentant leur diamètre.

Mais à tout accroissement de section correspond un surcroît de capital immobilisé, dont le service d'intérêt et d'amortissement pèse sur le prix de l'énergie électrique transmise par le conducteur. Il y a lieu de rechercher la section pour laquelle la somme représentant le prix de l'énergie perdue en chaleur, ainsi que l'intérêt et l'amortissement du capital immobilisé, est minimum.

Appelons i l'intensité du courant à transmettre, l la longueur de la canalisation et $2l$ la longueur totale du conducteur, ρ la résistance spécifique du conducteur, s sa section, p le prix de revient, en francs, du watt, a le taux de l'intérêt et de l'amortissement par franc, t le temps, en secondes, pendant lequel le courant i passe annuellement.

La perte d'énergie annuelle est

$$2\,i^2\,\rho\,\frac{l}{s}\,t \text{ joules ;}$$

d'où une dépense de

$$2\,i^2\,\rho\,\frac{l}{s}\,t\,p \text{ francs.}$$

Il faut remarquer que la somme des frais de production de l'énergie électrique contient une quantité constante et une quantité proportionnelle à l'énergie développée. Il convient de prendre pour p le coefficient de cette quantité proportionnelle, c'est à dire que p constitue l'excédent de dépense occasionné par la production d'un watt supplémentaire à l'aide de l'installation dont on dispose.

Le prix de la canalisation comprend, d'une part, le coût des travaux de tranchée, de remblai, etc., qu'on peut considérer comme indépendant de la section du conducteur, d'autre part, le coût du conducteur et de son revêtement, lequel est sensiblement proportionnel à la section.

La somme est de la forme

$$2\,(m + n\,s)\,l \text{ francs,}$$

m et n étant des constantes qui doivent être calculées spécialement pour chaque type de canalisation.

Cette somme est représentée annuellement par $2\,(m + n\,s)\,l\,a$ francs pour l'intérêt et l'amortissement du capital immobilisé.

Le coût total annuel de la canalisation sera

$$2\,(m + n\,s)\,l\,a + 2\,p\,i^2\,\rho\,\frac{l}{s}\,t = C. \qquad (1)$$

Dans les cas ordinaires, on doit fournir, à une distance donnée, une puissance électrique déterminée P, sous une différence de potentiel e dont la valeur maximum est fixée par des règlements ou par la nature même des récepteurs, mais qu'on choisit toujours aussi élevée que possible en vue de réduire la section des conducteurs à employer. Dans ces conditions, les valeurs de $P = e\,i$ et de e définissent l'intensité du courant sous laquelle la puissance doit être livrée. Les seules variables de l'équation (1) sont C et s et le minimum de C correspond à

$$n\,s\,l\,a = p\,i^2\,\rho\,\frac{l}{s}\,t. \qquad (2)$$

La dépense occasionnée par la transmission de l'énergie à travers la canalisation est donc minimum, lorsque le prix de l'énergie perdue annuellement en chaleur est égal à l'intérêt de la partie du capital immobilisé proportionnelle à la section du conducteur.

Cette règle indiquée par Sir W. Thomson conduit à la densité de courant $\delta = \dfrac{i}{s}$ la plus économique à adopter dans les conducteurs.

On tire de (2)

$$\delta = \frac{i}{s} = \sqrt{\frac{n\,a}{p\,\rho\,t}} = \mathrm{C^{te}}. \qquad (3)$$

Il est intéressant de constater que la densité la plus économique est indépendante de la longueur de la canalisation.

Cependant, à mesure que la longueur de la canalisation augmente, la dépense occasionnée par celle-ci s'accroît et le prix de revient de l'énergie fournie s'élève de plus en plus. On est donc limité dans la distance à laquelle on peut transporter une puissance électrique donnée par le prix qu'on retire de la vente de cette dernière et qui doit être égal au prix de revient augmenté d'un tantième de bénéfice. Le prix de revient dépend de la canalisation et du coût de la force motrice qui, dans le cas d'une chute d'eau, peut être très minime.

Il est à remarquer que l'équation (3) donne directement la chute de tension à laquelle on peut consentir sur la ligne. On a, en effet,

$$e_1 = i\,\rho\,\frac{l}{s} = l\,\sqrt{\frac{n\,a\,\rho}{p\,t}}. \qquad (4)$$

Nous avons supposé dans ce qui précède que l'intensité du courant est une des données du problème. Mais il peut se présenter·

des cas où il en est autrement. Soit, par exemple, à fournir à un récepteur une puissance électrique P, la tension à la station génératrice ne pouvant dépasser une valeur maximum E.

On a dans ces conditions

$$P = i \left(E - 2 i \rho \frac{l}{s} \right) \quad (5).$$

Dans un cas semblable, les équations (1) et (5) renferment les variables C, s et i, et il y aura lieu de rechercher les valeurs de i et de s qui rendent C minimum. On trouvera ainsi que la densité de courant la plus économique dépend de la longueur de la canalisation.

Pour éviter des calculs fastidieux, dans l'hypothèse où le courant est déterminé d'avance, M. Forbes a établi les tables A et B ci-après, dont on comprendra immédiatement l'usage par un exemple.

Exemple. — Soit à transmettre un courant de 200 ampères. Admettons, comme coût annuel du cheval électrique (c'est à dire $736 p t$), 300 francs; comme prix de la canalisation, 2 francs par kilogramme de cuivre, plus une constante, et comme taux d'intérêt et d'amortissement, $7 \frac{1}{2}$ pour cent.

Dans la table B, à l'intersection de la ligne horizontale correspondant à $7 \frac{1}{2}$ et de la ligne verticale de chiffres qui s'étend sous 2,0, on trouve le nombre 13.

Dans la table A, suivons la ligne horizontale correspondant à 300 jusqu'au chiffre 13 (ou le chiffre le plus voisin de celui-ci). Remontons alors à l'entête de la colonne et nous verrons que la section la plus économique est 2,4 cm² pour 100 ampères. Pour 200 ampères on aura une section de 4,8 cm².

441bis. — Cas où le courant est variable. — Nous avons supposé que le courant maximum de i ampères circule pendant les t secondes au cours desquelles la ligne est utilisée. Mais, en pratique, le courant traversant une canalisation est souvent variable. Pour déterminer le courant moyen à admettre dans le calcul de la section, il faut estimer les divers courants de régime et les durées de leur passage.

TABLE A.

COÛTS ANNUELS EN FRANCS D'UN CHEVAL ÉLECTRIQUE SUPPLÉMENTAIRE.	SECTIONS EN CENTIMÈTRES CARRÉS PAR CENTAINE D'AMPÈRES TRAVERSANT DES FILS DE CUIVRE A SECTION CIRCULAIRE DONT LA RÉSISTANCE SPÉCIFIQUE EST DE 1,65 MICROHM-CM A 0° C.																				
	0,4	0,6	0,8	1,0	1,1	1,2	1,3	1,4	1,5	1,6	1,7	1,8	1,9	2,0	2,2	2,4	2,6	2,8	3,0	3,5	4,0
20	30	13	7,5	4,8																	
40	60	27	15	9,6	7,9	6,6	5,7	4,9													
60	90	40	22	14	12	10	8,5	7,3	6,4	5,6	5,0										
80		53	30	19	16	13	11	9,8	8,5	7,5	6,6	5,9	5,3	4,8							
100		67	37	24	20	17	14	12	11	9,4	8,3	7,4	6,6	6,0	4,9						
120		80	45	29	24	20	17	15	13	11	9,9	8,9	7,9	7,2	5,9	5,0					
140		93	52	34	28	23	20	17	15	13	12	10	9,1	8,4	6,9	5,8	5,0				
160			60	38	32	27	23	20	17	15	13	12	11	9,6	7,9	6,6	5,7	4,9			
180			67	43	36	30	26	22	19	17	15	13	12	11	8,9	7,5	6,4	5,5	4,8		
200			75	48	40	33	28	24	21	19	17	15	13	12	9,9	8,3	7,1	6,1	5,3		
250			93	60	49	42	35	31	27	23	21	19	17	15	12	10	8,8	7,6	6,6	5,0	
300				72	59	50	42	37	32	28	25	22	20	18	15	13	11	9,2	8,0	5,9	
350				84	69	58	49	43	37	32	29	26	23	21	17	15	12	11	9,1	6,8	5,2
400				96	79	66	57	49	42	37	33	30	26	24	20	17	14	12	11	7,8	6,0
450					89	75	64	55	48	42	37	33	30	27	22	19	16	14	12	8,8	6,9
500					99	83	71	61	53	47	41	37	33	30	25	21	18	15	13	9,8	7,7

TABLE B.

TAUX ANNUELS DE L'INTÉRÈT ET DE L'AMORTISSE-MENT.	COÛTS PAR KILOGRAMME DE CUIVRE ADDITIONNEL.																
	1,2	1,3	1,4	1,5	1,6	1,7	1,8	1,9	2,0	2,5	3,0	3,5	4,0	5,0	6,0	7,0	8,0
5 pour 100	5,3	5,8	6,2	6,7	7,1	7,5	8,0	8,4	8,9	11	13	16	18	22	27	31	36
7 1/2 —	8,0	8,7	9,3	10	11	11	12	13	13	17	20	23	27	33	40	47	53
10 —	11	12	12	13	14	15	16	17	18	22	27	31	36	44	53	62	71
12 1/2 —	13	14	16	17	18	19	20	21	22	28	33	39	44	56	67	78	89
15 —	16	17	19	20	21	23	24	25	27	33	40	47	53	67	80	93	—

Soient i_1, i_2, i_3, ... les courants passant pendant des temps t_1, t_2, t_3, ... secondes ; r étant la résistance $2\rho\dfrac{l}{s}$ de la ligne, on a, en désignant par i_m le courant moyen cherché,

$$(i_m)^2\, r\, t = i^2_1\, r\, t_1 + i^2_2\, r\, t_2 + i^2_3\, r\, t_3 + \ldots$$

On estimera le carré moyen des intensités d'après les diagrammes donnant la variation du courant en fonction du temps pendant une journée ou pour une journée moyenne, si la durée d'utilisation des courants diffère d'un jour à l'autre. Des déterminations semblables effectuées dans des stations de distributions d'électricité urbaines ont donné pour les rapports entre le courant maximum et la racine carrée du carré moyen des intensités des nombres variant entre 2,34 et 3,41.

APPAREILS DE SÉCURITÉ A INTRODUIRE DANS LES CANALISATIONS.

442. — Coupe-circuits de sûreté. — Afin d'éviter qu'un court-circuit n'échauffe des conducteurs au point de détériorer les isolants et de provoquer des dangers d'incendie, on peut intercaler en tout point de jonction entre des conducteurs d'inégales sections un fil ou une plaque de sûreté traversée par le courant et susceptible de fondre avant que celui-ci ait atteint une intensité dangereuse pour le conducteur le plus faible.

Le plomb et l'étain sont les métaux les plus employés pour la confection des fils fusibles. Le premier a l'inconvénient de s'oxyder à l'air sous l'influence de l'échauffement produit par le courant. L'étain n'est pas altéré dans les mêmes conditions, et, en outre, il fond à une température plus basse que le plomb. On réalise des coupe-circuits fondant à des températures moindres encore à l'aide d'alliages de plomb, d'étain et de bismuth, dont le point de fusion peut descendre sous 100°. La section des coupe-circuits est déterminée de manière à ce qu'ils fondent lorsque le courant dépasse une intensité donnée. Le courant capable d'amener la fusion des fils se calcule parfois par la formule empirique suivante, due à M. Preece, dans laquelle i exprime l'intensité du courant en ampères et d le diamètre du fil en millimètres.

$$i = k\, d^{3/2}.$$

Pour le plomb $k = 10,8$ et pour l'étain $k = 12,8$.

Lorsque les conducteurs fusibles sont très courts ou n'ont pas une section circulaire, il convient de déterminer le courant qui amène la fusion par des expériences directes effectuées à l'aide de l'appareil de sûreté employé.

Les fils de sûreté doivent être enfermés dans des boîtes incombustibles. En outre, il est désirable de ménager un dispositif empêchant l'emploi d'un fil plus fort que ne le comporte le câble à protéger. Les ouvriers sont, en effet, tentés de placer des fils de sûreté trop gros de manière à ne pas être inquiétés par des interruptions de circuit. On enfermera, par exemple, le fil de sûreté dans une gaîne de plâtre, les deux contacts extérieurs à l'aide desquels se fait le raccord avec la canalisation ayant des écartements différents suivant les types de câbles à protéger.

La fig. 251 montre un coupe-circuit à lame de plomb que l'on insère entre des supports en relation avec les conducteurs et qu'on assujettit à l'aide de vis de serrage. La lame de plomb est soudée à deux pièces de cuivre servant à assurer le contact avec les supports.

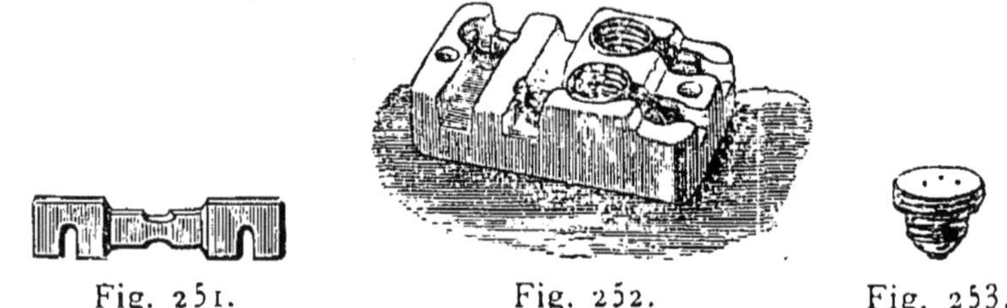

Fig. 251.   Fig. 252.   Fig. 253.

Pour les circuits traversés par des courants intenses, il est préférable de substituer aux fortes lames de plomb, dont la fusion entraîne des projections nuisibles, une série de fils d'étain disposés en dérivation. La fusion de ces fils s'opère successivement sans amener l'inconvénient signalé.

Les fig. 252 et 253 montrent des coupe-circuits Edison pour les branchements dérivés sur une conduite principale et traversés par des courants faibles. Les deux conducteurs principaux sont logés dans deux rainures creusées dans une matière isolante et incombustible. Dans les branchements sont intercalés deux douilles Edison, § 560, et la continuité est établie par des fils fusibles logés dans des bouchons à visser sur les douilles. Le remplacement d'un bouchon s'opère aisément lorsque le fil qu'il renferme est fondu.

Dans les installations intérieures et pour des courants d'une intensité modérée, on peut faire usage d'un coupe-circuit électromagnétique, tel que celui de M. Cunninghame, fig. 254. Le courant traverse un électro-aimant E, en passant par deux godets à mercure réunis par l'intermédiaire de l'armature A et de deux

Fig. 254.

pièces courbes attachées à celle-ci. Lorsque l'intensité dépasse une valeur déterminée, l'armature est attirée et rompt le circuit. L'écartement entre l'armature et les pôles, qui limite le courant maximum, peut être varié aisément à l'aide d'une vis de réglage.

La fig. 255 montre les détails d'un coupe-circuit automatique imaginé par M. von Dolivo-Dobrowolski. Les deux sections de conducteurs à relier aboutissent à deux paires de machoires à ressort que l'on peut réunir par une lame de cuivre portée par un levier figuré à la gauche du dessin. Le couteau, qui est sollicité vers le bas par un ressort à boudin, se place entre les deux paires de machoires, où il est retenu par un galet fixé à l'extrémité de l'armature d'un électro-aimant traversé par le courant. Cette armature, supportée par deux lames élastiques verticales, tend à

Fig. 255.

se déplacer vers la droite de manière à fermer le circuit magnétique de l'électro-aimant. Un ressort à boudin supplémentaire, situé sous l'armature, permet de régler exactement la tension élastique qui s'oppose au déplacement.

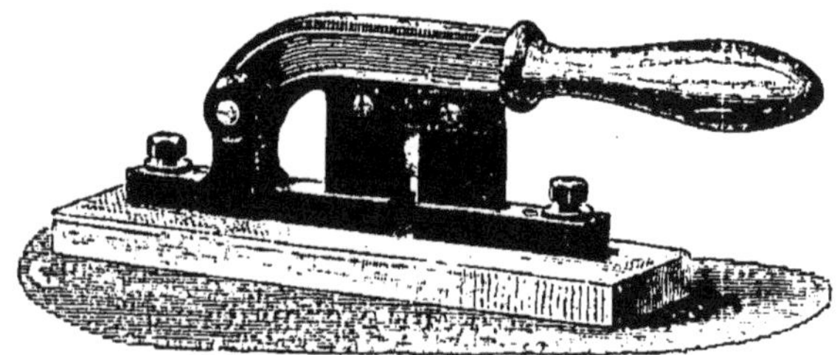

Fig. 256

Lorsque le courant dépasse une certaine intensité, le galet libère le levier et le circuit est interrompu.

Cette disposition évite les projections de mercure qui rendent l'appareil de M. Cunninghame très incommode avec les courants intenses.

L'interrupteur à machoires, employé dans le système von Dolivo-Dobrowolski, assure un excellent contact des pièces à réunir. La fig. 256 en montre un modèle employé par la Compagnie internationale d'électricité.

443. — Parafoudres. — Si une partie de circuit est aérienne, elle est exposée à recevoir des décharges atmosphériques et à amener dans les appareils, lampes ou machines, alimentés par la canalisation, un courant à haute tension susceptible de les détériorer. De même, lorsqu'un circuit aérien se raccorde à une canalisation souterraine, celle-ci peut être fortement endommagée par la décharge de l'électricité atmosphérique.

Afin d'éviter ces accidents, on protège les raccordements des lignes aériennes avec les câbles et les appareils par des parafoudres formés de deux plaques métalliques parallèles et très voisines dont l'une est reliée au circuit et l'autre à la terre. Lorsque la foudre tombe sur la ligne aérienne, la décharge franchit sous forme d'étincelle l'intervalle entre les deux plaques et se rend directement dans le sol. Parfois, on garnit les plaques de pointes disposées sur les faces en regard, en vue de faciliter l'écoulement de l'électricité atmosphérique. D'autres fois, on les sépare par une mince couche diélectrique, telle que du papier paraffiné, dont l'épaisseur est calculée pour résister à la tension des courants ordinaires de la ligne.

On a employé au Burgenstock, en Suisse, un parafoudre plus complet. Avant de gagner l'appareil terminal, le courant passe par l'une des plaques d'un parafoudre à pointes, puis par la bobine d'un électro-aimant dont la résistance est minime pour un courant continu, mais qui oppose au courant variable occasionné par la décharge atmosphérique une résistance apparente considérable. Le point de sortie de la bobine communique avec l'une des armatures d'un grand condensateur dont l'autre armature est à la terre. Par ce système les décharges faibles viennent se condenser sans atteindre la machine. Les fortes décharges se divisent : une partie franchit le parafoudre à pointes, l'autre partie, qui a pu passer au delà, est condensée.

M. O. Lodge recommande également un parafoudre composé d'une série de pointes de décharge voisines d'une plaque de terre, entre lesquelles se trouvent des bobines à noyaux de fer. Les courants ordinaires traversent aisément ces bobines, tandis qu'elles opposent une impédance notable aux courants de décharge qui s'échappent par les pointes intercalées entre les bobines.

Dans certains cas, par exemple lorsqu'on emploie le retour par la terre, § 439, l'électricité produite à la station génératrice est dérivée par l'étincelle due à une décharge et cette dérivation tend à persister sous forme d'arc-voltaïque entre les plaques du parafoudre. Lorsque chacune des lignes aboutissant à la machine génératrice est protégée par un parafoudre, cette machine est mise en court-circuit lorsque des étincelles de décharge éclatent simultanément dans les deux appareils de sûreté.

Pour éviter cet inconvénient, M. Elihu Thomson a imaginé l'ingénieuse disposition suivante :

A l'endroit du parafoudre on intercale dans la ligne un électro-aimant en fer à cheval de résistance électrique assez faible pour ne produire qu'une chute de potentiel négligeable avec un courant ordinaire. Les deux pôles de cet électro-aimant embrassent les deux plaques L, T du parafoudre dont l'écartement augmente rapidement à la partie supérieure. S'il se produit sur la ligne une décharge atmosphérique, la self-induction de l'électro-aimant oblige cette décharge à s'écouler sous forme d'étincelle entre les deux plaques.

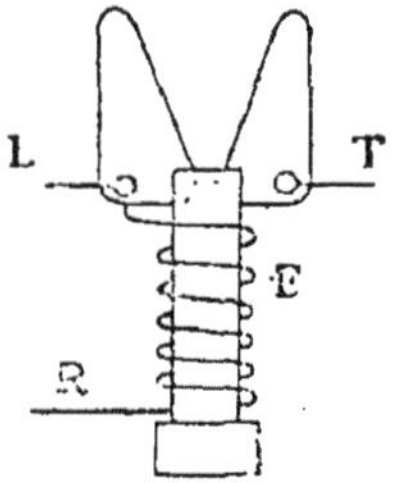

Fig. 257.

Dans le cas où le courant du générateur est dérivé sous forme d'arc voltaïque, ce dernier est repoussé vers le haut par la réaction du champ magnétique dès pôles de l'électro-aimant, dont les bobines sont enroulées de manière à produire la répulsion de ce courant dérivé. L'arc augmente ainsi progressivement de longueur et se rompt rapidement.

SYSTÈMES DIRECTS DE DISTRIBUTION DE L'ÉNERGIE ÉLECTRIQUE.

444. — Étant donné un ensemble d'appareils récepteurs, lampes, moteurs, accumulateurs, à alimenter par le courant électrique, on demande de les mettre en rapport avec un ou plusieurs générateurs, de manière que chacun de ces appareils reçoive la quantité d'énergie nécessaire, tout en satisfaisant aux conditions d'économie et de sécurité.

Le problème se précise généralement par ce fait que les récepteurs à alimenter doivent être traversés par un courant constant ou être soumis à une différence de potentiel invariable.

445. — **Distribution en série.** — La manière la plus simple de résoudre le premier cas est de disposer les appareils les uns à la suite des autres de manière à former un seul circuit avec la source d'électricité. C'est là le système de distribution en série qui a l'avantage de réduire au minimum la section et, par suite, le prix des conducteurs employés, attendu que l'intensité du courant reste la même quel que soit le nombre des appareils alimentés. Par contre, ce système établit une certaine solidarité entre les récepteurs et les expose à se dérégler lorsque l'un d'eux présente un défaut de fonctionnement. Une interruption en un point du circuit suspend la marche de tous les appareils.

Lorsque les récepteurs sont des lampes, pour éviter que l'extinction de l'une d'entr'elles n'amène celle des autres, un appareil automatique met généralement la lampe en court-circuit lorsqu'elle cesse de fonctionner ou y substitue une lampe de réserve. D'autre part, on se met à l'abri d'une extinction complète des foyers par une interruption dans la canalisation, en disposant les lampes en deux séries alimentées par des générateurs indépendants et en intercalant les lampes consécutives ou voisines alternativement dans l'une et dans l'autre série.

Le système de distribution en série conduit à des tensions élevées et, par suite, dangereuses, lorsque les appareils alimentés sont très nombreux, car les tensions aux bornes des appareils s'ajoutent à la chute en volts dans la canalisation pour donner aux bornes des générateurs une différence de potentiel considérable.

Le système de distribution en série n'est pas économique quand le nombre des récepteurs en circuit est très variable, parce que la dynamo fonctionne alors avec un mauvais rendement pendant une partie du temps. Il ne peut être question d'accoupler des dynamos en tension à mesure que la consommation d'énergie s'accroît, car l'addition d'une machine nécessiterait l'interruption momentanée du circuit.

On a vu, §§ 329 et 383, les dispositifs employés le plus fréquemment pour maintenir le courant constant dans le circuit quel que soit le nombre des récepteurs en service.

446. — Distribution en dérivation. — Une deuxième méthode simple de liaison entre le générateur et les récepteurs consiste à disposer ceux-ci en dérivation, à l'aide de *branchements* raccordés aux *conducteurs de distribution* ou *distributeurs*, fig. 258.

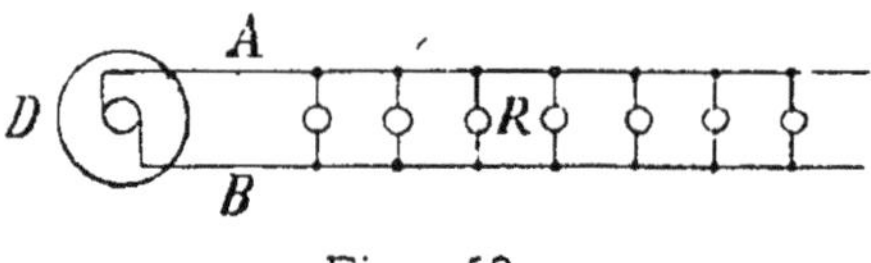

Fig. 258.

Ce mode d'alimentation des récepteurs leur assure l'indépendance qui leur manquait dans le système précédent. Un des appareils peut être interrompu sans occasionner l'arrêt des autres. Mais cette indépendance n'est obtenue qu'au prix d'un accroissement considérable de la section des câbles venant de la source d'électricité, attendu que le courant à produire par celle-ci augmente proportionnellement au nombre des récepteurs.

Afin de réduire la section de cuivre des conducteurs, on est conduit à adopter des récepteurs fonctionnant sous uné *tension* ou *voltage* ([1]) aussi élevé que le permet la nature des appareils et la sécurité des personnes. En effet, pour une quantité donnée d'énergie à transmettre, l'intensité du courant et, par suite, la section économique des conducteurs est en raison inverse de la tension de distribution, § 441.

Indépendamment des conditions de sécurité et d'économie à observer dans l'étude d'une distribution, il y a une troisième condition qui joue un rôle important, particulièrement lorsqu'il s'agit d'alimenter des lampes ; on exige que la tension appliquée à celles-ci reste comprise entre des limites très voisines, quel que soit le nombre des foyers en activité. Pour les lampes à incandescence, la différence de potentiel ne peut varier de plus de 1,5 à 2 pour 100 en deçà et au delà du voltage normal.

Or, si l'on suppose que la tension est maintenue constante aux bornes de la machine génératrice, il est clair que le voltage décroît dans les conducteurs principaux à mesure qu'on s'éloigne de la source, la perte en volts entre deux points quelconques de la canalisation étant égale à la somme des produits des résistances des tronçons compris entre ces points par les courants correspondants. En outre, chaque fois qu'on allume ou qu'on éteint un des foyers, la tension varie aux bornes des autres foyers.

Désignons par i_1, i_2, i_3, ..., i_n les courants dérivés dans les branchements successifs à partir de la source ; par r_1, r_2, r_3, ..., r_n les résistances des doubles sections de canalisation comprises entre le générateur et les branchements. La chute de tension au branchement d'ordre n est donnée par

$$v = r_1 (i_1 + i_2 + i_3 + ... + i_n) + (r_2 - r_1) (i_2 + i_3 + .. i_n)$$
$$+ .... + (r_n - r_{n-1}) i_n$$
$$= r_1 i_1 + r_2 i_2 + ... + r_n i_n.$$

Il est facile de calculer directement la différence des tensions appliquées à deux récepteurs quelconques. A titre de curiosité, on remarquera que l'expression de la chute de tension est analogue à

([1]) Pour abréger le langage, nous désignerons par *tension* ou *voltage* la différence de potentiel appliquée aux conducteurs.

celle de la somme des moments de forces égales à $i_1, i_2 \ldots i_n$, échelonnées sur une droite, par rapport à un point de cette droite dont elles seraient séparées par des distances $r_1, r_2 \ldots r_n$. On peut donc, ainsi que l'a montré M. Krieg [1], résoudre le problème par les procédés de la grapho-statique.

Dans une installation importante, il conviendra de calculer les conducteurs principaux en ayant égard aux règles de sécurité et d'économie, §§ 440 et 441. La règle de Thomson conduit à adopter une densité uniforme de courant et à donner des sections décroissantes aux tronçons successifs à mesure qu'on s'écarte de la source. On arrive de la sorte à une distance limite au delà de laquelle la chute de tension dépasse la variation compatible avec la bonne marche des récepteurs. Cette limite est rapidement atteinte avec les lampes à incandescence qui ne souffrent pas de variations supérieures à 1,5 pour 100 de la tension normale.

447. — **Distribution en boucle**. — Dans une installation de peu d'étendue, comme celle destinée à l'éclairage d'une maison ou d'un appartement, on emploie souvent un mode de distribution, dit *en boucle*, qui permet de réduire notablement les différences des tensions maintenues aux lampes et, par suite, d'agrandir la zône desservie sans dépasser les limites de variation fixées. Comme le montre la fig. 259, la longueur de conducteur principal intéressée dans le

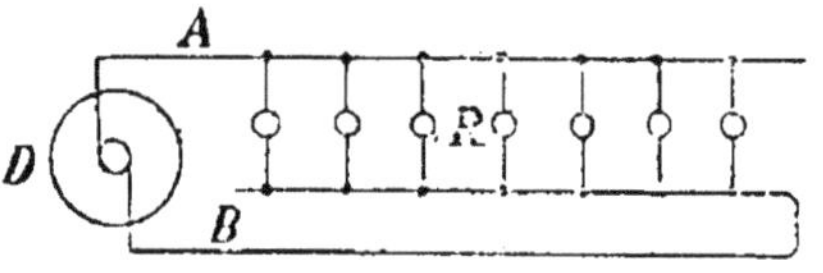

Fig. 259.

circuit de chaque lampe est invariable. Si donc on calcule les conducteurs de manière que la densité de courant soit constante quand toutes les lampes sont allumées, la tension sera uniforme en tous

---

[1] M. KRIEG, *Die Erzeugung und Verteilung der Elektricität in central stationen*, 1888.

les points, car le système revient à donner à chaque lampe un circuit spécial de longueur invariable et à réunir les branches
parallèles des circuits. Mais si l'on éteint une partie des foyers, la
densité de courant ne reste plus uniforme et l'on constate des
variations de tension ; aussi se contente-t-on d'employer dans la
distribution en boucle des conducteurs principaux à section constante, ce qui simplifie notablement la pose.

Lorsque les récepteurs s'écartent progressivement de la source
d'électricité, la distribution en boucle exige une dépense de conducteurs plus grande que la distribution simple. Mais si les récepteurs

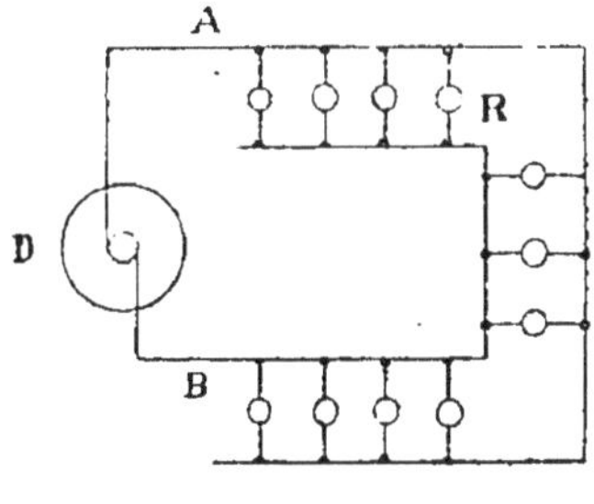

Fig. 260.

forment une figure fermée, comme c'est le cas dans une distribution destinée à alimenter un bloc de maisons circonscrit par des
rues, la fig. 260 montre que l'on peut réaliser la distribution en
boucle sans accroissement de dépense.

448. — Distribution par feeders. — On vient de voir que la
condition de ne pas dépasser une perte de tension déterminée
limite en général à une faible longueur la distance à laquelle une
source d'électricité peut alimenter des lampes à incandescence.
Pour accroître le rayon de distribution, on pourrait employer un
procédé analogue à celui que l'on applique dans les distributions
de gaz, où l'on fait varier la pression aux becs par une clef ou un
régulateur automatique, lorsque la pression change dans les conduites. De même des résistances pourraient être intercalées à la
suite des lampes électriques et variées à la main ou automatiquement de manière à régulariser la tension utile. Dans le cas de
courants alternatifs, l'emploi des bobines à réaction permet de
modifier la tension utile sans grande dépense d'énergie, § 416.

Mais ces moyens introduisent une complication et une perte d'énergie en chaleur que l'on évite par le procédé suivant. On établit un réseau de câbles distributeurs D auxquels se raccordent les branchements alimentant les récepteurs *b*. Des machines

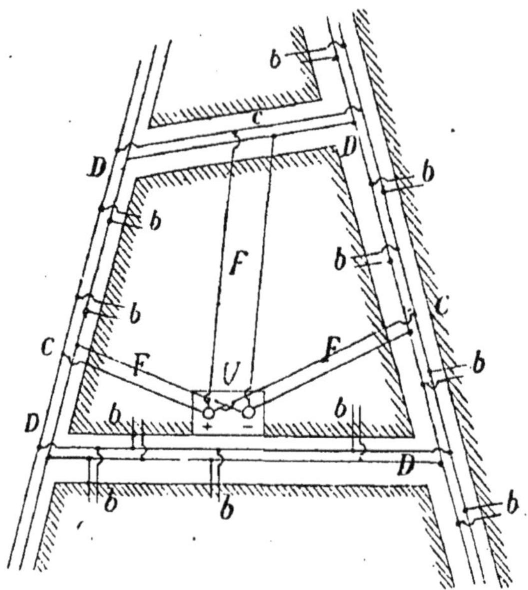

Fig. 261.

génératrices partent un certain nombre de conducteurs appelés *feeders* F qui déversent l'énergie électrique dans le réseau en des points C nommés *centres de distribution*.

Au lieu de maintenir la tension constante à la station génératrice, on l'y fait varier de manière à obtenir une différence de potentiel constante aux centres de distribution, ce dont on s'assure par des fils spéciaux, appelés *fils pilotes*, qui reviennent de ces centres vers des voltmètres placés dans l'usine productrice. Vu la grande résistance des voltmètres, les fils pilotes peuvent avoir une section très minime.

Grâce à l'artifice qu'on vient de voir, il est possible d'étendre considérablement le rayon de la zône desservie par une usine électrique, car on satisfait à la condition d'uniformité de tension aux récepteurs en multipliant autant qu'il est nécessaire les centres de distribution et l'on peut calculer les conducteurs de manière à obtenir la *densité moyenne* la plus économique, § 441.

Dans une distribution destinée à l'éclairage d'un quartier de ville, on espacera les centres de distribution pour ne pas dépasser les variations de tension admises. On tolérera, par exemple, une perte de potentiel de 1 pour 100 dans les distributeurs et de 2 pour 100 dans les branchements placés à l'intérieur des habitations. Le plus grand écart entre les tensions extrêmes est alors de 3 pour 100. Les feeders, au contraire, pourront présenter des chutes de tension bien supérieures et d'autant plus grandes que la force motrice est à meilleur compte.

On cherche à former avec les câbles distributeurs des figures fermées afin que, si la communication avec les feeders vient à être rompue accidentellement en un point, l'énergie électrique arrive aux récepteurs par les côtés de la figure qui restent reliés à l'usine électrique. Ces figures fermées forment les mailles d'un *réseau* qui couvre l'agglomération à desservir.

449. — Systèmes de distribution mixtes. — On peut combiner de diverses manières les systèmes de distribution en série et en dérivation, de manière à bénéficier de certains avantages appartenant à ces procédés.

Ainsi une combinaison très usitée avec les lampes à arc voltaïque consiste à dériver, par rapport à des conducteurs A, B, fig. 262,

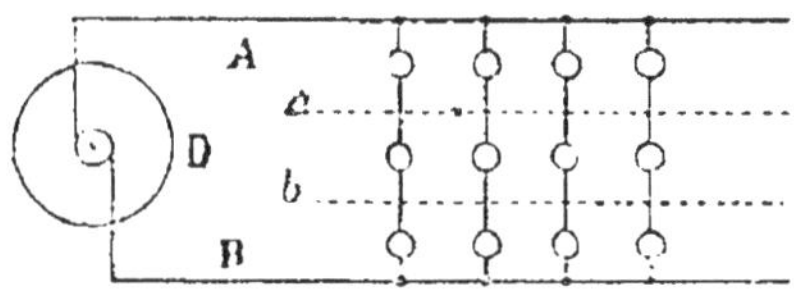

Fig. 262.

des groupes de lampes disposées en série. Outre l'avantage spécial de réduire les résistances additionnelles qu'exigent les lampes à arc, cette combinaison permet de diminuer la section des câbles distributeurs puisqu'elle se prête à un accroissement de la tension de distribution. Par contre, elle établit une certaine solidarité entre les lampes d'une même série et elle oblige à munir chaque récepteur d'un appareil qui y substitue automatiquement, en cas d'extinction ou d'arrêt, un récepteur de réserve ou une résistance qui en tient lieu.

Pour éviter que l'interruption d'un des récepteurs n'arrête le fonctionnement des appareils en série avec lui, on peut dans certains cas disposer des câbles intermédiaires *a*, *b*, qui réunissent les fils de jonction des récepteurs semblablement placés. Mais cette disposition n'empêche pas la tension aux bornes des appareils de subir des variations qui, dans le cas de lampes, sont préjudiciables au bon fonctionnement. On verra toutefois, § 452, qu'il est possible de remédier à ces variations par des régulateurs spéciaux.

450. — Système de distribution à conducteurs multiples. — M. J. Hopkinson est arrivé à assurer l'indépendance complète des divers récepteurs en associant des dynamos en tension et en reliant les câbles intermédiaires des divers groupes de récepteurs aux pôles communs des machines. Soit le cas de deux dynamos en série indiqué dans la fig. 263. Si tous les récepteurs sont égaux et fonctionnent simultanément, aucun courant ne traverse le conducteur

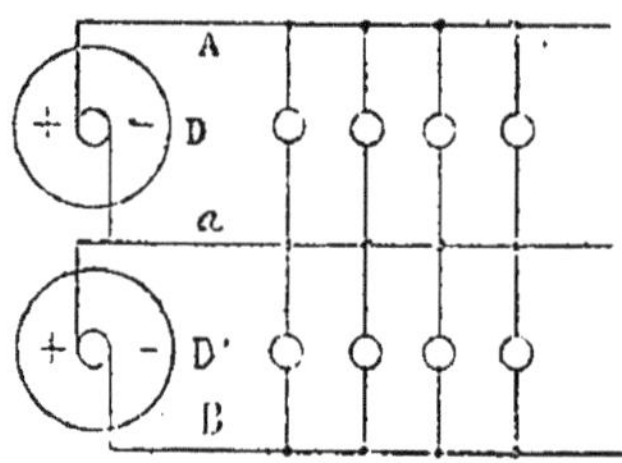

Fig. 263.

intermédiaire *a*. Si tous les récepteurs situés d'un même côté de *a* sont interrompus, c'est l'un des conducteurs extrêmes qui devient passif, le conducteur *a* étant parcouru par un courant égal à celui qui traversait les conducteurs A et B dans le premier cas.

Cette combinaison permet, comme on le voit, de doubler la tension de distribution en conservant aux bornes des récepteurs la même différence de potentiel et en leur assurant la même indépendance que dans le cas d'une distribution simple en dérivation.

Mais le fait de doubler la tension entre les conducteurs extrêmes a permis de réduire de moitié l'intensité du courant d'alimentation. Par suite, si l'on admet que les trois conducteurs ont les mêmes sections, et si la densité, calculée d'après la règle de Thomson, reste invariable, il y aura une économie d'un quart dans le poids de cuivre employé. En réalité, l'économie peut devenir plus grande si l'on étudie les groupements de manière que les récepteurs en activité des deux côtés du conducteur intermédiaire soient toujours en nombres égaux ou à peu près. On peut, dans ce cas, réduire sans crainte la section du conducteur intermédiaire de moitié, ce qui donne définitivement une économie de 37,5 pour 100.

Si l'on n'envisage que la perte de charge dans les conducteurs, au lieu de se baser sur la règle économique de Thomson, il est possible d'arriver à une réduction du poids de cuivre bien plus considérable.

En effet, à densité de courant égale, lorsque le conducteur intermédiaire est passif, la chute de tension pour cent est moitié moindre que dans le système à deux conducteurs. Par suite, pour une même chute de tension relative, on peut doubler la densité de courant, c'est à dire diminuer les sections de 50 pour 100. Au lieu d'obtenir, pour le système à trois conducteurs d'égales sections, un poids de cuivre égal aux trois quarts du poids nécessité par le système à deux conducteurs, on arrive seulement aux trois huitièmes, ce qui procure une réduction de cinq huitièmes ou 62,5 pour cent. La réduction est encore accrue si l'on restreint la section du conducteur intermédiaire.

Mais il faut, pour réaliser ces réductions, que les deux groupes en série contiennent des nombres sensiblement égaux de récepteurs. Si l'un des groupes est interrompu, tandis que tous les récepteurs de l'autre groupe sont en activité, la chute de tension relative est doublée. En outre, l'économie faite sur les conducteurs entraine une perte d'énergie en chaleur plus forte que si l'on avait calculé les sections par la règle de Thomson, dont l'application est indispensable pour que la somme des frais d'exploitation soit minimum.

Il est facile de généraliser les déductions précédentes. S'il y a n groupes de récepteurs, on peut former n circuits dérivés par rapport à n dynamos réunies en quantité, ou bien associer les dynamos en série en supprimant $n - 1$ conducteurs, les câbles intermédiaires devenant communs à deux circuits.

Le nombre des conducteurs, qui était $2n$, est devenu $n + 1$, d'où une réduction du poids de cuivre dans le rapport $\dfrac{n + 1}{2n}$, dans l'hypothèse où les conducteurs intermédiaires ont une section égale à celle des conducteurs extrêmes et où ces sections sont calculées par la règle de Thomson.

Au point de vue de la chute de tension relative, on remarque que celle-ci est diminuée dans le rapport $\dfrac{1}{n}$, puisque la tension totale est n fois plus grande. Pour arriver à la même chute de tension relative que précédemment, la section de cuivre doit devenir n fois plus faible dans le système multiple.

Le rapport des poids est alors $\dfrac{n + 1}{2n^2}$ et la réduction du poids de cuivre devient

$$100 \left(1 - \frac{n + 1}{2\,n^2} \right) \text{ pour } 100.$$

Le système multiple est généralement associé avec la distribution par feeders, de manière à permettre l'extension de la zone de distribution sans dépasser une chute de tension donnée.

451. — Système Elihu Thomson. — Diverses combinaisons ont été suggérées pour arriver à alimenter un réseau à conducteurs multiples à l'aide d'un seul groupe de générateurs, reliés en dérivation, donnant la tension requise entre les conducteurs extrêmes. Il suffit alors de deux séries de feeders pour relier les conducteurs extrêmes aux générateurs et les conducteurs intermédiaires n'existent que dans le réseau de distribution.

Les systèmes de M. Elihu Thomson et de M. Lahmeyer sont applicables à un réseau à 3 conducteurs et ils sont étudiés de manière à maintenir l'égalité de tension entre les deux groupes de récepteurs en série. Dans le système Thomson, on intercale entre les distributeurs extrêmes deux dynamos auxiliaires dont les induits sont reliés en série et montés solidairement sur le même axe. Ces enroulements induits sont pourvus d'inducteurs communs dérivés également sur les distributeurs extrêmes. Les pôles communs des deux induits communiquent avec le distributeur intermédiaire. Cela étant, si les tensions sont égales dans les groupes de récepteurs, c'est à dire si le distributeur intermédiaire est passif, les induits des dynamos sont traversés par des courants égaux et se mettent à tourner comme moteurs électriques jusqu'à engendrer une force contre-électro-motrice sensiblement égale à la tension appliquée aux balais. Dans ces conditions, le courant absorbé par les induits est très minime.

Si l'on interrompt des récepteurs dans l'un des groupements, la tension correspondante s'accroît et le courant augmente à travers l'induit appartenant au même groupe. Ce fait détermine un accroissement de vitesse de l'arbre commun et par suite une augmentation de la force électro-motrice produite par l'induit voisin. Si cette force électro-motrice est supérieure à la différence de potentiel appliquée aux bornes de ce dernier induit, celui-ci fait l'office de générateur et envoie un courant dans les récepteurs du même groupe, ce qui relève la différence de potentiel aux bornes de ceux-ci.

Grâce à cette ingénieuse combinaison, l'énergie absorbée par l'un des induits est restituée en grande partie par l'induit voisin. Dans le système Lahmeyer le même résultat est atteint à l'aide d'une machine à un seul induit dont le collecteur comporte 3 balais.

452. — **Système Siemens**. — On doit à M. Siemens une autre solution de la distribution par conducteurs multiples permettant de n'employer à la station productrice qu'un seul générateur ou un groupe de générateurs réunis en dérivation.

La fig. 264 montre un système de réseau à 4 distributeurs $a\,b\,c\,d$ disposés dans les rues d'une agglomération et reliés à des branchements H dérivés vers les habitations. Des deux pôles C_-, C_+ du générateur ou du groupe de générateurs disposé dans l'usine électrique partent deux séries de feeders se raccordant en des points x et y aux distributeurs extrêmes.

Les feeders sont donc établis comme dans le système à deux fils. Pour maintenir la tension constante entre les distributeurs consécutifs, on a intercalé en divers points du réseau des groupes de régulateurs R, dont la fonction est de compenser les variations de tension dues à la mise en activité de nombres inégaux de récepteurs dans les divers branchements.

Dans ce but, entre deux distributeurs successifs tels que a et b,

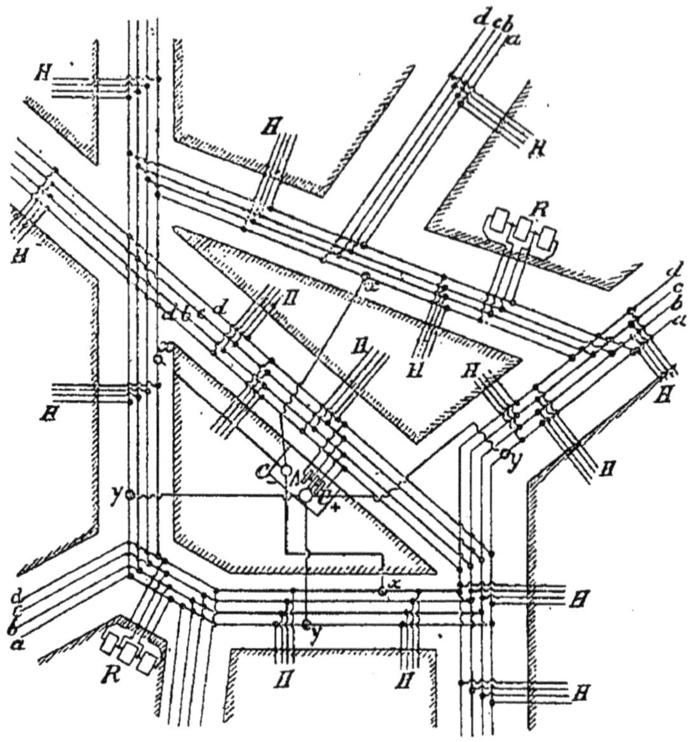

Fig. 264.

fig. 265, on intercale d'une part la bobine R d'un relais et d'autre part une série de résistances en dérivation W. Toutes celles-ci communiquent d'une manière permanente avec le branchement A, mais la liaison avec le branchement B s'opère par un contact mobile sur l'axe du secteur K, ce qui permet de varier le nombre des résistances dérivées par rapport à A et B.

Le secteur K est mû par les noyaux N^1, N^2, réunis par une corde enroulée autour d'une poulie fixée sur l'axe de K. N^1 et N^2 sont attirés par des solénoïdes S^1, S^2.

Si la tension croît entre les branchements A et B, le relais R attire l'armature U, qui est sollicitée en sens inverse par un ressort de suspension F. Un courant part alors de B, traverse le solénoïde S^2 et retourne en A par F et s'. Le noyau N^2 est attiré et des résistances W sont ajoutées en dérivation de manière à provoquer une chute de tension.

Si, au contraire, la tension diminue en deçà de la valeur normale, la lame F appuie l'armature contre le buttoir s^2. Le courant issu de B traverse le solénoïde S^1, le noyau N^1 est attiré et des résis-

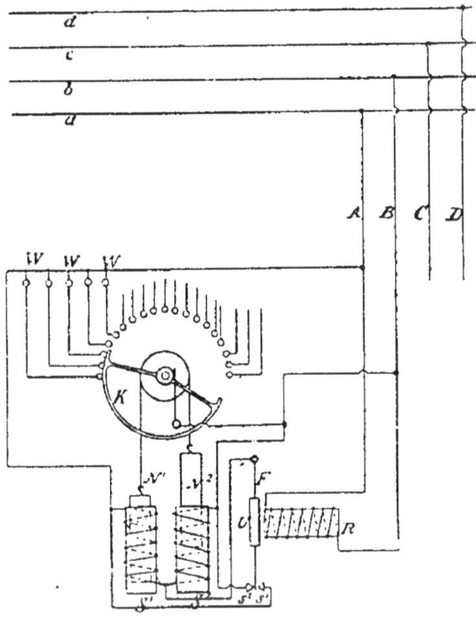

Fig. 265.

tances W sont retirées du circuit jusqu'à ce que la différence de potentiel ait repris la valeur normale et que l'armature U soit revenue à égales distances des deux buttoirs s^1, s^2.

Comme on le voit, dans ce système, on n'arrive à égaliser les tensions entre les distributeurs successifs qu'en provoquant une absorption artificielle d'énergie électrique. La perte qui en résulte est assez minime si l'on a eu soin de relier les récepteurs aux distributeurs de manière à équilibrer aussi bien que possible les groupes de récepteurs en série.

452bis. — **Autre système régulateur de M. Siemens.** — M. Siemens a également utilisé des moteurs compensateurs analogues à ceux de M. E. Thomson, en vue de récupérer la majeure partie de l'énergie absorbée pour la régularisation. La fig. 266 montre le schéma du système appliqué à la distribution à 5 conducteurs qui fonctionnent au secteur de Clichy, à Paris. Dans un champ inducteur, dont les bobines sont reliées aux conducteurs extrêmes, 4 armatures à anneau sont disposées sur un même axe et

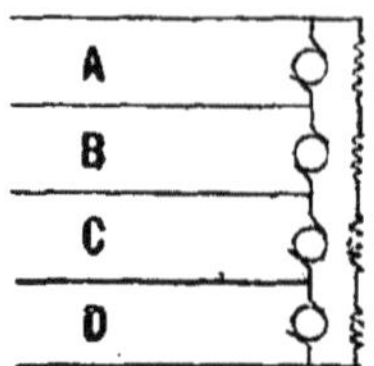

Fig. 266.

intercalées dans les quatre groupes de conducteurs A, B, C, D. Ces armatures ont une résistance intérieure très minime et elles tournent, sous la réaction du courant qui les traverse, en engendrant des forces contre-électro-motrices sensiblement égales aux différences de potentiel appliquées au balais. Sí les récepteurs utilisés dans les quatre groupes sont en nombres égaux, les tensions appliquées aux induits sont les mêmes et ceux-ci développent des forces électro-motrices identiques en n'absorbant que la quantité d'énergie très minime nécessaire pour vaincre leurs frottements. Mais si le nombre de récepteurs intercalés dans l'un des groupes, B par exemple, diminue, la tension augmente dans ce groupe, la vitesse de l'induit correspondant s'accroît et, comme toutes les armatures sont solidaires, les induits voisins sont entraînés à développer des forces électro-motrices supérieures aux tensions appliquées à leurs bornes et, par suite, à restituer à leurs groupes respectifs la plus grande partie de l'énergie électrique devenue disponible dans le groupe B. En d'autres termes, les induits des groupes A, C, D font office de générateurs et, sous l'action du moteur B, développent chacun une énergie électrique sensiblement égale au tiers de l'énergie absorbée par l'armature de B.

Suivant les indications qui nous ont été données par M. le Dr Pirani, la station de Clichy peut alimenter 6 000 lampes à incandescence dans un rayon de 3 kilomètres avec 3 postes de régulateurs seulement, chaque machine compensatrice étant capable de corriger un écart de 5o ampères entre le débit des divers groupes. Les écarts ne dépassent jamais cette limite lorsqu'on a soin de répartir les lampes de chaque abonné important sur plusieurs de ces groupes.

453. — **Réseaux électriques.** — Le système de distribution par feeders sert ordinairement de base à l'établissement des réseaux électriques, lorsqu'on doit alimenter directement les lampes et les électro-moteurs d'une agglomération, à l'aide du courant engendré dans une ou plusieurs usines électriques.

Les récepteurs sont groupés en dérivation par rapport à deux ou plusieurs conducteurs de distribution, entre lesquels les variations de tension ne doivent pas dépasser certaines limites, par exemple 1,5 pour 100 de la tension normale dans le cas de lampes à incandescence. Les conducteurs du réseau de distribution longent les rues et sont raccordés entr'eux de manière à former des figures fermées ; de la sorte chaque récepteur communique avec les générateurs par deux voies différentes au moins, ce qui diminue les chances d'extinction ou d'arrêt lors d'une interruption dans le réseau.

De l'usine électrique partent des faisceaux de feeders qui se raccordent aux distributeurs en des points choisis de manière à maintenir la tension dans tout le réseau entre les limites prescrites.

Dans une canalisation semblable, il convient que toutes les artères et les branches dérivées soient protégées par des coupe-circuits fusibles en chaque point par où peut arriver le courant. Un feeder, par exemple, sera terminé par des conducteurs fusibles à ses deux extrémités, car si un court circuit se déclare en un de ses points, le courant afflue par les deux bouts vers l'endroit défectueux. Les deux coupe-circuits fondent et isolent le feeder.

Les feeders occasionnent, aux moments où la demande d'énergie électrique est maximum, des pertes de tension allant jusqu'à 20 pour 100 et au delà, la densité moyenne du courant étant calculée, comme on l'a vu à la fin du § 441, conformément à la règle économique de Thomson.

La distance à laquelle les feeders peuvent s'écarter de l'usine centrale dépend de la différence entre le prix de vente et le prix de revient de l'énergie électrique. Il est évident qu'à mesure que les feeders s'allongent la somme des frais résultant de l'énergie perdue et de l'intérêt et amortissement des conducteurs s'accroît. On atteint ainsi une limite à partir de laquelle le bénéfice de l'exploitation devient insuffisant.

Dans le système à trois conducteurs, avec une tension utile de 220 volts entre les conducteurs extrêmes, la longueur maximum des feeders dépasse rarement un kilomètre. Cette longueur varie avec la perte d'énergie moyenne consentie dans les conducteurs, laquelle varie ordinairement entre 5 et 10 pour 100 de la puissance utile.

453bis. — Emplacement le plus favorable d'une usine d'électricité. — M. L'Hoest[1] s'est proposé de rechercher la position la plus favorable d'une usine d'électricité destinée à alimenter des foyers lumineux en dérivation. Il suppose que les conducteurs rayonnent en lignes droites de l'usine et que la perte de charge e est constante dans les divers circuits. En appelant $2l$, $2l'$, $2l''$ .... les longueurs de ceux-ci, i, i', i'' .... les intensités des courants qui les traversent, on voit sans peine que le poids des conducteurs est exprimé par

$$P = 4\,\frac{\rho\,d}{e}\,\Sigma\,l^2\,i,$$

où ρ est la résistance spécifique du métal conducteur et d sa densité.

Cette expression est de la forme de celle du moment d'inertie par rapport à la position de l'usine de masses supposées égales à i, i', i'', et appliquées aux points où se trouvent les foyers. Or le moment d'inertie d'un tel système de masses actives est minimum quand le point auquel il se rapporte est le centre de gravité du système; ce qui montre d'emblée la meilleure position à donner à l'usine.

Souvent des considérations d'ordre pratique empêchent de disposer l'usine au centre de gravité ainsi déterminé, mais on connaît divers emplacements qui se prêtent à recevoir les générateurs. On arrêtera le choix entre ces emplacements en remar-

---

[1] *Bulletin de l'Ass. des Ingénieurs électriciens sortis de l'Institut électro-technique Montefiore*, 9 février 1890.

quant que le moment d'inertie par rapport à un point situé à une distance R du centre de gravité est égal au moment d'inertie par rapport à ce dernier augmenté de $R^2 \Sigma i$. Il est par suite évident que le point le plus favorable sera le plus rapproché du centre de gravité et l'expression précédente permet de déterminer immédiatement le surplus de dépense de cuivre occasionné par le recul de l'usine à une distance R du point le plus favorable. On a, en effet, en désignant par Ω le moment d'inertie minimum et par I le courant total

$$P = \frac{4\,\rho\,d}{e}\,(\Omega + R^2\,I) \qquad (1)$$

Si l'on considère comme variables R et P, cette équation représente une parabole.

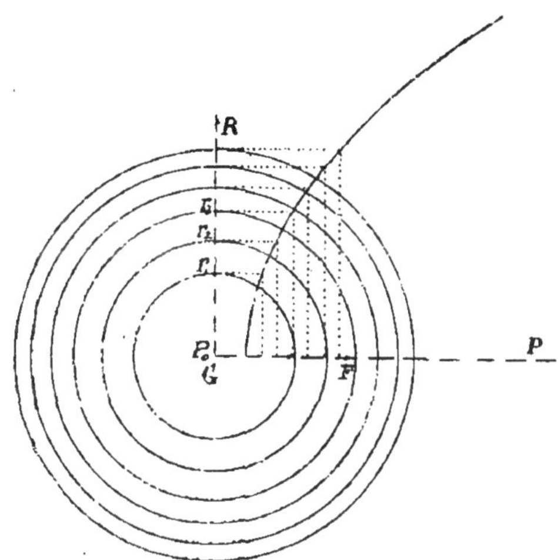

Fig. 267.

On conclut de ce qui précède que les emplacements donnant lieu à d'égales dépenses de cuivre sont situés sur des circonférences tracées du centre de gravité comme centre. Les dépenses de cuivre croissent comme les abscisses d'une parabole dont les ordonnées représentent les distances au centre de gravité. La figure représente les circonférences que M. L'Hoest a qualifiées d'isobares et la parabole indique la loi de variation du poids de conducteurs.

M. L'Hoest a fait remarquer que les considérations précédentes trouvent particulièrement leur application dans les usines destinées à alimenter les lampes à arc éclairant les chantiers et les gares où les conducteurs se posent généralement sur poteaux et autant que possible en lignes droites. Cependant la formule (1) peut fournir des indications utiles sur la valeur relative des emplacements convenant à une usine centrale qui doit alimenter un réseau à deux ou plusieurs conducteurs au moyen de feeders.

454. — **Modes d'emploi des feeders.** — Les diverses parties d'un quartier desservies par une usine électrique et inégalement distantes de cette dernière sont alimentées par des feeders. Si les courants sont sensiblement égaux dans les divers feeders, il résulte de l'inégalité de longueur de ces derniers des chutes de potentiel différentes. Si donc on raccorde entr'elles les extrémités des feeders aboutissant à l'usine, on ne peut relier ensemble que les groupes de récepteurs également éloignés des générateurs.

Les zônes reliées à des faisceaux de feeders différents fonctionnent alors sous des tensions qui varient en sens inverse de la longueur de ceux-ci. Mais on préfère d'ordinaire régler tous les récepteurs pour la même tension, de manière à pouvoir raccorder les distributeurs des diverses zônes. Dans ce cas, il est nécessaire de faire varier la tension initiale appliquée aux feeders avec la chute de potentiel dans ceux-ci et l'on ne peut plus réunir directement ces conducteurs à l'usine.

Deux méthodes sont applicables dans un cas semblable.

La première consiste à ne raccorder entr'eux que les feeders qui donnent lieu à une même chute de tension et à employer des générateurs ou des groupes de générateurs distincts, pour alimenter chacun de ces faisceaux de conducteurs.

Le second procédé consiste à uniformiser la chute de tension dans tous les feeders, en intercalant à la suite des plus courts des résistances artificielles formées de bandes de nickeline et disposées à l'usine centrale. Ce moyen permet d'associer en dérivation tous les générateurs de la station électrique, ce qui simplifie les manœuvres ; mais, par contre, les résistances introduites donnent lieu à une perte d'énergie électrique.

Le calcul de la chute de tension dans les feeders se fait dans l'hypothèse où ceux-ci sont traversés par le courant maximum. Si les variations de courant produites par la mise en activité des récepteurs ne suivent pas la même progression dans les diverses directions, il pourra y avoir des inégalités dans les pertes de charge; mais généralement les différences sont peu importantes, lorsque le groupement des récepteurs a été bien étudié.

Lorsque le rayon de l'agglomération à desservir est étendu, on multiplie les usines électriques en les disposant, autant que possible, au milieu des quartiers à alimenter. Souvent on raccorde entr'eux les réseaux de distribution de ces divers quartiers, ce qui permet à une seule usine d'alimenter l'agglomération entière aux heures de la journée ou de la nuit où la demande d'énergie électrique est faible. A ces moments, la chute de potentiel dans l'ensemble des réseaux est minime et la tension présente une uniformité suffisante dans la canalisation.

On a vu que la tension aux points où les feeders se raccordent avec les distributeurs est indiquée à l'usine centrale par des fils pilotes qui reviennent des boîtes de jonction vers un voltmètre placé à proximité des générateurs. Lorsque plusieurs feeders ont une origine commune, leurs fils pilotes se réunissent au même voltmètre, qui indique ainsi la tension moyenne des jonctions correspondantes, si l'on a soin d'égaliser, par des résistances additionnelles, les résistances des divers fils pilotes, et si l'on emploie un voltmètre d'une résistance très grande relativement à celle de ces fils.

On peut éviter l'emploi des fils pilotes, dont la pose entraîne certaines complications, en estimant la chute de tension dans les feeders d'après l'intensité du courant qui les traverse. L'ampèremètre placé à l'origine d'un feeder de résistance r peut être gradué de manière à indiquer directement la chute de potentiel ir. On déduit de cette dernière la tension à réaliser aux bornes des générateurs. Ce procédé exige deux lectures, l'une à l'ampèremètre, l'autre au voltmètre relié aux dynamos.

On supprime l'une des lectures par l'emploi d'une méthode différentielle : un voltmètre est pourvu de deux enroulements également éloignés de l'aimant mobile et agissant en sens inverses sur celui-ci. Un premier circuit formé de fil fin est relié directement aux bornes des générateurs. Le second circuit comprend une simple spire de fil traversée par le courant total qui s'écoule par le feeder. Lorsque ce courant est nul, la déviation de l'aimant indique la tension aux générateurs, identique alors à celle des points de raccord du feeder avec le réseau. Si le courant croît, la déviation de l'aiguille tend à diminuer. Pour la maintenir constante, il faut augmenter la tension aux générateurs, de manière que l'accroissement d'action du fil fin compense l'action de l'enroulement à gros fil. Le réglage consistera donc à modifier la tension des générateurs, jusqu'à ce que l'aiguille revienne à la position initiale.

455. — Positions des raccords des feeders avec le réseau. — La désignation des points de raccord des feeders avec le réseau donne lieu à des calculs souvent très laborieux basés sur les lois de Kirchhoff. On suppose pour simplifier le problème que les conducteurs de retour sont remplacés par la terre et que la résistance de cette dernière est nulle. Pour obtenir la perte de tension réelle on doit alors admettre que la résistance des divers conducteurs du réseau est doublée. On admet en second lieu que la résistance de ces conducteurs est négligeable devant celle des récepteurs; à cette condition, la tension est constante dans les distributeurs et les courants qui traversent les récepteurs peuvent être considérés comme invariables.

Le problème est alors amené dans la plupart des cas à l'énoncé suivant. On donne un distributeur dont les extrémités sont maintenues à une tension constante par des feeders et sur lequel sont échelonnés des branchements parcourus par des courants constants i_1, i_2, i_3, ..., i_n. Les tronçons du distributeur limités par les points de dérivation ont des résistances respectivement égales à r_1, r_2, r_3, ..., $r_n + {}_1$. On demande la perte de charge maximum dans le distributeur.

Soient I_1, I_2, I_3, ..., $I_n + {}_1$ les intensités inconnues des courants dans les tronçons successifs. Il existe un branchement qui reçoit le courant à la fois par les deux extrémités du distributeur. Ce point de partage est souvent indiqué approximativement par la répartition des récepteurs. On se le donne par hypothèse, ce sera le branchement i_3 par exemple, et l'on en déduit le sens des courants I. On applique la première loi de Kirchhoff aux divers branchements et l'on obtient successivement

$$I_1 - I_2 = i_1, \quad (1)$$
$$I_2 - I_3 = i_2, \quad (2)$$
$$I_3 + I_4 = i_3, \quad (3)$$
$$I_5 - I_4 = i_4, \quad (4)$$
$$\cdots\cdots$$
$$I_{n+1} - I_n = i_n. \quad (n)$$

On arrive à une équation supplémentaire en écrivant que la chute de tension est la même de part et d'autre du branchement i_3, c'est à dire qu'on a

$$I_1 r_1 + I_2 r_2 + I_3 r_3 = I_4 r_4 + \cdots + I_{n+1} r_{n+1}. \quad (n+1)$$

Ces $n+1$ équations permettent de déduire les valeurs de I. On se contente de déterminer I_3 et I_4. Si l'on trouve pour ces intensités des valeurs positives, c'est que le point considéré correspond bien au partage des courants. Exceptionnellement, la valeur obtenue pour l'une des intensités est nulle, ce qui signifie que l'un des tronçons du distributeur est passif.

Si l'on trouve une valeur négative pour un des courants, c'est l'indice que le point de partage est du côté du tronçon parcouru par ce courant. Si, par exemple, c'est I_4 qui a été trouvé négatif, on vérifiera si la dérivation i_4 est plus grande que I_4. Dans l'affirmative, c'est au branchement i_4 que s'opère le partage. Dans la négative, on cherchera plus loin, en déterminant les intensités I_5, I_6 ..., par les équations (4), (5) ..., jusqu'à ce qu'on trouve le lieu de partage réel.

Ce point acquis, on déterminera la tension maximum en faisant la somme des pertes de charge à partir du lieu de partage jusqu'à l'une des extrémités du distributeur. Lorsque le calcul indique une perte de charge supérieure à la variation de tension tolérée, il faut rapprocher les points de jonction des feeders.

455bis. — Méthode de sectionnement de MM. Herzog et Stark. — Parfois, entre deux boîtes de jonctions des feeders, il existe plusieurs distributeurs branchés ou formant des figures fermées. Pour arriver à résoudre simplement ce problème, MM. Herzog et

Stark (¹) emploient une méthode dite de *sectionnement*. On suppose que chaque distributeur est coupé en un des branchements et l'on admet par la pensée que l'électricité qui affluait par les deux tronçons ou retournait par l'un deux est absorbée ou développée par un moyen quelconque. Les points de séparation sont choisis de manière que toutes les branches sectionnées du réseau restent en communication avec l'un des feeders par lesquels arrive le courant. On considère comme inconnus les courants α, β, etc. qui affluent aux points de sectionnement ou qui s'en éloignent. On obtient des équations propres à déterminer ces courants en écrivant que la tension est constante des deux côtés de chaque section, c'est à dire que la chute de tension, à partir d'un point de distribution jusqu'au point de séparation, est la même par les deux chemins qui relient ces points. Connaissant les courants α, β, etc., il est facile de déterminer les points de partage sur les distributeurs; il suffit de suivre ceux-ci jusqu'à ce qu'on arrive à un branchement pour lequel les deux courants qui y affluent ont une valeur positive. On cherche alors les pertes de tension qui sont maxima aux points de partage.

Les valeurs de α, β, etc. permettent de déterminer les courants maxima dans chaque branche du réseau produits par la mise en train ou l'arrêt des récepteurs. En effet, ces variables sont exprimées par une somme de termes positifs et de termes négatifs. En égalant les termes négatifs à zéro, on aura un maximum positif. Le maximum du courant inverse correspondra à une valeur nulle des termes positifs.

Afin de contrôler les calculs d'un avant-projet, on peut se servir de la méthode empirique suivante qui a été très utile dans l'établissement des réseaux de Milan et de Berlin. Sur un plan de la ville peint sur bois à une grande échelle, on figure les feeders, les distributeurs et les branchements par des fils de maillechort fixés au bois par des cavaliers et dont la résistance est un sous-multiple de la résistance calculée des éléments correspondants du réseau. Les pôles d'une pile sont appliqués à l'origine des feeders et l'on

---

(¹) *La Lumière Électrique*, t. 36, 10 mai 1890.

vérifie, à l'aide d'un galvanomètre différentiel sensible, la différence des tensions aux boîtes de jonction et aux extrémités des fils qui représentent les bornes des récepteurs. Si les variations de tension dépassent les limites prescrites, on déplace les raccords des feeders et l'on cherche par tâtonnements les positions des jonctions permettant d'atteindre l'uniformité de tension désirée.

455ᵗᵉʳ. — Application numérique de la méthode de MM. Herzog et Stark. — Afin d'élucider la méthode de MM. Herzog et Stark, nous donnons au complet l'application suivante qui en a été faite par M. Centurione ([1]).

Soit en A (fig. 268) le point d'arrivée du courant électrique dans un

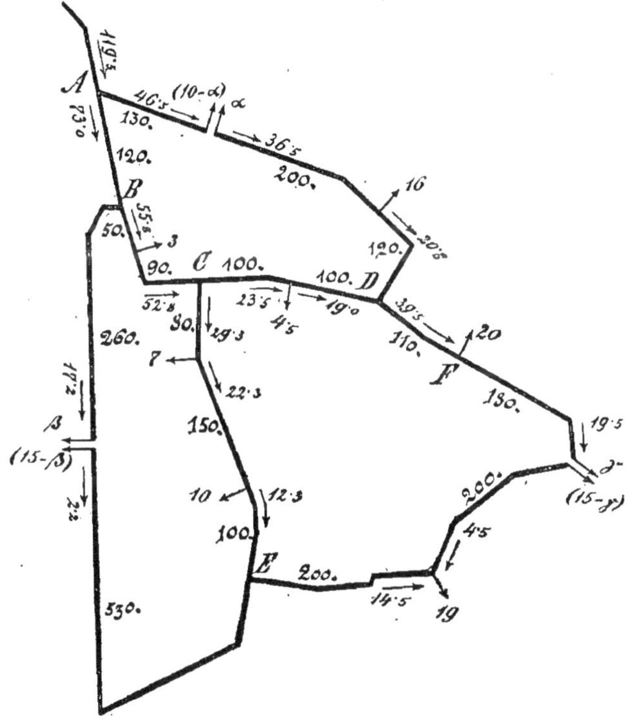

Fig. 268.

([1]) *Bull. de l'Ass. des Ingénieurs électriciens sortis de l'Institut Montefiore,* 1890.

réseau fermé de distributeurs raccordés entre eux en des points A, B, C, D, E.

Nous ne considérons que des conducteurs simples dont il suffit d'ailleurs de doubler la résistance pour tenir compte du circuit complet. Admettons que les longueurs soient exprimées en mètres et les sections en mm².

On se donne arbitrairement une première distribution de courants dans le réseau et l'on choisit les sections des conducteurs de manière à ne pas dépasser une chute de potentiel égale à 3 pour 100 de la tension utile. On vérifie cette distribution par la méthode de sectionnement.

Soient α, β, γ les points de sectionnement : les flèches perpendiculaires aux conducteurs indiquent l'emplacement et les chiffres qui les accompagnent l'intensité, en ampères, des dérivations correspondant à des groupes de lampes.

Comme nous avons choisi en α précisément un point où il y avait une dérivation de 10 ampères, nous pouvons admettre que ces 10 ampères étaient constitués d'une partie α venant de D et d'une partie $10 - \alpha$ émanant de A.

De même en β, le courant dérivé de 15 ampères provient d'une somme de deux parties, β issue de B et $15 - \beta$ de E. La même chose existe pour le point γ.

De A jusqu'au sectionnement α, nous pouvons calculer les pertes de potentiel le long des deux chemins A, $10 - \alpha$ et A, B, C, D, α, et poser qu'elles sont égales.

La conductibilité du métal et le facteur de multiplication 2 qui tient compte du distributeur de retour intervenant dans les deux membres, nous nous abstiendrons de les écrire ; en outre, au lieu des longueurs et des sections, nous indiquerons directement les valeurs du rapport de ces quantités.

En admettant que les longueurs, en mètres, soient celles inscrites sur la figure, et que les conducteurs aient les sections suivantes exprimées en mm² ,

$$
\begin{aligned}
\text{A } \alpha \text{ D} &= 50, \\
\text{A B C} &= 70, \\
\text{C D F} &= 50, \\
\text{F } \gamma &= 30, \\
\text{B } \beta \text{ E } \gamma &= 20, \\
\text{C E} &= 30
\end{aligned}
$$

pour les 80 premiers et les 100 derniers mètres, et 5o pour les 15o mètres intermédiaires, nous pouvons écrire pour le point α l'équation :

$$2,6\,(10 - \alpha) = 1,71 \times \beta + 2,42 \times 3 + 3,7\,(7 + 10 + 19 + 15 - \gamma$$
$$+ 15 - \beta) + 5,7 \times 4,5 + 7,7\,(20 + \gamma) + 10,1 \times 16 + 14,1 \times \alpha.$$

Vers β, nous avons, à partir de B, les deux chemins B β et B, C, E, (15 — β) qui nous fournissent l'équation

$$13 \times \beta = 0,71 \times 3 + 1,99\,(4,5 + 16 + \alpha + 20 + \gamma) + 4,65 \times 7$$
$$+ 7,65 \times 10 + 10,98\,(19 + 15 - \gamma) + 37,48\,(15 - \beta).$$

De même, pour γ, en partant de C,

$$2 \times 4,5 + 4\,(16 + \alpha) + 6,2 \times 20 + 12,2 \times \gamma = 2,66 \times 7 + 5,66 \times 10 +$$
$$9\,(15 - \beta) + 19 \times 19 + 29\,(15 - \gamma).$$

En résolvant ces trois équations, nous obtenons

$$\alpha = -36,5$$
$$\beta = 17,2$$
$$\gamma = 19,5.$$

La valeur négative représentant une intensité de sens contraire à celui supposé, le courant α s'éloigne du point désigné par la même lettre.

A l'aide de ces trois données, la répartition des courants est précisée. On connaît ainsi le sens et l'intensité de ceux-ci dans chaque portion du réseau ; les valeurs sont inscrites sur la figure à côté des flèches parallèles aux conducteurs. On en déduit les pertes de charge en volts. Si celles-ci ou les densités de courant sont trouvées trop fortes dans quelques conducteurs, on modifiera convenablement les sections et recommencera les calculs de vérification.

Mais un réseau ne se trouve pas toujours dans les conditions de pleine charge que nous avons supposées. A certaines heures de la journée, une partie seulement du réseau est utilisée, et il arrive que, pendant qu'un conducteur travaille à plein débit, le conducteur voisin n'est parcouru que par un courant très faible. Il faut donc rechercher l'influence qu'exerce sur le réseau entier la fluctuation du courant dans ses différentes parties. MM. Herzog et Stark ont mis à profit à cette occasion le principe de la superposition des effets en remarquant que le courant engendré dans une partie du réseau, par la fermeture simultanée de plusieurs circuits d'utilisation, est égal à la somme des courants qui y seraient déterminés par l'adjonction successive de ces circuits.

Pour appliquer ce principe, considérons une dérivation d'une valeur convenable, de 10 ampères par exemple, et établissons-la successivement aux différents nœuds du réseau : pour chacune de ces positions, nous aurons dans les différents conducteurs une certaine répartition de courants et, pour connaître les valeurs de ceux-ci, nous pouvons employer la méthode de sectionnement précédemment décrite.

Nous obtiendrons ainsi autant de systèmes d'équations qu'il y a de nœuds et leur résolution nous permettra de déterminer le courant qui circule dans l'un quelconque des conducteurs, quand la dérivation occupe l'un quelconque des nœuds du réseau.

Alors on dressera des tableaux graphiques composés d'autant de diagrammes qu'il y a de conducteurs.

Dans chaque diagramme, on représentera par une horizontale la résistance du conducteur correspondant et on portera sur deux perpendiculaires élevées aux extrémités de cette droite des longueurs proportionnelles aux intensités des courants que reçoivent les autres conducteurs quand la dérivation est supposée successivement aux deux extrémités du conducteur considéré.

Reprenons notre exemple, fig. 269. Etablissons le courant dérivé unitaire de 10 ampères, premièrement en B, toutes les autres dérivations étant supprimées : ouvrons les mailles du réseau en des points α, β, γ choisis arbitrairement. Les longueurs sont indiquées sur la figure, les sections sont les mêmes qu'auparavant. Nous pouvons écrire les trois équations :

$$4,5\,\alpha = 1,7\,(10 + \beta) + 3,7\,(\gamma - \beta) + 7,7\,(-\gamma) + 12,2\,(-\alpha),$$
$$20\,\beta = 2\,(-\alpha - \gamma) + 11\,\gamma + 31\,(-\beta),$$
$$4\,(-\alpha) + 18\,(-\gamma) = 9\,(-\beta) + 23\,\gamma;$$

d'où l'on tire les inconnues

$$\alpha = 1,03$$
$$\beta = - 0,06$$
$$\gamma = - 0,11$$

On déduit de ces valeurs la répartition du courant indiquée par les flèches en traits pleins.

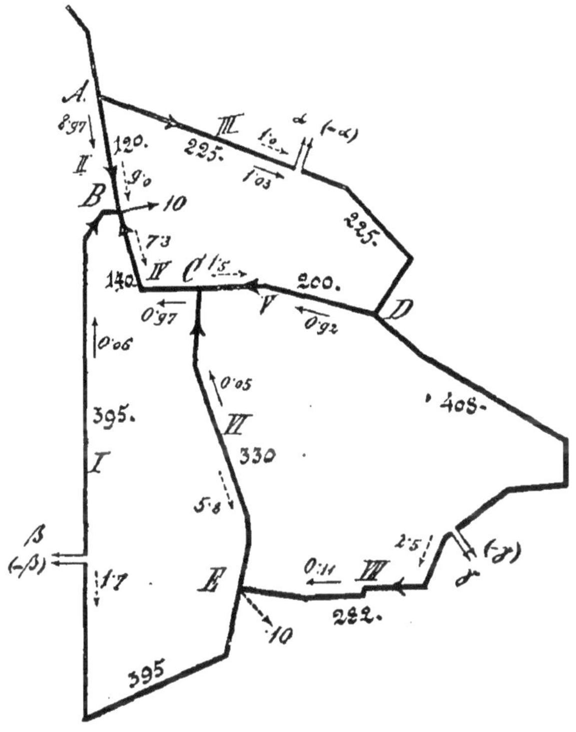

Fig. 269.

Transportant la dérivation unique de 10 ampères au point E et établissant les équations, on trouve, en les résolvant,

$$\alpha = 1$$
$$\beta = 1,7$$
$$\gamma = - 2,5$$

et une distribution du courant dans le réseau indiquée par les flèches pointillées.

Avec ces données, on peut déjà construire le diagramme du conducteur B E.

Dans la fig. 270, la droite B E représente la résistance de ce conducteur.

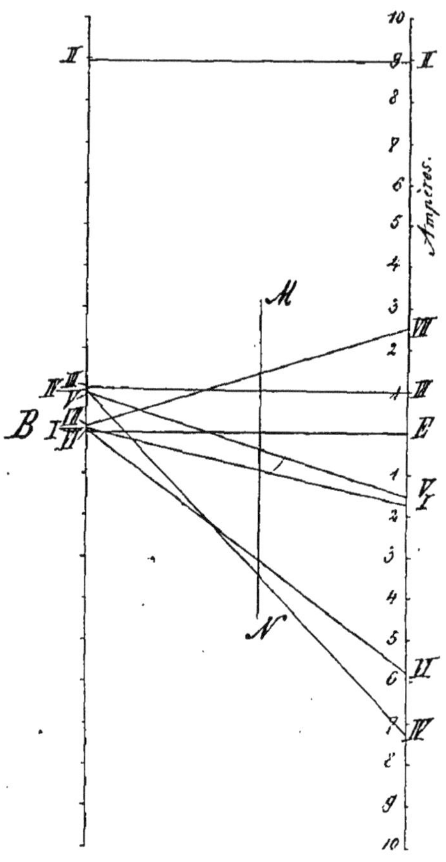

Fig. 270.

Sur la perpendiculaire élevée au point B, portons des longueurs B I, B II, ... BVII proportionnelles aux courants que nous avons reconnus dans les conducteurs marqués I, II, ... VII sur la fig. 269, quand la dérivation de 10 ampères était en B; ayons soin de porter ces longueurs au dessus ou en dessous de la droite BE, suivant que les courants correspondants sont de même sens ou de sens contraire à celui des flèches marquées arbitrairement sur les conducteurs.

Sur la perpendiculaire de l'extrémité E, faisons la même chose pour la position E de la dérivation.

Joignons les points I I, II II, … VII VII ainsi obtenus par des droites. En faisant passer de proche en proche la dérivation unitaire de B en E le long du conducteur I de la fig. 269, les courants qui parcourent les autres conducteurs sont déterminés à chaque instant par les longueurs comptées à partir de l'horizontale que les lignes I I, II II, … VII VII découpent sur une verticale M N se mouvant proportionnellement le long de la droite B E de la fig. 270.

Pour s'en convaincre, il suffit de remarquer que le rapport de la variation d'un des courants, par exemple α, à la variation de la résistance r du conducteur BE, comprise entre le point B et la position actuelle de la dérivation unitaire, est une constante; c'est à dire que

$$\frac{d\alpha}{dr} = \text{constante.}$$

En effet, la résistance r entre dans les équations qui expriment l'égalité des pertes de charge, sous la forme

$$\beta r - (10 - \beta)(R - r)$$

en admettant que R représente la résistance totale du conducteur BE, et que le sectionnement β coïncide avec l'emplacement considéré de la dérivation de 10 ampères.

Or cette expression, qui devient

$$10\,r - 10\,R + \beta\,R,$$

renferme r comme coefficient d'un terme constant. Donc, dans la résolution du système d'équations linéaires en α, β, γ, r apparaitra seulement au numérateur des racines et y figurera au premier degré. La dérivée d'une telle fraction ne peut être qu'une constante, d'où il suit que la courbe qui représente la loi de variation est une droite.

On peut de cette façon se rendre un compte exact des changements que tout nouveau circuit dérivé sur I introduit dans la répartition du courant dans le réseau.

On construit un diagramme semblable pour chaque distributeur.

En résumé, la méthode de sectionnement donne à l'électricien le moyen de vérifier la convenance des sections choisies pour les différents conducteurs ; le principe de la superposition des effets lui permet de tenir compte des modifications introduites dans le réseau pendant l'exécution des travaux, et de suivre, pendant l'exploitation, les fluctuations journalières et annuelles du courant dans les différentes parties du réseau.

456. — Variations de la production de l'énergie électrique. — Examinons à présent les modes de réglage à employer pour produire à l'origine des feeders les variations de différence de potentiel nécessaires pour maintenir la tension constante dans le réseau.

Si tous les feeders sont alimentés par une seule machine génératrice et qu'ils donnent lieu à des chutes de tension uniformes, il suffit de pourvoir les inducteurs de la machine d'une excitation composée, calculée de manière à atteindre le résultat cherché lorsque l'induit tourne à vitesse constante. C'est là un cas particulier du calcul des machines compound. Un cas simple, qui rentre dans cette catégorie, est celui d'une habitation pourvue de conducteurs servant à l'éclairage électrique et raccordée par deux fils plus ou moins longs avec une machine électrique.

Dans les distributions d'énergie électrique d'une certaine importance, la demande de courant est généralement très variable aux diverses heures de la journée.

Le diagramme ci-après indique les variations, pendant une journée, de la fourniture de l'énergie électrique destinée à l'éclairage privé, au cours des mois de décembre et de juin, la production maximum de l'usine étant de 120 kilowatts. Pendant le mois de juin, la demande maximum, qui a lieu entre 9 et 10 heures du soir, atteint environ 65 kilowatts, mais la charge moyenne de la journée n'est que de 9,84 kilowatts.

Au mois de décembre, il y a deux maxima, l'un entre 7 et 8 heures du matin, l'autre entre 6 et 7 heures du soir. La moyenne de la production journalière monte alors à 31,8 kilowatts.

Le peu de durée de la demande maximum explique pourquoi l'on peut à ce moment admettre dans les feeders des chutes de tension considérables, 20 pour 100 et plus, la chute de tension moyenne satisfaisant à la règle économique de Thomson. Dans plusieurs réseaux existants, les pertes de tension maxima sont de 20 pour 100 dans les feeders, 1 pour 100 dans les distributeurs et 2 pour 100 dans les branchements et raccordements privés.

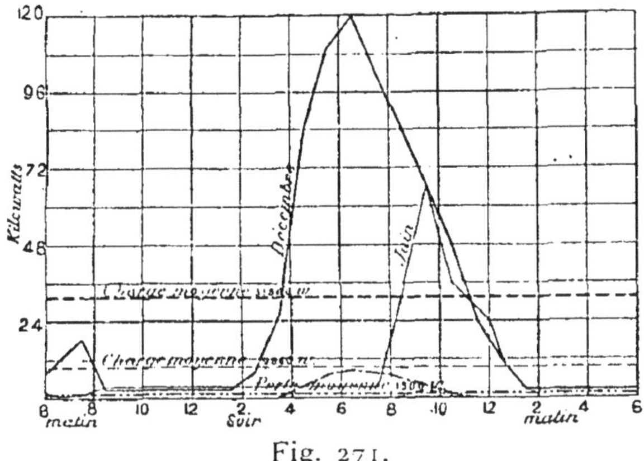

Fig. 271.

Si une usine électrique alimentait la nuit des lampes destinées à l'éclairage public et le jour des électro-moteurs placés chez des particuliers ou sur des voitures de tramways, la production moyenne serait notablement accrue, mais jusqu'à présent la moyenne annuelle que l'on obtient dans les villes ordinaires ne dépasse guère 10 à 20 pour 100 de la charge maximum.

Si la production du courant était concentrée dans une seule dynamo mue par une grande machine à vapeur, ces appareils fonctionneraient dans de mauvaises conditions de rendement lorsque la puissance développée est faible, c'est à dire pendant la plus grande partie de l'année. En outre, il serait nécessaire d'installer un second groupe de machines de mêmes dimensions comme réserve en cas d'accidents.

On préfère avec raison employer plusieurs dynamos de puissances plus faibles, mues par des moteurs indépendants et ne mettre en marche que le nombre de machines strictement nécessaire pour satisfaire à la demande, de telle sorte que chacune d'elles fournisse un bon rendement. La détente des machines à vapeur peut d'ailleurs être réglée de manière à obtenir le rendement maximum avec une charge moyenne inférieure à la charge totale.

Lorsque les dynamos doivent être ainsi couplées en quantité pour satisfaire à une demande de courant croissante, l'excitation compound donne lieu à des complications et l'on préfère recourir à l'excitation en dérivation. Dans ce cas, on intercale à la suite de l'enroulement de chacun des inducteurs des résistances variables permettant de régler la différence de potentiel aux bornes.

Avant d'introduire une dynamo nouvelle en dérivation avec celles qui alimentent le réseau, il faut commencer par l'exciter séparément de manière à lui faire donner la même différence de potentiel aux bornes que les dynamos en charge. Si chaque dynamo est activée par un moteur distinct, on pousse souvent la précaution jusqu'à faire produire à la dynamo son courant normal en lui donnant une résistance extérieure composée de lampes ou de bandes de nickeline. Ainsi le moteur se met dans les conditions d'admission voulues. Lorsque ces résultats sont obtenus, on peut, par une manœuvre de commutateurs, raccorder la dynamo au réseau.

Pour empêcher qu'on ne relie une dynamo au réseau avant que le circuit d'excitation ait été réglé, M. Picou a imaginé d'embrayer le commutateur de l'induit de la machine à l'aide du commutateur de l'inducteur, de sorte que le premier ne se déplace qu'après que le second a été manœuvré.

Un agent a constamment les yeux sur le voltmètre relié aux fils pilotes et règle les résistances additionnelles des inducteurs lorsque la tension vient à varier dans le réseau. Afin de simplifier la manœuvre, on embraie les leviers des rhéostats de réglage des diverses dynamos associées sur un axe commun, mû par une manivelle unique.

Afin d'attirer davantage l'attention de l'agent chargé de la manœuvre, l'aiguille du voltmètre fait parfois fonction de relais et met en activité des appareils avertisseurs lorsque la tension du réseau dépasse les limites assignées. La fig. 272 montre l'appareil de M. Fein destiné à réaliser ce résultat. L'aiguille du voltmètre V porte deux ressorts à contacts de platine susceptibles de toucher deux butoirs 1, 2, et de fermer, par ce fait, le circuit d'une pile et de la sonnerie L, en même temps que celui d'une des lampes à incandescence G', G", dont les ampoules sont de colorations différentes. Ainsi, l'agent, averti par le bruit de la sonnerie, juge par celle des deux lampes allumée du sens dans lequel il doit agir sur les rhéostats de réglage.

2

4

On a été plus loin dans cette voie et l'on a confié au voltmètre le soin d'effectuer automatiquement la manœuvre des rhéostats. Dans ce but, il suffit d'employer un artifice analogue à celui de la fig. 265, le relais R enroulé comme un voltmètre étant relié aux

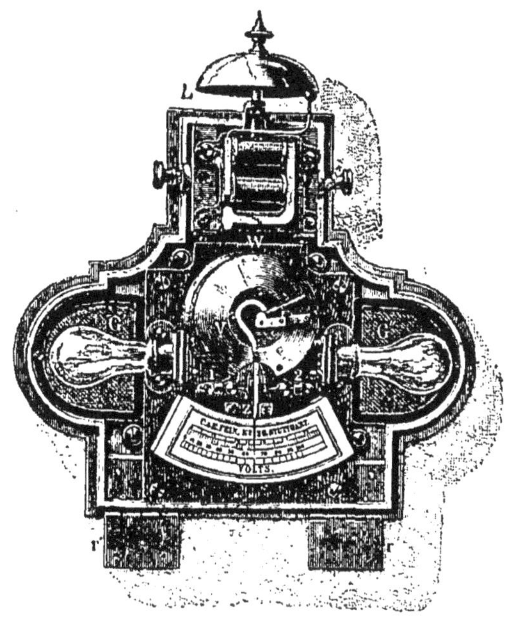

Fig. 272.

fils pilotes de manière à envoyer dans l'un des solénoïdes S^1 ou S^2 un courant qui introduit ou supprime des résistances W dans le circuit des inducteurs.

Pour obtenir une action plus énergique, M. Siemens remplace parfois les solénoïdes par un petit moteur électrique agissant sur la manivelle K. Le déplacement de l'armature U entre les buttoirs s^1, s^2 a alors pour effet de faire varier le sens du courant envoyé dans l'induit du moteur et, par suite, le sens de la rotation de cet induit.

SYSTÈMES INDIRECTS DE DISTRIBUTION DE L'ÉNERGIE ÉLECTRIQUE.

457. — Nous avons admis dans ce qui précède que le courant électrique développé à l'usine est envoyé directement dans les récepteurs. Lorsque ceux-ci sont placés à l'intérieur des habitations, des raisons de sécurité limitent la tension du courant à 200 volts environ. Cette limitation a pour résultats de restreindre le rayon de la région susceptible d'être alimentée par une usine et d'engager à placer celle-ci au centre de gravité fictif des récepteurs, § 453bis.

Lorsqu'on doit desservir une agglomération très-étendue, il devient nécessaire de multiplier les stations productrices. Or, l'établissement des usines électriques au milieu des grandes villes n'est pas sans soulever des objections. Il est souvent difficile de trouver dans les quartiers commerçants et les quartiers de luxe des emplacements convenables et l'on est obligé, pour éviter des réclamations, de brûler des combustibles anthraciteux de prix élevés afin de produire peu de fumées. L'arrivage du combustible ne peut souvent se faire que par charrettes, ce qui en augmente encore le prix. Enfin, au centre des villes, il est parfois difficile de se procurer de l'eau de condensation pour les machines, ce qui empêche d'employer les moteurs les plus économiques.

Toutes ces raisons engagent à éloigner les usines électriques des quartiers centraux des villes pour les transporter dans les quartiers industriels, à proximité des voies de transport qui facilitent l'accès du combustible. Le voisinage d'une voie navigable fournit à la fois un accès économique pour le combustible et l'eau d'alimentation et de condensation nécessaire pour les moteurs.

L'intermédiaire des transformateurs et des accumulateurs permet de résoudre le problème dans ce sens.

458. — Emploi des transformateurs à courants alternatifs. — L'emploi des machines et des transformateurs à courants alternatifs fournit une solution extrêmement séduisante. A l'aide des premières, l'énergie électrique est développée sous des tensions élevées qui permettent de la transporter à des distances de plusieurs kilomètres par des câbles de faibles sections. Les transformateurs, installés à proximité des points où l'énergie est utilisée, ramènent la tension du courant dans les limites tolérées. Cette combinaison permet d'employer des conducteurs à faibles sections susceptibles, dans certaines circonstances, d'être placés sur des poteaux ou sur les toits des maisons. Il en résulte alors une notable économie d'installation sur le système de distribution directe. En outre, les circuits qui alimentent les récepteurs sont complètement isolés du circuit des générateurs. Ainsi, les défauts d'isolement qui surviennent fréquemment dans les installations faites à l'intérieur des habitations sont sans influence sur le fonctionnement général de la distribution, tandis que, dans les systèmes de distribution directs, les contacts à la terre des installations privées étendent leurs effets jusqu'à l'usine centrale. Dans le cas particulier, où le défaut d'isolement produit un court-circuit dans une installation privée, le courant aura atteint momentanément une valeur très élevée dans une distribution directe, avant que le fil de sûreté qui protège le branchement ne soit fondu. L'accroissement d'intensité sera beaucoup moindre dans une distribution par transformateurs, car le courant secondaire est limité par la puissance de l'appareil de transformation.

Les transformateurs peuvent être installés chez les abonnés à la condition de mettre le circuit primaire, traversé par le courant à haute tension, hors de l'atteinte du public. Ce système permet de desservir des abonnés éparpillés dans une agglomération étendue, ainsi que le cas se présente fréquemment dans les villes de moyenne ou de faible importance. Parfois un transformateur sert pour un groupe d'habitations voisines qui se raccordent au circuit secondaire par un système de conducteurs de distribution.

On a vu, § 432, que, dans les transformateurs d'une certaine puissance, la perte d'énergie ne dépasse pas 4 à 7 pour cent lorsque la charge de l'appareil est supérieure à la moitié de sa puissance nominale. L'énergie dépensée dans le primaire est donc peu différente de celle recueillie dans le secondaire. D'autre part, le rapport des tensions primaires et secondaires est sensiblement constant et égal au rapport des nombres de spires des deux circuits. Il résulte de là que, si l'énergie est fournie sous forme de courant constant au circuit inducteur, le courant sera pratiquement constant dans le circuit induit. Si c'est la différence de potentiel qui est constante aux bornes du primaire, on obtiendra sensiblement une tension constante aux bornes du secondaire, tout au moins dans de larges limites de fonctionnement. Les formules indiquées au § 427 mettent nettement ces faits en évidence.

On déduit de ce qui précède deux modes distincts de distribution par transformateurs.

459. — **Transformateurs en série**. — Tous les transformateurs servant à une distribution d'électricité peuvent avoir leurs bobines primaires en un seul circuit avec un alternateur excité de manière à produire un courant constant. Dans ce système, préconisé par Gaulard, l'initiateur de l'emploi industriel des transformateurs, et appliqué aux États-Unis par M. Westinghouse pour l'alimentation des lampes à arc voltaïque, les récepteurs doivent être groupés en série sur les différents circuits secondaires. Lorsqu'un des récepteurs est supprimé, grâce à un court-circuit, le courant qui traverse les autres ne varie pas. Ce système procure, comme tous les groupements en série, § 445, une économie considérable de cuivre dans les conducteurs, mais il rend tous les appareils, transformateurs et récepteurs, solidaires les uns des autres.

460. — **Transformateurs en dérivation.** — C'est surtout en vue d'éviter cette solidarité que MM. Ganz et Cie ont préconisé l'association en dérivation des transformateurs et des récepteurs.

Dans ce système, toutes les bobines primaires sont dérivées par rapport à des conducteurs de distribution reliés aux alternateurs soit directement, soit par l'intermédiaire de feeders. Dans le premier cas, la tension est maintenue constante aux alternateurs; dans le second cas, on fait varier la tension initiale en vue de maintenir la différence de potentiel du réseau primaire entre deux limites écartées de 1,5 à 2 pour 100 de la valeur normale. Plusieurs générateurs peuvent être groupés en dérivation à la condition que leurs phases aient été synchronisées d'avance, § 412.

On applique alors aux conducteurs constituant le réseau la règle économique de Thomson. La chute de tension ainsi calculée peut atteindre dans les feeders, aux moments de grand débit, une fraction plus ou moins importante de la tension totale, suivant le prix de la force motrice.

Il est à observer que, lorsque les transformateurs ont leurs circuits secondaires ouverts, l'énergie dépensée dans le circuit primaire est extrêmement minime, par suite du retard de phase considérable que la self-induction détermine alors entre la différence de potentiel et le courant primaires. Comme la puissance fournie est représentée par $\dfrac{E_1 I_1}{2} \cos \varphi$, § 181, si φ est voisin de 90°, l'expression précédente a une valeur faible. Il faut remarquer toutefois que

I_1 peut être très différent de zéro, circonstance à prendre en considération lorsqu'on calcule la densité du courant d'après la loi de Thomson. Pour une même puissance et une même tension, un courant continu aurait une intensité moindre.

460bis. — Régulateur Ganz et Cie. — Pour maintenir la tension constante aux raccords des feeders et du réseau, on emploie divers artifices. Voici celui qui sert à MM. Ganz et Cie dans leurs stations

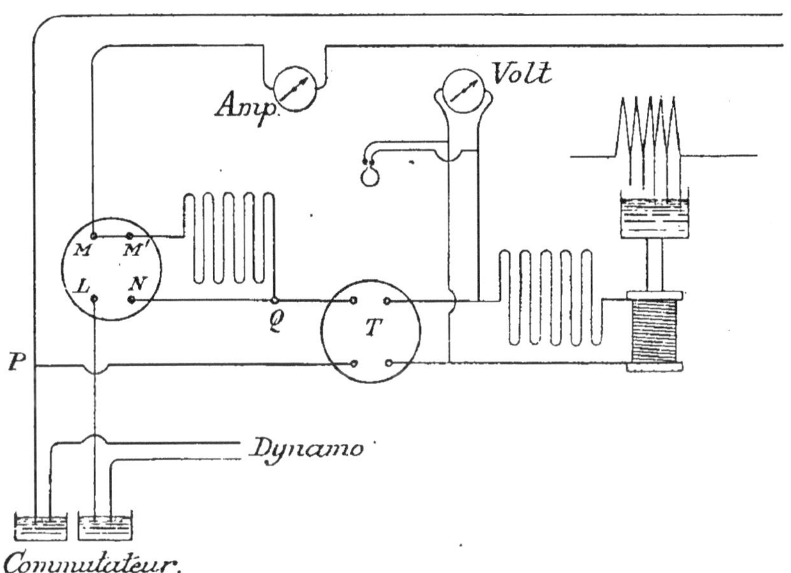

Fig. 273.

centrales. A l'origine d'un des feeders, relié à la dynamo alternative par un commutateur dont on verra la description dans un autre chapitre, est intercalé le circuit primaire M L d'un transformateur appelé *égalisateur*.

Le courant secondaire produit I_2, proportionnel au courant primaire I_1, traverse une résistance artificielle reliée aux bornes secondaires M' N et réglée de telle manière que la différence de potentiel secondaire soit précisément égale à la chute de tension dans le feeder. Ce réglage peut se faire une fois pour toutes, attendu que la résistance du feeder est constante et que les courants secondaire et primaire de l'égalisateur sont dans un rapport constant ; par suite, la résistance artificielle est une quatrième proportionnelle entre ces courants et la résistance du feeder.

Si l'on a soin d'opposer la force électro-motrice secondaire de l'égalisateur à celle de la dynamo, la différence de potentiel entre les points P et N correspond alors exactement à celle qui existe dans la boîte du raccord du feeder avec le réseau.

Les points P, N sont reliés à un transformateur T appelé *réducteur*, parce qu'il sert à obtenir une tension secondaire assez réduite pour alimenter une lampe à incandescence témoin et un voltmètre à l'aide desquels on peut juger de la constance de la tension dans le réseau. Le réducteur a, en outre, pour fonction de faire varier automatiquement l'excitation de la dynamo. Dans ce but, une dérivation du courant secondaire, convenablement réglée par un rhéostat, traverse un solénoïde, dont le noyau, équilibré par un ressort, supporte une coupe de mercure. Dans celle-ci plongent des fils de longueurs différentes permettant au mercure de mettre en court-circuit un nombre plus ou moins grand de résistances intercalées dans le circuit d'excitation. Lorsque la tension utile varie, le noyau se déplace et modifie les résistances de manière à amener le courant d'excitation à l'intensité voulue pour rétablir la tension normale dans le réseau.

460ter. — **Régulateur Kapp.** — M. Kapp a préconisé une autre combinaison pour assurer une tension constante aux distributeurs d'un réseau.

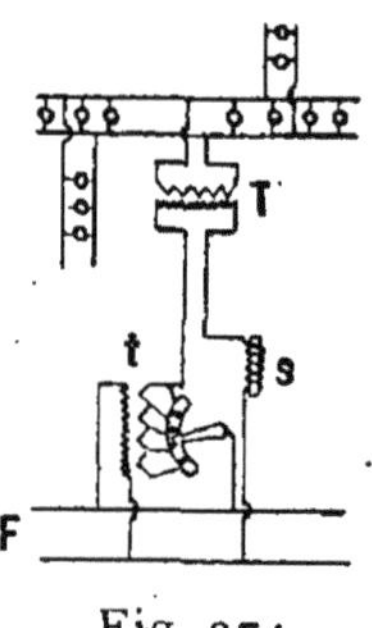

Fig. 274.

La différence de potentiel est maintenue invariable aux bornes des alternateurs. Pour corriger les effets de la chute de tension dans les distributeurs F, lors de l'accroissement de la charge secondaire dans un transformateur quelconque T, on ajoute à ce dernier un transformateur régulateur *t* dont le primaire est relié aux conducteurs F, tandis que le secondaire est formé de spires qui peuvent être intercalées en nombre variable en série avec le primaire de T, dans le but de renforcer la puissance de celui-ci. Un solénoïde S, traversé par le courant primaire de T, commande, par l'intermédiaire d'organes non figurés dans le dessin, le levier d'un manipulateur, lequel introduit automatiquement les spires destinées à accroître le courant primaire de T.

460[quater]. — **Mesures de précaution.** — Les précautions ordinaires doivent être prises pour éviter l'échauffement des conducteurs lors d'un court-circuit. Les feeders, les distributeurs et les branchements vers les circuits primaires des transformateurs seront protégés par des coupe-circuits fusibles. Les coupe-circuits destinés à fonctionner sur les circuits soumis à de hautes tensions doivent être construits avec des soins spéciaux, car la fusion des fils de sûreté peut amener la production d'arcs voltaïques de grande longueur au sein desquels le courant persiste. M. de Ferranti emploie des fils fusibles très longs, passant dans des blocs de faïence qui coupent l'arc voltaïque de rupture.

Pour empêcher qu'un contact accidentel entre la bobine primaire et la bobine secondaire d'un transformateur ne mette à la portée du public des tensions dangereuses, diverses dispositions sont en usage.

Voici une combinaison ingénieuse, due à M. Cardew, et destinée à éviter tout danger dans le circuit secondaire. Celui-ci est mis en communication avec un disque métallique très peu écarté d'un autre disque relié à la terre. Ce dernier porte une lame mince et flexible en aluminium maintenue par une de ses extrémités dans l'intervalle des deux disques. Lorsque la différence des potentiels de ceux-ci dépasse 400 à 500 volts, l'extrémité libre de la lame est soulevée par l'attraction électro-statique et amène un accroissement du courant primaire, ce qui détermine la fusion des fils de sûreté qui protègent le transformateur.

M. Elihu Thomson emploie dans le même but un autre dispositif : les extrémités du secondaire sont reliées à deux blocs sur lesquels appuient, par l'intermédiaire de feuilles minces de papier, des lames élastiques en communication avec la terre. Ces feuilles résistent à la tension secondaire normale ; mais si la tension augmente par suite d'un contact avec le circuit primaire, les feuilles de papier sont aussitôt percées de trous ; le secondaire est ainsi mis en court-circuit et le primaire devient le siège d'un courant qui provoque la fusion des fils de sûreté.

Souvent on se contente de mettre un point du circuit secondaire en communication directe avec le sol, ce qui empêche la production d'une tension élevée en cas de contact avec le primaire.

M. Kent a aussi proposé de séparer les deux enroulements du transformateur par une feuille métallique qu'on divise pour éviter les courants de Foucault et qu'on met en communication avec la terre. Si le circuit primaire présente un défaut d'isolement, le point défectueux prend alors un potentiel nul.

460^quinter . — Divers procédés d'utilisation des transformateurs.— Il existe diverses manières de desservir les abonnés d'une distribution par transformateurs.

On peut disposer un transformateur pour chaque abonné, soit dans la cave, lorsque la canalisation est souterraine, soit contre un des murs extérieurs de l'habitation ou sur un poteau voisin de la maison, lorsque la canalisation est aérienne. La fig. 275 montre une disposition de ce genre adoptée par M. Westinghouse.

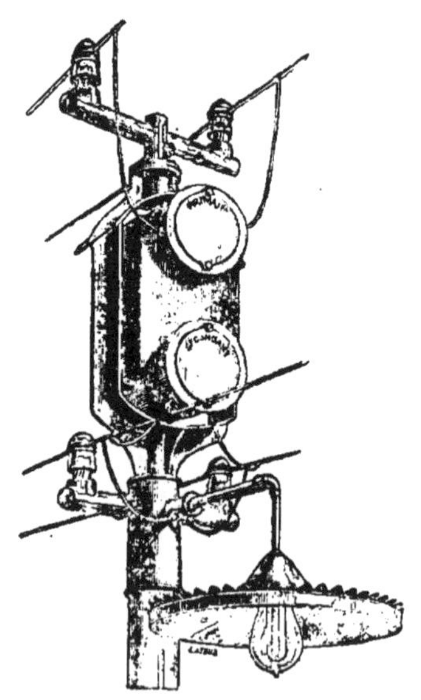

Fig. 275.

Ce système permet de desservir des abonnés disséminés et très distants les uns des autres , mais , à moins d'interrompre le circuit primaire quand le secondaire est inactif ou de ne mettre les machines génératrices en marche qu'à certaines heures de la soirée et de la nuit , il ne donne, comme on l'a vu au § 434, qu'un rendement moyen de 75 à 80 pour 100.

On obtient un rendement supérieur en formant des centres de distribution secondaires comprenant un groupe de transformateurs de grandes dimensions , dont le rendement est meilleur que celui des petits transformateurs. Ces centres de distribution sont reliés par un réseau secondaire aux abonnés habitant aux alentours. Un mécanisme automatique met successivement les transformateurs en activité au fur et à mesure que la demande s'accroît, et retire au contraire les transformateurs du réseau primaire quand la demande diminue. De cette manière chaque appareil fonctionne dans les meilleures conditions et l'on atteint un rendement moyen variant de 90 à 96 pour 100, suivant les appareils employés.

Ces centres secondaires s'installent chez quelques uns des abonnés ou dans des caves creusées sous les trottoirs. Il convient de ventiler les locaux choisis afin d'empêcher l'accumulation de la chaleur dégagée par les transformateurs. Rien n'empêche d'employer un conducteur intermédiaire dans le réseau secondaire de façon à utiliser le système à trois conducteurs pour l'alimentation des récepteurs.

Dans divers réseaux existants , on craint de relier entr'eux les groupes de distributeurs alimentés par des feeders distincts, parce que les canalisations soumises à des tensions élevées sont très exposées à des accidents et qu'il suffit de deux contacts avec la terre pour amener un court-circuit général. C'est pourquoi on constitue souvent des réseaux partiels , sans communications entr'eux, qu'on alimente par un ou plusieurs feeders recevant le courant d'alternateurs spéciaux. Si ces réseaux partiels sont peu importants, un seul alternateur est affecté à chacun d'eux en sorte que , si l'une des machines vient à manquer, les distributeurs correspondants sont mis hors de service.

Pour obvier à cet inconvénient, M. Swinburne a proposé de faire usage d'une sorte de transformateur auxiliaire D, fig. 276,

portant autant de bobines qu'il y a d'alternateurs, chaque alternateur communiquant avec une bobine. Les dynamos sont ainsi couplées en quantité, sans qu'il y ait de liaison directe entre

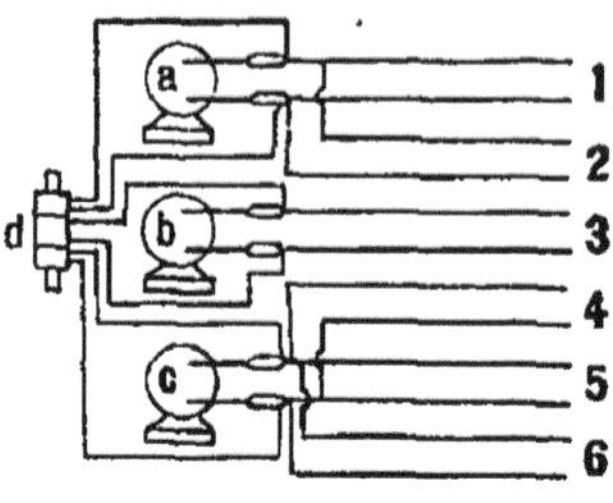

Fig. 276.

leurs réseaux. Les courants traversant les bobines du transformateur ont seulement l'intensité nécessaire pour maintenir les machines en concordance. Si l'une de celles-ci, A par exemple, vient à faillir, on l'isole et la bobine correspondante fournit l'énergie électrique aux feeders 1 et 2 jusqu'à ce que l'on ait pu relier ceux-ci avec un des autres alternateurs ou avec une machine de réserve.

Les transformateurs se prêtent à une foule de combinaisons de ce genre. Au lieu de transformer l'énergie électrique aux points d'utilisation seulement, on peut aussi la transformer à l'usine productrice de manière à permettre l'emploi d'alternateurs à basse tension et à limiter l'électricité à haute tension au réseau qui relie les deux groupes de transformateurs. Cette combinaison amène encore une perte d'énergie assez faible si l'on s'arrange pour faire travailler les transformateurs de l'usine sous une charge convenable. Par contre, le système a l'avantage de réduire les difficultés de construction des machines et de permettre de diminuer dans celles-ci les espaces perdus par les isolants, ce qui améliore leur rendement. Enfin, on évite tout danger dans la manipulation des alternateurs.

Une combinaison semblable étant admise, on pourra, comme l'indique M. Swinburne, grouper en quantité les alternateurs sur les circuits primaires des transformateurs destinés à alimenter des feeders distincts, fig. 277. Pour modifier la tension dans le réseau, il suffit de faire varier le nombre de spires primaires intercalées dans le circuit de chaque transformateur.

M. de Ferranti fait usage à Londres d'une double transformation conçue dans un but différent. Les dynamos génératrices à très haute tension sont installées à environ 7 kilomètres du

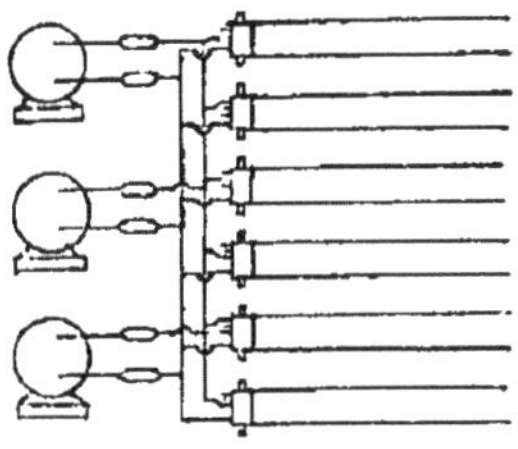

Fig. 277.

réseau à alimenter. Elles sont reliées à une station de transformateurs établie au centre de ce réseau. Delà des conducteurs secondaires se rendent aux transformateurs d'abonnés, où une nouvelle réduction amène l'électricité à la tension voulue pour l'utilisation.

461. — Emploi des transformateurs à courant continu. — On a objecté aux courants alternatifs qu'ils ne permettent pas, jusqu'à présent, l'emploi des accumulateurs qui, dans certaines installations comme celles destinées à l'éclairage des théâtres, fournissent une réserve utile lors d'un accident dans la canalisation. Il convient toutefois de remarquer que, dans la plupart des distributions directes, qui sont sujettes aux mêmes chances d'arrêt, on ne fait pas usage d'accumulateurs.

Un autre reproche est que les moteurs à courants alternatifs actuels sont inférieurs aux moteurs à courant continu au point de vue de la facilité du démarrage et de la conduite. Enfin les courants alternatifs ne se prêtent pas aux opérations électro-chimiques. Ces raisons ont fait rechercher un système de transformateurs à courant continu. Le suivant peut être employé.

L'usine électrique comporte un certain nombre de dynamos continues à haute tension susceptibles d'être réunies en dérivation pour alimenter, à l'aide d'un réseau primaire et au besoin de feeders, une série de centres de distribution reliés aux récepteurs par des réseaux secondaires.

Dans ces postes subsidiaires se trouvent un ou plusieurs moteurs-générateurs susceptibles d'être également associés en dérivation pour faire face à la demande de courant. Chacun de ces appareils comprend un moteur électrique relié au réseau primaire et mettant en mouvement une dynamo continue à basse tension envoyant son courant dans le réseau des récepteurs.

Généralement les deux machines, motrice et génératrice, sont fixées sur le même arbre, parfois même elles sont réunies en une seule. Dans ce cas, un inducteur unique alimenté par le réseau primaire entoure un induit dont les sections sont composées alternativement de fil fin et de gros fil. L'enroulement à fil fin est relié à un collecteur situé d'un côté de l'induit et alimenté par le courant primaire. L'enroulement de gros fil, relié à un second collecteur situé de l'autre côté de l'induit, engendre le courant de faible tension. Si cette dernière combinaison permet de simplifier les appareils, elle offre l'inconvénient de rapprocher les deux circuits et d'exposer ceux-ci à venir en contact, ce qui introduit dans le réseau secondaire une tension dangereuse.

Le système que nous venons d'esquisser est inférieur au système par transformateurs alternatifs au double point de vue du rendement et de l'entretien. Les transformateurs à courant continu ne dépassent guère un rendement de 80 pour 100, même avec la charge maximum, alors que, dans les mêmes conditions, les bons transformateurs alternatifs procurent des rendements supérieurs à 96 pour 100. En outre, les moteurs-générateurs sont des appareils à rotation qui exigent des soins constants, tant sous le rapport du graissage et de l'entretien des balais que sous celui de la régularisation de la vitesse et de la tension; au contraire, les transformateurs alternatifs peuvent être abandonnés sans surveillance aucune dans un local restreint.

Les transformateurs à courant continu sont appliqués par la Société pour la transmission de la force qui alimente, à l'aide d'une station génératrice située à Saint-Ouen, quatre stations réceptrices placées respectivement à Asnières, à Saint-Denis et à Paris. Les lignes primaires sont aériennes sur la plus grande partie de leur parcours. Les lignes alimentant les deux usines de Paris suivent le chemin de fer du Nord et comportent une section aérienne de 7,5 kilomètres.

Les machines génératrices, du type de 100 chevaux, sont excitées par des machines indépendantes à basse tension. Leurs induits développent 3 000 volts. Les génératrices sont associées en quantité au fur et à mesure que la demande s'accroît.

Pour diminuer les étincelles de rupture lors de l'arrêt d'une génératrice, on fait passer son courant par un rhéostat à eau dont les électrodes en fer sont écartées progressivement jusqu'à réduire le courant à une valeur insensible.

462. — Emploi des accumulateurs dans les distributions. — Les accumulateurs fournissent d'autres solutions de la distribution indirecte à courant continu. Ces appareils ont l'avantage sur les transformateurs de constituer des réservoirs d'énergie au même titre que les gazomètres dans les usines à gaz. Ils permettent de tirer un meilleur parti de la puissance productrice de l'usine électrique et de diminuer l'importance des machines, attendu que celles-ci peuvent accumuler par un travail constant et continu l'énergie consommée à certaines heures de la journée. Si l'on se reporte au diagramme de la fig. 271, on voit que, dans le cas auquel se rapporte ce diagramme, les machines doivent fournir une puissance électrique de 120 kilowatts pendant le mois de décembre, alors que la charge moyenne de la journée ne dépasse pas 31,8 kilowatts. Si donc on emploie des accumulateurs ayant 75 pour 100 de rendement, il est possible de réduire au tiers la puissance productrice de l'usine à la condition de faire fonctionner les machines pendant 24 heures.

D'un autre côté, les accumulateurs constituent une réserve utile et permettent d'empêcher les variations de tension dans le réseau de distribution, lorsque les machines présentent des variations de vitesse ou des arrêts momentanés.

Ce qui empêche l'emploi des accumulateurs de se généraliser, c'est le prix élevé de ces appareils et les soins que demande leur conduite. Cependant, les perfectionnements progressifs que l'on apporte dans leur fabrication font espérer que les obstacles que rencontre leur développement iront en s'atténuant de jour en jour. Actuellement des firmes importantes assument complètement l'entretien des accumulateurs pendant une période de dix ans au taux de 4 à 5 pour 100 du prix d'achat. Dans un grand nombre de stations électriques, une batterie d'accumulateurs est employée pour assurer l'éclairage à partir de l'arrêt des machines, à minuit ou une heure du matin, jusqu'à leur mise en marche au crépuscule.

Il convient de faire remarquer que l'absence d'accumulateurs n'empêche pas les usines électriques établies dans les villes d'assurer la fourniture du courant d'une manière absolument régulière. Grâce à l'emploi de dynamos associées en dérivation et mues par des machines indépendantes, ainsi qu'à la précaution de faire marcher à vide une machine et une dynamo de réserve, le personnel de ces usines est arrivé à éviter complètement tout arrêt même momentané de la distribution.

463. — **Emploi des accumulateurs dans les installations privées.** — Mais si l'on atteint ce résultat dans les grandes usines qui possèdent un personnel exercé et une réserve importante, on ne peut espérer l'obtenir dans les petites installations privées mues par un moteur souvent irrégulier, soit par un défaut de système, soit parce qu'il active en même temps des appareils à marche variable autres que la dynamo. Dans ce cas l'emploi d'une batterie secondaire peut rendre de grands services.

Une disposition applicable dans un cas semblable est représentée dans la fig. 278.

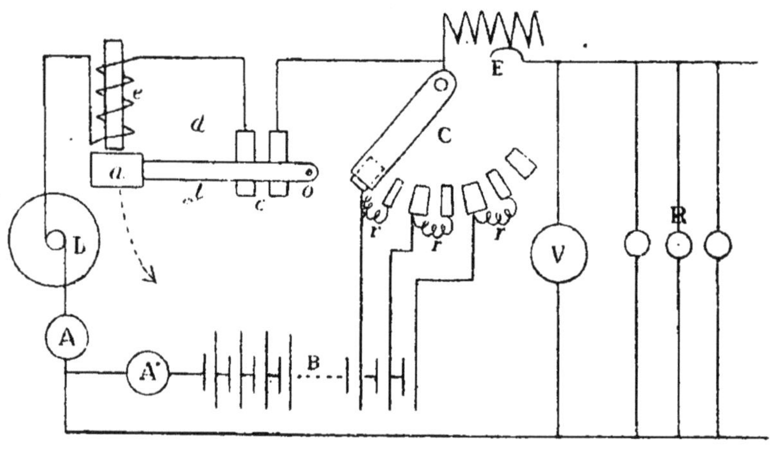

Fig. 278.

La dynamo D, excitée en dérivation, est pourvue d'un régulateur de champ magnétique formé par un rhéostat intercalé dans le circuit des inducteurs. Elle alimente les récepteurs R placés en dérivation ainsi que la batterie d'accumulateurs B.

Un disjoncteur automatique *d* a pour effet de couper la communication entre la dynamo et les accumulateurs, lorsque, par suite d'un ralentissement accidentel du moteur, ceux-ci sont exposés à se décharger dans la machine électrique. A cet effet, un levier *l* basculant autour d'un point O réunit deux contacts *c* de manière à compléter le circuit. Le levier est terminé par une armature que l'on applique à la main contre un électro-aimant traversé par le courant. Lorsque le courant vient à tomber en dessous d'une valeur déterminée, le poids du levier arrache l'armature et le circuit est rompu.

Généralement, dans une installation semblable, la machine charge les accumulateurs lorsque les récepteurs sont inactifs ou fonctionnent en petit nombre. La batterie vient en aide à la machine lorsque les récepteurs sont tous en activité.

Ces conditions exigent que la tension aux récepteurs, indiquée par le voltmètre V, reste sensiblement constante. Or, comme la différence de potentiel exigée pour la charge des accumulateurs est supérieure à la tension aux récepteurs, on doit intercaler un rhéostat E destiné à provoquer au besoin un abaissement de tension de manière à assurer la constance des indications du voltmètre. Au lieu du rhéostat E, on peut également employer quelques couples secondaires en opposition par rapport à B.

Lorsque la batterie B concourt avec la dynamo à l'alimentation des récepteurs, il convient de retirer le rhéostat E du circuit et de modifier le nombre des éléments utilisés de la batterie de manière que le voltmètre V indique la tension normale et l'ampèremètre A' un courant de décharge approprié au type d'accumulateurs en usage. Pour opérer ce réglage, on se sert d'un commutateur à manette C, qui permet de retirer ou d'ajouter un certain nombre de couples. Pour empêcher que, pendant le passage du levier du commutateur d'un bloc au suivant, les couples ne soient mis en court-circuit, les blocs sont dédoublés et leurs deux parties convenablement reliées à l'aide de boudins de maillechort *r* qui, pendant la manœuvre, sont traversés par le courant des éléments commutés.

Il importe pour la conservation des accumulateurs que la charge de ces couples de réserve soit réglée attentivement à l'aide du densimètre. Sans cette précaution, il arrive que ces éléments sont ou trop chargés ou trop déchargés et qu'ils se détériorent rapidement.

On évite complètement cet inconvénient en supprimant le commutateur C et en maintenant le nombre des éléments constant à la charge et à la décharge. Le réglage de la tension s'opère alors à l'aide du rhéostat E et du régulateur du champ magnétique de la dynamo. Le courant qui traverse E est parfois assez considérable, ce qui nécessite l'emploi de résistances formées de bandes de nickeline.

L'importance donnée aux éléments B dépend de l'effet que l'on veut en obtenir. Si l'on désire que la batterie débite une notable fraction de l'énergie utilisée, il conviendra d'employer des éléments de grandes dimensions, ce qui entraînera une charge prolongée.

Parfois, on n'emploie la batterie que pour masquer les irrégularités du moteur et donner au mécanicien le temps de régler les machines lorsqu'il se produit des variations brusques dans les récepteurs. Dans ce cas, il suffit d'employer des éléments de faibles dimensions, maintenus constamment en charge et réglés de manière que, la résistance E étant supprimée, l'ampèremètre A′ indique un courant nul en marche normale. S'il se produit alors une variation dans les machines ou dans la consommation, les accumulateurs suppléent pendant quelque temps à la demande en débitant leur réserve d'énergie électrique.

463bis. — Autre disposition. — La disposition décrite au paragraphe précédent oblige à appliquer au circuit utile la même tension électrique qu'aux accumulateurs. Par la modification indiquée dans la fig. 279, cette sujétion disparaît et l'on peut charger la batterie entière, tout en conservant dans les récepteurs R une tension réduite marquée par un voltmètre V. Cette combinaison repose sur l'emploi d'un commutateur à deux leviers L et L′ et à résistances intermédiaires non figurées. La dynamo D, dont la tension est marquée par un voltmètre V′ et le courant par un ampèremètre A′, peut être reliée au levier L′ ou aux récepteurs, à l'aide d'un commutateur I. Un disjoncteur automatique D empêche le courant de décharge des accumulateurs de traverser la dynamo. Dans le circuit des accumulateurs, on a indiqué un ampèremètre A et un indicateur K destiné à marquer le sens du courant dans les couples secondaires. Les coupe-circuits C et C′ complètent l'installation.

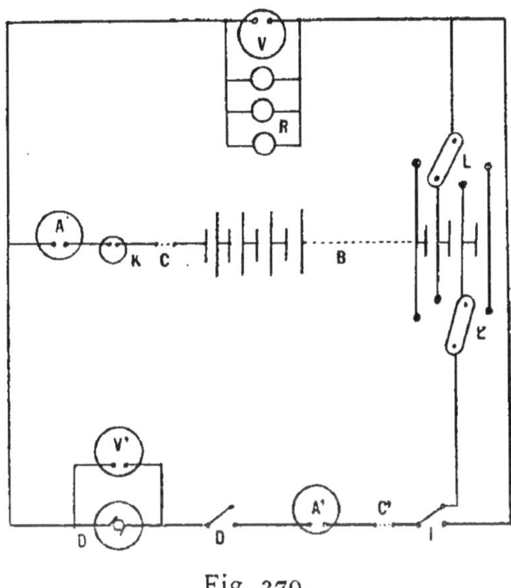

Fig. 279.

464. — Système Monnier. — M. Monnier a étendu le système précédent aux distributions d'électricité urbaines. La station génératrice alimente un certain nombre de stations secondaires comportant chacune une batterie d'accumulateurs, les diverses batteries étant réunies en série. Chacune des batteries contribue avec les dynamos à alimenter un groupe de lampes raccordées par un réseau secondaire.

Les machines fonctionnent une partie de la journée, de deux heures à minuit par exemple, sous un régime de courant constant. Lorsque la demande d'énergie est faible, les accumulateurs se chargent. Aux heures où la demande devient considérable, les couples secondaires s'unissent aux dynamos pour y satisfaire.

Chaque station possède deux commutateurs, l'un pour faire varier le nombre des éléments en charge, l'autre pour régler la tension appliquée au réseau secondaire. Ce dernier réglage peut également s'opérer par un rhéostat qui permet de faire varier la tension par fractions moindres que la force électro-motrice d'un élément.

Grâce à cette combinaison, on peut, avec un poids modéré d'accumulateurs et une puissance motrice moyenne, garantir un bon rendement à la distribution. Supposons, en effet, que les dynamos distribuent directement les deux tiers de l'énergie totale consommée en 24 heures et que les accumulateurs débitent le tiers restant pendant le nombre d'heures, d'ailleurs très-restreint, où la demande s'élève beaucoup au-delà du débit moyen (voir fig. 271). En admettant que les couples aient un rendement de 70 pour 100, le rendement total de la transformation sera

$$\frac{2}{3} \times 1 + \frac{1}{3} \times 0,7 = 0,9,$$

soit 90 pour 100.

L'application de ce système suppose, toutefois, que chaque section alimentée par une batterie d'accumulateurs consomme la même quantité d'énergie. Or, celle-ci varie non-seulement d'une section à une autre, mais encore d'un jour à l'autre dans une même section. Comme toutes les batteries sont chargées en tension, il convient de prévoir un arrangement propre à proportionner l'emmagasinement à la demande de chaque section. Lorsqu'une batterie a atteint la charge voulue, on peut, par exemple, la mettre hors circuit et réunir directement les conducteurs qui la relient aux dynamos. Celles-ci sont alors réglées de manière à ramener leur courant à l'intensité normale.

Le système Monnier permet de développer l'énergie électrique sous une tension élevée, tout en maintenant une différence de potentiel modérée entre les conducteurs de chaque réseau secondaire. Ainsi, avec 4 groupes d'accumulateurs donnant 110 volts, on atteint à la station génératrice une tension d'environ 450 à 500 volts qui permet de desservir une agglomération assez étendue.

Cependant, il ne faut pas perdre de vue que si l'un des pôles du groupe de dynamos est mis accidentellement en contact avec la terre, les conducteurs reliés à l'autre pôle sont portés au potentiel maximum de 5oo volts, lequel est susceptible d'occasionner des secousses très pénibles à une personne touchant à ces conducteurs et reposant sur un sol humide.

Afin de diminuer cet inconvénient, M. Monnier propose de relier à la terre un point situé vers le milieu du circuit des machines, en sorte que les pôles de celles-ci ne puissent dépasser un potentiel égal à la moitié de la tension totale.

Le système précédent se prête à des modifications diverses. Ainsi MM. Siemens et Schuckert ont proposé des systèmes de distribution dans lesquels les diverses batteries d'accumulateurs sont concentrées à l'usine productrice et concourent avec les dynamos à alimenter un réseau à 3, 4 ou même 5 conducteurs, § 452. Chaque dynamo développe une tension supérieure à celle des batteries réunies en série, et les feeders intermédiaires sont branchés sur les fils de communication des diverses batteries. Celles-ci absorbent l'énergie des dynamos pendant une partie de la journée et leur viennent en aide lorsque la consommation dépasse le débit des machines.

Le réglage de la tension dans les feeders s'obtient en modifiant, à la main ou par un appareil automatique commandé par les fils pilotes, des résistances additionnelles intercalées dans les feeders.

Comme, dans cette combinaison, on a sous la main toutes les batteries réunies, on peut intervertir les communications entre celles-ci et le réseau lorsqu'elles présentent des états de charge ou de décharge trop différents.

465. — Système King. — Au lieu de laisser, comme dans le système précédent, les récepteurs en relation avec le circuit de charge, il est possible d'isoler complètement les réseaux secondaires du circuit primaire, en disposant dans chaque centre de distribution deux batteries qui sont chargées à tour de rôle par la station génératrice. Les batteries en charge dans les diverses stations sont reliées en série et, comme elles sont isolées des récepteurs, le circuit primaire peut être alimenté par un courant de haute tension comme dans les distributions par transformateurs.

Pendant la plus grande partie de la journée, une des batteries de chaque groupe suffit pour alimenter les récepteurs correspondants.

Aux heures où la demande dépasse notablement le débit moyen , on met les deux batteries en quantité.

Pour substituer l'une des batteries à l'autre dans le circuit de charge , on commence par mettre en parallèle avec la batterie en charge une résistance égale à la résistance apparente de cette batterie. On retire alors celle-ci pour la relier aux récepteurs en quantité avec la batterie déchargée. Cette dernière est ensuite mise en parallèle avec la résistance, puis celle-ci est enlevée du circuit de charge.

Ce système exige une quantité d'accumulateurs beaucoup plus considérable que le système précédent, puisque c'est sur eux que repose exclusivement l'alimentation des récepteurs. Le succès de ce système est donc lié aux frais occasionnés par les accumulateurs. En outre , comme ceux-ci ont à débiter toute l'énergie utilisée, le rendement du système est inférieur à celui des systèmes mixtes exposés précédemment.

M. King a étudié pour la distribution de Chelsea (Londres) un système de commutateurs qui permet d'effectuer automatiquement toutes les manœuvres nécessitées par la substitution des batteries dans le circuit de charge et leur réunion en quantité. Dans l'application à laquelle nous faisons allusion, le courant de charge a une tension de 2 000 volts environ. Pendant que les batteries sont mises en quantité, la station génératrice active, dans chaque centre de distribution, un transformateur à courant continu qui concourt avec les accumulateurs à renforcer le courant dans le réseau secondaire.

L'énergie nécessaire pour activer les appareils automatiques est empruntée à des couples mis en opposition dans les réseaux secondaires, afin de régler la tension dans ces réseaux.

La fin de la charge d'une batterie est décélée par un couple témoin , dont une des plaques négatives est recouverte d'une cloche équilibrée dans laquelle s'accumule le gaz hydrogène. Lorsque la quantité de gaz dégagée correspond à la charge complète, la cloche bascule et met en jeu les commutateurs servant à la transposition des batteries.

L'avenir dira la confiance que l'on peut avoir dans ce système qui a l'avantage de réduire à l'entretien des accumulateurs la main d'œuvre dans les stations secondaires.

466. — Combinaison des accumulateurs et des transformateurs à courant continu. — On vient de voir que, dans le système King, des transformateurs à courant continu sont mis en parallèle avec les accumulateurs à certains moments de la journée.

Il est possible de combiner autrement les deux classes d'appareils. La station productrice fournissant un courant à haute tension alimente des transformateurs à courant continu placés dans les stations secondaires. Ces derniers chargent des accumulateurs pendant une partie de la journée et concourent avec les couples secondaires à alimenter les récepteurs aux heures d'activité de ceux-ci. Par ce moyen, les transformateurs à courant continu travaillent constamment sous le rendement maximum qui peut dépasser 80 pour 100.

COMPTEURS ÉLECTRIQUES.

467. — Dans une distribution d'eau ou de gaz, la quantité de fluide consommée par un abonné sert de base à l'établissement de la taxe. Dans une distribution électrique, la redevance doit être calculée d'après la quantité d'énergie utilisée.

Toutefois, comme dans la plupart des cas la distribution a lieu sous une tension sensiblement constante, l'énergie disponible est proportionnelle à la quantité d'électricité fournie. Il suffit donc de disposer un appareil qui totalise cette quantité, pour obtenir une base de taxation convenable. Il résulte de là que la grande majorité des compteurs sont des mesureurs de quantité d'électricité ou des *coulomb-mètres*.

On remarquera que, si le rapport du coefficient de self-induction à la résistance des récepteurs est variable, le retard de phase du courant varie également. Par suite, l'expression de la puissance électrique alternative $\frac{E\,I}{2}\cos\varphi$, § 181, montre que, pour une différence de potentiel efficace constante, l'énergie fournie n'est plus alors proportionnelle à la quantité d'électricité débitée. Dans ce cas, les compteurs-wattmètres seuls donnent des indications correctes.

468. — Compteur Edison. — Dans l'hypothèse d'un courant continu, le voltamètre est tout naturellement indiqué, puisque le dépôt électrolytique est proportionnel à la quantité d'électricité qui a traversé cet appareil. Dans les distributions Edison, on emploie un voltamètre à sulfate de zinc et à électrodes de zinc. Afin d'éviter l'introduction d'une résistance trop considérable dans le circuit principal, le courant qui alimente les récepteurs traverse une bande de maillechort R. Les voltamètres V, V' sont dérivés sur cette bande; chacun d'eux est en série avec une bobine de fil de cuivre r, r'. La résistance d'un voltamètre et de la bobine addition

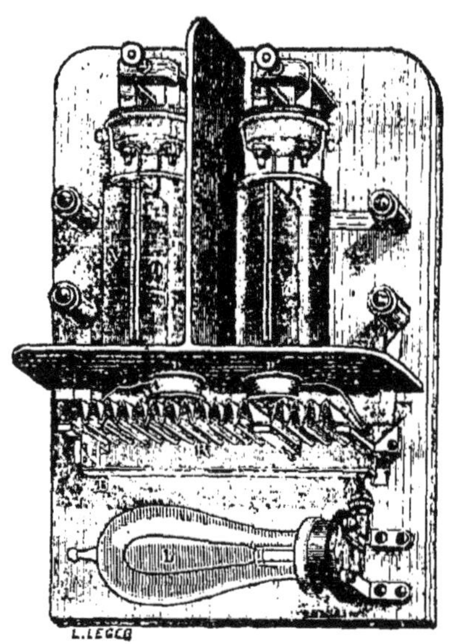

Fig. 280.

nelle est calculée de manière à ce que l'électrolyte soit traversé par la millième partie du courant d'alimentation. Le but des bobines r, r' est de compenser les variations de résistance de l'électrolyte. Lorsque la température change, la résistance du liquide varie en sens inverse de celle du cuivre, et des mesures sont prises pour

qu'il y ait une exacte compensation. Afin d'éviter la congélation du
liquide, une bilame B ferme le circuit d'une lampe L, lorsque la
température décroît trop fortement. La lampe reste allumée jusqu'à
ce que la chaleur qu'elle dégage ait ramené la bilame dans la position
normale. Chaque mois, un contrôleur retire un des voltamètres
qu'il porte à l'usine afin de vérifier l'accroissement de poids de la
cathode; pendant ce temps, l'autre voltamètre totalise le courant
utilisé par l'abonné.

A part la sujétion de cette manœuvre, l'appareil fonctionne d'une
manière très satisfaisante. Il permet de totaliser le débit d'un
courant continu variant du simple au décuple, avec une approximation de 2 à 3 pour cent. Cette erreur n'est pas supérieure à celle des
compteurs à eau ou à gaz. L'appareil ne s'applique évidemment pas
aux courants alternatifs.

469. — **Compteur Aron**. — Plusieurs distributions électriques
utilisent un compteur reposant sur un principe découvert par
MM. Ayrton et Perry. Le balancier d'une horloge est terminé par

Fig. 281.

un aimant qui oscille au-dessus d'une bobine traversée par le courant. Le courant peut être orienté dans la bobine de manière à agir
en sens inverse ou dans le même sens que la gravité et, par suite, à

retarder ou à avancer le mouvement du balancier. Il en résulte un retard ou une avance de l'horloge en rapport avec l'intensité du courant et le temps pendant lequel il a passé.

Comme la variation est faible, M. Aron a imaginé une disposition ingénieuse pour l'enregistrer avec exactitude. Le compteur contient deux horloges identiques, l'une pourvue d'un balancier ordinaire, l'autre du balancier magnétique. Les mécanismes de ces horloges sont reliés par un train d'engrenages différentiels qui totalise les différences de vitesse des deux mouvements sur une série de cadrans analogue à celle des compteurs à eau et à gaz. Les changements de température agissant également sur les deux balanciers n'influencent pas sensiblement le compteur. On voit dans un coin de la boîte un fil à plomb servant à mettre l'appareil de niveau.

Les indications de l'instrument dépendent de la permanence du magnétisme du balancier de droite. Un courant intense, provoqué par exemple par un court-circuit momentané dans l'installation, suffit parfois pour modifier profondément l'aimantation du barreau.

Fig. 282.

Lorsqu'il s'agit de totaliser l'énergie absorbée par un circuit ou simplement de desservir une distribution par courants alternatifs, on adopte une combinaison reposant sur le principe du wattmètre.

fig. 282. La bobine fixe, formée de gros fil et parcourue par le courant utilisé, est placée horizontalement. A l'intérieur de cette bobine oscille une bobine de fil fin supportée par le balancier de droite à l'aide d'un étrier, et reliée aux points d'entrée et de sortie du circuit desservant les récepteurs. La variation d'allure des deux mouvements d'horlogerie est proportionnelle à l'action mutuelle des deux bobines, c'est à dire à la puissance moyenne multipliée par le temps.

Des expériences, faites par M. Kapp sur un compteur Aron pour courants continus de 25 ampères, montrent que la constante de l'instrument ne varie que de 0,5 pour 100 en dehors de la constante moyenne, lorsque le courant passe de 0,65 à 25 ampères, la puissance absorbée par l'appareil étant au maximum de 9 watts.

Le compteur pour courants alternatifs présente des constantes différentes suivant la période du courant, à cause de la self-induction de la bobine en dérivation. M. Kapp a reconnu que l'erreur maximum est alors de 1,25 pour 100.

470. — **Compteur de Ferranti.** — Cet appareil est un véritable moteur électrique reposant sur le principe de la rotation des liquides dans un champ magnétique. Le champ est engendré par

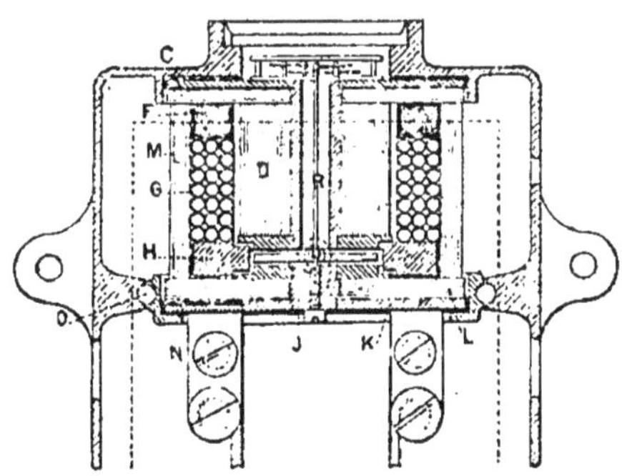

Fig. 283.

une bobine G traversée par le courant à totaliser et garnie intérieurement et extérieurement de cylindres formés de tôles fines en fer. Dans une cavité, creusée dans une culasse en fer réunissant ces cylindres et remplie de mercure, tourne une roue à ailettes dont l'axe engrène avec un mécanisme totalisateur analogue à celui du compteur précédent.

Le courant à mesurer traverse le mercure du centre à la périphérie de la cavité, normalement aux lignes de force produites par l'électro-aimant. Le métal liquide prend un mouvement de rotation, et entraîne avec lui la roue à ailettes, en vertu de la force électro-magnétique, laquelle est sensiblement proportionnelle au carré de l'intensité du courant. Les résistances de frottement varient comme le carré de la vitesse du mouvement, en sorte qu'il y a proportionnalité entre le courant et la vitesse. Le nombre de tours de la roue mobile totalise par conséquent le courant.

Pour adapter cet appareil à l'enregistrement des courants alternatifs, M. de Ferranti a divisé le noyau de fer de manière à éviter les courants de Foucault.

470bis. — Compteur E. Thomson. — On doit à M. E. Thomson un compteur-wattmètre convenant également aux courants continus et aux courants alternatifs, fig. 284. Deux bobines à gros fil traversées par le courant de circulation servent d'inducteurs à une bobine mobile à fil fin à laquelle on ajoute une résistance extérieure sans self-induction et qu'on place en dérivation sur le circuit utile.

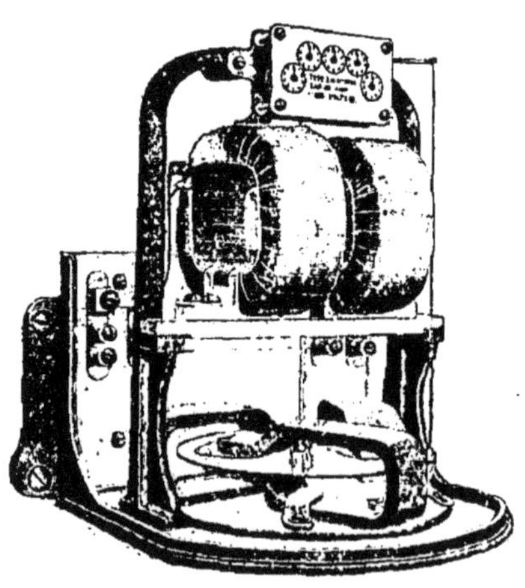

Fig. 284.

Un commutateur, analogue à celui de la fig. 148, est disposé sur l'axe de rotation vertical de la bobine à fil fin qui prend un mouvement de rotation sous l'influence d'un couple électro-dynamique proportionnel aux watts consommés et équilibré, lorsque la vitesse de régime est atteinte, par la réaction des courants de Foucault développés dans un disque en cuivre entrainé entre les pôles d'aimants permanents. Afin d'équilibrer les frottements, on a muni les inducteurs d'un enroulement supplémentaire à fil fin, placé en série avec l'induit et parcouru par le courant dérivé. Le nombre de révolutions de cet induit sans fer est enregistré par les aiguilles des cadrans supérieurs.

L'instrument consomme 7,5 watts lorsque la puissance utilisée est 2500 watts; il enregistre dès que cette puissance atteint 10 watts. L'inventeur garantit l'exactitude des indications à $^1/_2$ pour cent près.

471. — Compteur Shallenberger. — Le principe du compteur Shallenberger adapté exclusivement aux courants alternatifs a été décrit au paragraphe 191. Un disque mobile en fer, soumis à l'action combinée du courant principal et du courant induit par

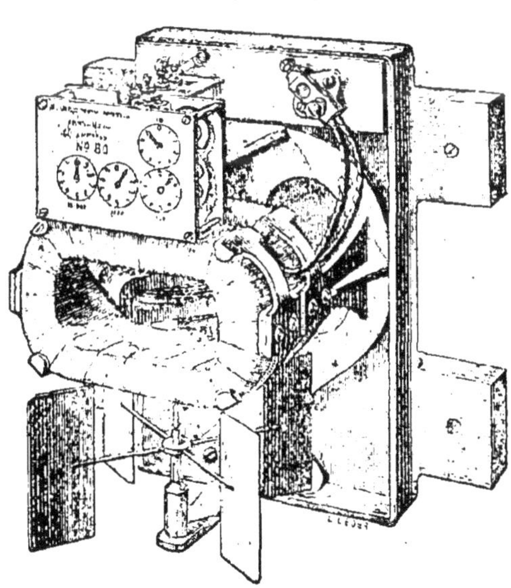

Fig. 285.

celui-ci dans une bobine fermée sur elle-mème et inclinée à 45° par rapport à la première, prend un mouvement de rotation régularisé par une roue à ailettes tournant dans l'air. Le nombre de tours s'enregistre comme précédemment sur un compteur totalisateur.

Ce compteur et celui de M. de Ferranti, qui sont des coulomb-mètres, donnent des indications inexactes dans le cas de variations du décalage du courant, § 467.

472. — Compteur Frager. — Le compteur Frager comprend trois parties distinctes :

1º Un ampèremètre ou un wattmètre, dont la déviation est proportionnelle à l'intensité du courant ou à la puissance que l'on veut mesurer.

2º Un mécanisme communiquant un mouvement de rotation lent et continu (un tour par 100 secondes) à une came qui rencontre l'aiguille de l'appareil précédent pendant un temps variable avec l'amplitude de la déviation.

3º Un compteur à cadrans mis en mouvement pendant toute la durée du contact de la came avec l'aiguille indicatrice.

Il résulte de cette combinaison que les cadrans enregistrent des nombres proportionnels aux produits par le temps de l'intensité ou de la puissance indiquée, c'est à dire qu'ils totalisent la quantité d'électricité ou l'énergie fournie.

CANALISATIONS ÉLECTRIQUES.

LIGNES AÉRIENNES.

473. — **Supports. Conducteurs.** — Les lignes aériennes sont supportées par des appuis en bois ou en métal auxquels se fixent des isolateurs servant à l'attache des fils conducteurs.

Les poteaux en bois, généralement employés lorsque les lignes aériennes traversent les campagnes, sont débités hors des troncs des essences résineuses, qui fournissent des supports réguliers. On les injecte de matières antiseptiques, telles que le sulfate de cuivre ou la créosote, qui leur permettent, dans notre climat, de résister pendant une vingtaine d'années à la pourriture et à l'attaque des insectes.

Dans les villes, les fils s'attachent souvent à des charpentes ou des consoles métalliques fixées aux habitations.

Les isolateurs sont généralement en porcelaine vitrifiée et émaillée. La forme de cloche est adoptée en vue de soustraire une partie de la surface de l'isolateur à l'atteinte de la pluie et d'éviter un dépôt continu d'humidité qui mettrait en communication la tige qui supporte l'isolateur avec le fil fixé au col de celui-ci.

Toutefois la rosée se condense à l'intérieur de la cloche. On retarde cette condensation par l'emploi de cloches doubles qui présentent des cavités profondes soustraites au rayonnement calorifique.

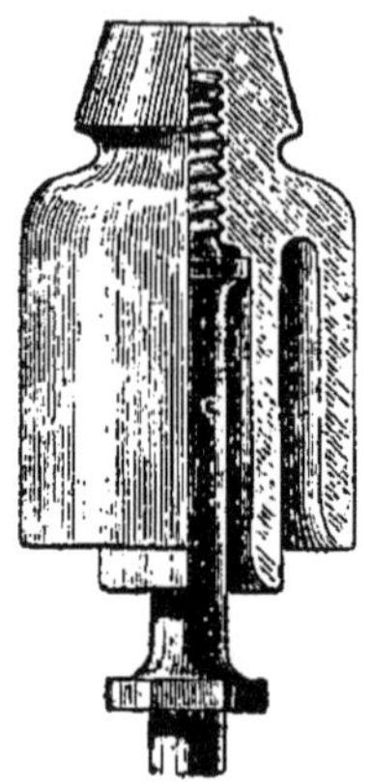

Fig. 286.

La fig. 286 montre la coupe d'un isolateur en porcelaine à cloche double fixée sur une tige en fer filetée qui s'adapte au support.

Il convient, avant de visser la cloche, de recouvrir la tige d'un revêtement d'étoupe ou de toile goudronnée, afin d'éviter le bris de la porcelaine lorsque le métal se dilate sous l'influence d'une élévation de température.

Le fil conducteur se fixe au col de l'isolateur par une ligature métallique.

Lorsqu'un isolement très élevé est requis, ce qui est le cas pour les circuits parcourus par des courants de haute tension, de bons résultats sont obtenus par l'emploi des isolateurs à huile de Johnson et Phillipps, fig. 287. Le bord inférieur de la cloche en porcelaine est recourbé de manière à constituer un réservoir annulaire qu'on remplit d'huile. Ce bain isolant est une barrière opposée aux déperditions d'électricité superficielles.

474. — **Calcul de la tension d'un fil aérien.** — Lorsqu'un fil est tendu entre deux appuis A et B, fig. 288, situés au même niveau, il décrit une courbe A D B, connue sous le nom de chaînette. La distance AB s'appelle la portée et la hauteur verticale CD la flèche de la courbe.

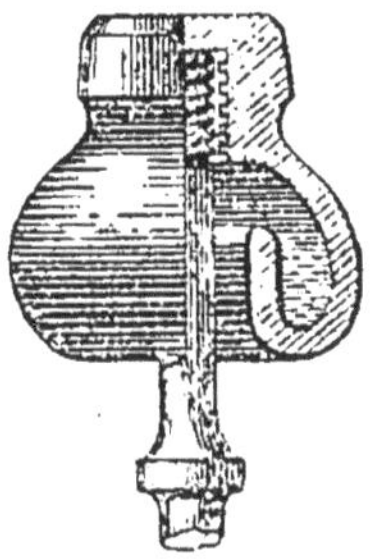

Fig. 287.

On rapporte la chaînette à deux axes de coordonnées rectangulaires. L'axe vertical OY passe par le point le plus bas de la courbe. L'axe horizontal OX est situé à une distance h du point D telle

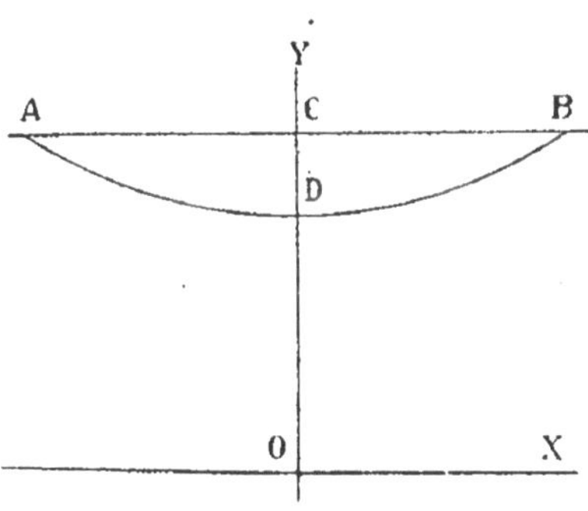

Fig. 288.

qu'en désignant par T la tension du fil en ce point et par p le poids par cm, on ait la relation

$$h = \frac{T}{p}. \qquad (1)$$

Dans ces conditions et en exprimant par e la base des logarithmes népériens, l'équation de la chaînette devient

$$y = \frac{h}{2}\left(e^{\frac{x}{h}} + e^{-\frac{x}{h}}\right). \qquad (2)$$

En développant le second membre de cette équation suivant la série de Maclaurin, on obtient

$$y = h \left(1 + \frac{x^2}{1.2.h^2} + \frac{x^4}{1.2.3.4.h^4} + \cdots \right)$$

En général, la tension T est très grande par rapport au poids p, en sorte que, pour des portées ordinaires, il est permis de représenter la courbe par l'équation

$$y = h + \frac{x^2}{2h}, \quad (3)$$

ce qui revient à substituer une parabole à la chaînette.

En désignant la portée par a, la flèche par f, et en posant $x = \frac{a}{2}$, on déduit de (3)

$$y = h + \frac{a^2}{8h} \qquad \text{d'où} \qquad f = \frac{a^2}{8h} = \frac{a^2\,p}{8\,T}. \quad (4)$$

Cette dernière relation permet de trouver la flèche d'un fil dont on connaît le poids par centimètre, la portée et la tension au point le plus bas. Si l'on se donne la portée, la flèche et le poids, on pourra calculer la tension.

D'après les propriétés de la chaînette, la tension T_h au point le plus haut est donnée par

$$T_h = T + p\,f. \quad (5)$$

Sauf dans les cas où la flèche est relativement forte, la tension T_h ne dépasse pas sensiblement T et l'on peut pratiquement admettre que la tension calculée par la formule (4) représente la tension du fil aux points d'appui.

La longueur du fil est déduite de l'équation

$$dl = \sqrt{dx^2 + dy^2} = dx \sqrt{1 + \left(\frac{dy}{dx}\right)^2}. \quad (6)$$

En remplaçant $\frac{dy}{dx}$ par sa valeur tirée de (3), on obtient

$$dl = dx \left(1 + \frac{x^2}{h^2} \right)^{\frac{1}{2}} = dx \left(1 + \frac{x^2}{2h^2} - \frac{1}{8}\frac{x^4}{h^4} + \cdots \right)$$

2   6

équation qui, pour les portées moyennes, se réduit à

$$dl = dx \left(1 + \frac{x^2}{2h^2} \right);$$

d'où

$$l = \int_{-\frac{a}{2}}^{+\frac{a}{2}} dx \left(1 + \frac{x^2}{2h^2} \right) = a + \frac{a^3}{24h^2}$$

ou encore

$$l = a + \frac{a^3 p^2}{24 T^2} \qquad (7)$$

relation qui exprime la longueur du fil en fonction de la portée, du poids et de la tension.

Le second terme du binome est généralement très faible relativement au premier. Considérons, par exemple, un fil de bronze phosphoreux de 0,4 cm de diamètre, tendu sous une charge de 80 kg sur une portée de 8000 cm. Le poids par cm est 0,00112 kg.

On a donc

$$l = 8\,000 + \frac{8\,000^3 \cdot 0,00112^2}{24 \cdot 80^2} = 8004,18 \text{ cm.}$$

On peut mettre l'équation (7) sous la forme suivante, qui montre que la tension croît très vite, lorsque la différence entre la longueur et la portée diminue.

$$T = \sqrt{\frac{a^3 p^2}{24\,(l - a)}} \qquad (8)$$

On a supposé, dans ce qui précède, les points d'appui au même niveau. Dans le cas contraire, le fil affecte toujours la forme d'une chaînette représentée par l'équation (2), l'axe O Y passant par le point inférieur de la courbe, voisin de l'appui le moins élevé. L'équation (5) montre que la tension au point d'appui supérieur est la même que celle que l'on obtiendrait dans l'hypothèse où le fil, au lieu d'être fixé au support inférieur, irait s'attacher en un point situé sur le prolongement de la courbe au niveau du support le plus élevé.

475. — Influence des variations de température sur le fil. — La tension du fil, déduite de la formule (4), est celle qu'on observe au moment de la pose. Si la température s'abaisse, le fil tend à se contracter d'une quantité proportionnelle à la chute de température. Mais l'élasticité du fil lui permet de s'allonger sous l'influence de l'accroissement de tension résultant de la contraction et il résulte de ces deux effets combinés une tension résultante facile à calculer.

Outre l'effet de contraction qu'il occasionne, le refroidissement de l'air détermine parfois sur le fil un dépôt de givre qui accroît très notablement l'effort de traction. C'est pourquoi il convient de déterminer la tension donnée au fil au moment de la pose, de manière que la charge due à la contraction occasionnée par les plus grands froids ne dépasse pas un tantième de la charge de rupture que l'on appelle la *tension limite*. Cette tension limite est souvent prise égale au quart de la charge de rupture, la limite d'élasticité correspondant environ au tiers de la charge de rupture. Ainsi, un fil de bronze phosphoreux de 0,4 cm de diamètre, dont la section est 0,126 cm² et le poids 0,00112 kg par cm, peut résister à une charge de $4500 \times 0,126 = 567$ kg et la tension limite est d'environ 142 kg. Cette valeur ne devra pas être dépassée par les plus grands froids qui, dans notre pays, correspondent à — 20° C environ.

Appelons T la tension limite à la température minimum et proposons-nous de calculer la tension T' à donner au fil posé sous une température 0° différant de t° de la température minimum.

Appelons δ le coefficient de dilatation par degré centigrade, ε l'allongement élastique proportionnel pour une surcharge de 1 kg par cm².

Pour le bronze phosphoreux on a

$$\delta = 0,000\,016$$
$$\varepsilon = 0,000\,000\,78.$$

Pour le fer,

$$\delta = 0,000\,012$$
$$\varepsilon = 0,000\,000\,34.$$

Pour une élévation de température de t degrés, on observerait, dans l'hypothèse d'un fil libre de longueur l, une dilatation égale à $\delta\,l\,t$ et la longueur deviendrait $l\,(1 + \delta\,t)$.

Mais, comme les extrémités du fil sont fixées invariablement, la tension primitive T décroît et prend une valeur T'. L'effet de l'élasticité détermine un raccourcissement de $\varepsilon \dfrac{T - T'}{s}$ par cm, s désignant la section du fil.

Soit $\dfrac{\varepsilon}{s} = \varepsilon'$.

La longueur définitive du fil sera donc

$$l' = l(1 + \delta t)\left[1 - \varepsilon'(T - T')\right] = a + \frac{a^3 p^2}{24\ T'^2}. \qquad (9)$$

Mais on a

$$l = a + \frac{a^3 p^2}{24\ T^2}. \qquad (10)$$

En retranchant (10) de (9) et remarquant que le produit δt est négligeable, il vient

$$l\,\delta t - l\,\varepsilon'(T - T') = \frac{a^3 p^2}{24}\left(\frac{1}{T'^2} - \frac{1}{T^2}\right).$$

En général, la longueur l est très peu différente de la portée a, de sorte que l'équation peut s'écrire

$$\delta t - \varepsilon'(T - T') = \frac{a^2 p^2}{24}\left(\frac{1}{T'^2} - \frac{1}{T^2}\right), \qquad (11)$$

équation du troisième degré en T', que l'on résoudra aisément à l'aide de la règle à calcul, en appliquant le méthode de M. Cloeren, déjà utilisée à la page 603 du tome I.

Lorsqu'on a à poser une ligne à l'aide d'un fil donné, on calcule à l'avance les valeurs de T' correspondant à des températures et à des portées graduellement croissantes. Une simple interpolation permet alors de trouver la tension à adopter pour une portée et une température déterminées.

L'expérience a montré que le vent a très peu d'effet sur les fils aériens.

476. — Câbles aériens dans les villes. Règlement du Board of Trade. — Lorsque dans les villes, les câbles aériens transportent des courants à tensions élevées, 1000 à 2000 volts par exemple, des précautions spéciales sont prises pour éviter des accidents. Généralement, on entoure ces conducteurs d'une gaîne isolante continue et, afin qu'ils n'aient à supporter aucun effort, on les suspend à des fils d'acier ou de bronze fixés aux supports par l'intermédiaire d'isolateurs. Le conducteur est suspendu à son fil de soutien par des brins verticaux échelonnés sur sa longueur de telle manière qu'entre deux brins successifs, il ne se produise pas de flèche sensible dans le conducteur. Dans ces conditions, on peut considérer la charge comme uniformément répartie sur le câble de support et calculer ce dernier d'après les formules posées précédemment, en adoptant le coefficient de sécurité prescrit par les règlements.

Nous donnons ci-après les règles imposées par le Ministère du Commerce anglais (Board of Trade) pour assurer la sécurité des personnes et pour protéger les lignes télegraphiques considérées comme d'utilité publique. Dans ce qui suit, il ne s'agit que des conducteurs destinés aux usages industriels (éclairage, puissance motrice, etc.).

1º Un conducteur aérien ne sera jamais posé à moins de 6 m du sol et, lorsqu'il traverse une rue, à moins de 9 m du sol. A part les cas où un conducteur prend appui sur une maison ou pénètre dans celle-ci, il sera éloigné des habitations d'au moins 1,80 m.

2º La distance des supports des conducteurs aériens n'excédera pas 60 m, quand la canalisation est rectiligne, et 45 m, lorsque la ligne fait un coude.

3º Les supports des conducteurs aériens seront construits à l'aide de matériaux durables et seront convenablement garantis contre les efforts occasionnés par le vent, les coudes de la ligne ou les portées inégales de celle-ci.

Les fils de support des câbles seront fixés par des isolateurs aux points d'appui.

Le coefficient de sécurité admis dans les calculs de résistance sera au moins égal à 6 pour les fils suspendus et à 12 pour les supports, en adoptant comme pression maximum du vent 250 kg par m². Aucune précaution additionnelle ne devra être prise contre l'accumulation de la neige.

4º Chaque support, s'il est en métal, sera relié à la terre. Les supports en bois ou autre matière non conductrice seront protégés contre la foudre par un paratonnerre fixé au support sur toute sa longueur et dépassant le support à la partie supérieure d'une hauteur d'au moins 15 cm.

Un support est considéré comme bien connecté à la terre quand il communique avec une conduite d'eau alimentaire extérieure aux habitations ou, si cet arrangement n'est pas possible, avec une masse métallique, ayant au moins 0,37 m² de surface, enfouie à une profondeur d'au moins 0,92 m dans la terre humide, pourvu que dans chaque cas le fil de connexion possède une tenacité et une conductibilité équivalentes à celles d'une corde de 7 fils de fer galvanisé de 1,6 mm de diamètre.

5° Chaque conducteur aérien doit être protégé à ses extrémités par des parafoudres du modèle approuvé par le Ministère du Commerce.

6° Quand un conducteur traverse une rue, l'angle compris entre le conducteur et la direction de la rue ne sera pas moindre que 60 degrés et la portée sera aussi faible que possible.

7° Quand un conducteur aérien croise d'autres conducteurs, des précautions doivent être prises pour empêcher un contact en cas de rupture ou d'affaissement.

8° Le courant de travail maximum dans un conducteur aérien sera insuffisant pour provoquer une élévation de température de 17° C et pour altérer les isolants s'il en existe. Des précautions seront prises pour que le circuit soit rompu automatiquement si ce courant maximum est dépassé de 25 pour cent, même pendant un court intervalle de temps.

9° Les conducteurs transportant l'électricité à haute tension auront une gaîne isolante continue, dont l'épaisseur ne sera pas inférieure à 2,5 mm. Au cas où la tension dépasse 2 000 volts, l'épaisseur de la gaîne exprimée en mm sera égale au nombre de volts divisé par 800. La gaîne doit être protégée extérieurement contre l'usure. Si cette armature protectrice est métallique, elle doit être reliée à la terre.

10° La matière utilisée pour l'isolement d'un conducteur à haute tension ne doit pas présenter de changements de structure entre — 12° C et 75°,5 C ni être altérée par l'atmosphère ambiante.

11° La résistance d'isolement d'un circuit aérien à haute tension, y compris tous les appareils inclus dans ce circuit, sera telle que si on réunit un point quelconque du circuit à la terre, le courant de perte n'excède pas $^1/_{25}$ d'ampère dans le cas de courants continus et $^1/_{50}$ d'ampère dans le cas de courants alternatifs. Chaque circuit contenant des conducteurs à haute tension sera pourvu d'un indicateur accusant toute perte supérieure à celles indiquées ci-dessus.

12° Chaque conducteur aérien à haute tension sera suspendu à un fil de support par des brins isolés assez rapprochés pour que le poids du conducteur ne détermine pas de flèches sensibles. Les fils de soutien seront fixés à leurs supports par des isolateurs, de telle manière qu'en cas de bris de ceux-ci les fils ne puissent choir du support.

13° Dans le cas de conducteurs aériens transportant des courants alternatifs, les deux conducteurs constituant le circuit seront tendus parallèlement à une distance ne dépassant pas 45 cm.

14° Les propriétaires des conducteurs aériens seront garants de l'efficacité des supports, lesquels porteront une marque spéciale apposée par le Ministère du Commerce.

15° Les supports, les conducteurs et les appareils reliés à ces derniers seront surveillés et entretenus par les propriétaires au double point de vue électrique et mécanique.

16° Aucun conducteur aérien ne sera maintenu après qu'il a cessé de servir, à moins qu'il ne soit destiné à être réemployé à bref délai.

17° Dans la pose des conducteurs, on aura particulièrement égard aux circuits télégraphiques et toutes les précautions seront prises pour éviter les effets d'induction ou autres sur ces derniers.

18° Une notice avec plan de la pose du conducteur doit être remise au Ministre des Postes et Télégraphes. Celui-ci peut requérir telles modifications qu'il juge convenables pour protéger ses lignes ou ses employés.

CANALISATIONS SOUTERRAINES.

477. — **Généralités.** — Les canalisations souterraines peuvent être formées de conducteurs dépourvus de tout revêtement et placés sur des isolateurs, à la façon des lignes aériennes, dans une conduite ou caniveau, ou encore de conducteurs entourés d'une gaine diélectrique continue et protégés contre les outils des terrassiers et les tassements du sol, soit par une armature métallique posée directement sur l'enveloppe isolante, soit par une conduite résistante dans laquelle les câbles sont placés.

Lorsque les conducteurs dépassent un certain diamètre, on les compose souvent de fils de cuivre cordés, afin de leur donner de la souplesse et de leur permettre de céder aux dilatations provenant des variations de la température. Ce procédé augmente, en outre, la surface de refroidissement des fils et leur permet de supporter des densités de courant plus grandes que celles tolérées dans un conducteur circulaire de même section. Si l'on fait usage de barres massives de forte section, on réserve aux joints des conducteurs plus souples en vue des dilatations. La règle généralement admise est de souder les joints des conducteurs ; cependant lorsque ceux-ci présentent de larges surfaces de contact étamées, on se contente de joints plats serrés par des vis.

478. — **Cas des courants alternatifs.** — Un conducteur parcouru par des courants alternatifs développe autour de lui un champ magnétique variable qui peut créer dans les masses conductrices voisines et dans l'armature protectrice des courants induits, aux dépens d'une fraction de l'énergie produite par la source électrique. En outre, s'il existe des circuits téléphoniques à proximité, les courants induits apportent des perturbations dans les communications échangées par ces fils.

On combat cet inconvénient en rapprochant les deux conducteurs composant le circuit parcouru par les courants alternatifs, car, de cette manière, les courants voisins de sens opposés tendent à produire des effets antagonistes dans les fils et les masses métalliques.

On parvient à éviter complètement l'inconvénient signalé en faisant usage de deux conducteurs concentriques, car dans ce cas chacun des conducteurs tend à développer à l'extérieur du système le même champ magnétique que s'il était concentré dans l'axe commun. Il en résulte que les lignes de force extérieures au système se neutralisent et que le champ magnétique est concentré entièrement dans l'espace annulaire isolant. On en a la preuve dans ce fait qu'un tel système n'exerce aucun effet sur une aiguille aimantée.

On se rappelle que les courants alternatifs n'ont pas la même densité dans toute la masse des conducteurs, la densité allant en décroissant de l'extérieur vers l'intérieur, § 188, ce qui tend à faire substituer des tubes aux conducteurs pleins, lorsque le diamètre dépasse 1 à 1,5 cm. Le système concentrique se prête à la combinaison de deux tubes co-axiaux. Cette disposition a, en outre, l'avantage de diminuer le danger qu'offre le contact des conducteurs, attendu qu'on ne peut toucher les deux conducteurs à la fois. M. de Ferranti a proposé de mettre le tube extérieur en communication avec la terre à l'une de ses extrémités. On peut ainsi toucher ce conducteur sans éprouver de secousse dangereuse, lors même que le conducteur intérieur est à un potentiel très élevé. Enfin la quantité de matière diélectrique nécessaire à l'isolement des deux conducteurs entr'eux est réduite au minimum dans ce dispositif.

M. Jacquin a fait des expériences en vue de déterminer la perte résultant de l'induction latérale dans le cas de câbles séparés et garnis d'armatures métalliques, pour les circuits traversés par des courants alternatifs. Les essais ont porté sur deux câbles garnis chacun d'une enveloppe de plomb de 1 mm d'épaisseur, puis sur des câbles présentant, au dessus de l'enveloppe de plomb, une armature composée de fils de fer de 3 mm de diamètre.

Lorsque des courants alternatifs traversent des câbles semblables, il se produit des phénomènes d'induction et, dans le second cas, des phénomènes magnétiques qui absorbent une fraction de l'énergie produite par la source électrique. Si ces phénomènes n'intervenaient pas, la production d'une intensité efficace I_{eff} dans un conducteur de résistance R ne demanderaient qu'une force électro-motrice $I_{eff} R$. Mais comme les actions secondaires développent une force électro-motrice antagoniste, la force électro-motrice E_{eff} nécessaire pour entretenir le courant I_{eff} est supérieure au produit ci-dessus. La puissance P dépensée dans le conducteur peut se mesurer à l'aide d'un wattmètre dépourvu de self induction, § 234, en même temps que l'on mesure l'intensité efficace par un électro-dynamomètre, ce qui permet de calculer la puissance P' transformée en chaleur dans le conducteur :

$$P' = I^2_{eff} R.$$

La différence $P'' = P - P'$ est la puissance dissipée dans l'enveloppe métallique du câble.

La perte est maximum lorsque l'enveloppe du câble est disposée de manière à constituer un circuit fermé, c'est à dire lorsqu'on relie métalliquement les deux extrémités de la gaine métallique. Dans ces conditions, M. Jacquin a obtenu, pour le câble sous plomb, une perte variant entre 1 et 2 pour 100 de la puissance dépensée P. Dans le cas d'un câble sous plomb à armature de fer, la perte s'est élevée à 35 pour 100 lorsque les extrémités des enveloppes métalliques étaient réunies et que celles-ci formaient des circuits fermés. Dans ce but, le câble était enroulé sur une bobine et les deux bouts ramenés l'un près de l'autre. On constitue de cette manière une sorte de bobine d'induction dont le conducteur secondaire est concentrique au conducteur primaire.

En réalité, la perte n'atteint jamais cette valeur en pratique, attendu que les extrémités de l'armature ne peuvent communiquer entr'elles que par les contacts très imparfaits de celle-ci avec le sol. D'ailleurs, comme la perte dans les conducteurs d'une distribution à haute tension n'atteint jamais 5 pour 100 de la puissance totale utilisée, le surcroît de perte occasionné par l'induction ne dépasse pas dans le cas le plus défavorable $0,35 \times 0,05$ soit 1,75 pour 100 de la puissance totale.

La fréquence de l'alternateur était égale à 100 dans ces expériences. La perte croît naturellement avec la fréquence.

M. Jacquin fait remarquer qu'on réduit la perte à une proportion insignifiante en plaçant les deux câbles sous plomb servant à un circuit dans une même armature en fer, car, dans ce cas, les lignes de force produites par les courants opposés circulant dans ces conducteurs déterminent des effets antagonistes qui s'équilibrent en partie. De plus, une armature en fer continue, telle qu'un tuyau, sert d'écran pour les lignes de force, car, par suite de la perméabilité du métal, les lignes de force ont une tendance à s'y condenser. Il en résulte que les lignes téléphoniques qui passent à proximité sont alors moins exposées à l'action inductrice.

479. — Substances employées pour l'isolement des câbles. Caoutchouc. — Avant d'étudier les dispositions adoptées pour assurer l'isolement des canalisations souterraines, nous croyons utile de donner quelques détails sur les matières isolantes les plus employées dans des cas semblables.

Parmi ces substances figure en première ligne le caoutchouc. On donne ce nom à une gomme qu'on trouve en suspension dans la sève de plusieurs essences d'arbres tropicales. Pour extraire la gomme, il suffit de faire évaporer la partie liquide de la sève. Le caoutchouc brut se compose de deux éléments, l'un nerveux et solide, l'autre visqueux. Grâce à ce dernier, la gomme possède la propriété remarquable de se souder à elle-même par pression. Mais la matière visqueuse rend le caoutchouc altérable à l'air et fusible à basse température. Pour éviter cet inconvénient, on incorpore dans le caoutchouc 6 à 8 pour 100 de soufre. On façonne les objets de caoutchouc par couches successives réunies par pression, puis on les porte dans une étuve chauffée entre 130° et 140°. Sous l'influence de la chaleur, le soufre s'unit au caoutchouc et donne une masse, connue sous le nom de *caoutchouc vulcanisé*, douée d'une grande élasticité qu'elle conserve jusque 180°. Dans cet état la substance ne se soude plus à elle-même et elle résiste aux dissolvants ordinaires du caoutchouc. Lorsque la proportion de soufre atteint 50 pour 100, on obtient l'*ébonite* ou *vulcanite*, substance noire, dure, susceptible de se polir, de se travailler aux outils et jouissant d'un pouvoir isolant très considérable.

Les conducteurs revêtus de caoutchouc vulcanisé peuvent être étamés pour éviter l'attaque du cuivre par le soufre. Toutefois le décapage qui précède le dépôt d'étain laisse souvent sur le cuivre des matières qui altèrent celui-ci dans la suite. On évite cet inconvénient en revêtant le cuivre d'un guipage de coton et d'une couche de caoutchouc naturel au-dessus de laquelle on place les couvertures de caoutchouc vulcanisé. On atténue l'attaque des métaux par le caoutchouc vulcanisé en incorporant dans ce dernier, pendant la fabrication, une certaine proportion de chaux.

Pour obtenir la gaîne isolante, on enroule en hélice autour du conducteur des lanières de caoutchouc dont les spires se recouvrent légèrement et se soudent par les bords. La vulcanisation se fait après le recouvrement. On confectionne aussi des tissus imprégnés de caoutchouc qu'on découpe en bandelettes pour le revêtement des conducteurs.

Chauffé à 200° le caoutchouc devient poisseux et ne reprend plus son élasticité après refroidissement; aussi doit-on éviter dans la fabrication et l'exploitation des câbles isolés d'exposer la gaine à atteindre la température de fusion.

Les conducteurs revêtus de caoutchouc doivent être assez flexibles pour que la couche isolante ne soit pas blessée lorsqu'on courbe le câble. Si l'on doit employer des sections de cuivre considérables, on forme le conducteur de brins de cuivre cordés, ce qui lui donne de la souplesse. On peut revêtir cette corde d'un ruban de coton afin de préserver mieux encore la gaine de caoutchouc. L'épaisseur de celle-ci varie avec la tension électrique. On admet qu'elle doit être d'au moins 2,5 millimètres pour une tension de 4 000 volts et 1,25 millimètre pour 1 000 volts.

En tous cas, la gaine doit être essayée avant l'emploi. On soumet le conducteur à une tension supérieure à celle qu'il devra supporter dans l'application à laquelle on le destine. On utilise dans ce but des bobines d'induction à l'aide desquelles on obtient aisément des différences de potentiel considérables.

480. — Gutta-percha. — La gutta-percha est aussi une gomme qui vient particulièrement de la Malaisie, souillée de matières étrangères dont on la débarrasse par une préparation mécanique. La gutta-percha se ramollit vers 50° et fond vers 100°. Elle se moule autour des conducteurs dans des filières spéciales. Mais la basse température de fusion de cette substance ne permet guère d'en faire usage pour les conducteurs traversés par des courants intenses. Elle est de plus altérable à l'air et ne se conserve bien que sous l'eau et dans les endroits humides.

Elle est presque exclusivement réservée à la fabrication des câbles souterrains et sous-marins destinés aux communications télégraphiques. Sa grande imperméabilité la rend particulièrement propre à cet emploi.

481. — Paraffines. Résines. — La paraffine est un des produits de la distillation du pétrole.

Le pétrole, qui, d'après M. Mendeléeff, se forme dans la terre par l'infiltration de l'eau superficielle jusqu'aux roches ignées qui la dissocient et unissent ses éléments avec le carbone que contient le noyau intérieur, est un des corps dont l'industrie tire le plus grand parti. Sa distillation donne d'abord le naphte et autres huiles volatiles, puis l'huile employée dans les lampes, ensuite les huiles lourdes qui servent de lubrifiant, enfin la paraffine, et, comme dernier résidu, un produit qui supporte des températures très considérables et qui est presque ininflammable.

Tous ces produits sont isolants. Les produits solides ont trouvé de nombreux emplois dans la fabrication des câbles électriques.

La paraffine présente un isolement très élevé, mais elle est cassante, sujette à se fissurer et à laisser arriver l'humidité jusqu'au contact des conducteurs qu'elle recouvre. Pour atténuer cet inconvénient, on l'associe à des isolants peu coûteux, tels que le jute et le papier, au moyen desquels on garnit les conducteurs et qui sont imprégnés de paraffine à chaud, de manière à chasser l'humidité contenue dans ces matières et à accroître leur pouvoir isolant. Le tout est ensuite revêtu d'une garniture solide, telle qu'un tube de plomb, destinée à empêcher le retour de l'humidité dans les gerçures qui se forment à la longue dans l'enduit.

Dans les mêmes conditions on peut remplacer la paraffine par la poix ou par le résidu de la distillation des huiles siccatives.

On donne le nom d'ozokérite ou cire fossile à une qualité de paraffine que l'on trouve à l'état natif mélangée à des gangues et autres impuretés.

482. — Isolants divers. — Le prix élevé du caoutchouc et les difficultés que l'on rencontre dans l'emploi de la paraffine ont suscité l'invention d'un grand nombre de mélanges isolants dans lesquels ces substances sont associées à des matières résineuses ou bitumineuses. Le but de ces mélanges est d'obtenir à un prix minime un corps doué d'un pouvoir isolant et d'une imperméabilité suffisantes, ainsi que d'une résistance convenable à l'action de la chaleur, de l'air et des liquides qui imprègnent le sol. Parmi ces composés nous citerons l'okonite, la kérite, la nigrite et la composition Callender. Beaucoup de ces mélanges sont vulcanisés et nécessitent pour cette raison l'étamage du conducteur qu'ils recouvrent.

Les câbles non exposés à l'humidité peuvent être simplement revêtus d'une gaîne de coton ou de jute que l'on imprègne parfois d'un enduit à base de silicates de manière à assurer son incombustibilité.

Lorsque les conducteurs sont placés dans les habitations, deux méthodes sont particulièrement employées pour les mettre à l'abri des contacts et des frottements. La plus fréquente consiste à disposer les deux conducteurs formant chaque circuit dans des rainures parallèles creusées dans des planchettes fixées aux murs. On recouvre ensuite ces planchettes de lattes moulurées. L'autre procédé consiste à enfermer les deux conducteurs dans une gaîne de plomb continue. Ce moyen soustrait les conducteurs à l'humidité et leur permet de suivre des parcours sinueux. En outre, il restreint la main-d'œuvre de placement. Lorsqu'on fixe ces câbles par des cavaliers, il convient d'aplatir ceux-ci dans leur partie courbe, afin de ne pas percer les enveloppes protectrices.

TYPES DE CANALISATIONS SOUTERRAINES.

483. — Problème à résoudre. — L'établissement des canalisations souterraines présente dans les grandes villes des difficultés sérieuses par suite de l'encombrement du sous-sol par les conduites d'égoût, d'eau et de gaz.

On a à diverses reprises préconisé l'idée de créer dans les rues principales un égoût sec ou tunnel propre à recevoir les canalisations d'utilité publique et raccordé avec les maisons par des tuyaux assez larges pour y passer les divers branchements. De cette manière, les réparations et les raccords pourraient se faire sans ouvrir des tranchées et sans entraver la circulation.

Un semblable projet ne peut guère être réalisé que par les municipalités qui loueraient les emplacements aux sociétés d'électricité. En l'absence d'un tel réseau d'égoûts, les électriciens ont à rechercher un système de canalisations permettant de visiter et de réparer les conducteurs et de faire les branchements des câbles aussi commodément et aussi économiquement que possible.

Lorsque les câbles n'ont pas une section trop forte et que leur flexibilité est suffisante, le système suivant, employé depuis longtemps par les administrations télégraphiques, peut être adopté avec avantage.

Une conduite solide en fer, en ciment ou en asphalte est enfouie sous la voirie et interrompue de distance en distance par des puits en maçonnerie ou en fonte d'une capacité suffisante pour permettre à un homme de s'y mouvoir à l'aise. Les conducteurs sont tirés à l'intérieur de la conduite sur une section égale à l'écartement de deux trous d'homme et les divers tronçons sont raccordés entr'eux par des joints. Une telle canalisation présente généralement plusieurs tuyaux distincts destinés à recevoir des conducteurs servant à des usages différents.

On admet que l'emploi d'une matière isolante pour la confection de la conduite permet de réduire, dans une certaine mesure, l'épaisseur du diélectrique protégeant les conducteurs. On a préconisé dans cette vue les conduites en asphalte ou les tuyaux en fer revêtus intérieurement de ciment ou d'un enduit vitrifié.

L'eau de condensation ou d'infiltration qui pénètre dans les conduites est recueillie dans des puisards placés au fond des trous d'homme et retirée de temps à autre à l'aide d'une pompe à main.

Le système que nous venons d'indiquer est largement employé aux États-Unis, où les distributions à haute tension sont très développées et où les conducteurs ont une section assez faible pour conserver une certaine flexibilité qui permet le tirage des câbles dans les tuyaux. Ce système a l'avantage de se prêter au remplacement des conducteurs sans ouvrir des tranchées sur la voie publique. On ne lui reproche qu'un inconvénient : le gaz, provenant des fuites des conduites de gaz voisines et peut être aussi de la distillation des diélectriques enveloppant des conducteurs traversés par des courants trop intenses, s'accumule parfois dans les trous d'homme et provoque des explosions au contact des flammes nues ou des étincelles électriques. On remédie à ce défaut par une ventilation par compression d'air, qui renouvelle l'atmosphère des conduites et s'oppose à l'infiltration des gaz.

Lorsque, par suite de l'adoption de courants intenses dans les distributions d'électricité, on est amené à recourir à des conducteurs de fortes sections, le système de tirage des câbles dans les conduites devient impraticable.

Les procédés employés dans les cas semblables peuvent se ranger en deux catégories. Dans la première, les conducteurs sont couverts d'une gaîne isolante et posés avec leur armature protectrice qui consiste soit en tuyaux de fer, soit en fils ou en bandes de fer enroûlés sur le câble isolé. Les conducteurs de la seconde catégorie sont nus et soutenus sur des isolateurs dans des caniveaux souterrains, interrompus par des trous d'homme où se font les raccordements et où s'accumule l'eau de condensation et d'infiltration qu'on évacue par des pompes ou par des communications avec les égoûts. Ce dernier système, qui peut être employé sans inconvénient lorsque la tension de l'électricité n'est pas considérable, a l'avantage d'éliminer les gaînes isolantes qui constituent un élément coûteux et plus sujet à détérioration que les autres parties des canalisations.

Les canalisations électriques se placent sous le milieu des rues comme les canalisations d'eau et de gaz. Dans ce cas, il faut interrompre la circulation des voitures en tout ou en partie pour effectuer les branchements. Pour éviter cet inconvénient, on a eu recours, dans quelques grandes villes, à une canalisation sous chaque trottoir, ce qui accroît considérablement la dépense. Aux traversées des rues les câbles sont alors tirés dans des tuyaux ou disposés dans des tunnels, de manière à permettre les réfections sans gêner la circulation.

TYPES DE CANALISATIONS A TIRAGE DES CABLES.

484. — **Conduites protectrices.** — D'après un travail de M. Maver, auquel nous empruntons de nombreux détails sur les canalisations américaines, les compagnies d'éclairage électrique de New-York emploient généralement les tuyaux en fonte pour la protection des câbles électriques. Ces tuyaux, dont la longueur est de 7 m et le diamètre de 5 à 8 cm, sont noyés dans de la maçonnerie. Après avoir préparé la tranchée, on coule au fond un lit de béton sur lequel on dispose une rangée de tubes de fonte que l'on couvre de béton. On alterne de cette manière les tubes et les lits protecteurs, en terminant par une couche de béton plus épaisse que l'on recouvre, pour plus de sûreté, de fortes planches de sapin destinées à amortir les coups de pioche donnés par les ouvriers chargés de l'ouverture des tranchées dans les rues. Les tuyaux sont parfois goudronnés pour éviter la rouille et l'on veille à ce que leur surface interne ne présente aucune aspérité susceptible de blesser les câbles pendant le tirage. Les tubes successifs sont réunis par des manchons à double filet avec bourrage d'étoupe imprégnée de minium.

On a aussi employé des tubes en fonte présentant une garniture intérieure en ciment obtenue en dressant le tube et en y enfonçant provisoirement un tube de cuivre qui ménage un vide annulaire dans lequel on coule le ciment.

On s'est servi également, au lieu de tuyaux métalliques, de blocs d'asphalte soudés les uns aux autres et percés d'une série

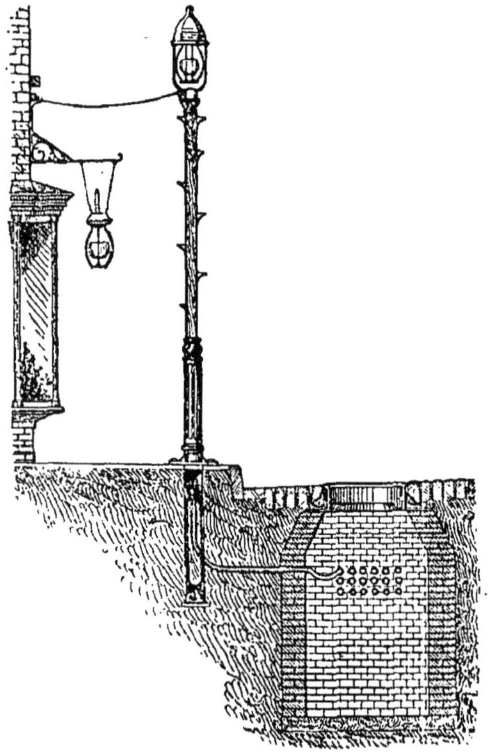

Fig. 289.

d'orifices longitudinaux dans lesquels on tire les câbles. Le système Dorsett, employé aux États-Unis, et le système Callender-Weber, en usage en Angleterre, sont fondés sur ce principe. On a également essayé les conduites de bois créosoté. Mais le premier système est le plus en usage.

Le faisceau de tubes dont nous venons de parler est interrompu, à des intervalles variant de 60 m à 100 m, par des trous d'homme par lesquels se font le tirage des câbles et leurs raccordements.

Ces puits, dont la fig. 289 montre un spécimen, ont des dimensions variables avec le nombre des câbles, mais toujours suffisantes pour qu'un homme puisse s'y mouvoir à l'aise. Les parois sont en maçonnerie cimentée pour éviter l'infiltration de l'eau et du gaz. L'orifice du puits est rétréci et possède une double fermeture en fonte afin d'empêcher l'accès des eaux de la chaussée. La fig. 289 montre une série de tubes débouchant dans le trou d'homme, ainsi qu'un branchement vers un réverbère pourvu d'une lampe à arc.

485. — Câbles. — Les câbles tirés dans les conduites comprennent une corde flexible en fils de cuivre garnie de couches isolantes et couverte d'une enveloppe de plomb destinée à éviter que l'humidité et les liquides corrosifs n'aient accès à la gaîne diélectrique. Le plomb peut être altéré lorsqu'il est soumis à l'action intermittente des infiltrations d'égoût ou lorsqu'il est en contact avec des matières créosotées. Dans ces conditions, il se transforme en carbonate et s'effrite. On rend le plomb moins altérable en y alliant 3 pour 100 d'étain, ce qui a l'avantage de communiquer une certaine élasticité aux tuyaux et de les empêcher de se gercer pendant les pliages. Parfois aussi on revêt les tuyaux d'un guipage de coton goudronné ou bitumé.

La gaîne isolante présente des compositions variables. Les meilleures, aux points de vue de l'isolement et de la durée, sont celles qui utilisent le caoutchouc. Autour de la corde de cuivre, on enroule un guipage de coton qui sert de matelas et empêche le métal de percer son enveloppe pendant les pliages, puis viennent des couches successives de caoutchouc naturel, de caoutchouc vulcanisé et de ruban caoutchoucté enroulé en hélice. En donnant aux enveloppes de caoutchouc une épaisseur totale de 3 mm, le câble peut être soumis avec sécurité à des tensions de 2 500 à 3 000 volts.

Par suite du prix élevé du caoutchouc, on y substitue fréquemment des enveloppes de chanvre, de coton ou de jute imprégnées à chaud de paraffine ou de résine. Dans ce cas, on donne à l'isolant 5 ou 6 mm d'épaisseur pour résister à la tension de 3 000 volts et l'on doit avoir soin d'employer des gaînes de plomb protégeant efficacement l'enveloppe intérieure contre l'humidité.

486. — Tirage des câbles. Joints. — Avant d'introduire les câbles dans les tuyaux posés comme on l'a vu au § 484, on doit amener au préalable dans la ligne des tuyaux une corde solide destinée à effectuer le tirage. Dans ce but, de l'un des trous d'homme on pousse dans la conduite un ruban d'acier qu'on déroule d'une bobine amenée près du puits. L'extrémité du ruban est garnie d'une boule afin d'éviter les arrêts aux joints des tuyaux. Lorsque le ruban a atteint le trou d'homme voisin, on y attache la corde et l'on amène celle-ci dans les tuyaux en retirant le ruban. On fixe ensuite à l'extrémité de la corde un des bouts du câble à poser. Deux ou trois hommes tirent la corde par l'autre extrémité de manière à amener le câble de la conduite. Lorsque plusieurs câbles doivent être posés dans un tuyau, il convient de les tirer simultanément, car si l'on amène un câble à côté d'autres déjà introduits, le frottement des câbles entr'eux occasionne souvent des détériorations aux gaînes protectrices. Lorsqu'on introduit un faisceau de câbles, le frottement contre le tuyau est trop considérable pour que le tirage puisse se faire à la main. On dresse verticalement dans le trou d'homme un gros tambour en bois autour duquel la corde de traction fait quelques tours. L'axe en fer du tambour pivote dans une crapaudine placée au fond du puits et se prolonge en dehors du trou d'homme. Deux hommes tournent ce prolongement à l'aide d'un manège, tandis qu'un ouvrier maintient la corde contre le tambour de manière que l'adhérence soit suffisante pour éviter le glissement de la corde.

Les câbles étant amenés par ces procédés dans les tuyaux, il faut joindre les tronçons posés entre les trous d'homme successifs. Ces joints demandent à être faits très soigneusement, car il est arrivé fréquemment que des systèmes de câbles excellents ont donné de mauvais résultats par suite de l'insuffisance des jonctions. On ne doit employer comme jointeurs que des ouvriers d'élite, réputés pour le soin qu'ils apportent dans leur travail et auxquels on fait exécuter préalablement un certain nombre de joints d'essai que l'on contrôle au point de vue de l'isolement.

Pour effectuer un joint, on enlève la couverture de plomb sur 6 à 7 cm et la gaine isolante sur 2,5 cm à chacun des bouts à réunir. Les deux bouts dénudés sont introduits dans un manchon en cuivre à rainure et soudés avec la résine comme fondant. Si l'on doit poser un branchement à l'endroit du joint, on fait usage d'un manchon en forme de T, le conducteur latéral étant introduit dans la branche du T disponible. Le joint soudé, on ramène l'isolant sur le manchon et on enroule tout autour plusieurs couches successives de caoutchouc naturel et de caoutchouc vulcanisé, en interposant entre deux enroulements un dissolvant du caoutchouc, tel que le sulfure de carbone, de manière à faire adhérer entr'elles les diverses couvertures. Cela fait, on enroule autour des isolants une feuille de plomb que l'on serre sur la couverture de plomb des câbles en faisant, à l'aide de ruban goudronné ou bitumé, des ligatures des deux côtés du joint. L'opération demande une vingtaine de minutes lorsqu'elle est exécutée par un ouvrier exercé.

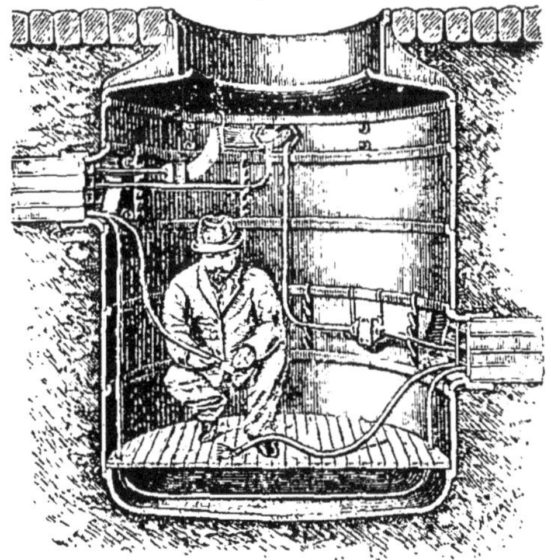

Fig. 290.

La fig. 290 représente un modèle de trou d'homme en fonte, du système Johnstone, auquel aboutissent des conduites sectionnées dont nous verrons la description ci-après. Le dessin montre les câbles posés régulièrement le long des parois du trou d'homme, ainsi que le prescrivent les règlements, afin que l'on puisse suivre aisément les communications.

487. — Conducteurs de distribution. — La pose des distributeurs, qui se raccordent aux feeders dans les trous d'homme, doit être faite de manière à permettre d'établir avec facilité les branchements. M. Maver nous apprend qu'aux États-Unis les distributeurs sont posés fréquemment dans des conduites noyées dans le béton et placées, au-dessus des conduites principales, à peu de distance du pavé, 5o cm au plus. Ces conduites secondaires sont interrompues, devant chaque maison ou devant le mur mitoyen des maisons successives, par des regards constitués par des marmites en fonte

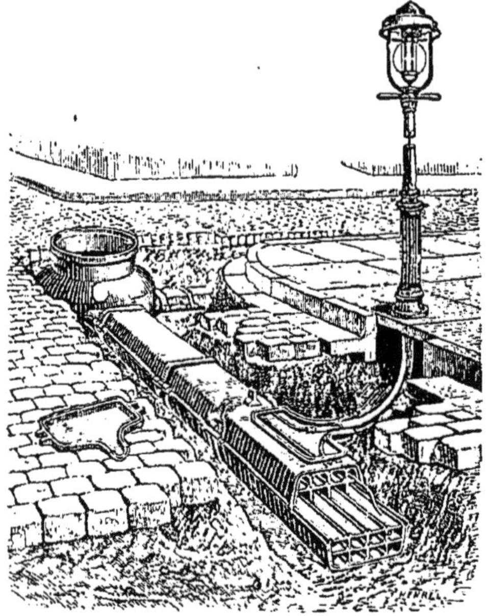

Fig. 291.

fermées par une dalle asphaltée de même métal. Les câbles de branchement vers les habitations sont placés dans des tuyaux en fonte aboutissant d'une part aux regards, de l'autre dans les caves des abonnés.

Dans le système Johnstone, représenté dans la fig. 291, au lieu d'employer des conduites séparées, on divise une conduite de fonte, formée de deux pièces à emboîtement, par des cloisons entre lesquelles on tire les câbles distributeurs. De distance en distance, la partie supérieure de la conduite porte un orifice fermé par un couvercle représenté à la gauche, de la figure, et auquel se raccorde le tuyau de branchement. Comme les cloisons intérieures sont mobiles, il est facile de faire les raccordements des câbles de branchement avec les distributeurs. Les divers emboîtements extérieurs des conduites Johnstone sont pourvus de joints à rainure remplis de mastic de plombier ; toutefois la multiplicité de ces joints rend douteuse l'étanchéité du système.

SYSTÈMES DE CONDUCTEURS ÉLECTRIQUES POSÉS AVEC LEURS ARMATURES.

488. — **Canalisations Edison (1er système).** — Les conducteurs employés dans les premières canalisations Edison sont des barres

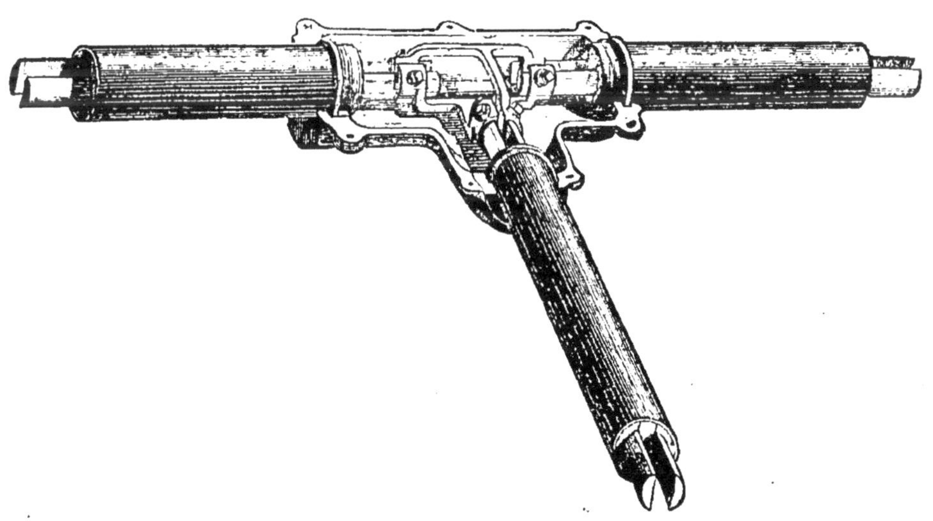

Fig. 292.

de cuivre semi-circulaires logées dans des tuyaux en fer, de 6 m de longueur, au milieu desquels elles sont soutenues par des disques percés, disposés de distance en distance. Les vides sont remplis par un mélange coulé à chaud et solide à la température ordinaire. Les conducteurs se raccordent, de 6 m en 6 m, dans des boites de jonction, à l'aide de conducteurs courbes qui permettent l'expansion provenant des variations de la température. On coule le mélange isolant dans ces boites de jonction, qui sont formées de deux coquilles dont les rebords sont réunis par des boulons avec interposition de caoutchouc dans le joint. La fig. 292 montre une boite servant au raccordement d'un circuit dérivé.

489. — Canalisations Edison (2ᵐᵉ système). — M. Edison a modifié le système précédent pour l'adapter à la distribution par trois conducteurs, § 450.

Trois barres de cuivre rondes, séparées par des cordes de jute, sont introduites dans des tuyaux en fer par longueurs de 6 m. Les

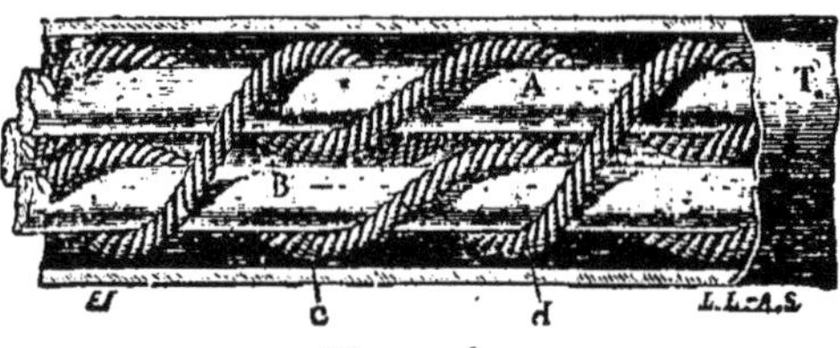

Fig. 293.

interstices sont remplis, avant la pose, par un mélange solide de paraffine, de résine et d'huile coulé à chaud. Les tronçons successifs se raccordent dans des boites de jonction en deux pièces, boulonnées sur les extrémités des tuyaux munies de joints à genouillère assurant une flexibilité suffisante pour permettre de contourner les autres canalisations de la voirie. Les barres de cuivre sont réunies dans les boîtes de jonction par des bouts de corde flexible, permettant les dilatations et terminés par des tubes qui s'emboîtent sur les barres auxquelles ils sont fixés par des vis, puis soudés.

Aux branchements, les boîtes de jonction portent un troisième orifice, dans lequel pénètre le tuyau de raccordement.

De distance en distance, la canalisation principale est interrompue par des trous d'homme en fonte, dans lesquels on raccorde les feeders aux distributeurs.

Les barres de cuivre employées par Edison ont au maximum 18 mm de diamètre. Lorsque ce diamètre est insuffisant pour le courant à transporter, on établit plusieurs conduites parallèles à trois conducteurs.

Dans les feeders, le conducteur neutre a une section égale à la moitié de celle des conducteurs extrêmes et chaque barre est pourvue d'un fil pilote. Dans les distributeurs, les trois barres ont le même diamètre.

490. — Câbles Siemens. — La maison Siemens, de Berlin, fabrique des câbles composés de cordes de cuivre revêtues d'un guipage de jute imprégné d'une composition isolante à base de bitume et d'huiles lourdes. Un tuyau de plomb est fortement serré sur le câble afin d'éviter l'introduction de l'humidité. Le tuyau est lui-même revêtu d'un matelas de chanvre imprégné et protégé par une armature, formée de deux rubans de fer enroulés en sens inverse, sur laquelle est posée une dernière couche de jute à enduit bitumineux qui protège le fer contre la rouille. Les feeders possèdent un fil pilote comme le montrent les coupes de la fig. 294.

Fig. 294.

Ces câbles sont posés simplement dans le sol. Les raccords se font dans des boîtes de jonction en deux pièces, fig. 295, présentant des collets cloisonnés dans lesquels les câbles sont fortement serrés pour éviter l'infiltration de l'humidité. Les conducteurs sont réunis par un manchon à vis de serrage. On a soin, le cas échéant, de raccorder séparément les bouts des fils pilotes. Lorsque le couvercle de la boîte est boulonné, on remplit celle-ci d'huile lourde que l'on verse par un orifice taraudé porté par le couvercle. On ferme alors l'orifice par un bouchon à vis.

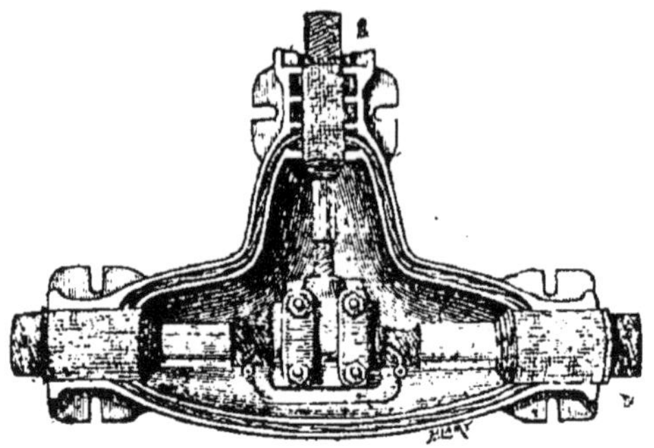

Fig. 295.

De distance en distance, on intercale dans la canalisation des trous d'homme dans lesquels se font les raccordements principaux. On remarquera que les jonctions s'opèrent sans soudure. On prend seulement la précaution d'étamer les bouts des conducteurs pour éviter l'oxydation.

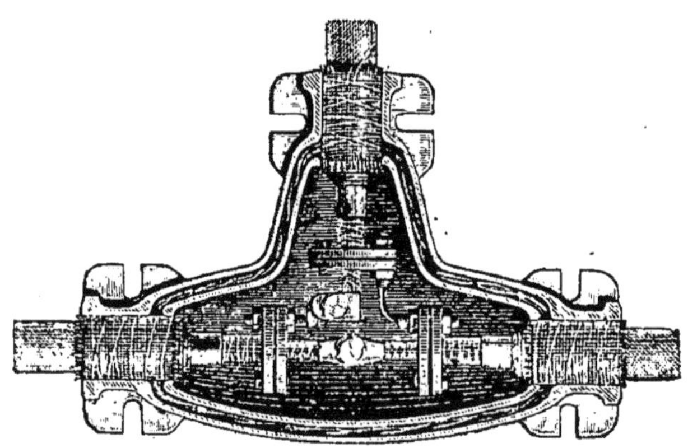

Fig. 296.

La maison Siemens fabrique également des câbles concentriques à deux et à trois conducteurs pour les distributions par courants alternatifs. La boîte de jonction, fig. 296, montre le mode de raccord de câbles semblables à deux conducteurs. Les cordes centrales sont reliées directement par un manchon. Les bouts des cordes creuses sont relevés et serrés entre des collets réunis entr'eux.

A Rome, les câbles concentriques ont été posés dans des caniveaux en bois remplis de ciment et ont été essayés sous la tension de 5 000 volts.

La maison Siemens fabrique des câbles à faible section, du système précédent, pour les montages à l'intérieur des maisons. Elle supprime dans ce cas l'armature de fer pour ne conserver que l'enveloppe de plomb.

491. — **Câbles Berthoud, Borel et Cie.** — La maison Berthoud, Borel et Cie, de Cortaillod, fabrique aussi les câbles simples et les câbles concentriques, fig. 298 et 297. Ces câbles se composent de

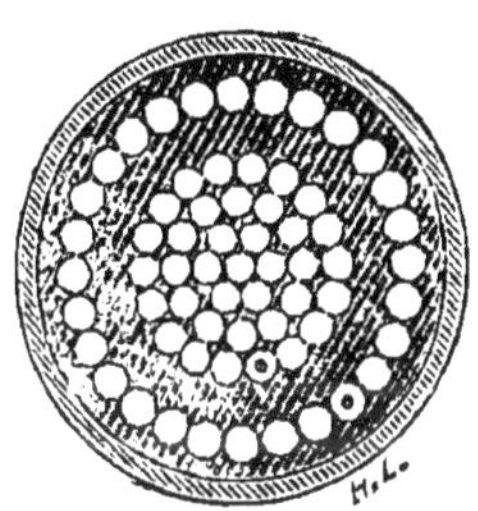
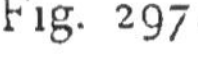
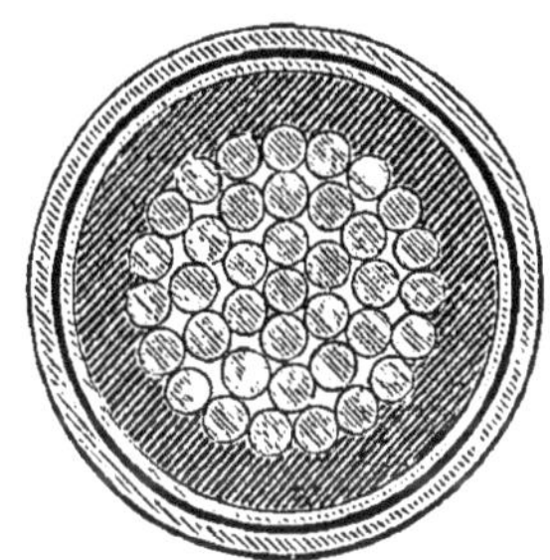

Fig. 297.   Fig. 298.

cordes de cuivre isolées par une couverture de jute imprégnée du résidu de la distillation d'huile siccative et couverte de deux tuyaux de plomb moulés à chaud dans une filière spéciale. Les deux couches de plomb sont séparées par du brai destiné à empêcher l'humidité, qui pourrait pénétrer par une fissure de la première couche, de traverser la seconde.

491bis. — **Conducteurs de Ferranti.** — Les conducteurs adoptés par M. de Ferranti dans les canalisations pour courants alternatifs de haute tension comprennent deux tuyaux de cuivre concentriques b, d séparés et recouverts par des enveloppes composées de feuilles de papier paraffinées a, c. Au dessus de la seconde enveloppe isolante est un tube de fer servant d'armature protectrice et enduit d'une matière bitumineuse.

Les conducteurs se fabriquent par bouts de 6 mètres. Les enveloppes isolantes se font en donnant au tube à recouvrir un mouvement de rotation servant à provoquer l'enroulement de couches successives de papier imprégné de paraffine fondue. Le tube de cuivre extérieur et le tube de fer sont comprimés sur le papier par le passage dans une filière.

Pour effectuer les raccordements des bouts de 6 mètres, on donne aux extrémités les profils indiqués dans la fig. 299, de manière qu'elles s'emboîtent et que les conducteurs et l'isolant

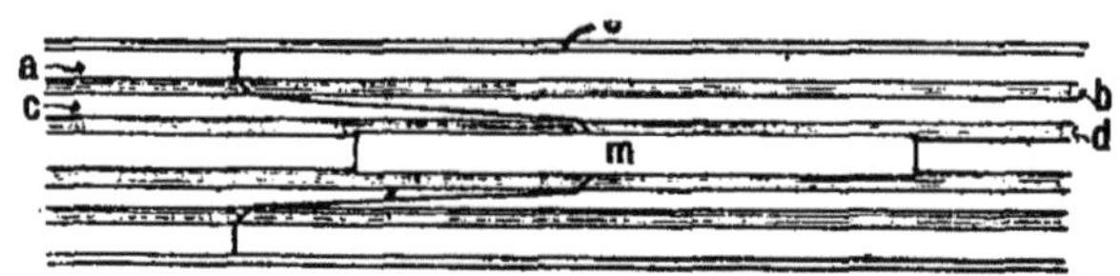

Fig. 299.

intermédiaire, alésés en cônes, se recouvrent exactement. Un cylindre auxiliaire *m* sert à assurer l'alignement des conducteurs réunis. La couche *a* et le tube de fer sont coupés normalement.

Lorsque la canalisation fait un coude, il suffit de ployer les conducteurs dans une machine à cintrer, analogue à celle dont on fait usage pour les rails.

SYSTÈMES DE CONDUCTEURS NUS POSÉS SOUS TERRE.

492. — Systèmes divers. — Il y a quelques années, M. Crompton eut l'idée de supprimer la gaine isolante qui constitue la partie la plus précaire des canalisations et de réaliser, dans des caniveaux souterrains, une sorte de ligne aérienne posée sur isolateurs.

Ce système a depuis été employé de différents côtés dans les distributions à basses tensions. La fig. 300 montre l'application qui en a été faite à Paris par la Compagnie Édison. Des caniveaux en béton de ciment, couvert de dalles de même matière, sont placés sous les trottoirs des rues à 15 cm de la surface. Ils ont une section de 37 cm sur 55 cm. Des isolateurs en porcelaine, fixés à des ferrures noyées dans le béton, supportent les cordes de cuivre du système à trois conducteurs. Ces cordes sont retenues dans des étriers en fonte pénétrant par une queue dans les isolateurs.

Fig. 300.

Les fils pilotes sont portés par des isolateurs spéciaux. Les branchements vers les habitations se font par des fils sous plomb.

Aux traversées des rues, les caniveaux sont arrêtés à des puits raccordés sous la voirie par une galerie dans laquelle un homme peut circuler. Les câbles descendent dans ces galeries par les puits.

L'expérience a montré que les câbles sont exposés à une détérioration rapide par oxydation lorsque les conduites laissent pénétrer l'humidité. Les barres massives, qui présentent une surface d'attaque moindre, sont beaucoup moins sujettes à cet inconvénient.

Dans le système de M. Crompton, les caniveaux sont également en béton et ils sont fermés par des voussures dont la distance au dallage des trottoirs varie de 25 à 60 cm, suivant la position des canalisations existantes. Les caniveaux sont interrompus aux coins des rues et aux branchements par des trous d'homme, en fonte. Ils contiennent des conducteurs se composant de barres plates de cuivre ayant

2,5 cm de largeur sur o,6 cm d'épaisseur. Ces barres sont livrées par bouts de 2 10 m et posées à plat dans des fourchettes portées par des isolateurs en verre placés dans des regards écartés de 1 5 à 20 m. Ces barres peuvent être poussées dans les caniveaux entre deux regards successifs. On superposé des tronçons semblables jusqu'à ce qu'on ait obtenu la section totale de cuivre désirée. La flexibilité de ces conducteurs leur permet de supporter sans inconvénients les dilatations dues aux échauffements ; il se produit simplement une modification dans la flèche entre deux supports. Aux traversées des rues, les caniveaux sont remplacés par des tuyaux en fonte, dans lesquels on pousse les barres soutenues de distance en distance par des isolateurs montés sur des chariots mobiles dans les tuyaux.

Les branchements vers les habitations sont formés par des câbles couverts de caoutchouc et tirés dans des tuyaux en fonte qui réunissent les immeubles aux regards voisins. Le peu d'eau qui s'infiltre dans les conduites s'écoule vers les regards et est recueillie périodiquement à l'aide de pompes.

A Berlin, la Société générale d'Électricité a également essayé des barres de cuivre nu posées sur des isolateurs dans des caniveaux du système Monier. Ces caniveaux sont rectangulaires et leurs parois, composées de béton de ciment, sont consolidées par une carcasse formée d'une grille de fils d'acier noyés dans l'épaisseur du ciment.

Fig. 3o1.

Un système qui se rattache aux précédents et qui peut être employé pour les conducteurs intérieurs est celui de M. Fortin-Hermann, fig. 3o1 ; le conducteur est enfilé dans de petits cylindres en bois paraffiné et le tout est couvert d'une gaine de plomb.

ISOLEMENT DES CANALISATIONS.

493. — On définit sous le nom de *résistance à l'isolement* d'une canalisation, la résistance comprise entre le conducteur et la terre.

Elle est en raison inverse de la longueur de la ligne, car si la canalisation est isolée à l'une de ses extrémités et reliée par l'autre extrémité à une pile dont un des pôles est à la terre, les dérivations de courant à travers les isolateurs ou la gaine isolante sont échelonnées sur toute la longueur de la' ligne et croissent par suite avec l'étendue de cette dernière. Il s'ensuit que, pour conserver un taux de perte constant, l'isolement par unité de longueur doit croître avec le développement de la canalisation.

La mesure de la résistance à l'isolement s'opère par la méthode de comparaison, décrite au § 227, en observant la déviation occasionnée par le courant de perte dans un galvanomètre gradué, intercalé entre la pile et l'une des extrémités du câble électrique isolé au préalable à l'autre extrémité.

Connaissant la différence de potentiel qui cause le courant, il est facile de déduire la résistance cherchée.

Le courant observé au galvanomètre n'est pas constant pour une différence de potentiel donnée, car au courant de perte s'ajoute le courant de charge du câble, lequel agit comme un condensateur. Ce courant de charge, qui a une valeur élevée au moment de l'application de la pile, va en décroissant, mais avec les diélectriques ordinaires il a encore une intensité appréciable après plusieurs minutes d'électrisation du câble, par suite du phénomène de la charge résiduelle, § 96.

Afin de hâter l'essai, on convient généralement de rapporter la résistance d'isolement à la déviation observée au galvanomètre après une minute d'électrisation, c'est à dire après que la pile a été appliquée au câble pendant une minute.

La tension de la pile d'essai n'est pas indifférente, et il convient d'effectuer l'essai avec un générateur électrique développant une différence de potentiel au moins égale à celle que le câble a à supporter dans l'application. Souvent même, on force la tension à l'essai afin de mettre en évidence certains défauts, tels que les soufflures, les gerçures, etc., qui ne se manifestent qu'à la longue avec une tension réduite.

Lorsque la différence de potentiel appliquée en service courant atteint plusieurs centaines, voire même plusieurs milliers de volts, il serait coûteux d'établir, à l'usine de fabrication du câble, une pile d'essai fournissant une tension suffisante. Dans ce cas, on peut recourir aux bobines d'induction qui permettent d'obtenir, à peu de frais, des forces électro-motrices très considérables.

La résistance d'isolement par kilomètre, exigée des câbles électriques recouverts d'une gaine isolante, est généralement très élevée.

On exige un isolement minimum de plusieurs centaines de méghoms et une résistance, proportionnelle à la tension, d'au moins 25 méghoms par 100 volts, pour les applications nécessitant des tensions élevées.

Au premier abord, à part le danger qu'offre le contact des conducteurs mal isolés, on ne voit pas la nécessité d'un isolement aussi considérable, car la perte d'énergie correspondante, qui est

$$\frac{\overline{100}^2}{25\,000\,000} = \frac{1}{2\,500}\ \text{watt}$$

par kilomètre, pourrait sans inconvénients devenir beaucoup plus grande sans cesser de représenter une très petite fraction de l'énergie perdue par l'effet Joule dans le conducteur.

On a fréquemment exprimé l'opinion qu'un isolement kilométrique d'un mégohm suffirait largement. Mais la difficulté est de maintenir un tel isolement : les substances qui le procurent ne résistent pas en général à l'action du courant et des agents de décomposition. On est obligé de recourir à des substances telles que le caoutchouc qui, même sous une épaisseur faible, donnent un pouvoir isolant considérable.

Dans les canalisations aériennes ou souterraines à conducteurs nus, l'isolement varie beaucoup avec l'état hygrométrique de l'air, par suite de la buée qui se dépose en quantité plus ou moins considérable sur les isolateurs en porcelaine. Dans une atmosphère très-humide, l'isolement peut alors tomber à un mégohm par kilomètre.

A l'usine municipale des Halles de Paris, on a exigé que les câbles, destinés à supporter une tension de 2 400 volts, aient une résistance kilométrique à l'isolement de 1 000 mégohms, valeur qui ne doit pas tomber de plus de 10 pour 100 après la pose des câbles. La valeur spécifiée ci-dessus correspond à près de 42 mégohms par 100 volts.

Les compagnies d'éclairage électrique de New-York exigent 24 mégohms par kilomètre et par 100 volts, au moment de la pose.

Dans une distribution par transformateurs, il n'y a pas grand inconvénient à comprendre dans l'essai, les branchements et les circuits primaires de ces appareils et à rapporter la résistance d'isolement trouvée au kilomètre de canalisation. Mais dans une distribution en dérivation directe, les raccordements intérieurs des abonnés comprennent un développement de câbles dont il est difficile d'apprécier l'étendue et qui présente souvent un isolement assez faible par suite de l'emploi de gaînes en coton peu isolantes. On ne peut, dans un cas semblable, baser la résistance d'isolement sur la longueur réelle de la canalisation.

Afin de tourner la difficulté, M. Picou a proposé de considérer l'étendue de la canalisation comme proportionnelle à l'intensité du courant total circulant dans le réseau. Si l'on admet, en outre, que l'isolement doit croître comme la tension, la résistance d'isolement totale d'un réseau pourra se représenter par

$$r = k\,\frac{e}{i},$$

e étant la différence de potentiel utilisée dans le réseau et i le courant total fourni à celui-ci. Le coefficient de proportionnalité k reste à déterminer. Il variera nécessairement avec la tension ; divers électriciens pensent qu'il ne doit pas descendre en-dessous de $k = 10\,000$.

Les canalisations électriques doivent autant que possible faire l'objet d'essais périodiques destinés à recueillir des renseignements sur leur isolement et des données nécessaires pour localiser les défauts lorsque ceux-ci viennent à se produire. Ces essais sont surtout utiles pour les canalisations destinées à supporter des tensions élevées, comme c'est le cas dans les distributions indirectes, pour lesquelles on peut essayer séparément les câbles primaires dans les moments où les générateurs ne fonctionnent pas.

494. — **Indicateurs de terre.** — Souvent les réseaux électriques sont maintenus constamment en charge, ce qui rend les essais difficiles. Dans ce cas, on adopte une disposition propre à accuser immédiatement un défaut d'isolement grave dans la canalisation. Soient, par exemple, deux conducteurs, fig. 302, maintenus en

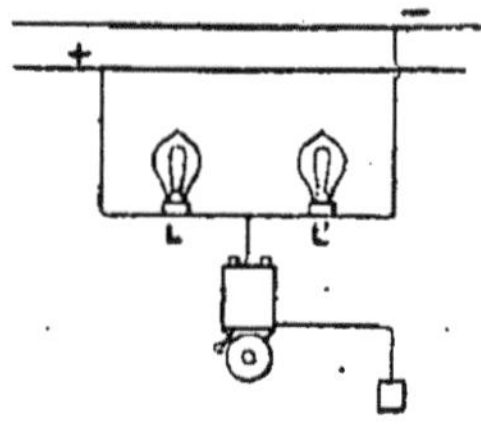

Fig. 302.

relation avec les deux pôles d'un générateur développant une différence de potentiel constante. Deux lampes à incandescence L et L', réglées chacune pour cette tension, ne fournissent, quand elles sont disposées en série comme l'indique la fig. 302, qu'une lumière rougeâtre de faible intensité. Le fil de jonction des lampes est réuni à la terre par une sonnerie trembleuse. Dès qu'une perte de courant sérieuse se produit dans la canalisation, la sonnerie entre en activité grâce au courant de perte ; celui-ci, traversant l'une des lampes, lui donne un éclat supérieur à celui de la lampe voisine. Dans le cas d'un contact du conducteur supérieur avec la terre, c'est la lampe L dont la lumière devient plus vive.

Souvent on se contente d'une seule lampe témoin dont une des bornes est reliée invariablement à la terre et qu'un commutateur permet de raccorder successivement aux deux pôles des générateurs.

Pour évaluer la résistance du défaut, M. Picou substitue à la sonnerie un galvanoscope, et un rhéostat est intercalé entre le

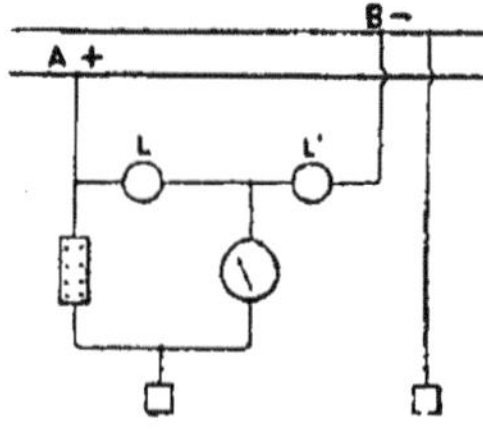

Fig. 303.

point A et la terre, fig. 303. On détermine de la sorte une perte artificielle qui contrebalance, sur le galvanoscope, l'influence de la perte réelle due à un contact du conducteur B avec le sol. On fait varier la résistance du rhéostat jusqu'à ce que le galvanoscope revienne au zéro. A ce moment, la résistance indiquée est égale à la résistance du défaut, si l'on néglige devant cette dernière la résistance de la canalisation.

495. — Emploi du voltmètre. — Une autre méthode propre à déterminer la résistance R du défaut, pendant que la canalisation est en charge, nécessite simplement l'usage d'un voltmètre. Soient V et — V′ les potentiels des raccords de la canalisation avec les générateurs.

En reliant le voltmètre de résistance r, d'une part avec la terre, d'autre part avec le raccord au potentiel V, l'appareil est traversé par un courant qui, si l'on désigne par v le potentiel du câble à l'endroit du défaut, a pour expression

$$i = \frac{V - v}{r + R}.$$

Le nombre de volts marqué par l'instrument est

$$n = i\,r = \frac{V - v}{r + R}\,r.$$

En raccordant ensuite le voltmètre à l'extrémité —V′, on obtient de même

$$n' = -i\,r = \frac{v - (-V')}{r + R}\,r.$$

Enfin les bornes de l'appareil étant reliées aux deux extrémités V et —V′, celui-ci accuse une tension

$$n'' = V + V'.$$

De là on tire

$$R = \frac{n''\,r}{n + n'} - r.$$

Si les conducteurs essayés sont alimentés par des courants alternatifs à haute tension, on pourra appliquer les méthodes précédentes en substituant aux galvanomètres la bobine à fil fin d'un transformateur-réducteur dont la bobine à gros fil communique avec un électro-dynamomètre ou un voltmètre Cardew.

496. — Localisation d'un défaut d'isolement. — Une fois la perte constatée et sa résistance mesurée, il convient de déterminer le lieu du défaut, afin de faire disparaître celui-ci. Dans les réseaux maintenus sous tension d'une manière permanente et qui présentent un grand nombre de mailles, cette recherche est parfois difficile.

On ne peut qu'isoler successivement les diverses parties du réseau, en interrompant les communications aux boîtes de jonction, jusqu'à ce qu'on ait trouvé la partie défectueuse dans laquelle on localise ensuite le dérangement. Dans une recherche semblable on s'aide d'une pile dont un pôle est à terre et dont l'autre pôle communique avec un galvanomètre ou une sonnerie qu'on relie d'autre part à la section de canalisation essayée. On adopte aussi dans le même but une sonnerie magnéto-électrique qui permet de supprimer la pile. Lorsqu'on fait usage d'un galvanomètre et d'une pile, on peut graduer à l'avance le cadran de l'appareil, de telle sorte que l'aiguille pointe directement la résistance du défaut.

Dans les réseaux à distribution directe, cette recherche est très longue à cause du grand développement des conducteurs dans les habitations desservies, où se manifestent souvent les pertes à la terre. Pour reconnaître le branchement défectueux, il est plus commode d'appliquer sur chaque branchement un dispositif analogue à celui de la fig. 3o2. On peut même laisser cette disposition à demeure chez les abonnés importants, en employant des lampes de très grande résistance qui prennent peu de courant et en remplaçant la sonnerie trembleuse par un relais qui rompt automatiquement la communication du branchement avec le réseau, lorsqu'il se déclare une terre chez l'abonné. Ainsi une installation défectueuse s'annonce d'elle même.

Pour localiser sûrement une terre située soit chez un abonné, soit dans une branche du réseau, on adopte souvent le procédé suivant : l'indicateur de l'usine ayant accusé un défaut sur l'un des conducteurs, B par exemple, fig. 3o3, on substitue au rhéostat un fil de sûreté qu'on choisit très mince d'abord. Si le fil fond sous l'effet du courant de perte, on le remplace par d'autres de diamètres croissants. Pour un diamètre donné, on n'observe plus la fusion, mais ce sont les fils qui protègent la branche défectueuse qui fondent, mettant ainsi en évidence la position du défaut. Il convient de procéder à un essai semblable avec discernement, en choisissant une heure convenable de la matinée, pour ne pas interrompre le service.

497. — Méthode de la boucle. — Il arrive parfois que l'on ait à localiser une perte à la terre dans une canalisation formée de deux conducteurs bien définis, tels que deux feeders ou deux fils reliant directement une station génératrice à une station réceptrice. Si l'on peut interrompre le service de ces conducteurs, la méthode dite de la boucle est applicable. Les deux conducteurs sont reliés directement ou bouclés à l'une de leurs extrémités et réunis à l'autre extrémité d'une part par un galvanomètre, de l'autre par un

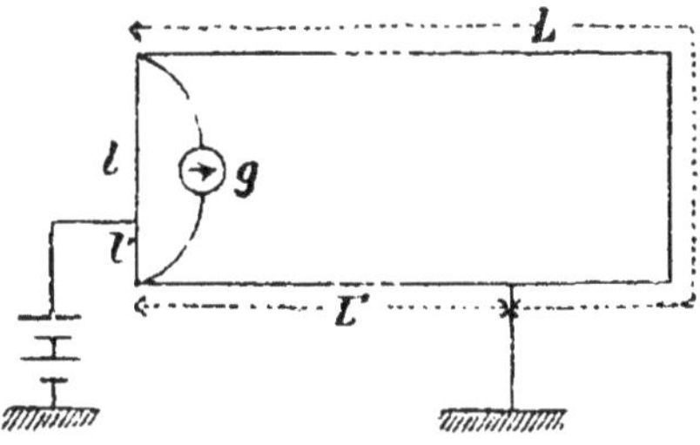

Fig. 304.

fil divisé, § 225, sur lequel se déplace un curseur. Celui-ci communique avec une pile dont l'un des pôles est à la terre. On déplace le curseur jusqu'à ce que le galvanomètre ne dévie plus. En appelant l et l' les nombres de divisions du fil situées des deux côtés du curseur, L et L$'$ les deux segments du circuit limités par le défaut, on a

$$\frac{L}{L'} = \frac{l}{l'}.$$

On suppose que le conducteur double présente une résistance uniforme, ce qui ne serait pas le cas s'il renfermait des joints mal faits.

498. — Méthode de l'auteur. — L'auteur s'est bien trouvé d'une méthode basée sur l'emploi du téléphone et qui permet de localiser très exactement la position d'un défaut.

Supposons d'abord, pour plus de simplicité, qu'il s'agisse de rechercher une perte à la terre dans un conducteur isolé à ses deux extrémités. On relie une de celles-ci à une pile communiquant avec la terre par son pôle libre. Un interrupteur, mû par un mécanisme d'horlogerie, rompt le circuit de la pile à des intervalles rapprochés, de manière à envoyer sur la section de ligne comprise entre la pile et le défaut des courants intermittents. On suit cette section à partir de la pile en présentant, normalement au conducteur et le plus près possible de ce dernier, une bobine droite à noyau de fer doux feuilleté ou formé de fils comme le noyau des petites bobines de Ruhmkorff. Le fil de cette bobine est relié à un téléphone que l'expérimentateur tient à l'oreille. Les courants intermittents provoquent dans la bobine des courants induits accusés par le téléphone. Au moment où l'on dépasse la position du défaut le bruit cesse brusquement.

Cette méthode s'applique aisément à une installation intérieure d'abonné, dont le branchement a été au préalable interrompu et dans laquelle il est facile de transporter la bobine parallèlement à la direction des fils placés sous des moulures ou dissimulés dans les cloisons ou planchers.

Dans le cas d'une canalisation souterraine, la bobine accusatrice devra être appliquée près du conducteur aux trous d'homme ou aux boîtes de jonction, de manière à localiser le défaut entre deux boîtes de jonction successives. Si le conducteur a une armature métallique protectrice, celle-ci s'enlève aisément aux regards intercalés dans la canalisation.

La méthode peut être tentée même dans le cas d'une canalisation en service. Supposons le cas d'un circuit présentant une terre et communiquant avec une dynamo en marche. On reliera l'un des pôles de la dynamo à l'une des armatures d'un grand condensateur, l'autre armature communiquant avec la pile d'essai par l'intermédiaire d'un inverseur de courant à mouvements très rapides.

Les courants alternés ainsi produits provoquent dans le condensateur des charges et des décharges qui trouvent leur écoulement par la partie de ligne comprise entre le condensateur et le défaut et se superposent au courant de la machine. Ces courants de charge et de décharge ne traversent pas la dynamo à cause de la forte self-induction de cette dernière. Si donc on suit la partie de ligne indiquée avec la bobine et le téléphone, on découvrira la section défectueuse.

ÉLECTRO-MOTEURS.

THÉORIE DES ÉLECTRO-MOTEURS A COURANT CONTINU.

499. — Réversibilité des dynamos à courant continu.—Lorsqu'on relie une dynamo à courant continu à un générateur électrique produisant une différence de potentiel constante, on constate que la dynamo prend un mouvement de rotation qui s'accélère jusqu'à ce que l'effort moteur soit égal au couple résistant. En même temps le courant qui traverse l'appareil diminue graduellement à mesure que la vitesse augmente, ce qui accuse dans la dynamo le développement d'une force contre électro-motrice croissant dans certaines limites avec le travail effectué.

Les machines à courant continu sont donc réversibles ; elles peuvent être utilisées aussi bien pour la transformation de l'énergie électrique en énergie mécanique que pour la production de l'effet inverse. Les dynamos employées pour développer du travail mécanique reçoivent le nom d'*électro-moteurs*.

Afin de rendre compte du mouvement de l'armature d'un électro-moteur, considérons une dynamo à induit annulaire et à excitation en série, fig. 3o5. Le courant envoyé dans la machine produit dans

les inducteurs un flux de force traversant l'armature dans la direction N S. Chaque spire de l'induit est sollicitée à se déplacer de
manière à embrasser le plus grand flux de force possible par sa

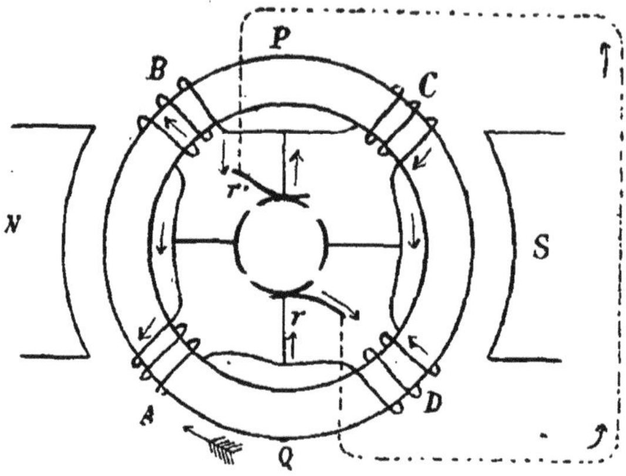

Fig. 3o5.

face négative, § 132. Les spires situées dans le quadrant A reçoivent
le flux par la face négative ; elles tendent à se mouvoir en sens
inverse du mouvement des aiguilles d'une montre, de manière à
rendre maximum le flux qui les traverse. Les spires du quadrant D,
qui embrassent au contraire les lignes de force par leur face positive,
tournent dans le même sens afin de provoquer une diminution
du flux qui les traverse. En raisonnant de même pour les deux
autres quadrants, il est aisé de voir que l'induit prend un mouvement de rotation précisément inverse de celui qu'on doit donner à
la machine fonctionnant comme génératrice, pour lui faire produire
le même courant. Ce fait découle directement de l'application de
la loi de Lenz, § 165. Il est du reste commun à toutes les dynamos
à courant continu quels que soient le mode d'excitation des inducteurs et le système d'enroulement de l'induit.

5oo. — Calage des balais. — Par suite du changement de sens de
la rotation, l'inclinaison des balais du moteur doit être intervertie,
afin d'éviter le broutement sur le collecteur des lames ou des fils
qui les composent.

Dans les moteurs, comme dans les générateurs, on doit faire varier
la position des balais jusqu'à supprimer ou du moins à atténuer,

dans la plus grande mesure possible, les étincelles au collecteur. Dans ce but, les balais doivent être calés, par rapport au mouvement de rotation, en arrière de la ligne équidistante des pôles, de manière que la bobine commutée soit dans un champ magnétique d'intensité suffisante pour renverser le sens du courant et amener celui-ci à une intensité normale au moment où cesse la mise en court-circuit de la section considérée.

La position occupée par les balais sur le collecteur est sensiblement la même dans un générateur et dans un moteur en série, mais, par suite de l'interversion du sens de la rotation de l'induit, l'angle de calage du moteur est en arrière, au lieu d'être en avant comme dans le générateur.

501. — Calcul de la puissance et du couple développés par un électro-moteur. — Si l'on désigne par i le courant qui se bifurque en deux parties égales dans l'induit d'une machine bipolaire et par $\mathfrak{N}$ le flux total à travers l'armature, le travail accompli par une spire pendant une révolution autour de l'axe est exprimé par

$$\frac{i}{2} \times 4\,\frac{\mathfrak{N}}{2} = i\,\mathfrak{N}.$$

S'il y a n fils à la périphérie de l'induit tournant à raison de N tours par seconde, la puissance développée est

$$p = i\,n\,\text{N}\,\mathfrak{N}. \qquad (1)$$

Or

$$n\,\text{N}\,\mathfrak{N} = e, \qquad (2)$$

e représentant la force électro-motrice d'induction développée par la rotation de l'armature dans le champ des inducteurs, § 322.

La puissance p a donc aussi pour expression

$$p = e\,i. \qquad (3)$$

En vertu du principe de la conservation de l'énergie, la force électro-motrice e est nécessairement de sens opposé à la différence de potentiel appliquée à l'électro-moteur. Si l'on désigne celle-ci par E et la résistance de la machine par r, on a

$$i = \frac{\text{E} - e}{r}. \qquad (4)$$

Désignons par C le couple développé sur l'arbre du moteur. Le travail par tour est $2\pi\,C$ et la puissance utile $2\pi\,C\,N$. En négligeant les frottements mécaniques et magnétiques de la machine, ainsi que les courants de Foucault, on peut écrire l'égalité

$$2\,\pi\,C\,N = in\,N\,\mathfrak{N}$$

d'où

$$C = \frac{in\,\mathfrak{N}}{2\pi}. \qquad (5)$$

Si l'on impose des valeurs à deux des cinq quantités C, i, E, e, N, reliées par les équations (2), (4), (5), les trois autres quantités prennent des valeurs déterminées, car r et n sont des constantes dans une machine donnée et le flux $\mathfrak{N}$ est lié invariablement à l'intensité du courant, § 330. Ainsi, lorsqu'on règle le couple résistant, par exemple à l'aide d'une charge donnée à un frein de Prony placé sur la poulie du moteur, ainsi que la différence de potentiel E, aussitôt le nombre de tours, l'intensité du courant et la force contre électro-motrice acquièrent des valeurs définies.

L'équation (5) montre que, dans l'hypothèse où les effets parasites sont nuls dans une machine en série, le couple moteur est indépendant de la vitesse et ne dépend que de l'intensité du courant. M. M. Deprez, qui a énoncé cette proposition, l'a démontrée en fixant sur l'axe d'un moteur en série un frein de Prony chargé d'un poids déterminé, destiné à équilibrer l'effort moteur. En soumettant la machine à une différence de potentiel croissante, il a observé que le courant augmente jusqu'au moment où le moteur se met en marche, c'est à dire jusqu'au moment où le couple résistant est vaincu par le couple moteur. A partir de cet instant le courant garde une valeur à peu près invariable et les accroissements de la différence de potentiel agissante ne provoquent qu'une accélération de vitesse. Celle-ci prend une valeur correspondant à la puissance dépensée.

502. — Rendement d'un électro-moteur. — De l'équation (4) on déduit

$$E\,i = i^2\,r + ei.$$

Le premier membre $E\,i = P$ représente la puissance électrique dépensée; $i^2 r$ est la perte en chaleur par l'effet Joule et $ei = p$ la puissance développée par l'appareil, dont les pertes parasites sont supposées négligeables. On appelle *rendement électrique* le rapport

$$\frac{p}{P} = \frac{e}{E} = \frac{E - ir}{E}.$$

Il est facile de voir que l'intensité du courant et la puissance dépensée sont maxima, lorsque e est nul, c'est-à-dire lorsque l'électro-moteur est maintenu immobile par le couple résistant. Dans ce cas le rendement électrique est également nul.

Lorsque le couple résistant opposé à l'électro-moteur diminue, la vitesse s'accroît, ainsi que la valeur de e. La puissance

$$p = ei = \frac{e\,(E - e)}{r}$$

augmente jusqu'à une certaine valeur de e. Elle est maximum pour $e = \dfrac{E}{2}$. A ce moment le rendement électrique est 5o pour 1oo.

Si la vitesse du moteur continue à croître, la puissance p diminue, mais le rendement augmente jusqu'à une valeur qui, dans l'hypothèse admise, peut s'élever jusqu'à l'unité. A ce moment, on a

$$e = E, \quad i = o.$$

Ces valeurs correspondent au cas idéal d'un moteur sans frottements, ni pertes intérieures d'aucune espèce, auquel on n'oppose aucune résistance. L'appareil se meut alors sans dépense, mais aussi sans production de travail.

Il n'en est pas ainsi dans les électro-moteurs réels. Une partie de la puissance théorique p est absorbée par les frottements de l'arbre dans les coussinets et par la résistance de l'air au mouvement de l'induit. Une autre partie est perdue en chaleur par le phénomène d'hystérésis ou frottement magnétique et par les courants de Foucault.

La puissance utilisable $p_u = 2\pi\,C\,N$ que l'on peut mesurer au frein sur l'axe de la machine n'est qu'une fraction de la puissance théorique p. On désigne sous le nom de *rendement industriel* ou *commercial* de l'électro-moteur le rapport de la puissance utile p_u à la puissance électrique dépensée P.

Afin d'apprécier les variations de ces quantités, on mesure à l'aide d'un frein de Prony ou de tout autre appareil remplissant le même but, le travail utile développé par le moteur lorsqu'on fait varier le couple résistant, en maintenant aux bornes la différence de potentiel pour laquelle la machine est construite. On détermine cette différence ainsi que l'intensité du courant, à l'aide d'un voltmètre et d'un ampèremètre.

On peut alors dresser des diagrammes, en représentant la puissance dépensée E i, la puissance mécanique recueillie p_u et le rendement industriel $\frac{p_u}{E\,i}$ par les ordonnées de courbes dont les abscisses représentent les vitesses du moteur. Les courbes de la fig. 306 ont

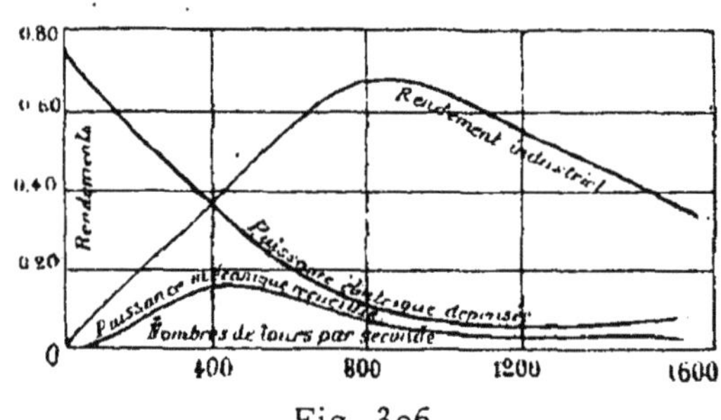

Fig. 306.

été tracées d'après les résultats fournis par un petit moteur électrique. La courbe du rendement montre qu'il convient de faire fonctionner l'appareil en marche normale à l'allure de 800 tours par minute.

On observe, dans les bonnes machines, que des variations de vitesse et de puissance assez notables ne modifient pas sensiblement le rendement, ce qui est une propriété très avantageuse des moteurs électriques. Ainsi un moteur Schuckert, d'une puissance nominale de 40 chevaux, a donné 0,80 de rendement industriel en produisant 25 chevaux, 0,85 pour 35 chevaux et 0,78 pour 50 chevaux.

503.— Comparaison des rendements d'une machine fonctionnant comme générateur et comme moteur. — L'expérience prouve que le rendement industriel d'une dynamo ne change pas notablement, soit qu'on l'emploie comme génératrice ou comme réceptrice, à la condition que la machine ait une puissance dépassant 8 à 10 chevaux.

Si, en effet, on suppose que deux machines en série identiques tournent à la même vitesse, l'une comme moteur, l'autre comme générateur, l'expérience démontre que, à angles de calage égaux, la force électro-motrice e développée dans l'induit est sensiblement la même dans les deux cas. En admettant que des courants identiques i traversent les machines dont la résistance est r, les pertes par effet Joule $i^2 r$ sont égales. Il en est sensiblement de même pour les pertes de puissance a dues aux frottements, aux courants de Foucault et à l'hystérésis. Les rendements industriels du générateur et du moteur auront respectivement pour expressions

$$\frac{ei - i^2 r}{ei + a} \qquad \text{et} \qquad \frac{ei - a}{ei + i^2 r}$$

ou encore

$$\frac{(e i)^2 - (i^2 r)^2}{(ei + a)(ei + i^2 r)} \qquad \text{et} \qquad \frac{(e i)^2 - a^2}{(ei + i^2 r)(ei + a)}.$$

Selon que a est supérieur, égal ou inférieur à $i^2 r$, le rendement du générateur est supérieur, égal ou inférieur à celui du moteur.

Mais, dans les bonnes machines d'une puissance supérieure à 10 chevaux, $i^2 r$ et a ne représentent que le dixième au plus de ei et ne diffèrent jamais beaucoup, en sorte que les deux expressions précédentes sont sensiblement égales. Toutefois a est généralement inférieur à $i^2 r$, ce qui donne un rendement plus élevé au moteur. Dans le moteur, les courants de Foucault dans le fer sont de sens opposé aux courants de circulation dans le fil induit, ce qui tend à affaiblir les flux transversaux et à diminuer le décalage.

Pour les machines de faibles puissances, on observe une supériorité de rendement très marquée en faveur du moteur. Cette différence s'explique par une réaction d'induit plus faible dans les moteurs, ainsi que par les circonstances qui affectent l'amorcement des générateurs. On sait que ceux-ci s'amorcent d'autant plus difficilement que leurs dimensions sont plus faibles. Un moteur, au contraire, se met toujours en marche, lorsque le couple résistant est proportionné à l'intensité du courant. Il en résulte qu'une dynamo peut avoir un rendement nul comme générateur, tandis qu'elle fonctionne comme moteur.

504. — Méthodes d'essai des machines basées sur les observations précédentes. — On a imaginé diverses méthodes d'essai approximatives basées sur l'hypothèse de la constance du rendement d'une machine fonctionnant successivement comme moteur et comme générateur. En admettant cette manière de voir, il suffit d'un essai au frein de Prony, dont l'exécution est généralement plus simple que l'essai au dynamomètre de transmission, pour obtenir le rendement d'une dynamo.

M. Swinburne a suggéré une méthode approchée qui ne demande ni frein ni dynamomètre.

Considérons une génératrice en série donnant, à la vitesse normale de N tours par seconde, une différence de potentiel aux bornes e_1 et un courant i. Le rendement de la machine est

$$\eta = \frac{e_1\, i}{e_1\, i + (r_a + r_i)\, i^2 + a}$$

r_a, r_i et a représentant respectivement la résistance de l'induit, celle des inducteurs et les pertes par frottements, par courants de Foucault et par hystérésis.

Pour déterminer a, on envoie dans les inducteurs un courant indépendant d'intensité i et l'on soumet l'induit, dont l'axe est libre, à une différence de potentiel e' capable de le faire tourner, comme moteur marchant à vide, à la vitesse normale N. On note le courant i' qui traverse alors l'induit. La puissance $(e'\, i' - i'^2\, r_a)$ mesure approximativement les pertes représentées par a; on a donc

$$\eta = \frac{e_1\, i}{e_1\, i + (r_a + r_i)\, i^2 + (e'\, i' - i'^2\, r_a)}.$$

Ce mode d'essai tend à donner un rendement inférieur au rendement réel, particulièrement avec les dynamos dont l'induit possède un noyau en fer. En effet, lorsqu'un courant i circule dans l'armature, le flux antagoniste, § 332, qu'il développe diminue dans une forte proportion le flux utile et, par suite, les courants de Foucault et les pertes dues à l'hystérésis. Il conviendrait donc, dans l'essai de la machine à vide, de faire passer dans les inducteurs, non pas le courant normal i, mais un courant plus faible, tel que le flux utile ait la même valeur qu'en marche normale.

La méthode suivante due à MM. Hopkinson nécessite deux machines identiques. On accouple les arbres de celles-ci d'une manière invariable et le courant de l'une d'elles, fonctionnant comme génératrice, est envoyé dans la machine voisine, servant de réceptrice. Le système des deux machines est mis en train par une courroie passant sur un dynamomètre de transmission.

L'excitation de la dynamo fonctionnant comme moteur est légèrement affaiblie par une résistance en dérivation sur les inducteurs ou un autre moyen analogue, destiné à amener les forces électromotrices des deux machines à des valeurs telles que le courant qui les traverse soit égal au courant normal. On peut aussi pourvoir les deux dynamos d'excitations séparées, en tenant un compte spécial de la puissance absorbée par les inducteurs.

La puissance p, mesurée à l'aide du dynamomètre, représente les échauffements dus aux effets mécaniques, électriques et magnétiques dans les deux machines. Dans l'hypothèse de l'égalité des rendements de celles-ci, la part de chacune des machines est sensiblement égale à $\dfrac{p}{2}$.

Par suite, en appelant W la puissance électrique mesurée aux bornes communes, le rendement de la génératrice est donné par

$$\eta = \frac{W}{W + \dfrac{p}{2}}.$$

Cette méthode permet d'employer un dynamomètre de faible puissance, tandis que celle décrite aux paragraphes 339 et suivants nécessite l'usage d'un dynamomètre capable de mesurer la puissance mécanique totale de la dynamo, d'où la nécessité de recourir, pour les grandes machines, à des appareils volumineux.

On remarquera, en outre, que l'erreur toujours assez forte résultant de l'emploi du dynamomètre s'applique, dans la méthode de MM. Hopkinson, non au travail total absorbé par la génératrice, mais à la différence entre ce travail et le travail restitué par le moteur. Il s'en suit une approximation plus grande dans le résultat.

L'erreur due à l'emploi du dynamomètre tient à l'incertitude dans laquelle on se trouve sur la valeur de la puissance absorbée par l'appareil. L'auteur a pu déterminer cette puissance à l'aide d'une dynamo fonctionnant successivement comme moteur et comme générateur. On envoie dans la machine, dont l'arbre est libre, un courant auxiliaire de manière à lui communiquer une vitesse N ; on note l'intensité i du courant et la différence de potentiel E aux bornes.

Comme la machine fonctionne à vide, le travail extérieur est nul et l'on a

$$E\,i = i^2\,r + a. \qquad (1)$$

On met ensuite la machine en marche à la vitesse N par l'intermédiaire du dynamomètre et l'on fait varier la résistance extérieure jusqu'à reproduire le même courant i. Dans ces conditions, on peut admettre que les pertes intérieures représentées par a sont les mêmes que dans la première expérience. On relève la puissance P indiquée par le dynamomètre et la différence de potentiel E′ aux bornes de la dynamo. En appelant p la perte de puissance dans le dynamomètre, on a

$$P = p + i^2\,r + a + E'\,i. \qquad (2)$$

On déduit de (1) et (2)

$$p = P - i\,(E + E').$$

En répétant ces deux expériences pour diverses vitesses, on obtient une série de valeurs de p qui permettent de réduire les résultats des essais effectués à l'aide du dynamomètre.

Il est possible, comme l'a montré M. Fontaine, de supprimer toute mesure dynamométrique lorsqu'on dispose d'une troisième dynamo ou d'une batterie d'accumulateurs suffisante. Dans ce cas, les deux dynamos identiques, ayant leurs axes accouplés par un manchon, sont reliées, la première à la batterie d'accumulateurs, la seconde à un circuit formé de résistances artificielles. La première machine tournant comme moteur active la seconde qui sert de générateur. Le rapport des watts recueillis aux bornes de celui-ci aux watts fournis au moteur est approximativement égal au carré du rendement de chacun des appareils. Si l'on se sert des mêmes instruments pour effectuer les deux séries de mesures électriques, on remarquera que le résultat n'est pas influencé par une erreur de graduation de ces instruments. Il suffit que leurs indications soient rigoureusement proportionnelles pour obtenir la valeur exacte du rendement combiné. Si l'on emploie une courroie pour accoupler les machines, on notera que cet intermédiaire absorbe environ 5 pour 100 de la puissance transmise.

On remarquera qu'un générateur dont le rendement industriel a été déterminé, au préalable, sous diverses conditions de vitesse et de courant, constitue un excellent frein pour l'étude des moteurs électriques ou autres, car il suffit alors d'une lecture d'ampère-mètre pour estimer le travail absorbé. La dynamo peut fonctionner indéfiniment, tandis qu'un frein de Prony exige des soins particuliers qui rendent difficiles les expériences de longue durée.

DIVERS MODES D'EXCITATION DES MOTEURS A COURANT CONTINU.

505. — **Moteurs excités en série.** — Les distributions d'électricité se faisant à courant constant (distribution en série) ou à tension constante (distribution en dérivation), il importe d'étudier les conditions de fonctionnement des moteurs dans ces deux hypothèses.

Lorsqu'un moteur excité en série est traversé par un courant constant, le flux de force et, par suite, le couple moteur gardent une valeur invariable quelle que soit la vitesse, ainsi qu'il résulte de l'équation

$$C = \frac{i\,n\,\mathfrak{N}}{2\pi}. \qquad \S\ 501$$

Le moteur ne démarre par conséquent que si le couple résistant est inférieur à cette valeur. Si la charge décroît, la vitesse s'accélère jusqu'à ce que les résistances passives compensent la diminution de charge.

' Lorsque c'est la différence de potentiel qui est maintenue constante aux bornes du moteur, le courant qui traverse ce dernier atteint une valeur maximum lorsque l'induit est immobile. A ce moment le flux $\mathfrak{N}$ et le couple moteur ont leurs plus grandes valeurs.

Lorsque le couple résistant ne dépasse pas la grandeur correspondant au courant initial, le moteur se met en marche avec une vitesse croissant jusqu'à ce qu'il y ait équilibre entre l'effort moteur et les résistances. La force contre-électro-motrice s'accroît avec la vitesse, ce qui diminue le courant et, par suite, le flux $\mathfrak{N}$ et le couple C. Lorsque les résistances décroissent au point que le moteur n'a plus à vaincre que ses frottements propres, il prend une vitesse telle que la force contre-électro-motrice devient à peu près égale à la différence de potentiel aux bornes. Dans ce cas, le courant et la dépense d'énergie électrique sont insignifiants.

Dans les très petits moteurs où les résistances passives sont relativement grandes, la vitesse n'atteint jamais à vide une valeur dangereuse; mais, dans les grands moteurs, il n'en est pas de même et il est préférable, lorsque la charge est exposée à décroître au delà d'une certaine limite, de recourir à l'enroulement en dérivation ou à l'enroulement compound.

505bis. — **Rhéostat de démarrage.** — Lorsqu'un moteur, relié à une distribution sous tension constante, est démarré sous une forte charge, le courant peut atteindre une intensité dangereuse pour les conducteurs de la machine, avant que celle-ci ait acquis la vitesse

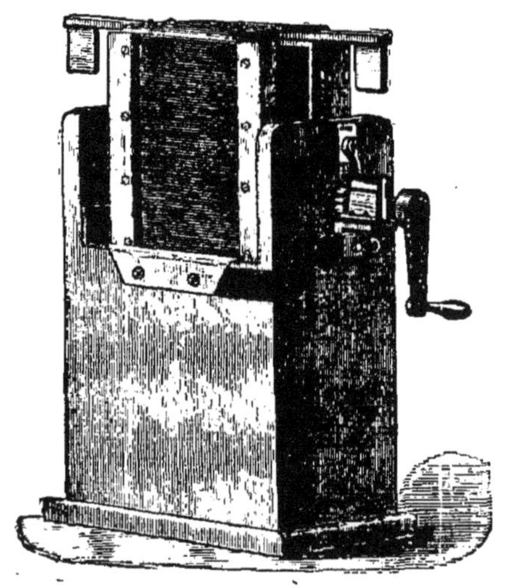

Fig. 307.

de régime et ait développé une force contre-électro-motrice s'opposant à la production d'un courant excessif. On prévient cet accident en intercalant à la suite du moteur un rhéostat variable dont on diminue progressivement la résistance à mesure que la vitesse s'accroît. Afin d'éviter la construction d'un rhéostat métallique coûteux et encombrant, la Société internationale d'électricité de Liége emploie dans le même but un rhéostat à liquide consistant en deux séries d'électrodes plongeant dans un bain de sulfate de cuivre. La série des anodes en cuivre peut être descendue à l'aide d'une manivelle de façon à diminuer graduellement la résistance du bain. Lorsqu'elle est à fond de course, des couteaux pénètrent dans des machoires et mettent le bain en court-circuit. Au bout d'un certain temps d'usage les anodes doivent être renouvelées.

506. — Moteurs excités en dérivation. — On a vu que si l'on envoie dans une machine en série un courant de même sens que celui qu'elle produit comme génératrice, le sens de rotation de l'induit est intervertit. Ce changement de marche ne se produit pas dans une machine en dérivation, car, dans ce cas, le sens du flux de force est le même quand le courant est dû à l'induit ou à une source extérieure, § 327. Pour un même courant dans l'armature, le sens de marche d'une machine excitée en dérivation est invariable lorsqu'elle fonctionne comme génératrice ou comme réceptrice. Toutefois le calage des balais, qui est en avance dans le générateur, vient en arrière dans le moteur.

Les deux systèmes d'excitation présentent des différences notables au point de vue des variations du couple moteur.

Pour discuter les conditions de fonctionnement du moteur en dérivation, il faut joindre aux relations

$$C = \frac{i\, n\, \mathfrak{G}}{2\pi}$$

$$e = n\, N\, \mathfrak{G}$$

$$i = \frac{E - e}{r},$$

où i et r expriment le courant et la résistance de l'induit, l'équation

$$i_\mathrm{d} = \frac{E}{d}$$

dans laquelle i_d et d représentent le courant et la résistance des inducteurs, cette dernière étant très supérieure à r.

Lorsqu'on introduit dans une distribution en série à courant constant un moteur en dérivation, le courant dérivé dans les inducteurs est d'abord très faible, en sorte que le flux $\mathfrak{N}$ est minime ainsi que le couple moteur; mais si on laisse tourner l'armature sans charge, la force contre-électro-motrice qu'elle engendre accroît rapidement la différence de potentiel aux bornes; le courant dans les inducteurs et, par suite, le couple moteur augmentent et la machine devient capable de surmonter une résistance croissante. Si la charge normale doit être appliquée au moteur quand il est au repos, on introduit, à la suite de l'induit, une résistance additionnelle destinée à accroître l'excitation initiale des inducteurs et qui est enlevée graduellement à mesure que la vitesse de la machine s'accélère.

Lorsque l'électro-moteur est alimenté par une distribution en dérivation, la différence de potentiel E aux bornes de la machine est constante; le courant i_a reste invariable.

Par suite, le couple moteur est maximum au démarrage et décroît progressivement quand la vitesse augmente. La décroissance est toutefois moins rapide que dans le moteur en série, car dans ce dernier i et $\mathfrak{N}$ diminuent ensemble, tandis que dans le moteur en dérivation, soumis à une tension constante, le flux varie peu. On aura soin d'intercaler à la suite du moteur un rhéostat capable d'empêcher la production d'un courant excessif dans l'induit lorsque ce dernier démarre à pleine charge.

On voit d'après ce qui précède que l'enroulement en dérivation, employé avec une tension constante, est très bien approprié aux cas où la charge est variable. Au démarrage, le moteur donne un couple moteur énergique, et, à mesure que la vitesse s'accélère, le couple diminue ainsi que la dépense de courant, contrairement à ce qui se produit dans les moteurs à air ou à eau, où la dépense de fluide croît avec la vitesse à moins qu'un régulateur n'intervienne pour modérer l'admission. Si pour une cause quelconque l'effort appliqué au moteur change de signe, la machine devient génératrice et son courant contribue à accroître l'énergie fournie à la distribution, le sens du courant restant constant dans les inducteurs.

La régularisation automatique de la consommation d'énergie, due à la force contre-électro-motrice, fait que la machine électrique en dérivation est admirablement appropriée aux besoins de l'industrie et aux usages domestiques. Aucun autre moteur existant ne présente la même simplicité de mécanisme et de conduite.

La vitesse d'un moteur excité en dérivation et dont les bornes sont maintenues à une différence de potentiel constante n'est pas notablement affectée par les fluctuations de la charge. En effet, la force contre-électro-motrice ayant pour expression

$$e = n\, N\, \mathfrak{N} = E - ir,$$

le nombre de tours de l'induit est, par seconde,

$$N = \frac{E - ir}{n\, \mathfrak{N}}.$$

On remarque que les deux termes du rapport ci-dessus décroissent lorsque l'intensité du courant dans l'induit augmente, car le flux de force diminue par suite de la réaction d'induit. Le nombre de tours varie donc peu avec le courant, lequel est sensiblement proportionnel au couple moteur.

Il est intéressant de rapprocher cette propriété du moteur en dérivation de celle que présente la même machine lorsqu'elle est employée comme génératrice : mue à une vitesse invariable, elle développe une différence de potentiel à peu près constante aux bornes.

En résumé, dans le moteur en dérivation soumis à une différence de potentiel constante, le couple est maximum au démarrage et diminue progressivement à mesure que la vitesse augmente et que la force contre-électro-motrice affaiblit le courant de l'induit.

Une fois la vitesse de régime atteinte, celle-ci varie peu dans les limites de charge de la machine.

507. — **Electro-moteurs à excitation composée.** — Si, dans un moteur en dérivation soumis à une différence de potentiel constante, la réduction du flux provoquée par la réaction d'induit est trop faible pour conserver à la vitesse une valeur invariable, il est possible d'arriver à ce résultat en enroulant sur les inducteurs, outre les bobines en dérivation, un certain nombre de spires en série avec l'induit, dans lesquelles le courant est dirigé de manière à affaiblir l'excitation. On obtient de la sorte une action inductrice différentielle, et l'excitation diminue à mesure que le courant augmente.

Pour opérer le démarrage de l'électro-moteur, il convient alors de supprimer l'excitation en série à la mise en marche ou mieux encore de renverser, à ce moment, le courant dans les bobines en série et de ne rétablir le sens normal que lorsque le moteur a pris son allure régulière.

Ce système d'enroulement ne convient pas lorsque. les efforts résistants sont très variables, car alors le courant dans l'induit et dans les bobines en série peut atteindre une intensité telle que l'aimantation des inducteurs court le risque d'être intervertie.

Parfois, on maintient les liaisons de l'enroulement compound de telle sorte que les effets des inducteurs en série et des inducteurs en dérivation s'ajoutent en marche normale au lieu de se retrancher comme dans le cas précédent. Une telle combinaison participe des propriétés des moteurs en série et des moteurs en dérivation. Elle est particulièrement appropriée au cas où la source d'électricité est incapable de maintenir une différence de potentiel constante au démarrage ; alors l'enroulement en dérivation seul est insuffisant, il convient de renforcer l'excitation initiale grâce à un enroulement en série auxiliaire.

508. — Caractéristiques mécaniques des moteurs. — Les propriétés des divers types d'enroulements sont nettement mises en relief au moyen de courbes dont les abscisses représentent les valeurs du couple moteur et les ordonnées les nombres de tours par minute.

Les courbes 1, 2, 3, 4 de la fig. 308 tracées par ce procédé se

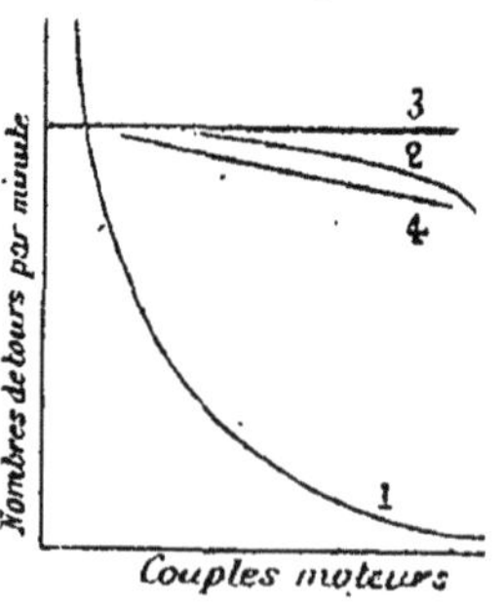

Fig. 308.

rapportent respectivement à des moteurs en série, en dérivation, à deux enroulements différentiels et à deux enroulements concourants, soumis à une différence de potentiel constante.

La courbe 1 montre que la vitesse d'un moteur en série est essentiellement variable avec la charge. Ce système est fort bien approprié aux cas où l'effort au démarrage est considérable. Certains moteurs en série sont capables de donner momentanément un couple initial décuple du couple normal, sans que le courant détériore les conducteurs.

Mais, lorsque la charge est exposée à tomber à une valeur faible, le moteur s'emporte et atteint parfois des vitesses capables de compromettre sa solidité. Dans un cas semblable, on préfère recourir au moteur excité en dérivation qui, comme le montre la courbe 2, présente une régularité d'allure souvent suffisante pour la pratique. Lorsque la source d'électricité ne peut maintenir une tension initiale constante, on choisira le système des deux enroulements concourants (courbe 4). Si enfin la vitesse doit rester absolument constante, les deux enroulements différentiels fournissent une solution rigoureuse (courbe 3).

On voit par ce qui précède que, sans faire intervenir de régulateurs mécaniques comme dans les moteurs à vapeur ou à eau, on peut, grâce à un choix convenable du mode d'enroulement, satisfaire à l'aide des moteurs électriques aux conditions les plus diverses. Ces appareils se distinguent donc par une grande simplicité dans les organes.

509. — Systèmes employés pour modifier la puissance et le sens de marche des moteurs. — Lorsqu'on doit faire varier la puissance ou le sens de marche des moteurs, on a recours à des dispositifs spéciaux. Quand la machine est alimentée par une distribution à tension constante, le moyen le plus employé pour modifier sa puissance consiste à introduire à la suite du moteur une résistance variable permettant de graduer la différence de potentiel appliquée aux bornes de la machine.

Pour changer le sens de la rotation d'un moteur, il faut changer le sens du courant dans l'induit ou dans l'inducteur seulement. Si l'on intervertissait le courant dans les deux organes à la fois, le flux de force et le courant continueraient à réagir dans le même sens qu'auparavant. Cette remarque suggère la possibilité d'alimenter un électro-moteur en série par des courants alternatifs, mais certaines difficultés s'opposent, comme on le verra, à la réalisation de cette idée.

Lorsqu'on doit intervertir le sens de marche d'un moteur, il faut prévoir une disposition permettant de modifier convenablement la position et l'inclinaison des balais.

Dans le moteur Reckenzaun, fig. 309, ce changement s'opère à l'aide de deux paires de balais. Les deux balais que l'on voit en

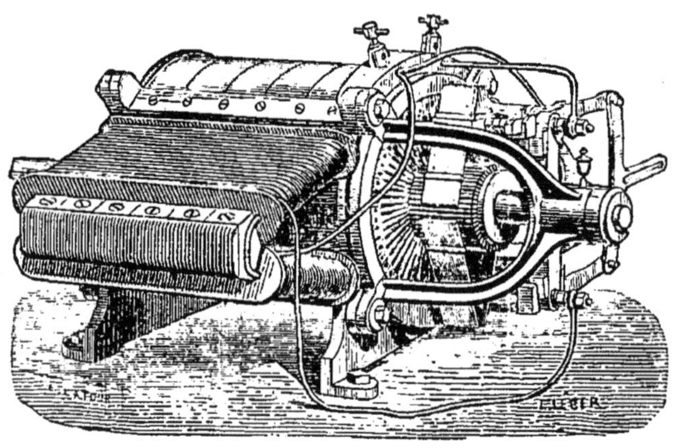

Fig. 309.

avant du collecteur et qui sont destinés à servir alternativement sont fixés ainsi que les deux autres balais, situés à l'arrière du collecteur, à des balanciers qui font partie d'un parallélogramme articulé. En déplaçant le levier figuré à la droite du dessin, on fait osciller les balanciers dans le même sens et l'on amène à volonté l'une ou l'autre des paires de balais en contact avec le collecteur.

Voici, fig. 310, une combinaison analogue employée par M. Immisch. Les balais G oscillant autour d'articulations E sont appuyés sur le collecteur par des ressorts J. Les deux couples de balais GG_1, $G_2 G_3$, correspondant aux deux pôles, sont fixés sur des balanciers L. Ces balanciers peuvent être inclinés dans un sens ou dans l'autre à l'aide d'une bielle N, mue par un levier O, dont la course est limitée par des crans d'arrêt P_1 P_2. Selon que le levier est manœuvré à droite ou à gauche, c'est la paire de balais $G G_3$ ou la paire G_1 G_2 qui est mise en contact avec le collecteur.

Lorsque les réactions d'induit sont faibles, l'angle de calage est minime et les balais peuvent, aux dépens d'une quantité plus ou

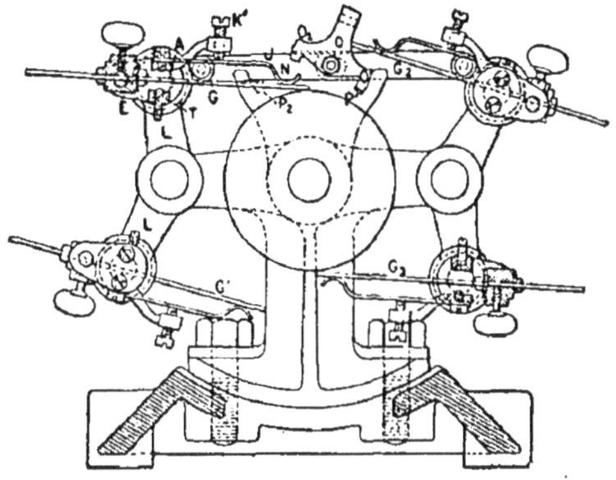

Fig. 310.

moins forte d'étincelles, être calés à la ligne de symétrie des pôles. On emploie alors des frotteurs massifs qui conservent une position invariable, quels que soient le sens et la vitesse de rotation. Ce système est très usité dans les moteurs des tramways, qu'on soumet à des régimes de courant très variables et dans lesquels il est impossible de modifier continuellement l'angle de calage. Les étincelles sont alors un mal presque inévitable et tout ce qu'il est possible de faire est de proportionner les moteurs de manière à en produire le moins possible. On peut toutefois, ainsi que l'a préconisé M. Swinburne, § 366, éviter les étincelles en disposant entre les pôles inducteurs des pôles auxiliaires couvrant les sections de l'induit commutées (¹).

M. Elihu Thomson a employé avec succès des frotteurs constitués par des blocs de charbon aggloméré et durci. Cette supériorité du charbon est attribuable à ce fait que les frotteurs en cuivre donnent des limailles susceptibles de provoquer des courts-circuits, tandis que les fragments détachés du charbon brûlent sans laisser de traces.

(¹) Swinburne, *Theory of armature reactions in dynamos and motors. Journal of the Institution of Electrical Engineers,* 1890.

Pour changer le sens de la rotation, on intervertit, à l'aide d'un commutateur, le courant dans l'inducteur ou dans l'induit après avoir eu soin de réduire le courant à une valeur très minime à l'aide d'un rhéostat, afin d'éviter la production de fortes étincelles d'extra-courant aux balais.

M. Sprague emploie, pour renverser la marche et graduer la puissance des moteurs, le système suivant. Les inducteurs constituent deux circuits à fil fin, séparés et dérivés par rapport aux conducteurs de distribution, fig. 311. L'induit peut être relié en

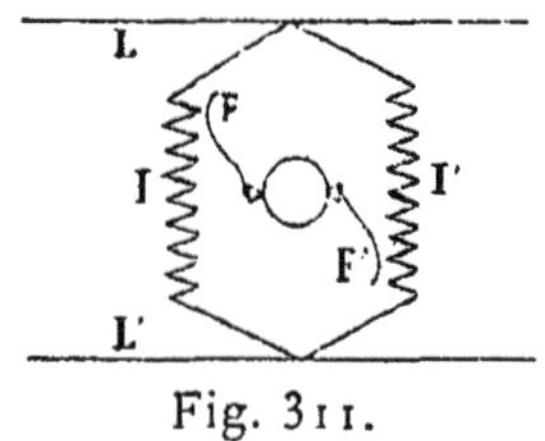

Fig. 311.

différents points de ces circuits à la manière du galvanomètre dans un pont de Wheatstone. Lorsque les points de liaison sont au milieu, le courant est nul dans l'induit et le moteur ne développe pas d'effort. Si l'on écarte l'un des points de liaison vers l'entrée du courant, l'autre vers la sortie, le moteur se meut avec une vitesse croissante. Si les contacts sont glissés en sens opposé, le moteur prend un mouvement inverse. On peut ainsi obtenir une commande très docile sans courir le risque de provoquer des étincelles dangereuses aux balais. La disposition précédente est appropriée à une distribution en dérivation.

CONSTRUCTION DES ÉLECTRO-MOTEURS A COURANT CONTINU.

510. — Projet d'un moteur électrique. — Le projet d'un moteur électrique se ramène aisément à celui d'une dynamo. Il y a cependant quelques particularités qui tiennent au mode d'emploi des moteurs. Alors que, dans les dynamos, le poids n'entre en ligne de compte qu'au point de vue du prix, la légèreté est souvent une condition imposée dans les moteurs, ce qui conduit à employer du fer ou de l'acier doux dans la fabrication des inducteurs. Lorsqu'on est dans la nécessité de loger les moteurs dans des espaces restreints, tels que l'intervalle compris entre le sol et la caisse d'une voiture de tramway, on est souvent obligé de donner aux électro-moteurs la plus grande compacité possible.

L'induit constituant la partie la plus couteuse des machines, on cherche, en général, à alléger cette partie en réduisant ses dimensions. Cependant, comme le rendement d'un moteur est proportionnel à la force contre-électro-motrice qu'il développe et, par suite, à la vitesse linéaire des fils, il ne faut pas trop réduire le diamètre de l'induit, sinon on est obligé d'accroître outre mesure la vitesse angulaire, ce qui nécessite des transmissions multiples pour revenir aux vitesses normales des appareils activés par le moteur.

Les arbres d'atelier tournant ordinairement à des vitesses comprises entre 200 et 300 tours par minute, on cherche à ne pas dépasser au moteur la vitesse de 1 000 tours qui permet d'attaquer ces arbres par une seule courroie. Lorsqu'on fait usage de moteurs multipolaires à induits de grandes dimensions, il est possible de commander directement les arbres ou les outils. Mais les moteurs multipolaires de faible puissance sont plus coûteux que les moteurs bipolaires, ce qui limite l'emploi des premiers.

Les conditions initiales d'un projet de moteur sont : la puissance normale et la puissance maximum à développer par l'appareil, la vitesse de régime de l'induit et celle des arbres de transmission.

Il faut indiquer si le moteur est à marche continue ou à marche intermittente, afin de permettre la détermination des limites de courant tolérables pour éviter un échauffement excessif.

Connaissant la puissance en watts P à développer sur l'arbre moteur, on déduit, par la comparaison avec les moteurs existants, la perte p représentant les frottements mécaniques et magnétiques ainsi que les courants parasites dans l'armature. En appelant e la force contre-électro-motrice et i l'intensité du courant, on a

$$ei = P + p.$$

La valeur de e découle de la tension de la distribution alimentant le moteur. Par suite, l'intensité du courant est donnée par

$$i = \frac{P + p}{e}.$$

Le problème est donc ramené à l'étude d'une dynamo capable de développer une force électro-motrice e et un courant i sous une vitesse déterminée.

Dans certains cas, il est important que le moteur puisse produire un effort considérable au moment du démarrage. Soit I le courant maximum que la machine est capable de supporter pendant quelques instants ; le couple initial maximum est

$$C = \frac{n \, \mathfrak{N} \, I}{2\pi}.$$

On aura égard à la valeur de I dans la détermination du diamètre du fil de l'armature.

TRANSFORMATEURS A COURANT CONTINU.

511. — Systèmes divers. — Un moteur électrique peut être utilisé, en combinaison avec une dynamo, pour transformer l'énergie électrique fournie sous forme de courant continu à haute tension, en énergie dont la tension est réduite à une valeur admissible dans les habitations privées. Dans ce but, le premier courant alimente un moteur et ce dernier met en marche une dynamo, dont l'induit fournit la différence de potentiel tolérée.

MM. Laurence, Paris et Scott ont réuni ces deux appareils en un seul. Un induit du genre Pacinotti a ses sections enroulées alternativement à l'aide de gros fil et de fil fin. Ces deux enroulements communiquent avec deux collecteurs situés de part et d'autre de l'armature. L'induit à fil fin est en série avec l'inducteur et reçoit le courant à haute tension, tandis que l'enroulement à gros fil engendre le courant de grande intensité nécessaire pour alimenter les lampes et autres récepteurs situés chez les particuliers. Cette combinaison a le double avantage de réduire la dépense d'excitation, grâce à l'emploi d'un inducteur commun, et de supprimer à peu près le décalage des balais, attendu que les réactions des deux enroulements sur le champ sont inverses. L'appareil est donc susceptible de tourner sans grande surveillance, puisqu'on n'a pas à toucher aux balais pendant la marche. Par contre, la disposition indiquée a l'inconvénient grave de rapprocher deux circuits à des tensions différentes et d'exposer ceux-ci à des contacts. Le danger est ici bien plus sérieux que dans les transformateurs à courants alternatifs, par suite de la rotation des induits et des extra-courants auxquels donnent lieu les variations brusques du débit. Pour ces raisons, il paraît préférable de séparer complètement le moteur du générateur et d'employer deux machines distinctes dont les arbres sont unis par un accouplement isolant.

Nous avons vu que MM. Elihu Thomson et Siemens ont employé les moteurs générateurs dans le but de régulariser les tensions dans une distribution à plusieurs conducteurs. Dans ce cas, les enroulements des induits sont identiques et, comme ils sont soumis à des tensions faibles, le danger signalé plus haut n'existe pas.

MOTEURS A COURANTS ALTERNATIFS.

512. — L'invention des moteurs à courants alternatifs est relativement récente et un grand intérêt s'y rattache par suite du développement des distributions d'énergie électrique par les transformateurs.

Des principes divers ont été utilisés dans l'exécution des moteurs à courants alternatifs et ces derniers peuvent se diviser en moteurs à flux inducteur constant, en moteurs à flux inducteur périodique et en moteurs à flux inducteur tournant.

Les premiers ne diffèrent pas en principe des alternateurs dont les inducteurs sont alimentés par un courant continu.

513. — **Moteurs synchroniques ou moteurs à flux inducteur constant.** — Les alternateurs comme les dynamos continues sont réversibles, mais, de même que les générateurs à courants alternatifs absorbent une énergie variable pendant la rotation, § 408, lorsque ces machines fonctionnent comme moteurs, sous l'action d'un courant alternatif de période convenable, elles développent un couple qui varie périodiquement, ce qui détermine une succession de points morts pendant une révolution. Cette circonstance exige que ces machines, tout au moins les types actuellement connus, soient mises en marche à vide et, en outre, pour les appareils d'une certaine puissance, qu'on leur communique un mouvement initial, comme on le fait pour certains moteurs à gaz.

Considérons une machine dans l'induit de laquelle on envoie des courants alternatifs et dont les inducteurs sont excités séparément. Si l'on met l'appareil en mouvement, il passe par une série de positions pour lesquelles la réaction du courant périodique sur le champ tend à favoriser la rotation et par d'autres positions où la réaction exerce un effet inverse. Lorsque la somme des réactions favorables est supérieure à la somme des réactions défavorables, l'appareil prend un mouvement continu dont la vitesse est liée à la période du courant agissant.

On peut alors appliquer au moteur sa charge normale correspondant à l'effort moyen qu'il est susceptible de développer. Si le couple résistant dépasse une certaine limite, la machine tombe hors de phase et, les réactions entre l'induit et le champ ne favorisant plus le mouvement, la machine s'arrête.

On remarquera que la force contre-électro-motrice efficace de la machine reste nécessairement constante, si l'excitation est invariable ; il en résulte que les variations du couple moteur effectif ne peuvent provenir que de variations dans l'intensité efficace du courant ou dans le retard de phase entre la force électro-motrice et le courant, car la puissance électrique moyenne du moteur est exprimée, en fonction de la force contre-électro-motrice maximum E, du courant maximum I et de l'angle de phase φ, par

$$\frac{E\,I}{2} \cos \varphi. \qquad \S\ 181$$

Si la machine marche à vide, il passe juste le courant nécessaire pour vaincre les résistances passives. Lorsque, pour une raison quelconque, la machine est soumise à un effort qui tend à accélérer son mouvement, elle devient aussitôt génératrice et concourt, dans le cas d'une distribution en dérivation, à accroître le courant dans le réseau. Les moteurs synchroniques ont l'avantage d'être, par essence, auto-régulateurs de vitesse.

Le court exposé qui précède fait entrevoir des difficultés propres aux moteurs synchroniques :

1º Les inducteurs ne peuvent pas, comme ceux des moteurs continus, être alimentés directement par le courant agissant, lequel est alternatif. Cette difficulté a été vaincue par l'emploi d'un redresseur analogue à celui de l'alternateur Ganz, § 403.

On remarquera que le sens de la rotation de l'alternateur ne dépend que du mouvement initial qu'on lui communique, les réactions entre l'induit et le champ pouvant avoir lieu dans les deux sens. Mais comme, en général, au mouvement de l'alternateur est liée la production du courant d'excitation, il faut avoir égard à la position des balais qui servent à recueillir ce courant.

2º La machine doit être mise en marche à vide, à la main ou autrement, comme les moteurs à gaz, de manière à prendre l'allure correspondant au synchronisme de ses phases avec celles du courant.

3º Le couple résistant ne peut excéder certaines limites et il convient d'appliquer la charge avec prudence, puisqu'un ralentissement de la machine occasionne sa mise hors de phase et, par suite, son arrêt. Comme alors la force contre-électro-motrice devient nulle, le courant peut atteindre une intensité dangereuse pour la machine. C'est pourquoi il convient de pourvoir ces moteurs d'un mode d'accouplement qui les débraie automatiquement lorsque la charge devient trop grande et leur permet de continuer à tourner synchroniquement.

514. — Étude graphique des moteurs synchroniques. — Afin de montrer les conditions de fonctionnement d'un alternateur soumis à une différence de potentiel efficace constante, nous emploierons la méthode graphique préconisée par M. Blakesley [1] et qui est le développement de celle exposée au § 180.

Si le couple qui s'oppose à son mouvement n'est pas trop considérable, l'alternateur prend une vitesse angulaire sous laquelle il développe une force contre-électro-motrice de même période que la différence de potentiel agissante.

---

[1] M. BLAKESLEY, *Alternating Currents*.

Représentons le maximum de cette dernière par A B, fig. 312, et par A C le maximum de la force contre-électro-motrice, l'angle

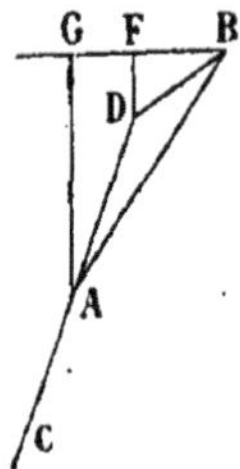

Fig. 312.

B A C figurant le retard des phases des deux quantités. Si l'on admet que les deux droites tournent autour du point A en sens inverse du mouvement des aiguilles d'une montre, leurs projections sur une direction choisie arbitrairement représentent, à un instant quelconque, les valeurs momentanées des forces électro-motrices agissant dans l'alternateur. La force électro-motrice résultante est la somme algébrique de ces projections. Dans le cas de la figure, comme celles-ci ont des directions contraires, la valeur momentanée de la résultante est, la plupart du temps, égale à la différence des projections considérées. Il n'est pas difficile de voir que cette différence est, à chaque instant, égale à la projection de la diagonale, passant par A, du parallélogramme tracé sur A B et A C ; on en conclut que cette diagonale représente la force électro-motrice résultante maximum. Cette résultante est aussi représentée en grandeur et en direction par B D, si l'on prend A D = A C. On voit que lorsqu'on se donne les grandeurs et les directions relatives des forces électro-motrices maxima agissant dans un circuit, la force électro-motrice maximum résultante est obtenue par un procédé identique à celui qu'on emploie pour composer des forces de directions différentes. Mais à son tour, la force électro-motrice résultante B D doit être combinée avec la force électro-motrice de self-induction de l'alternateur, pour donner la force électro-motrice effective dont la phase coïncide avec celle du courant, § 180.

Désignons par $\mathcal{L}$ le coefficient de self-induction, supposé constant, de la machine, par r la résistance de celle-ci et par T la période.

L'angle de retard φ de la force électro-motrice effective sur BD a pour tangente $\frac{2\pi}{T}\frac{\ell}{r}$. Portons cet angle suivant D B G et abaissons sur B G les perpendiculaires D F et A G. La longueur D F représente la force électro-motrice de self-induction et B F la force électro-motrice effective, dont la phase coïncide avec celle du courant et qui est égale à celui-ci multiplié par la résistance r.

Cela étant, considérons BG comme la direction de l'espace sur laquelle se projettent les forces électro-motrices dans leur révolution autour du point A. Dans la position considérée, G B est la différence de potentiel momentanément agissante et G F la force contre électro-motrice.

Les puissances dues à ces diverses forces électro-motrices se représentent simplement. Si l'on désigne par E la force électro-motrice résultante maximum, par I le courant maximum, on a vu que la puissance moyenne est représentée par

$$P = \frac{E\,I}{2} \cos \varphi.$$

Mais

$$E = D\,B, \quad I = \frac{F\,B}{r}, \quad \cos \varphi = \frac{F\,B}{D\,B};$$

d'où

$$P = \frac{F\,B}{2\,r} \times F\,B.$$

Cette puissance est transformée en chaleur dans le circuit de l'alternateur.

On obtiendra de même la puissance P′ due à la différence de potentiel agissante A B, en multipliant la moitié du courant maximum $\frac{F\,B}{2\,r}$ par la projection B G

$$P' = \frac{F\,B}{2\,r} \times B\,G,$$

attendu que l'angle G B A est le retard du courant sur la différence de potentiel agissante.

Il faut remarquer que cette expression est indépendante de la direction de la base sur laquelle on projette les divers vecteurs. En effet, on démontre en géométrie que la moyenne des produits des projections, sur une direction quelconque, de deux droites a et b faisant entr'elles un angle α est égale à $\dfrac{ab}{2}\cos\alpha$.

La puissance due à la force contre électro-motrice est

$$P'' = \frac{F\ B}{2} \times G\ F.$$

Cette dernière est la puissance motrice de l'alternateur.

La puissance dépensée P′ est évidemment égale à la somme de la puissance recueillie P″ et de la puissance calorifique P.

Le rendement électrique de l'alternateur a pour expression

$$\eta = \frac{P''}{P'} = \frac{G\ F}{G\ B}.$$

Il est aisé de voir sur la figure que, si la force électro-motrice de self-induction D F augmente, l'angle F B D croît et finit par atteindre une valeur pour laquelle la direction A G se confond avec la direction A D. Alors le travail recueilli est nul et l'électro-moteur ne peut tourner qu'à vide.

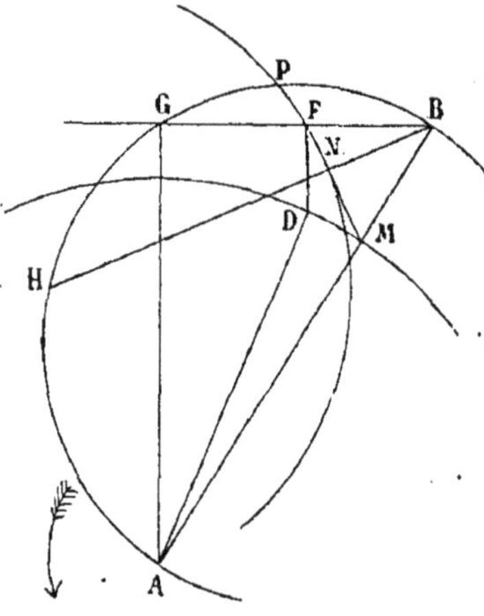

Fig. 313.

Nous avons admis jusqu'à présent que l'électro-moteur suit la marche synchronique en présentant un angle de phase égal à B A C par rapport à la différence de potentiel agissante. Il est intéressant de rechercher les conditions d'équilibre dynamique et pour cela de voir ce que devient le mouvement, si l'on accroît ou si l'on diminue brusquement l'effort résistant, ce qui entraine un retard ou une accélération momentanée de l'électro-moteur. Nous supposerons que la marche de ce dernier reste synchronique et que, par conséquent, la force contre-électro-motrice conserve une valeur invariable, de même que la différence de potentiel agissante.

Si l'angle de phase B A C varie, le point C se meut sur une circonférence de centre A. Comme l'angle D B F $= \varphi$ est invariable, le point F se déplace sur une courbe telle que le rapport de B F à D B est constant et égal à cos φ.

Pour trouver le lieu du point F, de B on tire la droite B H, telle que A B H $= \varphi$, et on trace la circonférence de diamètre A B. De M on abaisse la normale M N sur B H. Puis, de H comme centre, on décrit une circonférence de rayon H N, laquelle est le lieu cherché.

On a, en effet,

$$\frac{B\,D}{B\,F} = \frac{B\,M}{B\,N} = \frac{M\,A}{N\,H} = \frac{1}{\cos\varphi}.$$

Voyons ce qui advient si l'angle de phase B A C est modifié, par exemple par un accroissement momentané du couple résistant, qui amène un léger retard de A C, c'est à dire une diminution de B A D.

Le point D avance vers la droite, ainsi que F. Par suite G B et G F augmentent et, comme ces longueurs sont respectivement proportionnelles à la puissance dépensée et à la puissance recueillie, on voit que la première croît de manière à rétablir l'angle de phase primitif.

Si, au contraire, le moteur s'accélère, par suite d'une décharge momentanée, l'angle B A D augmente, GB et GF décroissent, et la puissance dépensée diminue de manière à conserver l'allure normale de l'électro-moteur.

On voit que, dans les deux cas, la puissance due à la source d'électricité varie de manière à ramener le synchronisme du moteur. L'angle de phase B A C considéré correspond donc à une position d'équilibre stable, comme tous ceux pour lesquels F ne dépasse pas l'intersection P, car alors le travail recueilli devient nul. On trouverait de même un certain nombre de positions de D, à la droite de AB, pour lesquelles l'équilibre dynamique est stable.

515. — Moteur Ganz. — Le moteur Ganz ne diffère pas en principe de l'alternateur du même constructeur, § 403. C'est une machine à courants alternatifs dont les inducteurs sont excités par des courants redressés, après avoir été réduits à une tension convenable par un transformateur. La fig. 314 montre le schéma de la liaison entre la ligne et les inducteurs. Comme on l'a vu

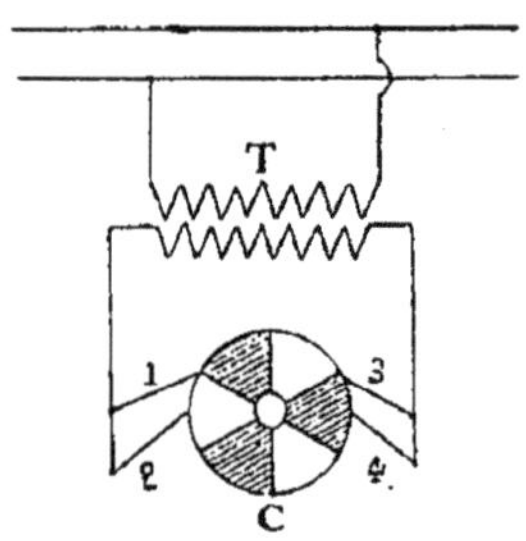

Fig. 314.

au § 403, les lames du commutateur d'ordre pair sont reliées à l'une des extrémités du circuit inducteur, l'autre extrémité étant réunie aux lames d'ordre impair. En marche normale, le circuit secondaire du transformateur T est relié à deux paires de balais 1 2, 3 4, les deux balais d'une même paire étant écartés d'un intervalle égal à la $^1/_2$ ou au $^1/_4$ de la largeur d'une lame. De cette manière les inducteurs sont mis en court-circuit au moment où se produit l'interversion du courant, ce qui évite les étincelles d'extra-courant qui jailliraient d'une façon très intense s'il n'y avait qu'un balai de chaque côté. Toutefois cette disposition ne peut être adoptée à la mise en train du moteur, car, par suite de la paresse magnétique des noyaux, les inducteurs ne s'exciteraient pas suffisamment pour donner un couple initial capable de provoquer la marche synchronique. C'est pourquoi un arrangement spécial permet de soulever un des balais de chaque paire à la mise en train. Il en résulte qu'alors il se produit des gerbes d'étincelles qui atteignent parfois 5 cm de longueur dans les grands moteurs. Une fois le moteur en marche, on laisse retomber les balais soulevés et les étincelles sont réduites à une proportion minime. M. Ganz a réalisé une disposition automatique qui effectue la manœuvre des balais mobiles. Dans ce but, ceux-ci sont commandés par un régulateur à force centrifuge placé sur l'arbre et ils ne s'appliquent contre le collecteur que lorsque les boules sont suffisamment écartées.

De nombreuses expériences ont été exécutées sur des moteurs Ganz de diverses puissances par une commission nommée par la ville de Francfort. Un moteur de 25 chevaux nominaux a fourni des rendements industriels variant de 82 à 88 pour 100, pour des charges allant de 15 à 35 chevaux effectifs. Ce moteur doit être mis en marche à la main, sans charge. Une fois la vitesse de régime atteinte, ce qui demande moins d'une minute, il est possible d'appliquer brusquement un effort correspondant à 26 chevaux sans que le moteur s'arrête. Après cela, la charge est susceptible de recevoir des accroissements progressifs, jusqu'à ce que la puissance fournie soit égale à 40 chevaux, soit 60 pour 100 de plus que la puissance nominale. Les étincelles atteignent jusque 5 cm lors de la mise en train. Ce fait est considéré comme sans importance relativement à l'usure du collecteur qui ne perd chaque fois que 17 milligrammes de cuivre en moyenne.

La commission a comparé ce moteur à des moteurs à courant continu de même puissance ; elle n'a pas trouvé grande différence quant au rendement, mais le moteur à courant continu a l'avantage de se mettre spontanément en marche et de supporter des surcharges momentanément très élevées sans cesser de fonctionner. Ces dernières qualités sont particulièrement prisées dans la traction des tramways.

Les petits moteurs alternatifs de Ganz, qui ne demandent qu'un effort initial très faible dans la marche à vide, se mettent en train spontanément sous l'effet du courant lorsque l'induit est dans une position favorable, ce qui arrive 2 fois sur 3 avec les moteurs de $1/3$ de cheval essayés par la commission.

On est libre de réduire la tension du courant qui alimente l'induit à l'aide d'un transformateur ou de lui conserver sa tension de distribution, ce qui ne paraît pas devoir présenter d'inconvénients lorsque le moteur est placé sous la surveillance d'un mécanicien spécial.

516. — Système Mordey. — M. Mordey recommande d'exciter l'électro-moteur alternatif par une dynamo continue fixée sur le même axe, comme l'indique la fig. 315.

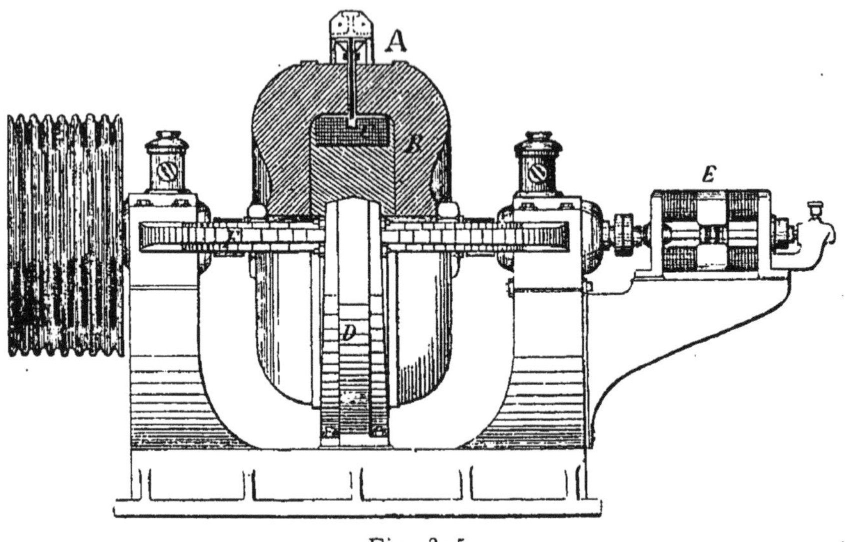

Fig. 315.

Pendant la marche normale, la dynamo excitatrice, en même temps qu'elle alimente les inducteurs, charge quelques couples secondaires qui, au moment de la mise en train, font fonction de générateurs pour exciter les inducteurs de la machine alternative.

517. — Moteurs à flux inducteur périodique. — Indépendamment des systèmes de moteurs précédents qui ne comportent aucune différence essentielle avec les alternateurs, il existe un certain nombre d'électro-moteurs alternatifs reposant sur des principes différents.

Ainsi nous avons déjà eu l'occasion de faire remarquer qu'un moteur continu, excité en série, persiste dans son mouvement lorsque le sens du courant change à la fois dans l'inducteur et dans l'induit. Rien ne s'oppose donc en principe à ce que l'on alimente un appareil semblable par des courants alternatifs, surtout si, comme dans les machines Rechnewski, les inducteurs sont feuilletés pour éviter les courants de Foucault. Toutefois, diverses objections se présentent immédiatement à l'esprit. La self-induction considérable d'un tel système oppose une résistance apparente excessive à la force électro-motrice alternative ; de là résulte un affaiblissement très marqué du courant et un retard de phase qui réduisent à une valeur minime la puissance moyenne que la machine est capable d'absorber et, partant, le travail qu'elle est susceptible de produire. Mais ce qui est plus grave, les réactions de self-induction doivent nécessairement amener au collecteur des étincelles fort nuisibles à la conservation de ce dernier. On remarquera qu'un système semblable est susceptible de tourner à toutes vitesses et de se mettre en marche spontanément sous l'action du courant.

MM. Mordey et Leblanc ont breveté des dispositions permettant de redresser les courants alternatifs, en vue de les utiliser pour mouvoir des machines à courant continu. Dans ce but, ces dernières entraînent un commutateur redresseur analogue à celui qu'on emploie dans la machine Ganz, § 515. Le courant continu ainsi obtenu présente toutefois des ondulations qui donnent lieu à des réactions de self-induction et à des étincelles aux balais.

On arrive à supprimer en grande partie ces étincelles, grâce au procédé suivant suggéré par M. Elihu Thomson. Considérons une machine bipolaire à inducteurs feuilletés et supposons que les balais soient décalés d'un angle considérable, de $45°$ par exemple. Les inducteurs et l'induit étant en série, la machine est mise en train par un courant alternatif. On retire alors l'induit du circuit et l'on relie ses balais par un fil direct. La machine continue à tourner sous l'influence des réactions qui s'exercent entre le flux périodique dû aux inducteurs et les courants induits qu'il produit dans l'armature. Les variations du flux font, en effet, naître dans les sections de l'induit des forces électro-motrices, dont la phase retarde de $90°$ et qui, grâce à la position dissymétrique des balais, donnent lieu à un courant résultant dans le fil qui relie ceux-ci. Par suite de la self-induction le courant induit retarde sur la force électro-motrice qui le produit; il en résulte, entre la phase du flux et la phase du courant, un retard compris entre $90°$ et $180°$. Or, comme la réaction entre le flux et le courant est proportionnelle à la moyenne des produits de ces deux quantités et que ce produit a ici une valeur finie, l'induit tend à persister dans son mouvement de rotation aussi longtemps que les inducteurs sont traversés par les courants alternatifs.

Disons toutefois que si ce système arrive à diminuer les étincelles, il n'évite pas l'inconvénient résultant de la forte self-induction des inducteurs traversés par des courants alternatifs. Le retard de phase qui provient de cette self-induction réduit la puissance utilisable et oblige d'employer des générateurs de grandes dimensions pour arriver à un effet utile relativement restreint.

518. — Moteurs à flux inducteur tournant. Moteur Tesla. — Imaginons un inducteur tétrapolaire, analogue à celui de la fig. 198, dans lequel noyaux et culasses sont feuilletés et dont les bobines sont réunies deux à deux en série, de manière à former deux circuits comprenant chacun deux bobines opposées.

On envoie dans ces circuits des courants alternatifs égaux dont les périodes diffèrent d'un angle de phase de 90°. Ces courants seront produits, par exemple, par un alternateur dont l'induit est divisé en deux circuits, comprenant des bobines convenablement calées par rapport aux pôles inducteurs et communiquant avec le moteur électrique par deux paires de bagues et de balais. La combinaison des courants circulant dans l'inducteur détermine un champ magnétique tournant, capable de mettre en mouvement un tambour métallique, dont l'axe de rotation coïncide avec l'axe de figure des inducteurs. On a vu, §§ 189 et 190, que Arago et Ferraris ont indiqué des dispositions exerçant un effet semblable.

L'induit soumis à la réaction du champ tournant est, dans le moteur Tesla, un induit à tambour dont les sections sont fermées sur elles-mêmes et dont le noyau en fer feuilleté permet d'accroître l'intensité du flux de force résultant. Les courants induits, qui se développent dans les sections de l'armature, réagissent sur le champ pour amener la rotation de l'induit.

Une telle combinaison a l'inconvénient d'exiger deux circuits et un générateur spécial pour alimenter le moteur ; mais ce dernier est d'une construction très simple et d'un entretien très facile, attendu qu'il est dépourvu de collecteurs. Cette circonstance le rend particulièrement avantageux dans les applications où les étin-celles électriques sont à craindre, par exemple dans les ateliers et les mines, dont l'atmosphère est chargée de gaz inflammables. Les deux circuits peuvent avoir un fil de retour commun et, lorsqu'on fait usage de la terre pour le retour, deux conducteurs suffisent pour les deux circuits.

On a préconisé divers moyens pour alimenter l'électro-moteur par un seul circuit et produire, à l'aide d'une seule force électro-motrice périodique, deux courants inducteurs décalés l'un par rapport à l'autre.

L'un des procédés utilisés par M. Tesla consiste à dériver par rapport aux deux conducteurs qui amènent le courant alternatif deux séries de bobines inductrices. Les résistances et les coefficients de self-induction de ces circuits sont rendus à dessein très différents.

Comme la tangente de l'angle du retard entre la différence de potentiel agissant aux points de dérivation et chacun des courants dérivés est proportionnelle au coefficient de self-induction et en raison inverse de la résistance de chaque circuit, il est possible d'arriver dans les deux dérivations à des valeurs très différentes pour ces angles de phase. En vue de réaliser ces conditions, M. Tesla enroule les bobines appartenant aux deux circuits, respectivement avec du fil gros et du fil fin ; dans le premier cas, le fil fait un grand nombre de tours ; dans le second, les tours sont en nombre restreint.

Dans ce genre de moteurs, la self-induction des électro-aimants traversés par des courants alternatifs doit nécessairement réduire l'intensité et la puissance de ces courants, d'où l'emploi d'appareils de dimensions relativement fortes pour un effet utile donné.

On voit par ce qui précède que, bien que l'industrie des moteurs à courants alternatifs soit encore dans l'enfance, il ne manque pas de solutions propres à amener à bref délai un développement considérable dans l'emploi de ces appareils. Rien n'empêche d'ailleurs de combiner les principes précédents dans un même moteur.

Ainsi pour remédier à la difficulté de mise en train des moteurs à flux constant, il est possible de fixer sur l'axe de ceux-ci un petit moteur à champ magnétique tournant, dont la construction est fort simple et qui sert de servo-moteur pour le démarrage.

M. de Ferranti cale sur l'arbre de l'alternateur un petit moteur à courant continu dont l'inducteur, pourvu de noyaux feuilletés, est enroulé en série. En envoyant le courant alternatif dans un tel moteur, on lui fait produire un travail suffisant pour donner à l'alternateur une vitesse dépassant légèrement l'allure normale. On dirige alors le courant alternatif dans ce dernier, qui continue à tourner et avec lequel on peut embrayer les outils pendant qu'on met le servo-moteur hors de circuit.

TRANSMISSION ÉLECTRIQUE DE LA PUISSANCE MÉCANIQUE

519. — Dans l'état actuel de nos connaissances, les moyens chimiques et thermiques de génération de l'électricité ne peuvent pas rivaliser avec les procédés dynamiques, en sorte que l'électromoteur est inférieur au moteur à vapeur, en tant que producteur direct de la puissance mécanique. Mais si l'électricité ne peut pas encore alimenter directement nos moteurs, elle est appelée dès à présent à servir d'intermédiaire dans la transmission et la distribution de l'énergie.

On peut distinguer deux genres d'exemples de transmission.

1° La puissance d'une chute d'eau ou d'une machine à vapeur doit être utilisée en un seul point plus ou moins distant du lieu de production ; dans ce cas, deux dynamos réunies par une ligne électrique et tournant l'une comme génératrice, l'autre comme réceptrice, résolvent le problème.

2° La puissance électrique, produite dans une station, doit être distribuée dans un périmètre plus ou moins étendu, tel que celui d'une usine ou d'une agglomération quelconque. Le moteur active alors une ou plusieurs dynamos engendrant l'énergie électrique, sous une tension constante ou sous un courant constant, dans un réseau électrique dont les ramifications s'étendent à tous les petits moteurs alimentés. Nous examinerons d'abord le premier cas.

520. — Théorie du transport de la puissance d'une dynamo génératrice à une dynamo réceptrice. — Pour simplifier le problème, commençons par supposer que la dynamo génératrice transforme en énergie électrique l'intégralité du travail mécanique dépensé pour la mouvoir et que la puissance électrique absorbée par l'électro-moteur est entièrement restituée sous forme de puissance mécanique. Nous admettrons, en outre, que la canalisation qui relie les deux dynamos possède un isolement parfait, condition pratiquement réalisable comme on le verra plus loin. Soit E, la force électro-motrice produite par la génératrice ; e, la force contre-électro-motrice du moteur ; R, la résistance totale du circuit comprenant la ligne et les dynamos (pour plus de simplicité nous supposerons que ces dernières ont des inducteurs composés d'aimants permanents). Le courant est $i = \dfrac{E - e}{R}$; d'où

$$E\,i = i^2\,R + ei \qquad (1)$$

$E\,i$ représentant la puissance dépensée et ei la puissance recueillie. Dans le cas idéal considéré, le rendement électrique de la transmission est

$$\eta = \frac{ei}{Ei} = \frac{e}{E}.$$

Si l'on admet que le générateur est animé d'une vitesse constante, la force électro-motrice E est peu variable ; l'intensité du courant et par suite la puissance dépensée sont alors maxima lorsque l'électro-moteur est maintenu immobile. Le rendement est évidemment nul dans ce cas. Lorsque le moteur se met en marche avec une vitesse accélérée, la force contre-électro-motrice augmente, de même que le rendement, lequel peut théoriquement atteindre une valeur égale à l'unité. Ce cas idéal correspond à l'égalité des deux forces électro-motrices antagonistes, condition qui ne serait réalisable que si les travaux dépensés et recueillis étaient nuls tous deux, ainsi que les frottements des dynamos. Ce cas serait analogue à celui de deux poulies sans frottements, unies par une courroie sans raideur : si la résistance opposée par la poulie réceptrice est nulle, celle-ci est capable de tourner sans dépense de travail à la poulie conductrice.

Le rendement croît progressivement avec la vitesse du moteur. La puissance recueillie, $e\,i = \dfrac{E - e}{R}\,e$, part de zéro $(e = o)$, passe par un maximum $\left(e = \dfrac{E}{2}\right)$ correspondant à la moitié du travail dépensé à cet instant, c'est à dire à un rendement de 5o pour 100; puis elle décroît jusque zéro $(e = E)$.

On remarquera que l'énergie dépensée et l'énergie recueillie sont proportionnelles aux tensions des deux machines, tandis que la perte par effet Joule en est indépendante. On conclut de là la possibilité de diminuer indéfiniment la perte dans une canalisation donnée, en accroissant de même les tensions des machines. Il conviendra donc d'adopter dans la transmission électrique de l'énergie la plus haute tension compatible avec la sécurité des personnes et la conservation des dynamos. Lorsqu'on fait usage de machines et de conducteurs soustraits à la portée du public, les tensions peuvent atteindre sans inconvénient plusieurs milliers de volts. On transmet de cette manière des puissances considérables, à de grandes distances, par des câbles de sections relativement faibles.

Les formules précédentes doivent subir certaines modifications pour être appliquées aux dynamos réelles. Si l'on désigne par P la puissance mécanique absorbée par la génératrice, on a

$$\frac{E\,i}{P} = \eta_g.$$

Ce rapport est variable; il atteint 0,90 à 0,97 dans une bonne machine d'une puissance supérieure à 10 chevaux. De même, p étant la puissance disponible sur l'arbre de l'électro-moteur,

$$\frac{p}{ei} = \eta_r.$$

Le *rendement industriel de la transmission* est le rapport de la puissance disponible sur l'arbre de l'électro-moteur à la puissance absorbée par la génératrice

$$\frac{p}{P} = \eta\,\eta_g\,\eta_r,$$

où η exprime le *rendement électrique* $\dfrac{e}{E}$.

Il est facile de déduire des formules précédentes les équations

$$i = \sqrt{\frac{\eta_g\, P\,(1 - \eta)}{R}}$$

$$E = \sqrt{\frac{\eta_g\, R\, P}{1 - \eta}}$$

$$c = \eta\, \sqrt{\frac{\eta_g\, R\, P}{1 - \eta}},$$

qui permettent de traiter tous les problèmes relatifs aux transmissions électriques de l'énergie.

521. — Divers modes d'excitation des inducteurs dans une transmission à l'aide de deux dynamos. — En vue de limiter le courant à haute tension aux induits des deux dynamos et de permettre d'employer des inducteurs à gros fil, traversés par un courant de faible tension, ce qui réduit les chances d'interruptions et d'accidents, on emploie parfois l'excitation séparée.

Au poste de transmission, cette disposition n'offre aucun inconvénient ; mais au poste de réception, il y a une difficulté lors de la mise en marche, puisque l'électro-moteur doit être aimanté au préalable sans le secours de son excitatrice. Nous avons déjà rencontré ce problème dans les moteurs alternatifs à excitation indépendante. Ici encore on peut résoudre la question en pourvoyant la station réceptrice d'une batterie secondaire, suffisante pour donner aux électro-aimants du moteur leur aimantation initiale et provoquer la mise en marche des deux dynamos de cette station. Aussitôt que la dynamo excitatrice a acquis son régime de vitesse, on ferme son circuit sur les inducteurs de l'électro-moteur.

M. M. Deprez a imaginé une solution différente. Le courant initial produit à la station de départ est envoyé simultanément dans les inducteurs et dans l'induit de la réceptrice marchant sans autre charge que son excitatrice. La vitesse ainsi obtenue est suffisante pour provoquer l'amorcement de cette dernière machine sur une résistance artificielle. Aussitôt ce résultat atteint, les circuits normaux sont rétablis et la charge peut être admise progressivement sur l'arbre de l'électro-moteur.

Au lieu d'utiliser une excitation indépendante , il est plus simple de faire usage de deux dynamos excitées en série. Dans ce cas , la mise en marche ne présente aucune difficulté. M. Kapp ([1]) a reconnu que ce mode de transmission permet de régler automatiquement la vitesse du moteur sur celle du générateur. Soit oe, fig. 316, la caractéristique totale de la génératrice tournant à une

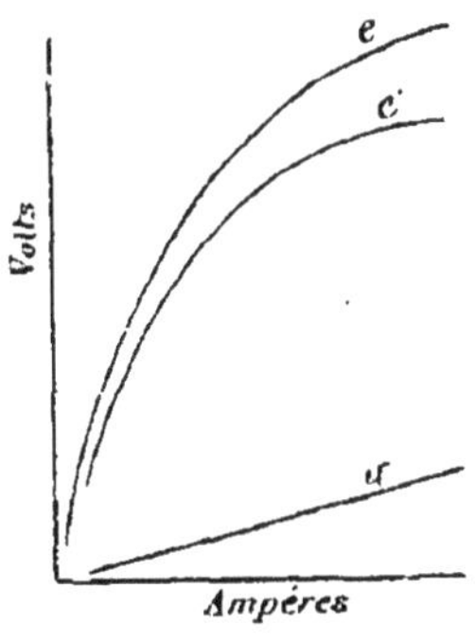

Fig. 316.

vitesse constante, oe' la caractéristique totale de la réceptrice également pour une vitesse invariable. Si l'on porte, à partir de l'axe des abscisses, les différences entre les ordonnées des deux courbes correspondant à une même abscisse, on obtient une ligne or qui, en général, ne s'écarte pas sensiblement d'une droite, au moins sur une partie de son développement. On peut d'ailleurs arriver rigoureusement à une droite en calculant le moteur de manière que les différences entre ses ordonnées et celles de la dynamo croissent dans un rapport constant. En choisissant les vitesses des dynamos de telle sorte que cette droite ait un coefficient angulaire égal à la résistance totale du circuit de transmission et en modifiant au besoin cette résistance de manière à obtenir ce résultat, la réceptrice tournera à une vitesse constante tant que l'allure de la génératrice sera invariable. En effet, quelle que soit l'intensité du courant, la différence entre la force électro-motrice primaire e et la chute de tension ir représente une des valeurs e' de la caractéristique inférieure.

____

([1]) Kapp, *Electric transmission of energy*.

Il résulte de là que la réceptrice développera des forces contre-électro-motrices correspondant à une vitesse constante. Le courant engendré variera avec la charge à vaincre. En appliquant ce procédé, M. Brown est arrivé à réduire les variations des moteurs à 2 pour 100, entre la marche à vide et la pleine charge.

Si l'excitation des machines est faite par d'autres procédés, les conditions de fonctionnement de la transmission se détermineront en ayant égard aux propriétés particulières que communiquent les divers modes d'enroulement tant aux générateurs qu'aux récepteurs.

Lorsqu'on utilise les tensions élevées, l'enroulement en dérivation sur les inducteurs est peu à conseiller, car il conduit à l'emploi de fil très fin qui accroît beaucoup le prix des dynamos. En outre, les réactions de self-induction conduisent dans un cas semblable à des extra-courants dangereux pour l'isolement des machines.

' Il conviendra de choisir avec discernement les modes d'enroulement à employer, en tenant compte de ce fait que, dans une transmission à l'aide de deux machines, le générateur a généralement une capacité de production limitée ; tandis que, dans les distributions importantes où les générateurs sont très puissants, relativement aux récepteurs, on peut considérer sans inconvénients la puissance génératrice comme indéfinie.

M. Kapp cite à cette occasion un cas instructif. Il avait cru obtenir une vitesse sensiblement constante dans un moteur en enroulant ce dernier en dérivation et en l'alimentant, sous une tension invariable, par une machine hypercompound, dans laquelle l'enroulement en série était prédominant. Au lieu d'une marche constante et régulière, M. Kapp observa des arrêts et des renversements de marche accompagnés de gerbes d'étincelles aux collecteurs des deux machines. Voici ce qui se produisait. Le moteur étant mis en relation avec la génératrice absorbait, au moment du démarrage, un courant très supérieur au courant normal de cette dernière et ses inducteurs ne s'excitaient que faiblement. Il en résulte que l'induit du moteur avait le temps de prendre une vitesse très supérieure à sa vitesse de régime avant que les inducteurs fussent complètement excités. La force contre-électro-motrice devenait ainsi supérieure à la force électro-motrice du géné-

rateur et le courant était renversé dans le circuit. Comme l'enroulement en série de la machine compound prédominait, celle-ci éprou-
vait un renversement de pôles et envoyait ensuite un courant inverse
dans le moteur, qui, après s'être arrêté, se mettait à tourner à
contre-balais jusqu'à ce que ses inducteurs eussent perdu leur
aimantation. A ce moment se produisait un nouvel arrêt, puis une
marche accélérée dans le sens normal jusqu'à ce que l'induit eut
acquis de nouveau une vitesse suffisante pour intervertir le courant.
Ces renversements ne se seraient pas produits si la résistance
initiale, opposée à la marche du moteur, avait été suffisante ou si
l'enroulement en dérivation de la génératrice avait eu une action
prépondérante. L'auteur a constaté des phénomènes analogues aux
précédents avec une génératrice en série et une réceptrice en dérivation.

L'emploi des génératrices compound est très fréquent dans les
petites installations pour le transport de la force où l'on ne peut,
comme dans les grandes usines électriques, charger un agent
spécial du réglage de la tension.

Au lieu de faire usage de deux dynamos pour la transmission de
l'énergie à distance, il est prudent, dans certains cas, de multiplier
ces appareils, afin de réduire les chances d'interruption. On pourra
adopter les groupements de machines précédemment décrits, dont
les plus caractéristiques sont les suivants. Plusieurs génératrices,
excitées en dérivation ou par une dynamo spéciale, sont reliées en
parallèle et l'excitation est réglée de manière à obtenir à l'extrémité
de la ligne une différence de potentiel constante. Les réceptrices
sont également dérivées les unes par rapport aux autres.

Une disposition préférable dans les transmissions à grande distance consiste à réunir en tension plusieurs génératrices. Les
moteurs sont installés d'une manière analogue au poste de réception.
Par ce moyen, il est possible de réduire les forces électro-motrices
des machines dans des limites qui facilitent la construction de ces
appareils. Ainsi M. Fontaine a pu, en groupant des machines de
1 500 volts, dont la construction n'offre aucune difficulté, arriver à
une tension totale de 6 000 volts.

Dans le système en dérivation, au contraire, chaque machine
génératrice doit développer la force électro-motrice totale. Or, on
sait que les collecteurs du genre Gramme se prêtent mal à des

tensions supérieures à 2 000 volts, lesquelles amènent souvent des gerbes d'étincelles entre les balais.

Pour obtenir, par le groupement en tension des machines, la même indépendance que dans le groupement en quantité, il suffit de faire usage de conducteurs intermédiaires reliant les pôles communs des dynamos. On réalise de la sorte le système à conducteurs multiples, § 450.

522. — Emploi des machines à courants alternatifs. — Grâce aux perfectionnements incessants apportés dans la construction des moteurs à courants alternatifs, il est devenu possible d'établir des transmissions de force motrice basées sur l'emploi de ces appareils.

Les machines à courants alternatifs se recommandent par la simplicité de leurs collecteurs, moins sujets que les collecteurs des dynamos continues à être endommagés lorsque les tensions sont élevées. Dans certains moteurs alternatifs, le commutateur a même pu être entièrement supprimé, § 518. Les alternateurs ordinaires permettent d'obtenir une marche absolument synchronique des deux machines en communication. Enfin, l'emploi des transformateurs permet de réduire d'une façon simple la tension du courant à l'arrivée, lorsque le moteur doit être mis dans les mains de personnes inexpérimentées.

Grâce au rendement élevé des transformateurs à courants alternatifs, on peut aussi, sans diminuer sensiblement l'effet utile de la transmission, adopter une double transformation. La machine génératrice à basse tension alimente un transformateur qui produit les potentiels élevés exigés par la bonne utilisation du cuivre de la ligne. Au poste de réception, un nouveau transformateur ramène la tension dans des bornes convenables. Cette combinaison a l'avantage de permettre l'emploi de machines à faible potentiel dont la manipulation est sans danger et la construction facile. De telles machines sont en outre susceptibles d'un rendement supérieur à celui des dynamos à haut potentiel, attendu que les isolants y occupent une place beaucoup moindre. Lorsque la haute tension est limitée à la ligne, il n'y a aucun inconvénient à admettre des potentiels très-élevés, car, au point de vue des dangers et des difficultés d'isolement, il n'y a pas beaucoup de différence entre un potentiel de 2 000 volts, par exemple, et un potentiel de 10 000 volts.

La solution précédente permet donc une très grande économie dans le cuivre de la ligne.

A certains égards, les moteurs alternatifs sont inférieurs aux moteurs continus. Nous rappelons que les moteurs à flux constant ne démarrent pas spontanément et que leur charge ne peut pas, comme dans les moteurs continus, dépasser notablement la valeur nominale. Une autre cause d'infériorité résulte de l'essence même des courants alternatifs. Si l'on désigne par E la force électro-motrice maximum de la machine génératrice, par I le courant maximum et par φ le retard des phases, la puissance moyenne est, dans l'hypothèse d'une fonction sinusoïdale, § 181,

$$P = \frac{E\,I}{2}\cos\varphi;$$

la perte en chaleur dans le circuit supposé de résistance R est, par seconde,

$$\frac{I^2}{2}\,R.$$

Il est clair que l'effet de l'angle de phase φ est d'exiger, pour une puissance et une force électro-motrice données, un courant plus intense et, par suite, une perte en chaleur dans les conducteurs plus grande que si le retard de phase n'existait pas. Par ce fait aussi les dimensions des machines doivent être agrandies pour produire un effet utile donné. Cette majoration est particulièrement marquée dans les dynamos dont les inducteurs sont parcourus par des courants périodiques.

Considérons deux machines à courant continu fonctionnant sous la même tension limite E dans la génératrice. Pour la même puissance, l'intensité du courant continu I′ sera telle que

$$E\,I' = \frac{E\,I}{2}\cos\varphi.$$

On aura donc

$$I' = \frac{I}{2}\cos\varphi,$$

et la perte en chaleur dans la ligne ne sera que

$$R\,\frac{I^2}{4}\cos^2\varphi.$$

523. — **Distribution de la puissance mécanique.** — Nous avons admis dans ce qui précède que les génératrices et les réceptrices sont concentrées dans deux postes distincts ; les premières étant activées par une force motrice produite à une certaine distance d'une usine où l'on utilise la puissance disponible.

Il existe des applications où, d'un centre de production unique, on doit distribuer l'énergie à une série d'électro-moteurs ou de lampes éparpillés dans un espace plus ou moins étendu.

C'est le cas lorsqu'à proximité d'une ville se trouve une chute d'eau, que l'on désire utiliser à la distribution de la force motrice et de la lumière, ou bien encore lorsque, dans une usine ou une exploitation très étendue, on veut concentrer la production de la force motrice dans un atelier spécial, où l'on développe l'énergie électrique nécessaire à l'alimentation des moteurs et des foyers lumineux. Nous ne ferons qu'énumérer les solutions que peut recevoir la question, en renvoyant, pour les détails, à l'exposé des principes généraux énumérés dans les chapitres précédents.

Si le centre de production est peu éloigné des points d'utilisation, une distribution directe en dérivation sera la solution la plus simple. Mais, lorsque la distance est considérable, il faut, en vue d'économiser le cuivre des conducteurs, recourir à des tensions élevées qui ne peuvent être admises dans les récepteurs autres que ceux des usines, où l'on dispose d'un personnel spécial : il est nécessaire donc de faire subir à l'énergie électrique une transformation. Nous savons que l'emploi des transformateurs à courants alternatifs ou à courant continu, ou encore celui des accumulateurs, permet de résoudre la question. La solution par les accumulateurs, chargés en série et déchargés en dérivation, présente l'avantage de permettre un emmagasinement continu et une régularisation commode du débit, ce qui n'est pas à dédaigner lorsqu'on doit utiliser des forces motrices variables ; mais le prix actuel de ces appareils en restreint l'emploi.

En ce qui concerne le mode d'enroulement des moteurs à courant continu à employer, on aura égard au système de distribution et au genre de travail qu'ont à effectuer ces appareils. Le plus fréquemment la distribution a lieu en dérivation. On a vu que le moteur en série, qui se recommande par sa simplicité et par l'effort de démarrage dont il est capable, ne convient que pour autant que la charge ne descende jamais en dessous d'une certaine limite. Cependant lorsqu'un agent est spécialement préposé à la surveillance du moteur, il n'y a pas à craindre que le moteur s'emporte et l'on est libre d'adopter, même avec des charges très variables, l'excitation en série. Le moteur excité en dérivation est susceptible de donner automatiquement une régularisation de vitesse très suffisante dans la plupart des cas. Il a l'inconvénient, lorsqu'on fait usage de tensions de distribution élevées, de nécessiter du fil très mince dans les inducteurs, ce qui accroît le coût de la machine, les difficultés d'isolement et les chances d'accidents par les effets d'extra-courants. Enfin, l'excitation compound à enroulements concourants permet de réunir les avantages des deux systèmes précédents, tandis que l'excitation à enroulement différentiel donne la possibilité d'une régularisation absolue de la vitesse.

Les moteurs à courants alternatifs se prêtent à une réduction commode de la tension dans la distribution ou, tout au moins, à la limitation des courants de haute tension à l'induit des machines. Les moteurs synchroniques fournissent une régularisation absolue de la vitesse, tandis que les moteurs à champ magnétique tournant permettent de supprimer le collecteur. Une distribution par courants alternatifs donne la latitude d'alimenter directement les moteurs d'usine par des courants à haute tension et de réduire la tension dans les moteurs domestiques et dans les. lampes par l'emploi des transformateurs.

APPLICATIONS.

524. — **Projet**. — En vue d'appliquer les formules établies au § 520, supposons qu'une puissance motrice disponible de 50 chevaux doive être transmise, à 10 kilomètres de distance, à l'aide de deux dynamos en série, dans lesquelles la force électro-motrice maximum tolérée est 2 000 volts, et d'une canalisation aérienne pour laquelle on prévoit un taux d'amortissement et d'intérêt de 7 $^1/_2$ pour cent. Le prix du bronze ayant une résistance spécifique de 1,65 microhm-cm à O° C est, par hypothèse, de 2 fr. le kilogramme, pour les fils de gros diamètres. Enfin, le coût annuel d'un cheval électrique supplémentaire est estimé à 200 francs, ce qui, à raison de 2 000 heures de travail, représente 10 centimes par cheval-heure, c'est à dire le prix du travail fourni par une machine à vapeur d'une dimension moyenne, lorsque le combustible coûte 20 francs la tonne.

Dans les dynamos de la puissance requise, le rapport de la puissance électrique totale à la puissance mécanique dépensée varie de 0,90 à 0,97. Nous adopterons 0,94 pour la génératrice et 0,92 pour le rapport entre la puissance disponible sur l'arbre de la réceptrice et la puissance électrique de celle-ci, cette machine étant supposée avoir la même dimension que la précédente, mais une vitesse moindre.

La puissance électrique à développer par la première est

$$(^1) \qquad 50 \times 736 \times 0,94 = 34\,600 \text{ watts.}$$

L'intensité du courant est

$$i = \frac{34\,600}{2\,000} = 17,3 \text{ ampères.}$$

Les tables de M. Forbes, § 441, indiquent, pour les données suivantes, taux d'amortissement 7 $^1/_2$ pour cent, valeur du cheval électrique annuel 200 francs, coût d'un kilogramme de cuivre supplémentaire 2 francs, une section de 1,9 centimètres carrés pour 100 ampères; pour le courant de 17,3 ampères, la section sera

$$\frac{1,9 \times 17,3}{100} = 0,329 \text{ cm}^2,$$

et le diamètre du conducteur

$$\sqrt{\frac{0,329 \times 4}{\pi}} = 0,648 \text{ cm.}$$

La résistance d'une ligne de 20 kilomètres, aller et retour, posée à l'aide de conducteurs semblables, est d'environ 10 ohms.

$(^1)$ Les opérations numériques ont été faites à la règle à calcul.

En admettant que les deux dynamos aient chacune une résistance intérieure de 5 ohms, la résistance totale du circuit devient

$$R = 20 \text{ ohms.}$$

La chute de tension dans le circuit est

$$20 \times 17,3 = 346 \text{ volts,}$$

et la force contre-électro-motrice

$$2\,000 - 346 = 1\,654 \text{ volts.}$$

Le rendement électrique de la transmission est, dans ces conditions,

$$\eta = \frac{1\,654}{2\,000} = 0,827,$$

et le rendement industriel

$$0,827 \times 0,92 \times 0,94 = 0,715.$$

Le rendement commercial de la génératrice est

$$\frac{(2\,000 - 17,3 \times 5)\ 17,3}{36\,800} = 0,90.$$

On verra que ces résultats ont été dépassés pratiquement à Kriegstetten.

Prix approximatif d'une semblable transmission.

Deux dynamos de 35 kilowatts à 200 frs par
kilowatt, y compris le matériel accessoire 14 000
Bronze, poids $0,329 \times 2\,000 \times 8,9 = 5\,840$ kg
à 2 fr. le kg 11 680
Poteaux, isolateurs et accessoires 3 000
                                                        ————
                                                        28 680

Cette somme représente les frais d'installation du matériel électrique pour une puissance utile de

$$50 \times 0,715 = 35,75 \text{ chevaux,}$$

soit 800 fr. environ par cheval.

525. — Développements progressifs des transmissions de force motrice par l'électricité. — La première démonstration publique du transport électrique de l'énergie a été faite par M. H. Fontaine, à l'aide de machines Gramme, à l'Exposition de Vienne de 1873. Depuis lors, la société Gramme a effectué un grand nombre d'installations définitives de transport et de distribution de force motrice, en étendant progressivement les distances des transmissions à mesure que les perfectionnements des machines et la réduction de leurs prix permettaient de satisfaire à la fois aux desiderata théoriques et économiques (1).

M. Deprez, qui s'appliqua vers 1880 à l'étude du transport de la force par l'électricité, indiqua nettement la nécessité de recourir aux grandes forces électro-motrices pour étendre le rayon des transmissions.

Il exécuta une série d'expériences de transport de force à grandes distances qui eurent beaucoup de retentissement et qui, si elles ne donnèrent pas tous les résultats qu'en espérait le promoteur, fixèrent l'attention du grand public sur cet important problème.

Après différents essais exécutés à Munich (1882), à Paris (1883) et à Grenoble (1883), M. Deprez fit, en 1885, des expériences sur une ligne, de 56 kilomètres de longueur, posée entre Creil et Paris et formée de fil de cuivre isolé de 5 millimètres de diamètre. Le double fil mesurait 100 ohms, auxquels s'ajoutaient 34,5 ohms représentant la résistance des dynamos. Celles-ci étaient excitées par des machines spéciales, ainsi qu'on l'a vu au § 521. Elles étaient de grandeurs différentes, toutes deux multipolaires, et tournaient, la génératrice à 170 tours, la réceptrice à 277 tours. La force électro-motrice de la première atteignait 6 000 volts, la plus haute tension produite à cette date à l'aide des dynamos. Le courant était d'environ 10 ampères. De la puissance absorbée de 116 chevaux, il restait à la station de réception environ 52 chevaux, d'où un rendement commercial voisin de 45 pour 100 pour la transmission.

En 1886, M. Fontaine a réalisé au moyen de dynamos Gramme d'un modèle courant, disposées en série, une transmission de force dans des conditions de résistance extérieure analogues à celles de l'expérience précédente. Quatre dynamos excitées en série et

---

(1) H. FONTAINE, *Transmissions électriques*. Baudry, 1885.

réunies en tension étaient commandées par un arbre commun, à l'aide de galets de friction. Elles communiquaient, par l'intermédiaire de résistances artificielles ayant en tout 100 ohms, avec trois réceptrices identiques aux génératrices et rendues solidaires par des manchons d'accouplement.

La tension totale des génératrices, tournant à 1 200 tours, était 5 900 volts. Le courant ne dépassait pas 9,5 ampères. Le rendement correspondant à une puissance utile de 50 chevaux dépassait 52 pour cent. Le poids total des dynamos, qui atteignait le chiffre exagéré de 70 tonnes dans l'expérience de Creil, n'était que de 8,4 tonnes dans celle de M. Fontaine.

526. — Applications existantes. — Ces expériences hardies, qui eurent surtout un intérêt théorique, donnèrent l'essor à des applications industrielles qui se développèrent particulièrement dans les pays favorisés de chutes d'eau, tels que la Suisse. La société d'Oerlikon a installé, en 1888, entre Kriegstetten et Soleure, sur une distance de 8 kilomètres, une transmission électrique destinée à utiliser la puissance d'une chute d'eau variant de 30 à 50 chevaux, située dans la première de ces localités. Cette application est intéressante, tant par ses résultats que par les mesures très précises auxquelles elle a donné lieu sous les auspices d'une commission présidée par M. F. Weber.

A Kriegstetten, deux dynamos Brown, enroulées en série et associées en tension, sont mûes par une turbine hydraulique. Elles communiquent par trois conducteurs en cuivre de 6 millimètres de diamètre avec deux dynamos légèrement plus faibles, installées, à Soleure, dans une usine qui utilise directement la puissance reçue. Le système à trois conducteurs permet de réduire la tension aux bornes de chaque machine et d'assurer le fonctionnement partiel de la transmission lorsqu'une des dynamos vient à être dérangée. La ligne, supportée par des poteaux au nombre de 180, est pourvue d'isolateurs Johnson et Phillipps, § 473. Chacun des trois conducteurs mesure 4,5 ohms et possède un isolement pratiquement parfait. Chacune des dynamos génératrices peut développer à 700 tours une force électro-motrice de 1 250 volts et un courant de 18 ampères. Leur rendement commercial est de 88 pour 100. La résistance totale des deux génératrices est de 7,25 ohms, celle des réceptrices 7,06 ohms.

La force électro-motrice totale fournie par les génératrices en tension était, pendant l'essai, de 2 128 volts, celle des réceptrices de 1 896 volts ; d'où un rendement électrique de 89 pour 100. Intensité du courant : 9,78 ampères. La puissance mécanique communiquée par les turbines aux génératrices était de 30,85 chevaux ; la puissance recueillie au frein sur les réceptrices atteignait 23,05 chevaux, d'où un rendement commercial de 74,7 pour 100.

Une autre transmission électrique existe près du lac des Quatre-Cantons. Une chute d'eau, de 60 chevaux de puissance, de la rivière l'Aa, est utilisée pour mouvoir, à une distance de 4 kilomètres, le chemin de fer funiculaire qui relie le bord du lac au Burgenstock situé à 400 m au dessus de celui-ci.

La même transmission permet d'effectuer, le soir, l'éclairage de l'hôtel de Burgenstock, qui absorbe environ 30 chevaux. Enfin dans les intervalles entre la marche des trains, le courant électrique est utilisé à monter l'eau du lac pour les besoins de l'hôtel.

L'énergie électrique nécessaire à ces divers services est produite par deux dynamos Thury excitées en série et réunies en tension. Chacune développe, à une vitesse de 750 tours par minute, 20 kilowatts utiles avec un rendement industriel de 90 pour 100. Une canalisation aérienne, composée de trois conducteurs en cuivre nu de 4,5 mm de diamètre, relie l'usine hydraulique au Burgenstock et transporte le courant de 20 ampères fourni par les génératrices.

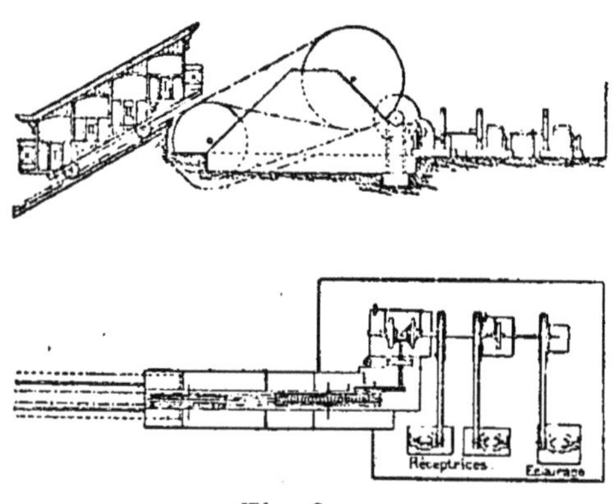

Fig. 317.

Le chemin de fer funiculaire a un développement de 936 m avec une pente moyenne de 53 pour 100. Deux wagons sont reliés par un câble qui passe, à la partie supérieure du plan incliné, sur deux tambours représentés dans la fig. 317. Les dynamos réceptrices ont à développer un effort égal à la différence des tensions des deux brins du câble augmentée des frottements. Le tambour supérieur est mu par une transmission figurée en plan et en élévation. La vitesse est régularisée par un frein placé sur l'axe de ce tambour. Un système de roues d'angle à débrayage sert à changer le sens de la rotation du tambour sans modifier celui des dynamos. La troisième dynamo, figurée en plan, sert à alimenter le soir les lampes de l'hôtel.

La Suisse possède plusieurs applications des câbles télodynamiques qui possèdent un rendement excellent. Toutefois les difficultés que présentent ces intermédiaires au point de vue de la distribution de la force à des récepteurs éparpillés, ainsi que l'usure rapide des câbles, particulièrement par les mauvais temps, leur font actuellement préférer les transmissions électriques.

527. — Applications à l'art des mines. — Les transmissions électriques sont appelées à rendre de grands services dans l'exploitation des mines, attendu qu'une même canalisation pourvoit à l'éclairage des travaux et permet d'assurer tous les services nécessitant une force motrice, à savoir : l'extraction, l'abattage, le transport, l'exhaure, la ventilation, auxquels s'ajoutent, dans certains cas, la préparation mécanique et le traitement électro-chimique des minerais. La concentration en une seule usine de la production de la force motrice permet alors d'utiliser les moteurs les plus économiques. L'emploi de l'électricité rend en outre possibles l'utilisation de forces naturelles et l'exploitation de certaines mines restées improductives par suite de la chèreté du combustible.

Jusqu'à présent, l'agent de transmission le plus employé dans les travaux souterrains est l'air comprimé, à l'aide duquel on a percé les grands tunnels des Alpes. Mais les aéro-moteurs ont un rendement médiocre par suite de la difficulté opposée par le refroidissement de l'air à l'emploi de la détente. Il est vrai que le réchauffage de l'air et l'injection de vapeur (systèmes Cornet, Popp) permettent d'améliorer le rendement, mais ces procédés nécessitent des foyers, compliquent les moteurs et, partant, ne sont guère applicables aux travaux des mines, où les appareils doivent être simples et faciles à conduire. A cet égard, les moteurs électriques présentent toute satisfaction, puisque leur rendement est élevé et qu'on peut les rendre auto-régulateurs en enroulant convenablement leurs inducteurs, § 508. En outre, les canalisations électriques suivent aisément les galeries les plus tortueuses, tandis que les tuyaux rigides nécessités par l'air comprimé demandent une main-d'œuvre coûteuse de mise en place. Dans les tunnels, l'air frais apporté par les aéro-moteurs ne constitue pas une ventilation suffisante pour permettre de se passer d'appareils d'aérage spéciaux; dans les travaux de mines ordinaires, la quantité d'air apportée par ces moteurs est relativement plus faible encore.

Étant donnés les avantages des électro-moteurs, leur emploi ne tardera pas à se développer dans les exploitations minières où l'atmosphère n'est pas chargée de gaz inflammables, comme c'est le cas dans les mines à grisou. Dans ces dernières, on pourra faire usage de moteurs sans collecteurs, tels que les moteurs Tesla. M. Goolden emploie, dans ces circonstances, des moteurs à courant continu dont l'induit, le collecteur et les balais sont complètement entourés d'une enveloppe emprisonnant un très faible volume d'air. Les interrupteurs et autres appareils susceptibles de donner des étincelles seront enfermés dans des boîtes hermétiquement closes et traversées par les tourillons des arbres de manœuvre.

Pour favoriser le développement de ces applications, il est important que les constructeurs électriciens se donnent la peine d'étudier les appareils de mines et cherchent au besoin des types spéciaux appropriés aux électro-moteurs, dont la vitesse de rotation est généralement considérable. C'est ainsi que les perforatrices et les haveuses mues directement par des moteurs électriques ont été étudiées en France par M. Taverdon, en Angleterre par M. Blackburn et aux États-Unis par MM. Sprague et Sperry.

Le cadre de cet ouvrage ne nous permet pas de multiplier les exemples d'applications de l'électricité aux travaux des mines. Nous nous contenterons de citer un cas montrant l'amélioration de rendement obtenue par la substitution de l'électricité à l'air comprimé.

Au charbonnage Saint-Jean, à Normanton (Angleterre), une pompe souterraine, mue par une dynamo, est destinée à élever 530 litres d'eau à la minute à une hauteur de près de 300 mètres.

La machine génératrice, qui produit un courant de 62 ampères sous une tension de 603 volts, fait 450 révolutions par minute. Le câble a une résistance de 0,5 ohm. Le moteur fait 450 tours par minute et la pompe 25 tours.

Le travail indiqué, de 73 chevaux, à la machine motrice se répartit comme suit dans les divers organes de la transmission :

Frottements de la machine motrice . . . . . . chevaux 6,9
Pertes dans la courroie et la machine génératrice.   »   4,8
Pertes dans le câble et le moteur. . . . .   »   6,7
Pertes dans la courroie, l'arbre de transmission et
    la pompe marchant à vide . . . .   »   10,2
Travail absorbé par l'élévation de l'eau . . .   »   31,5
Pertes dues au frottement de l'eau dans la colonne
    ascensionnelle et dans la pompe . . . . . .   »   12,9

Total : chevaux 73,0

La perte considérable due au frottement de l'eau tient à une section insuffisante du tuyau de remonte. Malgré ces conditions défectueuses, on voit que la transmission électrique rend $\dfrac{31,5}{73,0}$, soit environ 43 pour 100 du travail indiqué à la machine à vapeur. La transmission par l'air comprimé qui faisait auparavant le même travail rendait au maximum 14 pour 100.

A la suite de ces résultats, les appareils à air comprimé, qui servaient à mouvoir un transport intérieur dans le même charbonnage, ont été remplacés par une transmission électrique.

528. — Transmissions électriques dans les ateliers. — Les transmissions par câbles ou par courroies donnent un rendement élevé dans les ateliers, lorsque tous les outils et métiers qu'elles commandent sont simultanément en activité ; mais, par suite de la variabilité du fonctionnement des outils dans les ateliers mécaniques, le rendement moyen est souvent inférieur à 50 pour 100, même lorsqu'on emploie des manchons de débrayage, afin d'isoler la partie des arbres portant les poulies de commande des outils. M. Lufkin, qui a mesuré la répartition de la puissance motrice dans un grand nombre d'ateliers américains, est arrivé à la conclusion que les trois huitièmes de cette puissance sont utilisés en moyenne, les cinq huitièmes étant perdus dans les transmissions.

Le poids des organes des transmissions mécaniques, ainsi que les vibrations et les tractions qu'ils déterminent, nécessitent des charpentes massives qu'on évite par l'emploi des transmissions électriques. La machine motrice de l'usine active une dynamo qui transmet le mouvement, par des conducteurs, à des électro-moteurs disposés dans les ateliers et activant les outils ou métiers soit directement, soit par des arbres de manège, que l'on peut rendre très légers à cause de leurs grandes vitesses de rotation. Ces moteurs ne sont mis en marche qu'au moment du besoin ; ils développent alors un effort proportionné à la résistance et consomment une quantité d'énergie en rapport avec le travail effectué. Grâce à la facilité de placement des câbles électriques, il est possible d'étendre le réseau des électro-moteurs à des ateliers très distants les uns des autres, qui, dans le cas de transmissions mécaniques, exigeraient plusieurs machines motrices. La concentration dans une seule halle des appareils moteurs amène une notable économie de main d'œuvre et de frais de premier établissement.

Lorsqu'il est important d'éviter un arrêt, même momentané, de l'usine, il convient de diviser la puissance motrice en plusieurs groupes comprenant chacun un moteur à vapeur et une dynamo.

Déjà de nombreux établissements, parmi lesquels les ateliers Ducommun de Mulhouse, la fonderie de canons de Ruelle, les chantiers de la Buire, ont substitué les transmissions électriques aux procédés mécaniques usuels.

La légèreté des moteurs électriques rend possible le transport de l'outil auprès de la pièce à travailler, lorsque celle-ci est très lourde. Ainsi, lorsqu'il s'agit de perforer des trous dans un corps de chaudière, la foreuse et le moteur qui l'attaque directement peuvent s'appliquer contre la masse de fer et y être maintenus en place par l'adhérence d'un électro-aimant faisant partie du moteur. M. Rowan a réalisé des appareils spéciaux pour ce genre d'applications. Ajoutons qu'il y a un grand avantage à combiner à la transmission de la force l'éclairage par l'électricité, qui a sa place marquée dans toutes les usines importantes. Cette combinaison donne lieu à une économie d'appareils et de personnel.

529. — Applications diverses. — Le développement des distributions d'énergie électrique a donné une grande extension aux électro-moteurs employés pour activer des ventilateurs, des machines à coudre, des presses à imprimer, des ascenseurs, des métiers, ainsi que les outils des ouvriers en chambre ou des petits ateliers.

A New-York, une usine à vapeur de 700 chevaux, créée par M. Daft, alimente exclusivement des moteurs électriques éparpillés dans la ville. On comptait, en 1889, aux États-Unis, environ 15 000 électro-moteurs appliqués à plus de 200 industries et usages différents.

Ce qui rend les moteurs électriques plus avantageux que tous les autres dans les petites installations, c'est leur exiguïté, leur prix peu élevé, la facilité de leur conduite, leur régularisation automatique, leur propreté et l'absence de chaleur, de fumée et d'odeur.

Dans les appareils de très petites dimensions, on a fréquemment appliqué la bobine de Siemens, § 298, à cause de la simplicité de cet induit.

Il est possible de construire également de très petits induits à collecteurs du genre Gramme; leur rendement est meilleur que celui des induits à une bobine, mais ils sont plus coûteux.

Pour les moteurs d'une certaine puissance, on fait usage des types de dynamos déjà décrits.

Les cuirassés, qui utilisaient des moteurs à vapeur pour la manœuvre des lourdes pièces d'artillerie et des cabestans, commencent à recourir pour ces services aux moteurs électriques plus simples et plus faciles à conduire.

530. — Modes divers de transmission de la puissance mécanique. — Une des préoccupations actuelles de l'ingénieur est la recherche de procédés de transmission et de distribution de l'énergie. Au point de vue de l'intérêt général, il serait désirable de voir utiliser les immenses puissances naturelles que la nature met à la disposition de l'homme.

Sans parler de la force du vent ni de celle des marées, qui exigeraient pour être recueillies en quantité notable des installations extrêmement dispendieuses, il existe d'énormes chutes d'eau qui, bien qu'éloignées des centres industriels, pourraient être mises à profit. Pour prendre un exemple célèbre, la chute du Niagara récèle une puissance de plus de dix-sept millions de chevaux-vapeur, qui n'a d'autre emploi que d'élever d'un cinquième de degré centigrade la température de l'eau. Pour produire une telle force motrice dans des machines à vapeur, il faudrait consommer plus de charbon que n'en fournissent toutes les houillères du monde réunies.

On crée, en ce moment, au Niagara, un canal latéral destiné à recueillir une puissance de 150 000 chevaux qui seront distribués aux villes voisines jusque Buffalo, qui se trouve à 32 kilomètres de distance.

Les pays montagneux renferment souvent des minerais qui n'ont pas pu être exploités par suite des difficultés d'accès du charbon. Il y a généralement dans ces contrées des chutes d'eau peu distantes des dépôts miniers et qui seraient capables de fournir l'énergie nécessaire à l'extraction, au transport, à la préparation mécanique, voire même au traitement par voie électro-chimique du minerai. Dans d'autres cas, les chutes d'eau placées à proximité des agglomérations populeuses pourraient être employées pour éclairer les rues et les habitations et fournir la force motrice.

Mais, en dehors des chutes d'eau, il est bien des applications où la puissance d'une grande machine à vapeur produisant l'énergie mécanique à peu de frais serait utilement distribuée aux alentours. Dans les villes, les applications des petits moteurs se multiplient de jour en jour pour les usages domestiques. Le travail en chambre, si recommandable au point de vue du développement moral de l'ouvrier, trouve dans les moteurs à bon marché un élément de progrès et de prospérité. Déjà, dans certaines villes, de petits industriels se groupent autour d'un atelier pourvu d'un moteur à vapeur, dont ils utilisent une partie de la puissance.

Bien que le sujet ne rentre pas dans le cadre de cet ouvrage, il est donc intéressant de jeter un coup d'œil sur les agents, autres que l'électricité, qui se prêtent au transport de la force motrice.

Les intermédiaires les plus répandus sont les câbles, l'eau sous pression, l'air comprimé et le gaz.

La transmission par câbles a été employée, en Suisse, à Schaffhouse et à Bellegarde pour l'utilisation des chutes d'eau. Des turbines établies au pied des chutes recueillent la force motrice et la transmettent aux usines du voisinage au moyen de câbles sans fin. Les poulies de renvoi peuvent être écartées de 100 m. Lorsque la distance des usines est plus considérable, on fait usage de poulies de relais montées sur des bâtis spéciaux.

La transmission par câbles est celle qui donne l'effet utile le plus élevé pour les faibles distances. D'après M. Ziegler, l'effet utile d'un câble de renvoi est de 96 pour 100. Chaque relais n'occasionne par conséquent qu'une perte de 4 pour 100 du travail transmis.

Mais les câbles sont des intermédiaires très incommodes. Ils se détériorent rapidement, particulièrement dans la mauvaise saison, et doivent être renouvelés presque chaque année. En outre, ils se prêtent mal à la division de la force et le système n'est applicable que dans un rayon de peu d'étendue. Par suite de ces inconvénients, on complète actuellement par des transmissions électriques plusieurs de ces installations par câbles qui ont fait l'orgueil des ingénieurs suisses.

L'eau sous pression est un intermédiaire plus docile que les câbles. Elle a été employée avec succès pour mouvoir des engins dans les ports et dans certaines usines. L'eau est refoulée par des pompes dans des accumulateurs, d'où elle se rend par une canalisation dans des moteurs hydrauliques. Les réservoirs d'eau d'alimentation publique forment dans certaines villes des accumulateurs qui peuvent être utilisés pour mettre en marche de petits moteurs. Les meilleurs moteurs hydrauliques n'ont pas un rendement supérieur à 70 pour 100. Ce chiffre doit être diminué de la perte qui se produit dans les pompes de compression. Les frottements dans les tuyaux amènent une chute de pression qui devient considérable dans une canalisation étendue. En s'ajoutant, ces différentes pertes réduisent l'effet utile au point, qu'à part certains cas spéciaux, on ne peut songer à établir une distribution hydraulique importante que dans les villes où l'eau est destinée à l'alimentation des habitants.

L'air comprimé se prête mieux que l'eau au transport de la force. On l'emploie beaucoup dans les travaux des mines et dans le percement des tunnels. Tandis que l'évacuation de l'eau présenterait des difficultés, l'air qui sort des moteurs vient en aide aux procédés ordinaires d'aérage des galeries. Malheureusement, le travail qu'on dépense pour amener l'air sous pression est perdue en partie par suite de l'échauffement de celui-ci. D'un autre côté, l'emploi de la détente dans les moteurs est limité par le refroidissement de l'air.

Le rendement des meilleurs compresseurs d'air ne dépasse pas 70 pour 100. D'autre part, les aéro-moteurs, dans lesquels on pousse le degré de détente aussi loin que le permet la nécessité d'éviter l'engorgement des conduites d'échappement par la neige provenant de la condensation de l'humidité de l'air, ne donnent, d'après les expériences de M. Kennedy, qu'un rendement de 60 pour 100. En admettant un déchet de 15 pour 100 dans une conduite de 5 kilomètres, pour tenir compte des pertes par les frottements et les fuites d'air, on arrive à un rendement total qui ne dépasse pas sensiblement 35 pour 100. En réalité, malgré les perfectionnements qu'une expérience déjà longue a suggérés, la transmission par l'air comprimé ne donne pas dans nos mines un rendement moyen supérieur à 20 pour 100. La distribution d'air comprimé établie à Paris se fait à l'aide de tuyaux posés en majeure partie dans les égoûts, et dont les joints très soignés sont facilement visitables. Par suite du grand nombre de joints, les fuites d'air s'élèvent à 12 pour 100 environ de la quantité d'air transmise. C'est également le taux de perte constaté dans beaucoup de distributions de gaz où la pression n'est que de quelques centièmes d'atmosphères, au lieu de s'élever à 4 ou 5 atmosphères comme dans les conduites d'air de Paris.

L'effet utile des aéro-moteurs est notablement amélioré par un chauffage préalable de l'air et surtout par un chauffage combiné avec une injection de vapeur d'eau, moyens qui permettent d'étendre considérablement la détente, grâce à la provision de calorique communiquée à l'air. Dans ces conditions, M. Radinger a pu obtenir pour l'aéro-moteur seul un rendement de 92 pour 100, moyennant une dépense supplémentaire de 0,5 kg de coke par cheval-heure pour le chauffage de l'air et de l'eau.

L'effet utile total de la transmission peut alors monter à 55 pour 100. Mais le chauffage de l'air et l'injection de vapeur exigent des appareils qui demandent une surveillance spéciale et échauffent les locaux. On ne peut guère y avoir recours qu'avec les aéro-moteurs d'une certaine puissance. En fait, dans les appareils usuels on n'emploie pas l'injection de vapeur. Parfois on utilise le refroidissement dû à la détente de l'air pour la conservation des denrées alimentaires; mais, de nouveau, il faut une surveillance spéciale qui n'est possible que dans des établissements importants. La production de la glace à bon marché résoud beaucoup plus simplement le problème de la conservation des comestibles chez les particuliers. A l'usine de la Bourse du Commerce, à Paris, où l'électricité est produite par des moteurs à air, on a créé des chambres froides louées par parties aux débitants de denrées alimentaires du voisinage. Le froid est alors un sous-produit dont la vente compense une partie de la dépense occasionnée par la perte d'énergie dans la transmission. Toutefois, les applications du froid sont assez restreintes dans les climats tempérés, surtout en hiver, époque à laquelle se fait la grande consommation de force motrice pour l'éclairage.

Les dynamos sont des transformateurs d'énergie très supérieurs aux compresseurs et aux moteurs à air. On construit à l'heure actuelle des machines électriques fournissant des rendements industriels supérieurs à 90 pour cent. En se basant sur ce chiffre, on arrive, pour le rendement combiné du moteur et du générateur, à 81 pour cent. D'autre part, les canalisations à haute tension employées dans les villes ne donnent pas, avec la transformation, une perte supérieure à 15 pour 100. Il en résulte que l'on peut atteindre dans les villes près de 70 pour 100 d'effet utile au moyen des transmissions électriques.

Il convient d'observer que des considérations particulières peuvent faire donner la préférence à l'un ou à l'autre système de transmission. Ainsi, en même temps qu'elles fournissent la force motrice, une canalisation d'électricité peut servir à l'éclairage, une canalisation hydraulique à la distribution de l'eau destinée à l'alimentation, l'air comprimé à l'aérage des mines ou à la production du froid. Mais, dans les villes, la grande consommation d'énergie est faite en vue de l'éclairage. Dans les conditions actuelles, l'énergie utilisée par les moteurs employés dans les ateliers ne représente qu'une fraction minime de celle qu'absorbent les lampes. Voici une preuve décisive à cet égard. A Bruxelles, où le prix du gaz pour la force motrice et les foyers domestiques n'est que de 10 cen-

times le m³, alors que le prix du gaz pour l'éclairage est de
15 centimes, la consommation horaire moyenne pour moteurs et
foyers n'a atteint que 50 m³ en décembre 1889, tandis qu'elle
arrivait à 15 000 m³ pour les lampes. Les autres applications, production du froid, travaux électro-chimiques, etc., n'absorbent
qu'une puissance négligeable.

Il en résulte que les agents les mieux doués pour la lutte sont
ceux qui peuvent fournir directement la lumière ; c'est le cas pour
le gaz et l'électricité. Le gaz l'emporte généralement en Europe au
point de vue du prix de revient, mais les lampes et les moteurs à
gaz ont des inconvénients qui les rendent inférieurs aux lampes et
aux moteurs électriques. L'électricité se prête, en outre, à la traction
des tramways, application dont l'importance croît de jour en jour.
Les autres agents, tels que l'air et l'eau, ne produisent qu'indirecte-
ment la lumière, par des appareils compliqués qui réduisent singu-
lièrement l'efficacité des transmissions.

TRACTION ÉLECTRIQUE

NOTIONS GÉNÉRALES.

531. — La traction des tramways est devenue l'application la plus importante des électro-moteurs. Étudiée d'abord en Europe, elle s'est particulièrement développée aux États-Unis, où elle a rencontré dans l'esprit pratique des Américains les conditions d'une extension rapide. En moins de 3 ans, 130 villes de l'Union ont adopté la traction électrique sur des lignes comprenant un développement total de 3 200 kilomètres de voie. Sur ces lignes circulent 3 830 voitures animées par 6 400 moteurs électriques et exigeant 94 880 chevaux de puissance ([1]).

La raison principale de ce succès réside dans l'économie que procure la traction électrique, ainsi que dans les avantages qu'elle présente sur la traction animale, au point de vue de l'exploitation. Grâce à la facilité d'arrêt et de renversement de marche des électro-moteurs, on a pu, sans causer d'accidents, accroître de plus de 50 pour 100 la vitesse normale des voitures. La vitesse n'est

---

([1]) *Electrical World*, 22 novembre 1890.

d'ailleurs pas limitée comme dans le cas de la traction animale ; aussi atteint-on aisément la vitesse de 5o kilomètres à l'heure dans les tramways électriques suburbains. En outre , on a pu gravir des rampes qui étaient considérées comme impraticables avec les chevaux. Par suite des facilités et des économies qu'elle occasionne , on a remarqué aux États-Unis que la traction électrique donne lieu à un accroissement de trafic. Sur certaines lignes, on a dû augmenter les dimensions des véhicules ou former des trains de plusieurs voitures. Enfin, la traction électrique permet à un moment donné, à l'occasion d'une fête par exemple, de multiplier les voitures en service , tandis qu'on ne pourrait entretenir toute l'année les chevaux de réserve nécessaires dans une telle circonstance.

532. — Modes d'emploi des moteurs. — Les moteurs électriques ont une élasticité qui les rend particulièrement propres à la traction des véhicules. Admettons qu'une voiture soit mue par un électro-moteur, alimenté par un courant électrique sous une tension constante. C'est au démarrage que l'effort de traction doit être le plus grand ; or, à ce moment , l'électro-moteur est au repos, le courant fourni par le générateur atteint sa plus haute valeur et le couple moteur est maximum. Lorsque le véhicule se met en marche, le courant faiblit et le travail dépensé par le générateur diminue avec la vitesse. Quand la voiture descend une pente sous l'action de la gravité seule, on interrompt généralement le circuit. Mais rien ne s'oppose théoriquement, si l'électro-moteur acquiert une vitesse suffisante, à ce qu'on utilise l'énergie qu'il développe pour charger des accumulateurs ou alimenter d'autres moteurs reliés en dérivation avec le premier. Si ce mode de récupération n'est pas possible à cause des arrêts trop fréquents des véhicules, tout au moins peut-on envoyer le courant électrique produit par la dynamo dans des résistances artificielles portées par la voiture. Dans les deux cas, l'électro-moteur fait fonction de frein et le travail développé par le véhicule est absorbé sans amener l'usure des roues, comme cela arrive avec les freins ordinaires qui agissent par le frottement de sabots sur les bandages ou , ce qui est pis, par le glissement des roues sur les rails.

Pour changer le sens de marche, il suffit de renverser le courant soit dans l'induit, soit dans les inducteurs. Afin de ne pas avoir à modifier la position des balais, on emploie des machines à faible décalage. Les frotteurs sont fixés d'une manière invariable à la ligne de symétrie des pôles et leur forme est telle que le collecteur peut tourner dans les deux sens. Ce sont, par exemple, des blocs de cuivre ou de charbon artificiel appuyés par des lames de ressort et dans lesquels le frottement du collecteur creuse une cuvette. Il va sans dire que ce procédé suscite plus d'étincelles que le système ordinaire de réglage des balais à la main, et que la durée des collecteurs doit être réduite. Les étincelles éclatent particulièrement lors des variations brusques du courant, comme il s'en produit aux arrêts et aux changements de marche.

Afin de diminuer les réactions de self-induction, lors d'une rupture de circuit on a soin d'affaiblir graduellement le courant qui alimente l'électro-moteur par l'insertion de résistances artificielles dans le circuit de celui-ci.

Les mêmes résistances permettent de faire varier la différence de potentiel appliquée à l'électro-moteur, de modifier le couple de la machine électrique, ainsi que d'éviter la production d'un courant trop intense lors du démarrage.

Au lieu de recourir à un rhéostat qui amène une perte d'énergie en chaleur parfois assez considérable, il est possible d'agir sur l'excitation des inducteurs. M. Reckenzaun divise les bobines magnétisantes en sections pouvant s'associer en série ou en dérivation de manière à modifier à volonté le couple moteur. On a vu, au § 509, la combinaison suggérée par M. Sprague pour arriver au même but. Par cette disposition on empêche également ment que le courant atteigne une intensité dangereuse pour l'induit au démarrage.

En général, on recherche pour la traction des véhicules des moteurs légers, en même temps que robustes, afin d'accroître le moins possible le poids mort. Il n'est fait d'exception que pour le cas où le moteur est placé sur un véhicule remorqueur ; un certain poids est alors nécessaire pour assurer l'adhérence des roues motrices sur la voie.

L'enroulement en série est le plus usité dans les moteurs des voitures automobiles. C'est le moins coûteux et aussi celui qui donne l'effort maximum au démarrage. Comme un agent est préposé à la manœuvre, il n'y a pas à craindre que le moteur s'emporte lorsque la résistance à la traction diminue.

L'enroulement en dérivation pourrait aussi être employé; il a l'avantage de fournir une vitesse sensiblement constante, lorsque la différence de potentiel est invariable. De plus, il se prête à un réglage économique du couple moteur, par des résistances intercalées dans le circuit des électro-aimants. Mais l'affaiblissement des ampères-tours inducteurs résultant d'un tel réglage, opposé au renforcement des ampères-tours induits, provoque de grands déplacements de la ligne neutre, d'où résulte l'impossibilité de conserver un calage des balais constant pendant la marche. En outre, comme on utilise souvent de fortes tensions électriques, le coût de l'enroulement des inducteurs serait élevé. Enfin, lorsque le véhicule est relié aux générateurs par les rails et les essieux, il se produit parfois des contacts imparfaits et des interruptions de circuit. Dans ces cas, le moteur se désamorce, la force contre-électro-motrice devient nulle et, au moment de la rentrée en circuit, l'induit est parcouru par un courant capable de compromettre les conducteurs.

Les moteurs de tramways, ayant à exécuter un service extrêmement difficile par suite des surcharges, des renversements de courant et des à-coups, exigent une construction très soignée. On emploiera toutes les dispositions propres à faciliter l'enroulement et les réparations de l'induit qui constitue la partie la plus délicate et la plus sujette à dérangements de l'appareil. C'est ainsi que M. Edison a adopté aux États-Unis l'enroulement de M. Eickemeyer, § 318bis, qui permet de bobiner très rapidement l'armature à tambour et de confier le renouvellement d'une section défectueuse à un ouvrier ordinaire. Le collecteur devra être très robuste de manière à fournir un service de plusieurs années et les attaches des sections de l'induit au collecteur seront renforcées pour éviter des ruptures en ces endroits.

Pour empêcher que l'induit ne se décentre, on emploie des coussinets très durs en bronze phosphoreux ou en bronze d'aluminium. Les tourillons peuvent être couverts de canons clavetés susceptibles d'être remplacés.

533. — **Modes de transmission**. — Dans les applications de la traction électrique aux tramways, les voitures sont généralement rendues automobiles ; ainsi le poids des voyageurs donne l'adhérence nécessaire aux roues motrices. Un des essieux reçoit le mouvement d'un moteur. Plus souvent les deux essieux sont mus par un seul électro-moteur ou par deux électro-moteurs séparés, ce qui donne une adhérence plus grande et permet de développer des efforts de traction suffisants pour gravir des rampes raides, comme aussi de renverser plus rapidement la marche du véhicule lorsqu'un obstacle obstrue la voie. L'emploi de deux moteurs laisse une réserve en cas d'accident à l'un deux, mais il occasionne une dépense et un poids plus grands, ainsi qu'une diminution de rendement. Parfois une voiture automobile entraîne avec elle une ou plusieurs voitures ordinaires. Il est très rare que l'on emploie des remorqueurs spéciaux qui donnent lieu, comme nous le verrons, à des frais de traction élevés. Dans le but d'utiliser le matériel existant, les moteurs se placent généralement sous le plancher des voitures entre les deux essieux ; de la sorte il n'y a aucun espace utile perdu. L'exiguïté de cet emplacement entraîne l'emploi de dynamos à induits de faible diamètre, tournant par suite à des vitesses qui atteignent 1 000 à 1 500 tours par minute. Or, comme les essieux des tramways urbains ne font guère plus de 100 à 120 tours, il est nécessaire d'employer des systèmes de transmission avec axe intermédiaire pour obtenir la vitesse angulaire convenable ; ces organes de renvoi sont plus ou moins délicats et leurs frottements absorbent une partie de l'énergie disponible. Il serait possible d'éviter l'arbre de transmission, si le moteur, pourvu d'un induit de grand diamètre, pouvait se placer sur l'une des plates-formes du véhicule ou si le plancher de celui-ci était surélevé.

Lorsque le moteur se trouve sous la voiture, il est exposé à recevoir des éclaboussures nuisibles au bon isolement des conducteurs. On pourrait écarter cet inconvénient en protégeant l'appareil par un écran, mais on préfère, pour ne pas entraver la ventilation, laisser le moteur à nu et couvrir autant que possible les conducteurs de garnitures imperméables (voir la description de la dynamo Sprague, § 368). Sur chacune des plates-formes d'une voiture automobile, il y a un inverseur de courant et un levier de manœuvre du frein. On munit ces appareils de clefs à enlever ou de pièces de sureté, pour éviter que les voyageurs ne fassent de fausses manœuvres sur la plate-forme d'arrière. Sous la voiture se placent éventuellement le rhéostat, les parafoudres et les coupe-circuits.

En ce qui concerne le mode de fixation du moteur, deux systèmes sont en usage. Le premier et le plus rationnel consiste à séparer complètement la construction de la caisse de la voiture de celle du truc destiné à la supporter et à fixer à ce dernier le moteur et les transmissions. La caisse s'attache alors sur le truc par un intermédiaire élastique, tel que des ressorts en acier ou en caoutchouc. De cette manière, les trépidations du moteur ne se font pas sentir dans la voiture. En outre, un accident à l'appareil électrique ne nécessite que le remplacement du train des roues et non de la voiture entière; il suffit de soulever la caisse du véhicule rentré au dépôt pour substituer au truc détérioré un truc de rechange. Enfin, le même mécanisme sert l'hiver pour les caisses fermées et l'été pour les caisses ouvertes. Dans le second système, qui doit être suivi forcément dans le cas où l'on utilise un matériel existant dans lequel la caisse fait corps avec le chassis des roues, le moteur se fixe sous le plancher à la caisse même du véhicule. Ces deux systèmes diffèrent non seulement au point de vue des conditions de réparation, mais aussi en ce qui concernent les systèmes de transmission à employer entre l'arbre de la dynamo, l'arbre intermédiaire et l'essieu moteur. Dans le premier cas, on peut faire usage d'intermédiaires rigides; dans le second, on doit recourir à des intermédiaires flexibles, qui permettent aux organes transmetteurs de suivre les oscillations provenant du balancement de la caisse sur les ressorts qui la supportent.

Comme intermédiaire élastique, M. Siemens emploie des ressorts à boudin sans fin, passant sur des poulies à gorges très larges montées sur les axes. Grâce à l'adhérence des boudins, ce système permet de donner des diamètres très inégaux aux poulies et de rapprocher beaucoup celles-ci.

Le plus souvent lorsque le moteur est fixé à la caisse de la voiture, il attaque un axe intermédiaire à l'aide d'un pignon engrenant avec une roue dentée. De cet axe à l'essieu, le mouvement est transmis à l'aide d'une chaîne sans fin passant sur des roues dentées de diamètres inégaux.

La fig. 318 représente un maillon de la chaine en acier de M. Renold. Les surfaces de contact entre les maillons et les dents

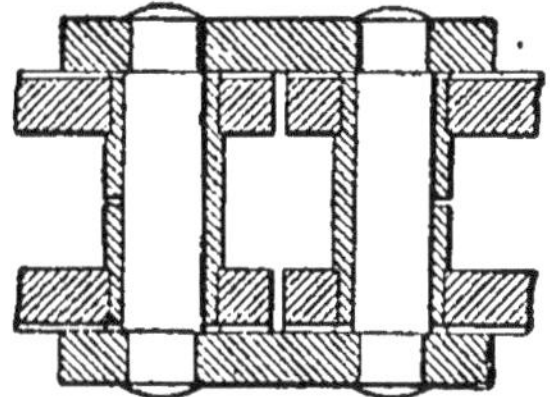

Fig. 318.

des pignons dentés sont très étendues. Une chaine semblable a fonctionné pendant deux ans, sans traces d'usure, sur une voiture de tramway où elle avait à supporter un effort normal de 640 kg. Son poids était 12,70 kg par mètre; sa résistance à la rupture, 14 tonnes, soit 20 fois l'effort normal.

Les intermédiaires rigides sont les engrenages et la vis sans fin avec roue héliçoïdale. Ce dernier système supprime l'arbre de transmission auxiliaire par suite de la grande différence possible entre les diamètres des deux roues, mais il occasionne des frottements considérables qu'on réduit en faisant baigner la partie inférieure de la roue héliçoïdale dans une cuvette remplie d'huile, afin d'assurer une bonne lubrification des dents.

C'est la transmission par engrenages qui de beaucoup est la plus employée. Elle est la plus sûre et la plus efficace. On adopte fréquemment les rapports de vitesse suivants entre l'essieu, l'arbre intermédiaire et l'arbre moteur 1 : 3 : 12. Vu le faible diamètre des roues dentées le pignon du moteur est très restreint et subit une usure rapide qui engendre des chocs et un bruit désagréable. Pour diminuer le bruit, M. Westinghouse enferme les roues dans une caisse pleine d'huile. On peut aussi constituer les roues par une matière telle que le bois, la fibre vulcanisée ou le cuir brut soutenue par des joues métalliques. En bonne logique ce sont les pignons qui devraient être en métal dur, tel que l'acier cémenté, et les grandes roues dentées pourvues d'alluchons en bois ou en autre matière. Souvent cependant c'est l'inverse qui a lieu.

Par suite de la fatigue considérable des moteurs et des transmissions des voitures de tramways, on estime aux Etats-Unis que les frais d'entretien de ces appareils représentent une fois et demie le prix du charbon brûlé à la station génératrice.

La fig. 319 représente le truc de la voiture Thomson-Houston. Les deux essieux sont attaqués séparément par des moteurs P, P, associés en quantité. Le cadre qui sert d'appui aux traverses soutenant les moteurs supporte également des chasse-corps en forme de

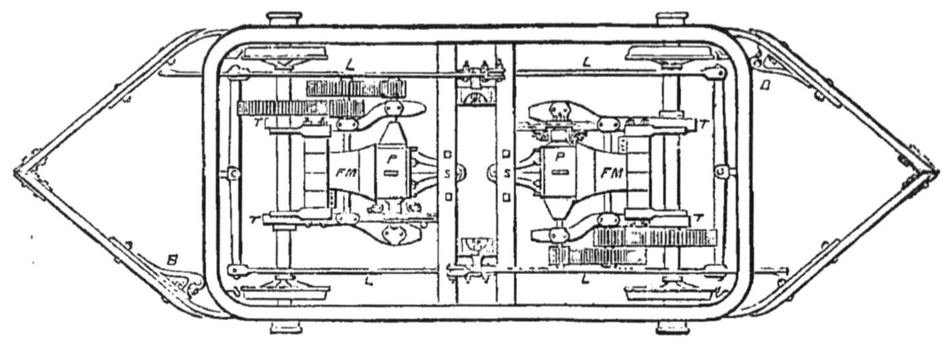

Fig. 319.

coins. En B se placent des brosses verticales en fils d'acier glissant dans des rainures et appuyant par leur poids sur les rails, de manière à nettoyer ceux-ci. Les tringles L servent à la manœuvre

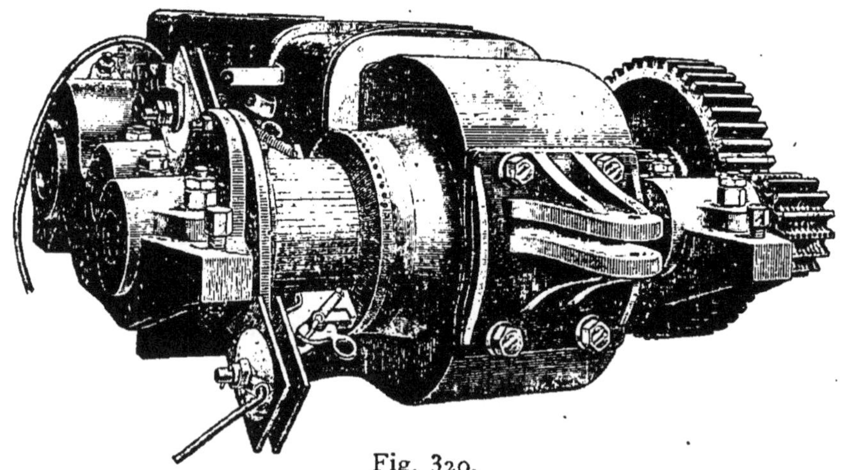

Fig. 320.

des freins. La fig. 320 montre les détails de l'un des moteurs dont l'excitation est en série. Le pignon de l'arbre moteur est formé de rondelles d'acier alternant avec des rondelles de cuir non tanné, en vue de diminuer la sonorité des engrenages. La roue dentée intermédiaire est en fonte et tourne sur un arbre dont les extrémités reposent dans des coussinets fixés aux flasques du bâti même du moteur. On assure ainsi le parallélisme des axes. Les engrenages réduisent la vitesse de la machine dans le rapport de 13 à 1.

Le bâti qui porte l'arbre du moteur et l'arbre intermédiaire est fondu d'une seule pièce. Il est supporté d'un côté par l'essieu, de l'autre, par quatre ressorts en caoutchouc, entre deux traverses A placées entre les essieux, fig. 321. On ménage ainsi une certaine

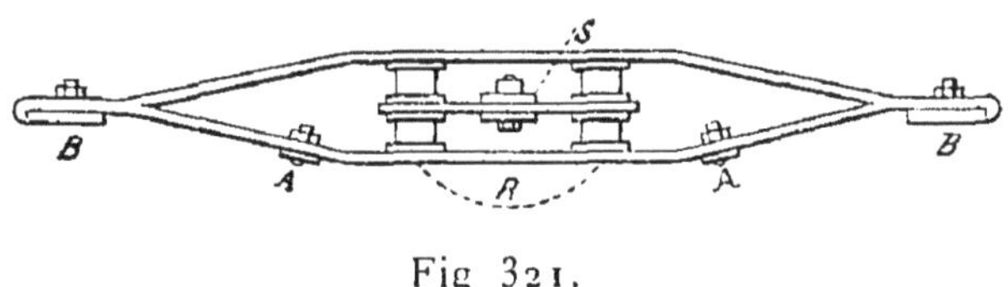

Fig 321.

élasticité dans la transmission, afin que les variations brusques de l'effort résistant ou de l'effort moteur ne déterminent pas le bris des dents.

534. — Effort de traction. — En Europe, les voies de tramways possèdent généralement des rails à rainure et les roues des voitures sont pourvues de bandages à bourrelet. Le frottement ou glissement du bourrelet contre les parois verticales de la rainure absorbe une fraction notable de l'effort de traction. Ainsi Tresca a constaté sur la ligne de Paris à Versailles que la résistance de traction représente 0,01 du poids du véhicule dans le cas de bandages à bourrelet, et 0,0068 seulement avec des bandages plats.

On remarquera que, comme les roues font corps avec les essieux, il faut nécessairement que, dans les courbes, l'une des roues patine, ce qui entraîne un frottement considérable, surtout dans les courbes à petits rayons (10 mètres et même moins) que l'on rencontre fréquemment sur les lignes de tramways. La même chose arrive dans une voie rectiligne lorsque l'une des roues porte sur le fond de la rainure, l'autre roue sur le bord. Afin de diminuer ce frottement dans les courbes, on emploie un rail plat du côté de la convexité de la voie. Le bourrelet des roues placées de ce côté monte sur ce rail et, comme la circonférence de roulement est alors plus grande que du côté concave, il s'en suit une diminution du patinage. On réduit encore le frottement dans les courbes en adoptant des boîtes à graisse mobiles, permettant aux essieux de s'orienter suivant le rayon de courbure, et en rapprochant autant que possible les deux essiéux d'un véhicule.

L'effort de traction varie nécessairement beaucoup avec le système de voie, le mode d'établissement de celle-ci et l'état des rails. Alors qu'en palier l'effort n'est guère que 3,5 kg par tonne sur les chemins de fer à rails Vignole, il s'élève généralement à 12 kg dans les tramways pourvus de rails à rainure. L'humidité sert de lubrifiant pour les rails et l'on remarque qu'en temps de pluie l'effort de traction est réduit d'un tiers et davantage. C'est pourquoi certaines compagnies font circuler à des intervalles rapprochés des véhicules arrosoirs sur la voie.

Dans les rampes, l'effort de traction s'accroît de la composante parallèle à la voie du poids du véhicule. En appelant α l'angle d'inclinaison de la voie, $\sin \alpha$ représente l'effort supplémentaire, par kilogramme, dû à la pente. Comme les valeurs de α sont généralement faibles, le sinus a sensiblement la même expression que la pente par mètre. Ainsi, dans une rampe de 0,04 m par mètre, l'effort de traction supplémentaire est 0,04 kg par kilogramme.

Il résulte de ce qui précède qu'en désignant par p kg le poids d'un véhicule, par f l'effort de traction par kg en palier, par i la pente par mètre, l'effort de traction est

$$E = p\,(f \pm i), \quad (1)$$

le signe — se rapportant au cas d'une pente.

Le travail pour une longueur parcourue l sur une voie uniforme sera

$$W = p\,l\,(f \pm i) \text{ kilogrammètres} \quad (2)$$

et la puissance requise est, en exprimant par v la vitesse en mètres par seconde,

$$P = \frac{p\,v\,(f \pm i)}{75} \text{ chevaux ou } \frac{p\,v\,(f \pm i)}{0,102} \text{ watts.} \quad (3)$$

M. Reckenzaun a observé que, dans les courbes de 15 m de

rayon, l'effort de traction des véhicules de tramways est doublé et qu'il est triplé dans les courbes de 10 mètres de rayon.

Au démarrage, l'effort de traction est souvent quadruplé et même quintuplé, ce qui montre l'inconvénient des arrêts dans les fortes rampes et dans les courbes à faibles rayons.

M. Reckenzaun a fait un grand nombre d'expériences sur les tramways électriques urbains. Dans ceux-ci, l'effort moteur peut se calculer d'après l'intensité du courant absorbé par la voiture, ce qui permet d'éviter des mesures dynamométriques toujours difficiles. Cet ingénieur a constaté que le courant est extrêmement variable dans les électro-moteurs, par suite des arrêts et des démarrages fréquents, ainsi que des irrégularités de la voie. En représentant les intensités en ordonnées et les temps en abscisses, il a obtenu une ligne dentelée qui se confond avec l'axe des temps sur une grande partie de son développement, eu égard à la durée des arrêts et à ce fait que la voiture se meut en vertu de son inertie et du travail de la pesanteur sur une notable fraction du parcours.

L'adhérence d'un véhicule sur la voie varie du cinquième au dixième du poids porté par les roues motrices. Il en résulte que si l'effort au démarrage est trop considérable ou si la voie est rendue glissante par la neige durcie ou le verglas, les roues patinent. On évite cet inconvénient par des projections de sable sous les roues. On a même fait des boîtes à sable qui s'ouvrent automatiquement lorsque l'effort dépasse une certaine limite.

Les voitures de tramways sont de deux types différents. Les grandes voitures à impériales, telles qu'on les emploie sur les lignes de Paris, contiennent 50 voyageurs et pèsent 7 tonnes, sans le matériel électrique, lorsqu'elles sont remplies.

Les petites voitures de nos villes contiennent de 30 à 32 places et pèsent 3 à 4 tonnes. La surcharge d'une voiture occasionnée par le matériel électrique est de 1/5 à 1/7 et de 1/2 à 1/3 lorsqu'on emploie des accumulateurs. Ces poids suffisent en général pour donner l'adhérence nécessaire aux roues d'une voiture automobile.

Souvent lorsque les compagnies de tramways se décident à essayer la traction électrique, elles demandent à employer un véhicule spécial pour le remorquage, afin de n'avoir pas à modifier leur matériel. Il est facile de montrer par le calcul combien cette solution est peu avantageuse, eu égard au poids qu'on doit donner au remorqueur pour assurer l'adhérence.

Soit le cas d'une voiture pesant 4 tonnes, $p = 4\,000$. Admettons que la ligne ait une rampe de 5 cm par mètre ($i = 0,05$), que le coefficient de traction soit $f = 0,012$ et le coefficient d'adhérence $0,12$.

En désignant par p' le poids du remorqueur, on a pour l'effort de traction total

$$E = (p + p')\,(f + i) = (4\,000 + p')\,(0,012 + 0,05).$$

Pour que le remorqueur puisse entraîner son propre poids et celui de la voiture, il faut que l'adhérence soit au moins égale à l'effort de traction. A la limite, on a donc

$$(4\,000 + p')\,(0,012 + 0,05) = 0,12\ p';$$

d'où pour le poids minimum du remorqueur $p' = 4\,280$ kg.

On voit que le poids à donner au remorqueur serait supérieur au poids du véhicule, condition tout à fait irrationnelle. Ce système n'est donc admissible que s'il y a plusieurs véhicules à remorquer. Si le nombre des voitures est faible, le mieux est de se servir d'une voiture automobile assez puissante pour entraîner plusieurs véhicules derrière elle.

On calcule également par la formule précédente la rampe maximum qu'une voiture peut gravir. Soit une voiture automobile à deux essieux moteurs du poids de p kilogrammes. En appelant x le pour cent de pente maximum, on a

$$p\,(0,012 + 0,01 \times x) = 0,12 \times p,$$

d'où $x = 10,8$ pour 100.

535. — **Systèmes de traction.** — La traction électrique peut se faire suivant deux modes différents. Dans le premier, le courant qui alimente l'électro-moteur est produit par des génératrices installées à poste fixe, dans une station susceptible d'alimenter simultanément un réseau servant à l'éclairage, et le courant des dynamos est amené aux véhicules par des conducteurs aériens ou souterrains et des contacts glissants. Cette disposition ne diffère d'une transmission électrique ordinaire qu'en ce que l'électro-moteur est mobile. Dans le second système, le véhicule porte lui-même un générateur électrique, qui, à défaut de piles primaires économiques, est constitué par des piles secondaires. Ce dernier système est le seul possible lorsque les véhicules ne roulent pas sur une voie ferrée dont le parcours est invariable.

TRACTION ÉLECTRIQUE AVEC GÉNÉRATEURS FIXES.

536. — Modes de liaison entre les véhicules et les générateurs. — Des méthodes très variées sont en usage pour conduire le courant des générateurs fixes aux électro-moteurs circulant sur une voie de chemin de fer. Le courant peut être amené par des conducteurs suspendus au dessus de la voie, placés au niveau de celle-ci ou enfouis dans un canal souterrain. L'électro-moteur se raccorde aux conducteurs par des frotteurs entraînés dans le mouve-ment du véhicule. Fréquemment, les rails servent de conducteurs de retour, la liaison entre les rails et le moteur ayant lieu par l'intermédiaire des essieux et des roues du véhicule. Le raccorde-ment entre les diverses voitures automobiles circulant sur une voie ferrée et la station se fait par la disposition en dérivation ou la disposition en série.

Dans le premier cas, on fait généralement usage de dynamos compound à la station génératrice et les conducteurs sont maintenus à une différence de potentiel aussi constante que possible par des feeders, dans lesquels la chute de tension est uniforme. Ces feeders raccordent les générateurs à des points convenablement choisis sur la ligne. Le plus souvent ces feeders se rattachent directement aux conducteurs sur lesquels frottent les contacts glissants. Parfois cependant dans les longues lignes à grand trafic et dans les lignes à fortes rampes où les courants sont très intenses, on soulage ces conducteurs par des câbles spéciaux disposés parallèlement à la voie et reliés eux-mêmes, en des points nombreux, aux conducteurs de prise de courant. Ceux-ci peuvent alors avoir une conductibilité réduite, les câbles intermédiaires assurant une répartition uniforme de tension sur la ligne. Ces câbles peuvent être isolés soigneusement, tandis que les conducteurs de prise de courant sont nécessairement nus et donnent lieu à des dérivations plus ou moins considérables, lorsqu'ils sont au niveau du sol ou dans des conduites souterraines. Afin de réduire ces dérivations, MM. Ayrton et Perry ont proposé de diviser ces conducteurs nus en sections isolées les unes des autres, chaque section étant mise en communication avec le câble de distribution au moment même où le véhicule l'atteint. Si les sections sont suffisamment courtes, les conducteurs de prise de courant peuvent reposer directement sur le sol. C'est ainsi que des dispositions ont été imaginées dans lesquelles un conducteur reposant sur le sol, entre les rails, et divisé en sections de quelques mètres de longueur, est relié avec un câble isolé, enfoui dans la terre, par des commutateurs mis en action au moment du passage d'un véhicule.

Le groupement des électro-moteurs en série suppose qu'ils sont enroulés pour fonctionner sous un courant maintenu constant par les générateurs.

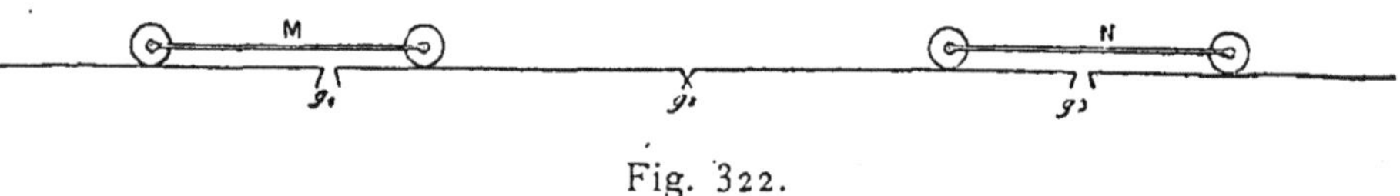

Fig. 322.

La fig. 322 montre le principe de cette combinaison. L'un des conducteurs est interrompu par des commutateurs g_1, g_2, g_3 qui normalement sont fermés. Lorsqu'un véhicule M s'engage sur la voie, il ouvre l'interrupteur g_1 et oblige le courant à traverser l'électro-moteur, puis referme l'interrupteur derrière lui. Nous étudierons plus loin les détails d'une application de la distribution en série qui, jusqu'à présent, a eu beaucoup moins de succès que celle en dérivation, laquelle a l'avantage d'assurer l'indépendance des divers véhicules. Par contre, la distribution en série permet de réduire l'intensité du courant dans les conducteurs, ainsi que la tension aux bornes des électro-moteurs.

EMPLOI DE CONDUCTEURS POSÉS AU NIVEAU DE LA VOIE.

537. — Chemin de fer secondaire de Bessbrook à Newry. — Une application intéressante des conducteurs posés au niveau de la voie a été faite par M. Hopkinson sur un chemin de fer à petite section reliant Bessbrook à Newry, en Angleterre, en vue d'utiliser la puissance d'une chute d'eau située dans la première de ces localités. Celles-ci sont distantes de 4 875 m. La voie qui les réunit comporte des courbes de 16,70 m de rayon et des rampes de 2 pour 100. Les trains comprennent deux voitures à voyageurs et un certain nombre de wagons à marchandises. A la station génératrice, deux dynamos en dérivation, du système Edison-Hopkinson, sont activées par une turbine de 60 chevaux et développent chacune 250 volts et 60 ampères, avec un rendement commercial de 90,4 pour cent.

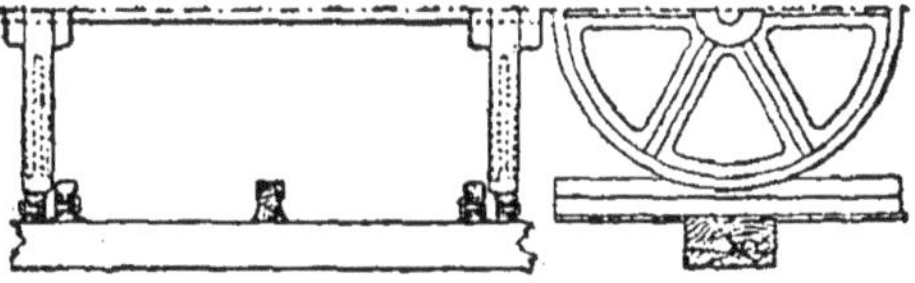

Fig. 323.

Le circuit est formé par les rails et par un conducteur central en acier posé sur des tasseaux en bois imprégnés à chaud de paraffine. Ces tasseaux sont fixés sur les traverses de la voie. L'acier du conducteur renferme 0,09 pour 100 de carbone, 0,02 pour 100 de silicium et 0,63 pour 100 de manganèse. La résistance spécifique est de 12,1 microhms-cm. A conductibilité égale, il coûte les deux tiers du cuivre et présente l'avantage de ne pas tenter les voleurs. La conductibilité aux éclissages des rails et du conducteur central est assurée par des petits raccords flexibles en cuivre. La résistance d'isolement de la voie est de 600 ohms par kilomètre par les plus mauvais temps, ce qui, à la tension de 250 volts, ne représente qu'une perte de 0,15 cheval par kilomètre.

Ainsi qu'on le voit sur la figure les roues ont des bandages plats et elles sont guidées par un contre-rail intérieur. Cette disposition permet de faire rouler les petits wagons sur les routes ordinaires et elle évite les inconvénients du transbordement des marchandises à l'arrivée. La résistance à la traction de ce système n'est pas plus élevée que celle occasionnée par les roues à boudin.

L'électro-moteur est placé à l'avant d'une des voitures à voyageurs, dans un compartiment spécial. C'est une dynamo Edison-

Hopkinson excitée en série et transmettant son mouvement par un pignon héliçoïdal en acier à un arbre intermédiaire, lequel attaque, par une chaîne Renold, § 533, l'un des essieux d'un truc dont les deux essieux sont couplés par une bielle.

Les poids de la voiture automobile se répartissent comme suit :

Caisse . . . . tonnes   3,30
Truc moteur. . . . .   »   1,90
Truc d'arrière . . . .   »   1,00
Dynamo et transmission. . . . .   »   2,05

Total : tonnes 8,25

La charge remorquée est de 30 tonnes, à la vitesse de 11 kilomètres à l'heure sur une rampe de 2 pour 100. La réceptrice peut développer 20 chevaux avec un rendement industriel de 90,7 pour cent.

Le courant a accès d'une part par les rails, les roues et les essieux, d'autre part par deux frotteurs en contact avec le conducteur central et fixés aux extrémités de la voiture servant de remorqueur. Un rhéostat intercalé à la suite de la dynamo permet de varier l'intensité du courant.

Aux passages à niveau, le conducteur central est interrompu et le circuit électrique est complété par un conducteur souterrain, mais la voiture reste liée aux générateurs soit par le balai d'avant, soit par le balai d'arrière.

L'effort de traction varie de 12 à 17 kilogrammes par tonne selon les rampes.

Des expériences précises ont permis de constater que le *rendement électrique* total de cette transmission est de 71,4 pour cent, les pertes étant les suivantes :

aux génératrices . . . .   8,6 pour 100,
aux isolants   5,7   »
aux réceptrices   7,7   »
par la résistance de la ligne   6,6   »

Total : 28,6 pour 100.

Le *rendement commercial*, de la chute d'eau aux essieux moteurs, y comprises les pertes dans les turbines, transmissions, dynamos, est de 40 pour cent, alors que les locomotives n'utilisent que 3,5 pour cent de l'énergie disponible dans le combustible qu'elles consomment.

EMPLOI DE CONDUCTEURS AÉRIENS.

538. — **Tramway de Francfort à Offenbach.** — Dans le tramway établi par MM. Siemens et Halske, au commencement de l'année 1884, entre Francfort et Offenbach (6 kilomètres), le courant arrive à la voiture par deux conducteurs spéciaux, fig. 324 à 326, constitués par deux tubes fendus R et supportés par des câbles formés de fils d'acier et de cuivre. Ces câbles, qui servent à la fois de supports et de conducteurs, sont fixés à des isolateurs

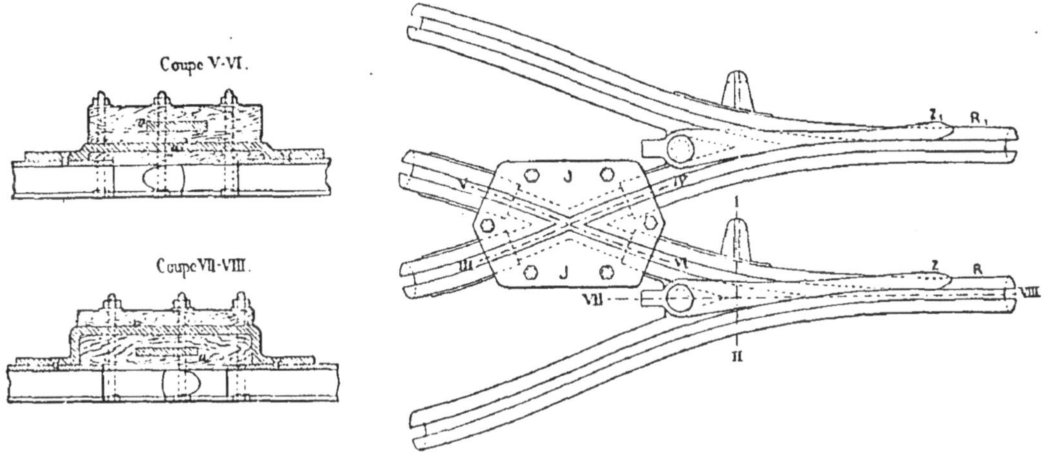

Fig. 324, 325 et 326.

que portent des poteaux plantés le long de la voie. Dans le conducteur tubulaire R glisse une navette comprenant quatre frotteurs en cuivre, ayant la forme d'olives et reliés entr'eux par des câbles souples. Ces frotteurs sont en deux parties, séparées par un ressort à boudin, disposition qui a pour but d'assurer un bon contact électrique avec le tube R, même en cas d'usure des olives.

Les deux olives extrêmes portent des projections qui traversent la fente du tube et sont reliées extérieurement par une traverse horizontale. Elles communiquent électriquement, par l'intermédiaire de conducteurs flexibles, avec la borne à laquelle est attaché le câble métallique qui amène le courant à l'électro-moteur de la voiture. C'est aussi au moyen de ce câble que le véhicule entraîne les frotteurs.

La ligne est à simple voie, mais elle présente des voies d'évitement, à l'entrée desquelles il est nécessaire d'employer des dispositions spéciales. Aux points de croisement des deux conducteurs tubulaires, les quatre tronçons qui aboutissent au sommet de l'angle sont arrêtés à une plaque en bois J J, sous laquelle glisse la navette pour passer d'un tronçon au tronçon voisin. Les dimensions de cette plaque sont telles que lorsque le dernier frotteur d'une navette sort de l'un des tubes, le premier est déjà engagé dans la section correspondante; ainsi l'on évite le déraillement du chariot. Aux points de bifurcation, des aiguilles z, maintenues par des ressorts, forcent le chariot à s'engager dans le tube correspondant à la voie que doit prendre le véhicule.

L'usine fournissant la force motrice est située à peu près au milieu de la ligne. Elle comporte deux machines à vapeur d'une puissance totale de 140 chevaux, qui activent, à la vitesse de 600 tours par minute, 4 dynamos compound associées en dérivation et développant une différence de potentiel de 600 volts. Le nombre des dynamos mises en activité varie avec le nombre des véhicules circulant sur la voie; deux dynamos suffisent pour fournir le courant à quatre voitures, tandis que trois dynamos sont nécessaires lorsqu'il y a six voitures en route. Les véhicules pèsent 4 tonnes environ et peuvent porter 22 personnes.

Le rendement industriel de la transmission électrique varie de 50 à 60 pour cent, suivant la position des véhicules sur la ligne.

538bis. — Autre prise de courant aérienne de MM. Siemens et Halske. — Le système de prise de courant précédent a l'inconvénient d'exercer sur les conducteurs une traction qui s'ajoute au poids de ces derniers et oblige à employer des supports résistants et rapprochés. Pour alléger les lignes, MM. Siemens et Halske ont adopté un autre système à Lichterfelde, près de Berlin. Le conducteur de prise de courant est un fil de cuivre de 5 mm de diamètre, suspendu au-dessus de la chaussée par des fils transversaux minces fixés à des poteaux par l'intermédiaire d'isolateurs, fig. 327. Un conducteur plus fort court à la tête d'une des rangées de poteaux et amène le courant, par les fils transversaux, au fil de prise

Fig. 327.

Fig. 328.

de courant. Sous ce dernier glissent deux cadres élastiques en fil de fer fixés à la toiture du véhicule par une structure légère formée de tiges métalliques contreventées par des fils.

Le retour du courant s'opère par les essieux et les rails. La fig. 328 montre que le mouvement du moteur est transmis à l'un des essieux par une chaîne enfermée dans une cage métallique.

539. — Tramways à prise de courant aérienne par galets roulants. Système Van Depoele. — Les Américains font usage pour la prise de courant de galets mobiles roulant à la partie inférieure des conducteurs et portés par de longues tiges rigides articulées au sommet des voitures. Les conducteurs sont en bronze ou en cuivre durci. Ils ont 5 à 10 mm de diamètre. Lorsqu'ils doivent être attachés directement aux isolateurs, on soude à leur partie supérieure une tige de cuivre fixée au support et laissant libre la partie inférieure du fil.

Les bifurcations et les croisements demandent des dispositions qui sont fort simples dans le cas d'une ligne à un seul fil et à retour par la terre. Considérons un croisement. Les quatre fils, qui sont alors reliés au même pôle du générateur, se fixent à une plaque horizontale maintenue à un poteau par la partie supérieure. A la partie inférieure de la plaque, les conducteurs sont prolongés par des saillies convergentes venues de fonte avec la plaque. Ces saillies vont en s'amincissant de manière à arriver au niveau de la plaque au point de concours. De cette manière, un galet engagé sous l'un des conducteurs passe sous la plaque et prend le conducteur situé dans le prolongement du premier, en évitant les conducteurs de l'autre ligne.

Si la ligne aérienne est à deux conducteurs, sans retour par la terre, la disposition est plus compliquée, attendu qu'il faut ménager des isolants pour que les conducteurs reliés aux pôles de noms contraires des générateurs ne viennent pas en contact.

Les poteaux employés pour soutenir les fils de prise de courant et les feeders ont 6 à 7 m de haut et sont distants d'une cinquantaine de mètres. On emploie généralement dans les villes des poteaux métalliques auxquels il est facile de donner une forme gracieuse. Dans les lignes à double voie, les poteaux se placent au milieu de l'entrevoie et portent deux potences latérales plus ou moins ornées qui soutiennent les conducteurs de prise de courant. Les feeders reposent directement sur les poteaux. Dans les lignes à simple voie longeant les trottoirs, les poteaux sont à simple potence. Le plus souvent on soutient les fils de prise de courant par des fils d'acier transversaux s'attachant, aux deux côtés de la rue, à des maisons ou à des poteaux placés sur les trottoirs.

Voici quelques dispositions adoptées pour la prise de courant.

Les fig. 329, 330 et 331 montrent le galet double de M. Van Depoele, destiné à une ligne à deux conducteurs, sans retour par la

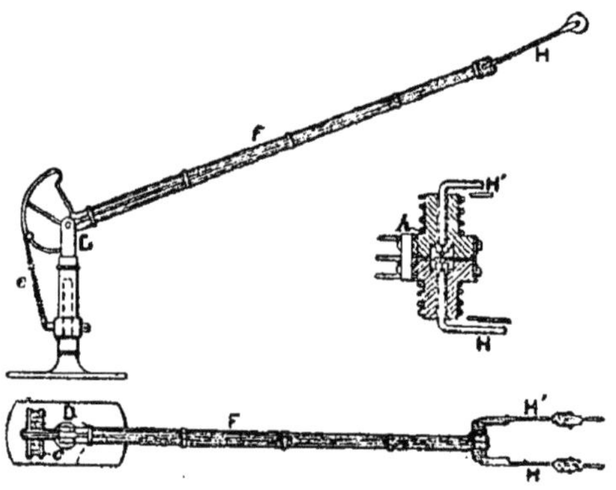

Fig. 329, 330 et 331.

terre. Au sommet de la voiture se dresse un support portant un long bras F formé de lames d'acier et ayant 5 à 10 m de longueur. Ce bras est susceptible de se déplacer dans le sens latéral et dans le sens vertical, de manière à suivre les ondulations de la ligne aérienne.

Un ressort *e* sollicite l'extrémité du bras vers le haut. A cette extrémité se trouvent deux poulies à gorge qui roulent à la partie inférieure des fils aériens. Les deux branches qui portent ces poulies communiquent séparément avec les deux bornes des moteurs. Des ressorts *h* maintiennent séparément les deux poulies contre les conducteurs. Afin d'alléger l'appareil, on a employé récemment des galets en aluminium.

540. — Voiture Thomson-Houston. — La fig. 332 montre un système analogue appliqué au cas où l'on n'emploie qu'un seul conducteur spécial et où le retour a lieu par les rails.

Il n'existe alors qu'un seul galet à l'extrémité du bras mobile.
On distingue sur la même figure les dispositions générales adoptées
dans les voitures électriques de la Compagnie américaine Thomson-Houston et dont une vue en plan a déjà été donnée dans la

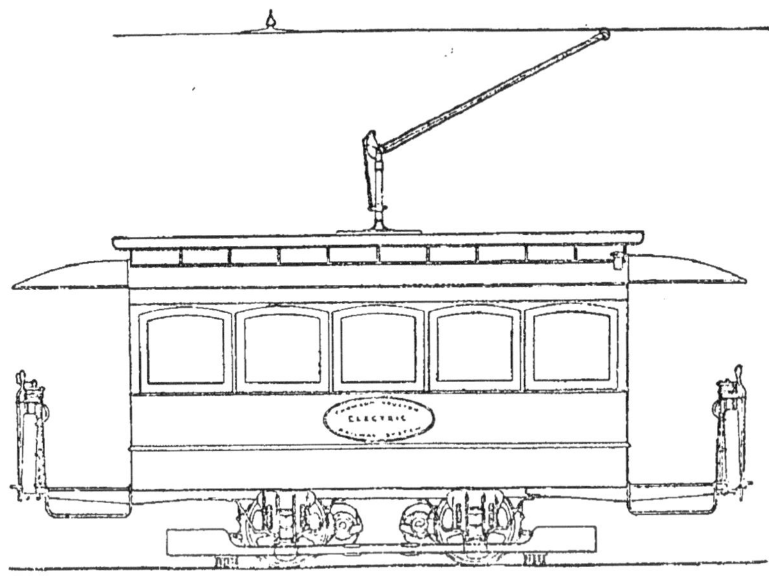

Fig. 332

fig. 319. Autour du mécanisme, on voit le chasse-corps qui porte
les balais en fils d'acier destinés au nettoyage des rails.

Les voitures portent deux moteurs de 7 $^1/_2$ chevaux chacun,
associés en quantité. Ces moteurs, dont l'excitation est faite en
série, sont soumis à une tension de 500 volts. Le courant arrivant
du galet mobile traverse un coupe-circuit fusible qui interrompt
le courant lorsque celui-ci dépasse 50 ampères. Le circuit comprend
également un parafoudre pour éviter que les moteurs et les appareils
de réglage ne soient détériorés par des décharges atmosphériques;
on emploie, dans ce but, l'appareil décrit au § 443, et destiné à
empêcher la formation d'un arc permanent lors d'une décharge. Le
courant traverse ensuite les armatures des moteurs, le rhéostat,
l'inverseur de courant, les inducteurs et gagne la terre par l'intermédiaire des essieux, des roues et des rails.

Le rhéostat, fig. 333 et 334, mérite une mention spéciale. Il se place sous la voiture et se manœuvre des plates-formes par des cordes passant sur le tambour D. On déplace ainsi un bras portant un ressort S qui appuie le frotteur O sur les blocs de contact

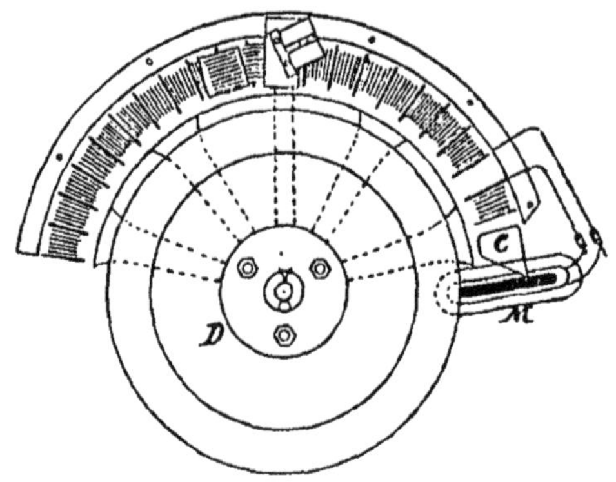

Fig. 333.

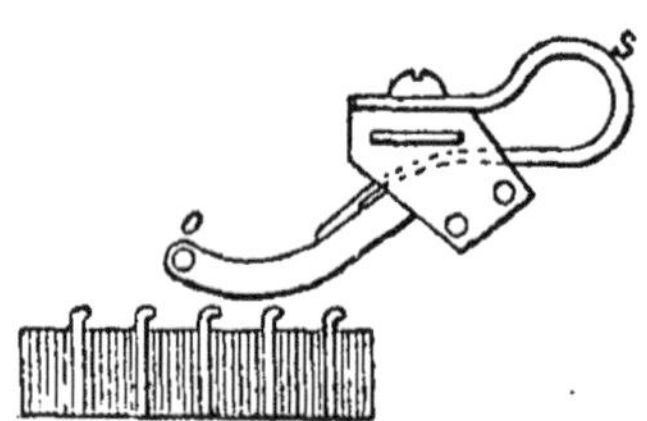

Fig. 334.

disposés en arc de cercle. Ces blocs font saillie et sont reliés par des lames de fer repliées en zigzag et isolées par des bandes de mica.

Le bras de contact interrompt le courant lorsqu'il arrive à l'une des extrémités de sa course. A ce moment, le courant traverse un électro-aimant M, dont l'action magnétique a pour effet de briser l'étincelle de rupture éclatant à l'extrémité de la pièce C, suivant le même principe que dans le parafoudre du même inventeur.

541. — **Contact Short.** — La fig. 335 montre un système de prise de courant imaginé par M. Short et dans lequel le galet roulant est remplacé par une sorte de selle glissant sous le fil qui amène le courant et dont la partie concave est garnie d'un alliage mou,

destiné à restreindre l'usure du fil. Cette garniture supporte
un parcours de 1 500 kilomètres sans réfection.

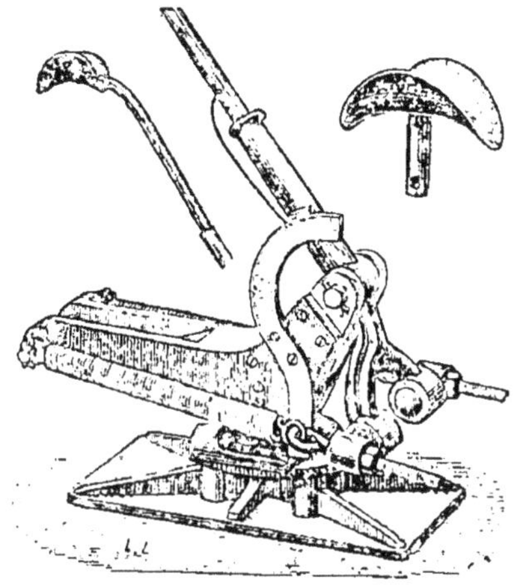

Fig. 335.

Le tube d'acier qui porte ce frotteur est relevé par deux ressorts
montés sur un support à axe vertical, ce qui permet au frotteur
un déplacement latéral de 1 m, en même temps qu'un déplacement
de 7 m suivant la verticale.

542. — Tramway de Richmond. — M. Sprague, l'un des
pionniers de la traction électrique aux États-Unis, a doté la ville
de Richmond d'une ligne particulièrement intéressante au point de
vue des conditions techniques. La ligne, à double voie, a une
longueur de 19,2 kilomètres; elle possède des rampes variant de
3 à 10 pour cent et présente des courbures dont le rayon est
inférieur à 9 mètres. Les chaussées sont mal entretenues, comme
c'est le cas dans beaucoup de villes américaines et, par les temps
de pluie, la voie est complètement recouverte de boue. Tous ces
obstacles accumulés faisaient considérer la tentative comme
désespérée par les hommes compétents; aussi le succès de l'entreprise opéra-t-il une réaction à laquelle on doit en grande partie
le développement de la traction électrique aux État-Unis.

Le nombre des voitures simultanément en mouvement est
d'environ 40. La station centrale, qui sert également à l'éclairage
de la ville et à l'alimentation de moteurs domestiques, comprend,

pour le service des tramways, trois moteurs à vapeur du système Armington, de 125 chevaux, activant 6 dynamos Edison de 40 kilowatts à 400 volts.

Le courant arrive aux électro-moteurs des véhicules par des fils en bronze siliceux supportés par des potences fixées au dessus de la voie à des poteaux situés entre les deux lignes. Les fils de prise de courant communiquent avec un conducteur de gros diamètre courant à la tête des poteaux. Ce dernier est lui-même relié à la station par des feeders, dont la fonction est de maintenir une tension uniforme sur les conducteurs de distribution.

Chaque voiture porte deux électro-moteurs attaquant chacun un des essieux par un train d'engrenages réduisant la vitesse de 12 à 1. Les moteurs, qui développent normalement chacun $7 \frac{1}{2}$ chevaux, sont susceptibles de produire momentanément un effort quadruple de l'effort normal, afin de démarrer dans les rampes et les courbes de faibles rayons. Les moteurs du type décrit au § 509, fig. 311, permettent d'effectuer les variations de l'effort moteur sans rhéostat, grâce à l'enroulement spécial des inducteurs.

Le courant retourne à la station par les rails de la voie; afin de diminuer la résistance de retour, les rails sont réunis de distance en distance aux conduites d'eau et au puits du voisinage, qui constituent de bonnes prises de terre. Les résultats de l'exploitation de Richmond ont montré une économie de 40 pour cent sur la traction par chevaux et l'électricité a permis de surmonter des difficultés que ce dernier système n'aurait pu vaincre. Ainsi lorsque la voiture descend une pente de 0,1, il est possible, en renversant le courant dans les électro-moteurs, de produire l'arrêt et la marche en arrière sur un espace égal à la moitié de la longueur du véhicule. Cette élasticité du système est propre à réduire très notablement les accidents.

543. — **Effets sur les téléphones.** — Dans la presque totalité des tramways électriques américains on fait usage de conducteurs aériens, et, dans les neuf dixièmes des installations, le retour a lieu par la terre. La tension, généralement admise dans ces conducteurs, est voisine de 500 volts. L'expérience semble avoir montré que cette tension n'offre pas de dangers, car des milliers d'agents, d'âges très différents, appartenant aux compagnies de tramways, ont subi les secousses électriques qu'elle produit sans inconvénients.

L'emploi de conducteurs aériens avec retour par la terre occasionne des troubles dans les lignes téléphoniques à simple fil, qui se servent également du sol pour le retour du courant. Les effets observés sont de deux espèces : il se produit des phénomènes d'induction et de dérivation. Remarquons tout d'abord que le courant qui traverse le fil du tramway est variable, par suite du déplacement même du véhicule, des démarrages et des arrêts. Si une ligne semblable est voisine d'une ligne téléphonique parallèle sur une certaine étendue, on entend par induction, dans les téléphones, des bruits accusant les variations du courant dans les électro-moteurs. En second lieu, si la ligne téléphonique prend terre dans le voisinage des rails, une dérivation du courant traverse les téléphones. Le son qui en résulte peut devenir très intense au moment d'une variation brusque du courant. Ces inconvénients n'existent pas lorsqu'on emploie un double conducteur aérien pour amener le courant aux voitures, mais, comme ce système apporte une certaine complication dans les croisements et expose à des courts-circuits entre les deux fils voisins, les compagnies de tramways ont beaucoup de répugnance à l'employer.

Il semble que la solution soit plutôt dans l'emploi d'un double fil pour les communications téléphoniques, système qui a beaucoup d'avantages au point de vue de l'exploitation des téléphones, car il met ceux-ci à l'abri, non seulement de l'induction et des dérivations provenant des tramways, mais aussi de l'action des fils télégraphiques et des fils à lumière, en même temps qu'il empêche les communications téléphoniques de se troubler mutuellement. C'est pourquoi le Congrès de Paris de 1889 a vivement recommandé l'adoption du double fil dans les circuits téléphoniques. Aux États-Unis, on s'est bien trouvé également de l'emploi d'un seul fil de retour isolé, de gros diamètre, pour un faisceau de fils de téléphones. La suppression du retour par la terre empêche les dérivations, tandis que l'induction est réduite par suite de l'action différentielle exercée par le fil de tramway sur les deux conducteurs de chaque circuit téléphonique.

Il arrive parfois qu'un fil de téléphone en tombant sur un fil de tramway amène dans les récepteurs des courants susceptibles de brûler les bobines de ceux-ci. On empêche cet accident en munissant les postes téléphoniques d'un fil fusible de petit diamètre, qui peut également servir, avec le parafoudre, à soustraire les appareils aux dangers des décharges atmosphériques.

544. — Puissance absorbée par les tramways électriques. Machine motrice à employer. — La puissance requise par une voiture de tramway est extrêmement variable, ainsi qu'on peut s'en convaincre par les observations que nous avons présentées au § 534. M. Crosby, qui a fait de nombreuses expériences sur le courant absorbé par les électro-moteurs, a reconnu que l'intensité passe continuellement d'une valeur nulle, au moment des arrêts, à une valeur atteignant de 3 et 4 fois la valeur normale, au moment des démarrages. Ainsi à Richmond, à Cleveland et à Scranton, où les vitesses moyennes sont 9,5, 14 et 9 kilomètres à l'heure, les puissances moyennes absorbées par les voitures sont respectivement 6,5, 6,6 et 7,4 chevaux électriques, et les puissances maxima exigées dans les rampes, 25,6, 15 et 19,2 chevaux électriques. A Richmond, la mesure a été faite sur une rampe de 9 pour 100 avec une charge de 3 900 kg, à Cleveland, sur une rampe faible avec une charge de 4 450 kg, et à Scranton, sur une rampe de 7 pour 100 avec une charge de 4 000 kg.

On compte sur une dépense moyenne de 450 watts-heure par voiture-kilomètre pour une voiture chargée pesant 4 tonnes. Ce chiffre correspond à une voie de profil moyen. Les pertes·d'énergie en ligne sont moyennement de 10 pour 100.

Les variations de courant étant très brusques, il ne peut être question de régler les dynamos à la main et il convient de faire usage d'une machine génératrice compound à l'usine.

Lorsqu'un grand nombre de voitures circulent simultanément sur la ligne, il tend à se produire une certaine égalisation dans la demande d'énergie, mais, en général, le nombre des véhicules n'est pas très grand et l'on doit prévoir une machine motrice capable de développer un effort très supérieur à l'effort normal. La machine motrice est ordinairement calculée pour développer au besoin une puissance triple de la puissance normale. Il suit de là que les frottements ont une grande influence sur le rendement des machines de l'usine électrique. Si, par exemple, ils amènent une perte de 10 pour 100 de la puissance totale en pleine charge, ils absorberont environ 30 pour 100 à tiers de charge, d'où un résultat final médiocre.

D'après M. Louis Bell, qui s'est occupé de ce problème pratique, le meilleur résultat est donné par des machines à haute pression et à grande vitesse, dont le coefficient de frottement peut être très restreint, par suite de la faible masse des pièces en mouvement. Le volant doit avoir une action énergique, afin de faire face aux variations brusques de l'effort résistant. La détente est calculée de manière à obtenir le maximum de rendement à la machine pour le travail normal, le moteur fonctionnant à pleine pression pour effectuer le travail maximum. Enfin, il conviendra que le régulateur règle très rapidement le degré d'admission, lors des variations de la charge. Dans ces conditions, l'expérience a montré que l'on peut récupérer sur les essieux moteurs environ 50 pour 100 de la puissance indiquée aux cylindres de la machine à vapeur, lorsque la voie ne présente pas de difficultés spéciales.

Une autre solution, préconisée par M. Van Vloten, consiste à disposer à l'usine génératrice une batterie d'accumulateurs destinée à fournir l'énergie électrique dépassant la demande normale. Dans ce cas, les appareils producteurs d'électricité développent une puissance constante et les accumulateurs absorbent l'excès d'énergie fournie par les machines ou suppléent à l'insuffisance de celles-ci. Ce système, qui assure un excellent rendement aux appareils générateurs, entraîne par contre une dépense d'immobilisation plus forte que le système d'alimentation directe.

Les sociétés américaines emploient d'ordinaire des voitures automobiles capables de remorquer une ou deux voitures ordinaires et pourvues de deux moteurs attaquant chacun un essieu. Ce système utilisant l'adhérence des deux essieux de la voiture automobile permet de gravir de fortes rampes et d'arrêter rapidement le véhicule, mais il entraîne une transmission double dont les organes absorbent une notable fraction de l'énergie disponible. Il semble résulter des expériences de M. I. Hale que, dans les lignes à profil peu incliné, il est préférable de faire usage de voitures à un seul moteur, qui sont plus légères et donnent un meilleur rendement. Pour les voies à profil accidenté, où l'on emploie deux moteurs, il serait désirable de pouvoir débrayer l'une des transmissions lorsque les rampes sont faibles.

Au point de vue de l'effet utile des moteurs, il est avantageux de calculer ceux-ci de manière à ce que leur travail normal corresponde au rendement maximum. En général, le rendement est d'autant meilleur que la vitesse des véhicules est plus grande. Cette circonstance est aussi la plus avantageuse au point de vue de l'exploitation d'une ligne, car elle permet de fournir un nombre de voitures-kilomètre donné avec un minimum de véhicules et d'employés.

EMPLOI DE CONDUCTEURS SOUTERRAINS.

545. — L'emploi des conducteurs aériens rencontre en Europe de l'opposition dans les grandes villes où l'on a, plus qu'aux États-Unis, le souci de l'esthétique des rues, et où l'on se préoccupe davantage d'éviter les accidents qui sont susceptibles de se produire par la chute de conducteurs maintenus à des potentiels élevés. Il convient de dire cependant qu'on est arrivé dans certaines villes américaines à donner une forme satisfaisante aux canalisations des tramways, et nous avons vu que l'électricité y a été reconnue inoffensive, lorsque la tension ne dépasse pas 5oo volts avec les courants continus. Eu égard à l'économie réalisée par le système aérien, lequel permet des réductions de tarif sérieuses, il n'est pas douteux que bien des villes européennes, à l'exemple de Brême, autoriseront ce système.

Pour éviter les fils aériens, on a cherché des combinaisons permettant l'emploi de conducteurs posés sur isolateurs, dans des galeries situées sous la voirie. Le moyen le plus simple de raccorder l'électro-moteur au circuit fixe est de faire usage de frotteurs pénétrant dans la galerie par une fente étroite ménagée à la partie supérieure. Malheureusement, l'eau et la boue qui pénètrent par cette ouverture peuvent compromettre l'isolement de la ligne, particulièrement dans les pays où les pluies et les neiges sont fréquentes. On arrive cependant à réduire cet inconvénient dans les villes où existe un bon réseau d'égoûts, en écartant les conducteurs de l'axe de la rainure et en ménageant, dans le caniveau, une pente vers des drains débouchant dans les galeries d'égoûts. Un personnel spécial est, en outre, affecté au curage du caniveau.

Des installations de ce genre fonctionnent d'une manière satisfaisante ; toutefois, la pose et l'entretien d'une canalisation souterraine sont naturellement beaucoup plus coûteux que ceux d'une
ligne aérienne.

Nous avons fait allusion, dans le § 536, à une solution mixte
dans laquelle les conduites souterraines sont complètement fermées,
les conducteurs qu'elles contiennent étant mis en communication
temporaire avec un conducteur à niveau de la voie divisé en sections isolées. La liaison est faite par un commutateur mécanique
mû automatiquement par le véhicule. Ce système apporte une
amélioration notable dans l'isolement, mais les contacts variables
qu'il entraîne sont une cause de dérangements.

546. — Voie souterraine Bentley Knight. — La fig. 336 montre
le truc des voitures ainsi qu'une coupe de la voie imaginée par
M. Bentley Knight et utilisée à Alleghany City. Le caniveau souterrain est placé sur le bord extérieur de la voie. Il est en béton

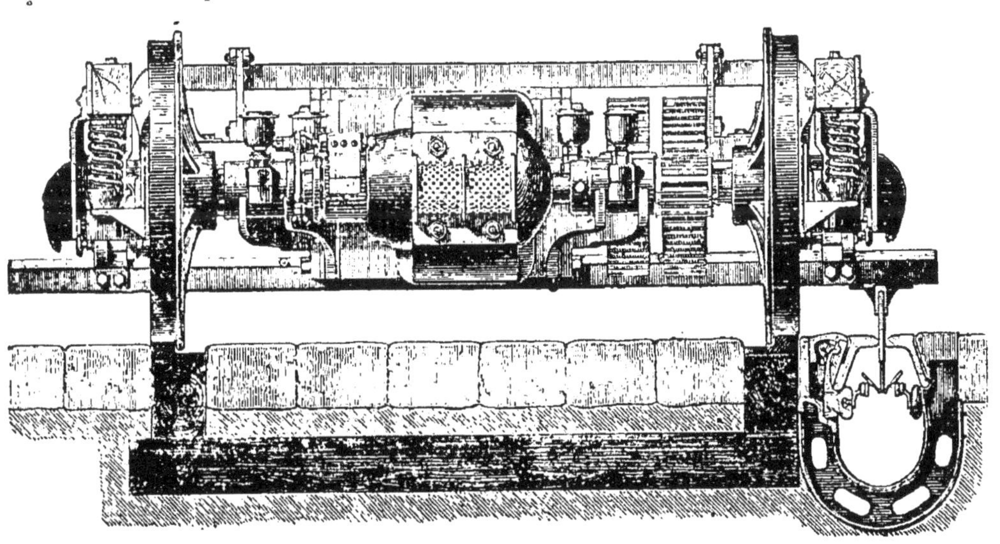

Fig. 336.

revêtu intérieurement de ciment. A des intervalles de 1,20 m, des
cadres de fonte en forme de U sont enfouis dans le béton. A ces
pièces sont boulonnées des longrines fermant la conduite en laissant
entr'elles un intervalle suffisant pour le passage de l'appareil de

contact. A ces mêmes pièces sont fixés latéralement des isolateurs en porcelaine portant, par des agrafes métalliques, les deux conducteurs parallèles qui amènent le courant à la voiture par l'intermédiaire de deux frotteurs élastiques. Ces deux frotteurs, en relation par des bandes métalliques avec l'électro-moteur, sont fixés à une tige mobile dans une glissière parallèle à la voie. Ainsi qu'on le voit, dans ce système, les rails ne jouent aucun rôle au point de vue électrique.

546bis. — Tramway à voie souterraine de MM. Siemens et Halske, à Budapest. — La fig. 337 représente une coupe faite à

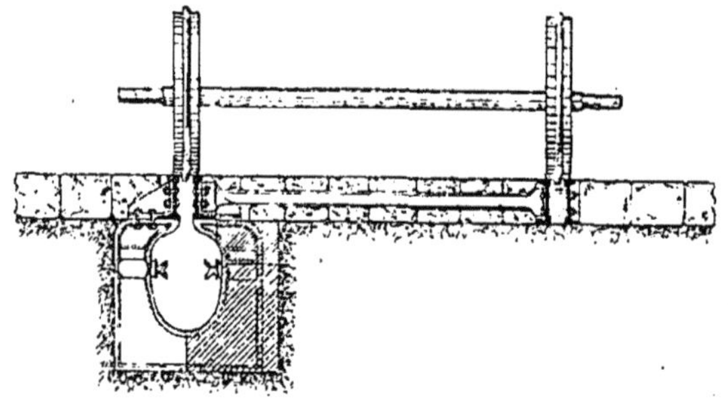

Fig. 337.

travers la voie souterraine établie par MM. Siemens et Halske à Budapest ([1]). Les conducteurs sont logés dans une conduite en béton située sous l'un des rails et dont la section ovoïde présente une hauteur de 33 cm sur une largeur de 28 cm. De 1,20 en 1,20 m des cadres en fonte ayant la forme du canal soutiennent celui-ci en même temps qu'ils servent de gabarits pendant la construction. Ces cadres portent les isolateurs qui soutiennent des conducteurs en forme de cornières. Les rails, du système Haarmann, sont boulonnés aux cadres et ont une section suffisante pour résister aux charges les plus fortes circulant sur le sol. Ils laissent entr'eux un intervalle de 33 mm par lequel passe l'appareil de prise de courant.

([1]) *Wochenschrift des Österr-Ingenieur und Architekten-Vereines*, 2 janvier 1891.

Des orifices d'évacuation vers les égoûts sont ménagés à l'eau qui entre dans la conduite.

Il y a actuellement en exploitation à Budapest 8,3 kilomètres de ligne de ce système, présentant des rampes maxima de 0,016 et des courbes dont le rayon descend jusque 25 m.

La vitesse des véhicules varie de 15 à 18 kilomètres à l'heure. Chacune des voitures parcourt 120 à 150 kilomètres par jour.

L'usine génératrice comporte 4 chaudières tubulaires de 100 m² de surface de chauffe et 3 machines horizontales compound à condensation, de 100 chevaux effectifs, attaquant chacune une dynamo à l'aide de câbles. Des feeders transportent le courant à des boîtes de distribution raccordées aux conducteurs de la voie souterraine.

547. — Voie Lineff. — Le conducteur principal D est formé d'un tube en fer isolé, contenant un noyau intérieur en cuivre. Il est maintenu à une tension constante par des feeders D^3 et soutenu,

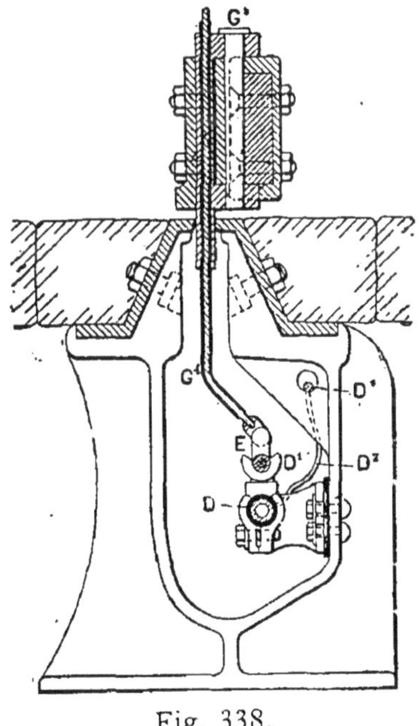

Fig. 338.

comme dans les cas précédents, dans une conduite souterraine en béton, par des cadres en fonte rapprochés. Ceux-ci portent également les longrines qui ferment partiellement le caniveau. A chaque console de fonte une pièce de métal, en forme de selle, est vissée sur le tube D. C'est sur ces selles que glisse le contact mobile formé par un bout de câble E d'une certaine longueur porté par la tige recourbée G^1. Celle-ci est articulée sur un petit chariot porté par la voiture et mobile sur des glissières, afin de suivre avec docilité les courbures de la voie. Le retour du courant a lieu par les rails.

La disposition des selles écartées les unes des autres facilite considérablement les croisements de voies.

En outre, la surface nue exposée à l'air étant très réduite, puisque le conducteur D est partout isolé, sauf à l'endroit des projections D^1, la ligne présente un isolement satisfaisant. M. Kapp a reconnu expérimentalement qu'une voie semblable présente une résistance à l'isolement supérieure à 1 500 ohms par kilomètre, par les circonstances atmosphériques les plus défavorables.

SYSTÈMES DIVERS.

548. — Voie souterraine de Northfleet. — Toutes les installations de tramways précédemment décrites se rapportent au système de distribution en dérivation. Voici une intéressante tentative de distribution en série, laquelle peut apporter une sérieuse économie de conducteurs dans une ligne d'une certaine étendue. La ligne a été installée à Northfleet (Angleterre).

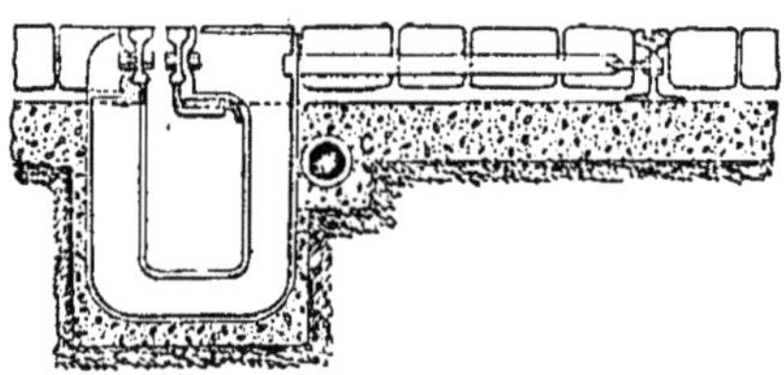

Fig. 339.

Comme le montre la figure, on a disposé le caniveau souterrain, qui a 20 cm sur 30 cm, sous un des rails, lequel sert, avec un contre rail, à limiter l'ouverture pour le passage de l'appareil de prise de courant. Les rails jumellés sont boulonnés de 1,20 m en 1,20 m à des cadres de fonte noyés dans une conduite en béton de ciment et écartés du rail voisin par des tirants en fer. Le courant arrive par un conducteur isolé C protégé par des tuyaux en grès et retourne par les rails.

Ce conducteur est interrompu à des distances de 6 m et pénètre à ces intervalles dans le caniveau, où il se raccorde à des contacts à

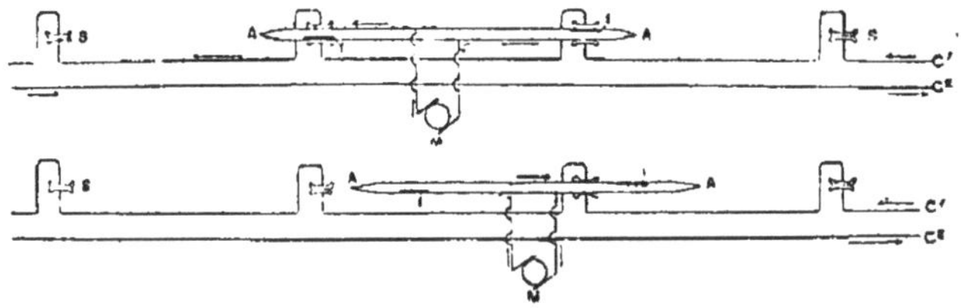

Fig. 340 et 341.

ressorts représentés schématiquement par les fig. 340 et 341, la fig. 342 montrant une vue perspective de l'un des contacts.

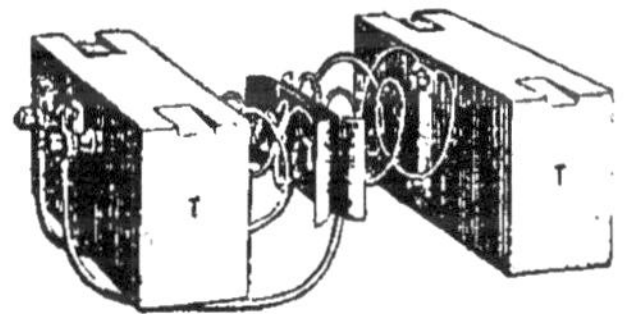

Fig. 342.

Ces contacts comprennent deux lames de bronze, à bords recourbés, pressées l'une contre l'autre par des ressorts à boudin appuyés contre des blocs de faïence vernissée. On a accès à ces contacts par des trappes ménagées dans la voie et couvertes de pavés en bois.

Une flèche A, portée par la voiture, s'étend sur toute la longueur de celle-ci et est formée de deux bandes de cuivre séparées par une épaisseur de courroie de caoutchouc de 2 cm. Les deux bandes sont en communication avec l'électro-moteur M. Chacune d'elles contourne une des extrémités de la flèche et se termine à des intervalles isolants I I. Les deux bouts sont armés de lames de fer servant à séparer les contacts, lesquels sont espacés de 6 m.

Grâce aux dispositions prises, on voit qu'au moment du passage de la flèche d'un contact au suivant, le bout de câble qui réunit ceux-ci est mis hors du circuit, le moteur restant néanmoins en relation avec la ligne de manière à être traversé par un courant d'intensité et de sens constants.

Les voitures employées à Northfleet, fig. 343, portent un seul moteur en série de 15 chevaux, faisant 400 tours par minute et appuyé d'un côté sur l'essieu moteur, de l'autre sur le chassis des

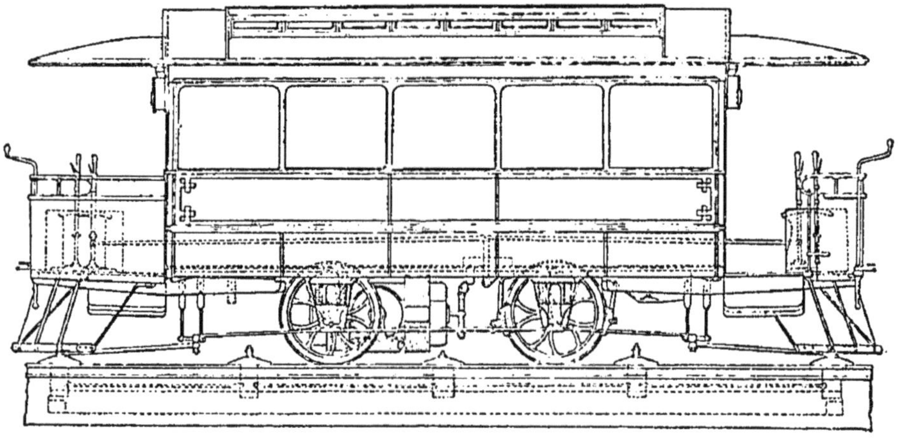

Fig. 343.

roues, avec interposition de ressorts en spirale. Grâce à la faible vitesse de la machine, un seul pignon conduit une roue d'engrenage fixée sur l'essieu.

Le réglage du moteur s'opère par deux commutateurs portés par les plates-formes. L'un d'eux renverse le courant dans l'induit pour le changement de marche et l'autre introduit des résistances en dérivation sur les inducteurs, afin de diminuer à volonté le couple moteur. Trois couples secondaires sont introduits dans le circuit et, le soir, 5 lampes à incandescence servant à l'éclairage de la voiture sont dérivées sur ces couples.

La machine génératrice produit un courant constant de 50 ampères sous une différence de potentiel qui varie de 0 à 400 volts, grâce à un déplacement automatique des balais sur le collecteur.

548bis. — Tramway à rail magnétique de M. Lineff ([1]). —
M. Lineff, reprenant une idée qui a tenté divers inventeurs,
MM. Ayrton et Perry, MM. Arendt et Zunini et M. Pollak
entr'autres, a réalisé un tramway à conducteurs souterrains sans
communication directe avec les moteurs portés par les voitures. La
communication se produit, par l'intermédiaire de rails spéciaux,
au moment où les voitures passent au-dessus de ceux-ci.

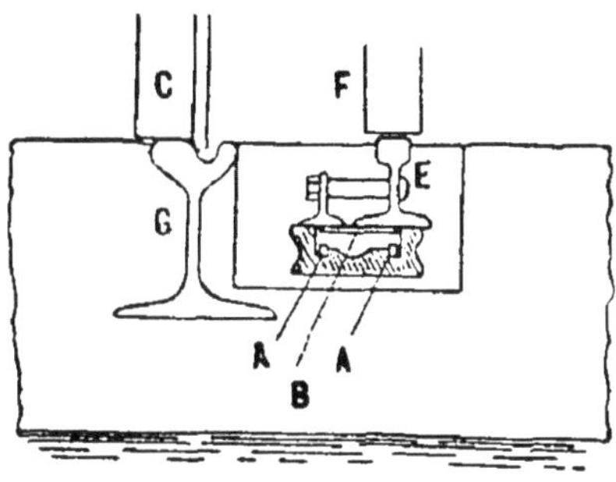

Fig. 344.

Dans la disposition représentée fig. 344, l'arrivée du courant se
fait par des conducteurs en cuivre A, A, portés par des isolateurs
dans une conduite en bitume. Le retour du courant a lieu par les
rails principaux G et le sol. Sur les conducteurs A repose normalement une bande de fer plate B. Au-dessus est un double rail
auxiliaire E, divisé en bouts isolés de peu de longueur. La
voiture porte un puissant électro-aimant dont les pôles F, passant
très près du rail E, aimantent celui-ci, ce qui provoque le soulève-
ment de la bande B, comme le montre la figure, et, par suite, la mise
en communication des conducteurs A avec deux ou trois tronçons
successifs du rail E. Un frotteur porté par la voiture établit la
liaison entre le moteur et les tronçons momentanément actifs.
Lorsque l'électro-aimant a dépassé ces tronçons, la bande de fer
retombe et est attirée par les tronçons suivants. Pour empêcher le
magnétisme remanent de déterminer la persistance de l'attraction,
on galvanise la bande mobile afin d'éviter le contact direct de fer
avec fer.

([1]) *La Lumière Électrique*, 23 août 1890.

L'électro-aimant est traversé par le courant amené par le conducteur mobile. Au besoin, un petit accumulateur peut exciter l'électro-aimant en cas de déraillements de la voiture.

Des expériences effectuées par M. Kapp ont montré que les tronçons de rails électrisés ne s'étendent que sur une longueur maximum de 6 m, alors qu'une voiture ordinaire couvre un espace de 7 m, ce qui empêche les personnes et les animaux de recevoir des secousses dangereuses.

Les bouts du rail magnétique prennent successivement un pôle N et un pôle S, au moment du passage des branches de l'électro-aimant. L'excitation de celui-ci demande une dépense de 0,5 à 0,75 cheval, mais le système Lineff a le grand avantage sur les systèmes à prise de courant directe d'éviter l'entretien onéreux d'une conduite exposée à recevoir les eaux superficielles du sol.

Lorsque la ligne est mouillée et couverte de boue, M. Kapp a trouvé que la perte par le rail magnétique correspond à 45 watts par voiture avec une tension de 300 volts au conducteur isolé.

549. — Transport aérien. — MM. Jenkin, Ayrton et Perry ont imaginé d'appliquer la traction électrique à de petites voies aériennes, telles que celles qu'on emploie pour transporter les matériaux en pays accidenté. Dans le système préconisé par les inventeurs, les véhicules formant le train aérien sont conduits par un remorqueur électrique et suspendus par des galets à un seul conducteur métallique qui donne accès au courant.

La ligne à double voie est formée par des tiges d'acier tendues sur des potences doubles. Les tiges sont interrompues à chaque poteau, de manière à constituer autant de tronçons séparés qu'il y a de portées. Les tronçons des deux lignes voisines sont réunis électriquement en croix à chaque poteau, les deux groupes de sections communiquant avec une dynamo génératrice. De là résulte que deux tronçons successifs d'une même ligne sont toujours en relation avec les deux pôles de la machine.

La dynamo portée par le petit remorqueur est reliée avec la ligne par les deux essieux extrêmes du train, lequel a une longueur égale à celle des tronçons de ligne; il s'ensuit que la machine réceptrice est toujours dans le circuit des générateurs. On remarquera que le courant change de sens chaque fois que le train a franchi une section, mais ce renversement ne modifie pas le sens de la rotation de l'induit. Le mouvement du moteur est transmis par des courroies aux galets qui portent le remorqueur.

Ce système présente les avantages des systèmes aériens en général. Il évite la construction des ouvrages d'art dans des terrains accidentés et supprime les frais d'acquisition de terrains. Afin de pouvoir, comme avec les systèmes à traction par câble, gravir les rampes escarpées, il faut suppléer au défaut d'adhérence par des galets serrant le rail qui les supporte. Par contre, le système électrique est mieux approprié que le système mécanique aux lignes présentant des courbes.

550. — Chemins de fer électriques urbains. — L'application de la traction électrique aux chemins de fer urbains fait l'objet de tentatives très intéressantes motivées par les avantages sérieux que l'on peut attendre de ce mode de traction.

Par suite du poids énorme des locomotives à vapeur et du mouvement de lacet dont elles sont animées et qui provient de la répartition dissymétrique des efforts des pistons, on est obligé de construire les voies et les ouvrages d'art avec une solidité cinq à six fois supérieure à celle qu'exigent de simples wagons. En outre, la moitié de l'effort de traction appliqué à un train ordinaire est souvent absorbée par l'entraînement de la machine. Ces considérations limitent l'allure des locomotives à vapeur à des vitesses qui pourraient être notablement dépassées par les locomotives électriques, dont le poids est faible et les efforts symétriques. Dans des locomotives électriques à grande vitesse, l'induit des moteurs pourra se placer directement sur les essieux, ce qui évitera toute perte de transmission et assurera au propulseur un rendement d'environ 90 pour 100. La production en grand de l'énergie électrique permet d'appliquer celle-ci aux services auxiliaires des trains, le freinage, l'éclairage et même le chauffage.

Le mécanicien d'une locomotive électrique n'ayant à s'occuper ni de la conduite d'un feu, ni de l'alimentation d'une chaudière, peut consacrer toute son attention à la surveillance de la voie et la sécurité en est augmentée. Enfin, la traction électrique permet de réaliser simplement un block-système automatique d'une efficacité assurée: il est facile, en effet, d'imaginer un mécanisme permettant à un train de couper le courant au train qui le suit aussi long-temps qu'il n'a pu lui-même dépasser une limite déterminée.

L'interdiction des voies ferrées à l'accès du public rend possible l'emploi de conducteurs économiques, aériens ou posés au niveau du sol, traversés par des courants à tension très élevée. Dans ces conditions, la combinaison de dynamos à grand rendement et de machines fixes compound à condensation n'exigerait pas une consommation de combustible sensiblement plus grande que la traction par la vapeur, et le bien être des voyageurs serait accru. L'électricité se prête mieux que la vapeur au fractionnement des trains, car, au besoin, une voiture isolée peut être munie d'un électro-moteur et faire un service omnibus entre les trains directs.

L'emploi de la vapeur présente dans les villes de graves inconvénients. A Londres, les lignes sont souterraines et la fumée des locomotives vicie l'air des tunnels; à New-York, où il existe un chemin de fer aérien, la fumée constitue une gêne pour les habitations riveraines. M. Daft a essayé, sur le métropolitain de New-York, une locomotive électrique de 240 chevaux pesant 17 tonnes et capable de traîner 8 voitures pesant 120 tonnes à la vitesse de 50 kilomètres à l'heure. La locomotive est formée d'un truc à deux essieux conjugués et porte un électro-moteur à anneau Gramme de grand diamètre. L'axe de l'induit a deux pignons qui engrènent avec des roues dentées fixées directement sur l'un des essieux. La station génératrice communique avec l'électro-moteur, d'une part par les rails, d'autre part par un conducteur central en fer, soutenu par les traverses en bois de la voie aérienne. Ce conducteur massif a 7,5 cm de diamètre et porte à la partie supérieure une lame de bronze phosphoreux de 25 mm sur 10 mm, qui assure un bon contact avec le frotteur relié à la dynamo. Les premiers essais de M. Daft ont parfaitement réussi, tant au point de vue du bon fonctionnement que de l'économie.

Le système a d'autant plus de chances de succès que les trains aériens de New-York transportent annuellement 170 000 000 voyageurs, que leur fréquence arrive à sa limite et que leur capacité ne peut plus être augmentée, par suite de ce que la construction de la voie aérienne rend impossible l'emploi de locomotives à vapeur plus fortes.

Se basant sur les qualités propres des locomotives électriques, des experts tels que MM. Sprague et Crosby n'hésitent pas à recommander ces propulseurs sur les lignes interurbaines à grand trafic. Dans ce cas, on aurait à échelonner sur la ligne, à des distances de 30 à 40 kilomètres environ, des stations génératrices pourvues de grands moteurs à vapeur perfectionnés. D'après des expériences qu'ils ont faites, ces électriciens déclarent que l'on pourrait atteindre des vitesses de 200 à 240 kilomètres à l'heure avec le même effort de traction que celui qu'absorbent les locomotives à vapeur faisant 140 kilomètres à l'heure, vitesse la plus élevée qu'atteignent actuellement les trains. La raison de l'économie réalisée sur l'effort de traction par l'électricité résulte de la diminution considérable du poids des remorqueurs.

550bis. — **Traction électrique du City and South-London Railway** ([1]). — L'application de la traction électrique aux chemins de fer à grande section a trouvé un commencement de réalisation dans la ligne souterraine qui relie la Cité de Londres au district suburbain de Stockwell et qui comporte quatre arrêts intermédiaires. Deux voies parallèles sont posées dans deux tunnels distincts creusés à une profondeur minimum de 12 m. Ces tunnels jumeaux de 6 kilomètres de longueur ont une section circulaire de 3 m de diamètre et sont revêtus de fonte. On a accès aux gares par des ascenseurs capables de transporter d'un coup 100 personnes, charge maximum d'un train.

Le matériel de traction étudié par MM. Hopkinson comprend 14 locomoteurs électriques de 100 chevaux capables de remorquer 3 wagons à la vitesse de 40 kilomètres à l'heure.

Chaque locomoteur, fig. 345, comporte deux électro-moteurs en série de 50 chevaux, dont les armatures ont pour axes les essieux. Ceux-ci sont indépendants et font environ 240 tours par minute.

Le courant est amené de la station génératrice par des feeders isolés et couverts de plomb, mis en communication de distance en distance avec un conducteur en acier doux placé au milieu de la voie

---

([1]) *La Lumière Électrique,* 22 novembre 1890, page 362.

comme dans la ligne de Bessbrook à Newry. Ce conducteur est
supporté par des isolateurs en verre et ne donne qu'une perte égale
à 0,01 du courant total lorsque la tension est 500 volts. Les prises
de courant se font par des sabots en fer communiquant, par l'intermédiaire d'un ampèremètre, d'un rhéostat de réglage et d'un appareil de changement de marche, avec les électro-moteurs. Le retour
du courant s'opère par les rails et le sol.

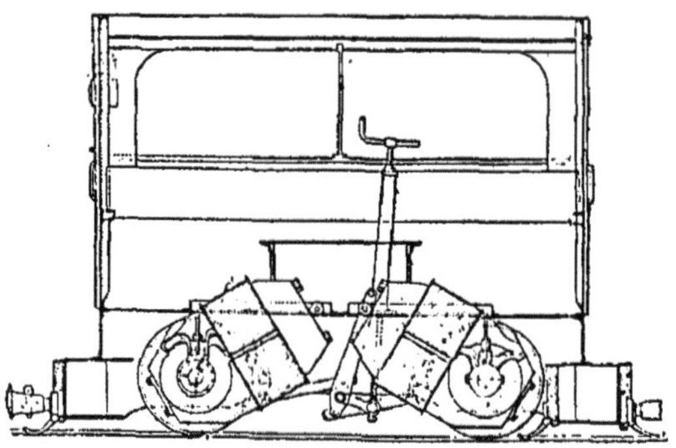

Fig. 345.

Les locomoteurs sont munis d'un frein à main et du frein Westinghouse exigé par les règlements du Board of Trade.

Les trois wagons de chaque train sont à couloir central. Ils
ont 2,10 m de haut sur 9 m de long, et sont portés par deux
boggies à quatre roues. Dans chaque voiture se trouvent quatre
lampes à incandescence reliées en série avec le conducteur de prise
de courant. Un train complet, portant 100 personnes, pèse une
trentaine de tonnes, soit trois fois le poids du locomoteur.

La station génératrice située au terminus de Stockwell comporte trois machines compound de 375 chevaux, tournant à
100 tours et pourvues de puissants régulateurs capables de faire
varier la détente de zéro aux trois quarts de la course.

Chaque moteur attaque une dynamo Edison-Hopkinson compound capable de développer 500 volts et 450 ampères. Le rapport
entre la puissance électrique des dynamos et la puissance indiquée
des moteurs à vapeur dépasse 75 pour 100. Le rapport entre le
travail utile des électro-moteurs et le travail indiqué des machines
serait d'environ 60 pour 100. Les dynamos communiquent avec
les feeders par l'intermédiaire de coupe-circuits de sûreté.

L'aérage des tunnels est parfait, grâce aux trains qui jouent le rôle de pistons et refoulent l'air vers les gares, qui forment cheminées d'appel.

TRACTION PAR ACCUMULATEURS.

551. — Examen des conditions techniques. — Au lieu de maintenir les véhicules d'une ligne en communication avec des générateurs situés à poste fixe, on peut charger, à l'aide de ceux-ci, des accumulateurs qu'on hisse sur les véhicules à remorquer.

Ce système n'entraîne pas les inconvénients que l'on reproche aux conducteurs électriques dans les tramways urbains, et il assure une complète indépendance aux divers véhicules. De plus, les machines génératrices exigées sont moins puissantes que dans les procédés directs de traction, puisqu'elles fonctionnent sous un régime constant et dans les meilleures conditions de rendement. L'avantage théorique des accumulateurs croit avec la longueur de la voie, car les frais n'augmentent pas avec cet élément, comme dans le cas de la traction par câbles aériens ou souterrains. Enfin, la traction par accumulateurs est la seule possible, lorsque les véhicules ont un itinéraire variable, ce qui arrive avec les omnibus et les voitures de pavé, ainsi qu'avec les embarcations maritimes ou fluviales.

La traction par accumulateurs s'impose aussi lorsque le service de la ligne entraîne des départs irréguliers ou très espacés avec un nombre restreint de véhicules. Dans ces conditions, la conduite des installations génératrices devant alimenter les conducteurs serait pour ainsi dire impossible et dans tous les cas fort peu économique.

M. Van Vloten a proposé pour un cas semblable une solution intermédiaire : emploi d'accumulateurs à poste fixe dans la station et envoi du courant aux voitures par fils. On réduit ainsi les dépenses relatives aux chaudières, machines à vapeur et dynamos et, ce qui est plus important, le service de la station fixe est des plus faciles, l'électricien n'ayant qu'à maintenir la batterie chargée. Les accumulateurs employés de la sorte ne s'usent pas autant que sur les voitures. L'élasticité et la sécurité du service sont aussi plus grandes.

Malheureusement le poids des accumulateurs a été jusqu'à présent un obstacle sérieux au développement de leur emploi.

Les accumulateurs les plus légers n'ont pas un débit spécifique supérieur à deux ampères par kilogramme de plaques sous une tension de 1,9 volt; la puissance spécifique est alors d'environ 3 watts par kilogramme d'accumulateur.

Cherchons le poids d'accumulateurs que doit, dans ces conditions, porter une voiture, pesant 4 tonnes avec le moteur électrique, pour gravir une rampe de 3 pour 100 à la vitesse de 10 kilomètres à l'heure.

En appliquant la formule

$$P_{\text{watts}} = \frac{p\,v\,(f+i)}{0,102}, \ \S\ 534,$$

et en supposant $f = 0,012$, on a, en appelant x le poids cherché,

$$3\,x = \frac{(4\,000 + x)\,\frac{10\,000}{3\,600}\,(0,012 + 0,03)}{0,102};$$

d'où x est égal à près de 2,5 tonnes, c'est à dire que le poids d'accumulateurs serait égal à 3 ou 4 fois le poids du moteur et de la transmission; la puissance requise est 7,5 kilowatts ou 10,2 chevaux.

On a vu, par les expériences faites aux États-Unis, que les voitures de tramways demandent environ 450 watts-heure par voiture-kilomètre. En admettant cette base, malgré la surcharge trouvée dans le cas présent, et en estimant à 20 watts-heure par kilogramme l'énergie spécifique des couples secondaires, on voit que les 2,5 tonnes d'accumulateurs sont capables de produire

$$\frac{2\,500 \times 20}{450} = 111 \text{ voitures-kilomètre,}$$

soit à peu près le parcours journalier des voitures dans nos grandes villes.

D'après ce qui précède, les accumulateurs actuels ne paraissent pas appropriés aux lignes à profils accidentés. Mais pour les lignes à faibles pentes le poids peut être notablement réduit, à la condition de remplacer les accumulateurs deux ou trois fois par jour. Au point de vue de l'entretien et de la durée, cette réduction n'est toutefois pas à conseiller si l'on peut faire autrement.

Ainsi dans l'hypothèse d'une pente maximum de 1,5 pour 100, les formules précédentes fournissent un poids de 1,5 tonne d'accumulateurs environ et un nombre de voitures-kilomètre égal à 67.

La comparaison entre la traction directe et la traction par accumulateurs doit, au point de vue technique, être basée à la fois sur le rendement des appareils et sur le rapport de la charge utile à la charge totale des véhicules.

Des expériences faites, aux États-Unis, par MM. Bell, Sprague et Hale, il résulte que le rapport de l'énergie électrique disponible aux véhicules à la puissance indiquée aux cylindres des machines à vapeur est voisin de 0,65. En estimant à 0,75 le rendement maximum des moteurs et de leurs transmissions, le rendement total devient $0,65 \times 0,75$, c'est à dire près de 50 pour 100. Dans la traction par accumulateurs, les générateurs ont un rendement meilleur que dans le cas précédent et l'on peut compter sur un rapport égal à 0,80 entre la puissance absorbée par les batteries et la puissance indiquée aux machines à vapeur. Les accumulateurs étant soumis à un régime forcé et variable ont un rendement qui ne dépasse guère 70 pour 100 ; en conservant 0,75 pour le rendement du moteur, on obtient un rendement final de

$$0,80 \times 0,70 \times 0,75 = 0,42.$$

Considérons une voiture de 5 mètres, pouvant contenir 30 personnes donnant un poids total de 1 800 kg, et pesant pour la caisse seule 1 800 kg et, avec le moteur, les transmissions et les voyageurs, 4 300 kg. Une telle voiture exigera une surcharge d'au moins 1 500 kg d'accumulateurs dans le système de traction indirecte.

Appelons coefficient caractéristique d'un système le produit du rendement total par le rapport du poids utile (caisse et voyageurs) au poids total.

On aura dans le système direct

$$0,50 \times \frac{1\,800 + 1\,800}{4\,300} = 0,4.18,$$

et, dans le système par accumulateurs,

$$0,42 \times \frac{1\,800 + 1\,800}{4\,300 + 1\,500} = 0,26.$$

Ces chiffres, qui n'ont rien d'absolu, montrent que la comparaison est tout à l'avantage de la traction directe.

552. — Systèmes divers. — M. Julien est l'un des initiateurs de la traction par accumulateurs. Dans les expériences qu'il a faites à Bruxelles, il a rencontré en M. Van Vloten un précieux collaborateur.

La ligne sur laquelle la Compagnie des Tramways Bruxellois a effectué des essais de traction électrique offre des conditions particulièrement difficiles pour le système par accumulateurs. Sur une longueur de 1 600 m, elle présente, entr'autres, une rampe de 3,5 pour 100, qui s'étend sur près de 400 m. Cette ligne demande deux et parfois trois chevaux pour chaque voiture.

Les véhicules ont été pourvus de 120 accumulateurs de 13 kg, soit une surcharge de 1 560 kg, pour une voiture dont le poids est de 6 000 kg, y compris les voyageurs et le moteur. La batterie secondaire est répartie dans quatre tiroirs en bois introduits sous les banquettes des voitures par des panneaux s'ouvrant latéralement vers l'extérieur. Ces tiroirs portent sous la paroi du fond des bandes métalliques qui viennent en contact avec des bandes correspondantes fixées à la voiture et en relation avec le commutateur. Le moteur fixé sous le plancher du véhicule attaque par un pignon denté un axe intermédiaire, lequel transmet le mouvement à l'un des essieux par une chaîne Galle.

On a d'abord employé un commutateur qui permettait de réunir au moteur deux séries d'éléments groupées soit en tension, soit en dérivation. Mais on a reconnu que le passage d'un cran du commutateur au suivant occasionnait des chocs au moteur, et l'on a préféré conserver le groupement en série, en modifiant le courant par un rhéostat, comme dans les voitures à transmission directe. Ce système assure une grande douceur aux manœuvres et, s'il a l'inconvénient de donner lieu à une perte d'énergie électrique, il est favorable à la conservation des batteries, car tous les éléments travaillent toujours dans les mêmes conditions.

La voiture peut franchir 35 kilomètres, soit le tiers du parcours journalier, avec sa provision d'énergie. Elle rentre alors au dépôt afin de renouveler ses batteries secondaires. Là, les tiroirs à accumulateurs sont glissés sur des tables mobiles arrivant au niveau des batteries et portant, à la partie supérieure, des galets sur lesquels roulent les tiroirs pour arriver aux tables de chargement. Les diverses batteries d'accumulateurs à charger sont réunies en tension, par groupes de 216 éléments, et reliées à des dynamos à courant constant dont chacune charge deux groupes d'éléments.

On estime qu'après un service de 12 000 kilomètres les plaques positives doivent être réparées par le renouvellement des oxydes. Après 4 opérations semblables, il faut les remplacer. Les plaques négatives ont une durée indéterminée.

Les frais d'entretien des accumulateurs, d'abord estimés à 10 centimes par voiture-kilomètre, ont été réduits à 7 centimes. Les essais ont été interrompus parce qu'on a reconnu que le profil de la voie obligeait à faire travailler les accumulateurs sous un débit spécifique variant de 3 à 5 ampères par kilogramme de plaques.

M. Gadot a étudié un projet pour la traction, à l'aide d'accumulateurs, des tramways parisiens dont les voitures pèsent 7 tonnes. M. Gadot estime que, dans ce cas, la meilleure solution consiste à placer un moteur sous la caisse de la voiture et à disposer les accumulateurs sur une sorte de fourgon, afin de ne pas avoir à ramener les voitures au dépôt pour le remplacement des batteries. Les fourgons seuls reviennent à l'usine, où les accumulateurs sont mis en charge sur les véhicules mêmes qui les supportent. Cette disposition augmente le poids mort à remorquer, mais elle facilite les manipulations et paraît préférable à la précédente au point de vue de la conservation des batteries secondaires.

MM. Philippart frères poursuivent des essais à Paris, au moyen de voitures portant leur chargement d'accumulateurs. Une des caractéristiques du système est que les essieux comportent une roue calée et une roue folle de manière à diminuer les frottements dans les courbes, § 534.

M. Reckenzaun, auquel on doit plusieurs installations de tramways à accumulateurs, emploie des voitures portant leurs couples secondaires ainsi que deux moteurs pouvant s'associer en quantité ou en tension.

Dans le concours de traction mécanique des tramways qui a eu lieu à l'exposition d'Anvers en 1885, le système de traction par accumulateurs a été essayé concurremment avec des tramways à vapeur, à eau chaude et à air comprimé, et il a obtenu le premier prix. Suivant le rapport de la Commission d'essais, les voitures électriques présentent sur les voitures à vapeur l'avantage de ne pas donner de fumées ni d'escarbilles. Elles fatiguent moins la voie et ne consomment pas plus de combustible, étant donné que les accumulateurs sont chargés par des machines fixes économiques. Comparés aux systèmes d'accumulateurs à eau chaude et à air comprimé, les accumulateurs électriques procurent un meilleur rendement et permettent d'emmagasiner la même quantité d'énergie sous un poids moindre.

PRIX DE REVIENT DE LA TRACTION ÉLECTRIQUE.

553. — **Traction animale.** — Dans l'estimation des frais de la traction électrique, il faut avoir particulièrement en vue la substitution de celle-ci à la traction animale. M. Gadot, qui a fait un projet pour les tramways électriques de Paris, a trouvé des renseignements précis, relativement aux dépenses occasionnées par les chevaux, dans les rapports de la Compagnie Générale des Omnibus.

Les voitures de tramways de cette compagnie sont à impériales et contiennent 50 personnes, soit 52 avec le cocher et le receveur. Le poids de la voiture vide est de 3 360 kg. En comptant le poids moyen d'une personne à 70 kg, on arrive au poids total de 7 000 kg.

Le parcours journalier d'une voiture est d'un peu moins de 100 kilomètres.

Voici comment se sont décomposées les dépenses par journée de cheval pendant l'exercice 1883 :

Solde et prime des cochers. . . . .   fr.   0,4607
Entretien et renouvellement des harnais . . . .   »   0,1104
Solde des inspecteurs de la cavalerie . . . . . .   »   0,0056
Solde des chefs de dépôt. . . . .   »   0,0251
Solde des piqueurs. . . . .   »   0,0238
Service vétérinaire, infirmerie et médicaments . .   »   0,0242
Solde des palefreniers . . . .   »   0,2720
Solde des relayeurs et côtiers, employés divers. .   »   0,2333
Achat d'eau . . . .   »   0,0130
Nourriture des chevaux . . . .   »   2,4092
Renouvellement des chevaux . . . .   »   0,4439
Ferrage des chevaux . . . .   »   0,1167
Chevaux au labour. . . . .   »   0,0567
Entretien du mobilier des dépôts. . . . .   »   0,0367
                                                       ―――――――
                                                fr.   4,2313
d'où il faut déduire la recette des fumiers. . . . . .   »   0,0970
                                                       ―――――――
Reste par journée de cheval :   fr.   4,1343

Pendant l'exercice 1883, le parcours quotidien d'une voiture de tramway a été de 94,206 kilomètres et le nombre moyen de chevaux par voiture 13,95, y compris les chevaux d'infirmerie, de labour, de corvée et d'inspection. Le prix de la voiture-kilomètre est donc

$$\frac{4,1343 \times 13,95}{94,206} = 0,612 \text{ fr.}$$

Il convient d'ajouter à cette somme les intérêts à 6 % du capital chevaux, harnais, fourrage, soit par voiture-kilomètre 0,031, ce qui donne en tout 0,643 fr.

En répétant ces divers relevés pour les exercices 1884 à 1888, pendant lesquels il n'y a eu ni épidémie de chevaux, ni disette de fourrage, M. Gadot est arrivé à la moyenne de 0,561 fr. par voiture-kilomètre pour le prix de la traction animale, en comptant, comme on l'a vu, exclusivement les frais de traction.

A Bruxelles, sur la ligne où l'on a fait l'essai de traction par accumulateurs relaté au § 552, les dépenses occasionnées par les chevaux se répartissent de la manière suivante, par journée de cheval, le type de voitures employé contenant 30 personnes :

Nourriture. . . . . fr. 1,950
Personnel d'écurie . . . . » 0,700
Vétérinaire. . . . . » 0,040
Magasins à fourrage . . . . » 0,004
Ferrage . . . . » 0,150
Divers . . . . » 0,018
Renouvellement des chevaux . . . . » 0,370
Sellerie . . . . » 0,070
Eaux . . . . » 0,007
Main-d'œuvre d'écurie . . . . » 0,018
                                        fr. 3,327

On estime que le nombre de journées de cheval est, sur cette ligne, de 17 150 par an, et le nombre de voitures-kilomètre parcourus de 214 426 ; soit par voiture-kilomètre

$$\frac{17\ 150 \times 3,327}{214\ 426} = 0,266 \text{ fr.}$$

Cette somme ne comprend ni les frais généraux de direction, ni l'éclairage et chauffage des dépôts, ni l'entretien du matériel roulant, postes qui font monter le prix total de la voiture-kilomètre à plus de 0,30 fr.

554. — Traction par accumulateurs. — M. Gadot a ensuite procédé à l'estimation de la traction par accumulateurs en adoptant à dessein des rendements trop faibles afin de mettre le résultat comparatif à l'abri de toute critique. Il a supposé une ligne ayant 20 voitures en service et 5 voitures de réserve.

Il a estimé le rendement de la dynamo de charge à 80 pour 100, le rendement des accumulateurs à 50 pour 100, celui de la dynamo réceptrice à 75 pour 100 et enfin celui de la transmission à 83,33. Le rendement total n'est alors que 25 pour 100.

Il résulte de ce qui précède que, pour une puissance égale à 1 000 disponible sur l'essieu du véhicule, l'électro-moteur devra développer 1 200, les accumulateurs 1 600, le générateur 3 200 et la machine à vapeur 4 000.

M. Gadot estime que 3,5 kg de plaques d'accumulateurs sont nécessaires par tonne à remorquer et par kilomètre, soit 5 kg de poids brut d'accumulateurs. Le poids x nécessaire pour remorquer un véhicule pesant 7 500 kg avec son moteur et sa transmission sur une longueur de 50 kilomètres, soit la moitié du parcours effectué par la voiture en un jour, sera donné par l'équation

$$(7\,500 + x)\,50 \times 0{,}005 = x,$$

d'où

$$x = 2\,500 \text{ kg.}$$

Si l'on adopte les données numériques du § 534, la pente maxima x que pourra gravir le véhicule sera donnée par l'équation

$$3 \times 2\,500 = \frac{(7\,500 + 2\,500)\,2{,}78}{0{,}102}\,(0{,}012 + x);$$

d'où

$$x = 1{,}5 \text{ pour 100.}$$

Pour la journée, il faudra 5 tonnes d'accumulateurs par voiture, et, pour 20 voitures, y compris une réserve de 15 pour 100, on arrive à 115 tonnes d'accumulateurs, renfermant 80,5 tonnes de plaques. D'après ce qui précède, chaque kilogramme de plaques exige du moteur un travail de

$$\frac{1\,600}{3{,}5 \times 0{,}40} = 11\,425 \text{ kilogrammètres.}$$

Pour les 70 tonnes de plaques en service, il faudra

$$\frac{11\,425 \times 70\,000}{75 \times 3\,600} = 2\,962 \text{ chevaux-heure,}$$

soit 200 chevaux pendant 15 heures.

Les frais de traction peuvent être estimés comme suit.

Personnel de dépôt :

1 chef de dépôt. . . . . par an,	fr.	4 800	»
1 contre-maitre électricien. . . . . »	»	3 600	»
6 électriciens à 2 700 fr. . . . . . . »	»	16 200	»
10 manœuvres à 1 800 fr. . . . . . . »	»	18 000	»
A reporter :	fr.	42 600	»

Report : fr. 42 600 »
21 conducteurs électriciens à 3 000 fr. . . . » 63 000 »
Force motrice de charge : 2 962 chevaux-heure à 0,085 fr., par an . . . . » 91 896,05
Intérêts du capital accumulateurs, 80,5 tonnes à 1 250 fr., soit 100 625 fr. à 6 pour 100 par an, » 6 037,50
Réparations aux accumulateurs, 0,30 fr. par kg de plaque . . . . » 24 150 »

Amortissement des plaques d'accumulateurs : dans l'hypothèse de deux renouvellements complets des·plaques par an, on arrive, en comptant les plaques à 0,85 fr. le kg, à
$70\,000 \times 0{,}85 \times 2 =$ fr. 119 000
d'où il faut déduire 0,20 fr. par kg
de plaques usées . . . . » 28 000

Reste . . . . » 91 000 »
Pour l'intérêt, l'entretien et l'amortissement des dynamos, des électro-moteurs et des mécanismes des voitures. . . . . » 64 250 »
Imprévus et divers . . . . » 10 000 »

Total fr. 392 933,55

pour $100 \times 20 \times 365 = 730\,000$ voitures-kilomètre, soit 0,538 fr. par voiture-kilomètre pour les frais de traction pure. On remarquera que les installations motrices ont été laissées de côté, de même que, dans le cas de la traction animale, le prix des écuries, remises, etc. Le prix d'entretien des accumulateurs est compté à 12,5 centimes par voiture-kilomètre, ce qui est un chiffre relativement élevé. En répétant ces calculs dans l'hypothèse de 3 séries d'accumulateurs par jour, M. Gadot a trouvé seulement 0,507 fr. par voiture-kilomètre. Enfin, en supposant les accumulateurs sur un fourgon, § 552, et trois remplacements par jour, on arrive également à 0,507 fr. par voiture-kilomètre.

On a donc, dans ces deux derniers cas, un bénéfice de $0{,}561 - 0{,}507 = 0{,}054$ fr. en faveur de la traction par accumulateurs, dans l'hypothèse de voies relativement unies. Il convient toutefois de remarquer que le devis de la traction animale se rapporte au profil moyen des lignes de tramways de Paris.

Il faut ajouter en faveur des accumulateurs que les frais d'immobilisation qu'ils entraînent sont moindres que ceux occasionnés par les chevaux, qu'ils mettent les compagnies à l'abri des pertes provenant des épidémies et des disettes de fourrage et qu'ils permettent d'augmenter sans grande dépense le nombre des voitures en service à certaines heures de la journée et à certains jours où le trafic est accru, alors qu'on ne peut songer à entretenir des chevaux de renfort pour un service exceptionnel.

Enfin l'un des grands avantages de la traction électrique résulte de l'inutilité du pavage de la voie qui coûte cher d'établissement et d'entretien. L'économie de ce chef est surtout importante dans les lignes suburbaines à créer sur les chaussées macadamisées.

Voici des devis que nous devons à l'obligeance de M. Van Vloten, directeur du service électrique aux Tramways Bruxellois.

Devis d'une installation comprenant 12 voitures automobiles contenant 30 personnes, ces véhicules effectuant un parcours journalier de 100 kilomètres, sur une voie exigeant l'emploi de deux chevaux par voiture :

Force motrice : 2 machines de 120 chevaux à condensation . . . . fr.		30 000
Fondations, tuyauterie. . . . . »		5 000
Transmissions. . . . . »		3 100
Cheminée . . . . »		3 500
2 chaudières de 120 ch., filtre épurateur, etc. . . »		19 000
8 dynamos de 16,5 kilowatts, avec fondations, tendeurs, etc. . . . . »		40 000
Courroies . . . . »		1 000
Accumulateurs : 40 batteries de 120 éléments de 13 kg, à 1 800 fr. l'une . . . . »		72 000
Tiroirs, boîtes . . . . »		24 000
Matériel roulant : 16 voitures avec installation électrique à 6 000 fr. l'une . . . . »		96 000
Installation mécanique de chargement . . . . »		10 000
Appareils de mesure, outillage, divers . . . . »		12 000

Total : fr. 315 600

Devis d'exploitation pour 12 voitures en service effectuant un effet utile total de 1 200 voitures-kilomètre :

Par voiture-kilomètre.

Consommation de charbon . . . . fr. 0,025
Graissage . . . . » 0,007
Entretien et remplacement des organes mécaniques
et électriques . . . . » 0,025
Entretien des accumulateurs. . . . . » 0,070
Divers . . . . » 0,015
Salaire des ouvriers chargés de l'entretien, non
compris les conducteurs. . . . . » 0,033
Direction, frais généraux . . . . » 0,050
                                        fr. 0,225

A cette somme, il convient d'ajouter la part correspondant à l'intérêt et à l'amortissement des installations.

555. — Prix de la traction électrique par fil aérien. — Nous trouvons, dans un travail de M. Crosby ([1]), des renseignements très intéressants sur le coût de la traction directe par fil aérien simple aux États-Unis. Dans la comparaison de ces données avec celles qu'accusent les compagnies européennes, il faut avoir égard à ce fait que, dans l'Union américaine, les salaires sont très élevés. M. Crosby a eu l'occasion de relever les frais de traction des tramways électriques installés dans les villes de Washington, Richmond et Cleveland. Dans ces trois lignes, les nombres de voitures-kilomètre par jour et par kilomètre de ligne sont respectivement 200, 138 et 400 (double voie).

D'après les documents qu'il a eus en mains, il a reconnu que l'équipement d'un kilomètre de ligne aérienne à simple voie et avec poteaux en bois revient à 4 700 fr. Une ligne à double voie et à deux rangées de poteaux métalliques coûte 11 000 fr. Enfin, une ligne à double voie, avec une seule rangée de poteaux métalliques à double potence, revient à 8 500 fr.

____

([1]) *Electrical World*, 1890.

Le coût de l'installation électrique d'une voiture, comprenant deux moteurs et leurs transmissions, s'élève à 7 500 fr. On estime que chaque voiture demande une énergie électrique de 10 chevaux à l'usine. Le prix des moteurs à vapeur avec leurs accessoires se compte à 225 fr. par cheval. C'est également le prix par cheval des machines génératrices et des appareils électriques auxiliaires de l'usine.

Ces éléments permettent d'estimer la part d'intérêts et d'amortissements afférant à la traction. M. Crosby compte sur les machines à vapeur, sur les dynamos, ainsi que sur l'équipement des lignes et des voitures, un intérêt de 5 pour 100, un amortissement de 5 pour 100 et un taux de 2 pour 100 pour les taxes et les assurances. Soit en tout 12 pour 100. Dans ces conditions, il est arrivé pour les trois lignes susdites respectivement à 5,6 cms, 7 cms et 5,2 cms. Restent les bâtiments des machines, qui, pour une ligne comportant 1 600 voitures-kilomètre par jour, coûtent 75 000 fr., sur lesquels on compte 5 pour 100 d'intérêt, 2 pour 100 d'amortissement et 2 pour 100 pour taxes et assurances, ce qui conduit à 1,15 centime par voiture-kilomètre.

La consommation de charbon par voiture-kilomètre a été, dans les trois villes, 1,4 kg, 2,3 kg et 1,5 kg, poids qui, eu égard aux prix du combustible dans ces localités, ont occasionné des frais s'élevant respectivement à 2,2 cms, 2,2 cms, et 2,5 cms. Le prix de l'huile, chiffons et les autres menues dépenses peuvent s'estimer uniformément à 0,6 cms par voiture-kilomètre.

Enfin les salaires des ingénieurs, mécaniciens, électriciens et nettoyeurs, non compris ceux des conducteurs et receveurs des voitures, reviennent par voiture-kilomètre respectivement à 7,8 cms, 7,8 cms et 6,2 cms.

L'ensemble de ces frais représente, pour Washington, 17,35 cms, pour Richmond, 18,75 cms, et pour Cleveland, 14,65 cms, par voiture-kilomètre. La moyenne des trois lignes donne 16,9 centimes par voiture-kilomètre.

Ces résultats montrent que le prix des salaires s'élève à 40 pour 100 et celui du combustible à 12 pour 100 seulement des frais de traction.

556. — Prix de la traction électrique par câble souterrain. — Le devis suivant, dû à M. Kapp, se rapporte à une installation

utilisant le système souterrain à prise de courant directe de
M. Lineff, § 547. On a supposé une ligne à double voie de
5 kilomètres, sur laquelle roulent 14 voitures à la vitesse de
11 kilomètres à l'heure. On admet un trafic de 500 000 voitures-
kilomètre par an.

Canal souterrain.	fr.	300 000
Conducteur	»	75 000
Chaudières, moteurs, transmissions, etc.	»	87 500
Dynamos, tableaux de distribution, etc.	»	37 500
Voitures complètes, à 8 750 fr. l'une.	»	122 500
Divers	»	27 500
Total :	fr.	650 000

Dépenses d'exploitation annuelles :

Charbon, eaux, huile, etc.	fr.	27 500
Salaires, y compris les conducteurs	»	50 000
Entretien du canal et du conducteur, à 5 pour cent	»	18 750
Entretien des voitures, à 1 750 fr. l'une.	»	24 500
Entretien des moteurs, à 7 1/2 pour cent.	»	6 600
Entretien du matériel électrique fixe à 10 pour cent	»	3 750
Direction et frais généraux	»	24 000
Total :	fr..	155 100

Cette somme contient le salaire des conducteurs et l'entretien
des voitures. En déduisant ces postes, la somme restante, afférant
exclusivement à la traction électrique, est réduite à 100 000 fr. Le
prix de la traction par voiture-kilomètre est donc 20 centimes,
sans compter l'intérêt et l'amortissement des installations.

556bis. — Prix de la traction sur les chemins de fer électriques.
— Il serait prématuré d'indiquer des prix de traction relatifs aux
chemins de fer électriques, car la seule exploitation de ce genre est
celle du *City and South London Railway*, ouverte à la fin de
l'année dernière. Néanmoins nous dirons à titre de renseignement
que MM. Mather et Platt, de Manchester, ont entrepris cette
exploitation à raison de 0,20 fr. par kilomètre pour des trains de
100 voyageurs. Le chemin de fer métropolitain de Londres com-

porte une dépense de traction de 0,62 fr. par kilomètre pour des trains remorqués par des locomotives ordinaires et capables de transporter 450 voyageurs, mais les dépenses d'entretien de ces locomotives sont très considérables et la fumée qu'elles occasionnent vicie l'atmosphère des voitures.

ÉCLAIRAGE ÉLECTRIQUE

LAMPES A INCANDESCENCE.

557. — **Production des radiations lumineuses.** — Les corps chauds émettent des radiations constituées par un mouvement vibratoire de l'éther. Suivant la période de leur mouvement, ces radiations se manifestent par des effets divers. Ainsi, lorsqu'on chauffe un conducteur, tel qu'un fil de platine, à l'aide d'un courant électrique, à une température ne dépassant pas 350° C, les radiations émises par le fil se décèlent par la propriété d'échauffer les corps voisins dont la température est plus basse. Le nombre de vibrations de ces ondes calorifiques s'élève jusque $400 \cdot 10^{12}$ par seconde. Entre 350° et 450°, le fil commence à émettre des radiations qui, outre leur effet calorifique, sont susceptibles d'affecter la rétine ; ce sont des rayons lumineux.

Si l'on continue à accroître l'intensité du courant, la couleur du fil passe progressivement du rouge sombre au rouge vif et au blanc incandescent. La décomposition de la lumière blanche par un prisme apprend que celle-ci est formée de la superposition de rayons simples qui, dans la partie lumineuse du spectre, correspondent à des vibrations dont le nombre varie entre $400 \cdot 10^{12}$ et

$800 . 10^{12}$ par seconde. Au delà du spectre visible, vers l'extrémité violette, s'étend une bande de radiations qui se manifestent particulièrement par des actions chimiques, telles que la décomposition des sels d'argent. Le nombre de ces vibrations atteint jusque $1600 . 10^{12}$ par seconde.

En résumé, à mesure que la température d'un corps s'élève, son spectre s'enrichit de radiations correspondant à des ondes de plus en plus fréquentes et qui se superposent. Toutes ces radiations se manifestent par des effets calorifiques et des effets chimiques, mais les seuls rayons qui agissent sur la rétine sont ceux dont la fréquence est comprise dans l'octave s'étendant entre $400 . 10^{12}$ et $800 . 10^{12}$ vibrations par seconde.

L'émission, par un corps solide, de radiations calorifiques correspond à une dépense d'énergie, dans une proportion qui ne s'écarte pas beaucoup de la première puissance de la température. A partir du moment où le corps commence à produire des rayons lumineux, la somme de lumière fournie croît au contraire beaucoup plus vite que la température; le rapport entre l'énergie des radiations lumineuses et celle des radiations totales croît aussi très rapidement avec la température. L'énergie des radiations totales s'estime en plaçant le corps dans un calorimètre opaque. En faisant ensuite usage d'un calorimètre transparent, les radiations lumineuses échappent à l'absorption en traversant les parois et sont déterminées par différence.

Le rapport mentionné ci-dessus n'est guère que de $0,00293$ pour la flamme des bougies qui contient des particules de carbone incandescent noyées dans un gaz dont le pouvoir émissif est faible. L'équivalent mécanique de la chaleur dépensée par seconde dans une bougie est d'environ 86 watts.

Le courant électrique, traversant un conducteur de faibles dimensions, permet de développer une grande quantité de chaleur dans un faible volume, et, par suite, de produire une température très élevée, ce qui favorise l'émission des radiations lumineuses.

On arrive, par les lampes à arc voltaïque, à faire croître le rapport de l'énergie des rayons lumineux à celle des radiations totales jusque $0,1$. La puissance requise pour produire la même lumière qu'une bougie tombe alors à $0,7$ watt.

On voit l'énorme supériorité théorique des lampes électriques sur les anciens modes de production de la lumière ; elles dégagent beaucoup moins de chaleur et ne répandent aucun gaz délétère. Toutefois, une grande partie du bénéfice apporté par l'électricité est perdue par ce fait que nous produisons l'énergie électrique à l'aide de machines qui n'utilisent guère que le dixième de l'énergie du charbon brûlé dans les chaudières à vapeur.

Malgré leur supériorité relative, nos lampes électriques sont encore bien imparfaites puisqu'elles ne transforment en lumière que la dixième partie de l'énergie électrique qu'elles absorbent. Les radiations obscures qu'elles émettent prennent les neuf dixièmes de cette énergie. Suivant l'heureuse comparaison de M. Lodge, on se trouve dans la situation d'un organiste qui, pour arriver à tirer quelques notes aigues de son instrument, devrait souffler dans tous les tuyaux du clavier. Ainsi l'électricien, qui n'a besoin que des radiations dont les nombres de vibrations sont compris entre 400.10^{12} et 800.10^{12} par seconde, est obligé de provoquer toutes les vibrations plus lentes qui absorbent la plus grande partie de l'énergie dépensée.

Peut-on espérer d'arriver à éviter la production de ces radiations parasites ? Nous avons vu, § 193 et suivants, que les courants alternatifs et les oscillations électriques déterminent des radiations qui jouissent de propriétés semblables à celles des rayons lumineux et dont le nombre de vibrations peut monter jusque plusieurs billions par seconde, lorsqu'on emploie des vibrateurs très exigus. Si l'on parvenait à diminuer suffisamment les dimensions des vibrateurs, on donnerait aux ondes électriques la propriété d'agir sur la rétine, c'est à dire qu'on produirait directement les ondes lumineuses. Mais il faudrait pour cela que les dimensions des vibrateurs fussent réduites à celles d'une molécule, car ce sont les vibrations moléculaires qui émettent la lumière. C'est peut être à des vibrations semblables qu'est dû le phénomène auquel M. E. Wiedemann a donné le nom de *luminescence* et qui comprend la phosphorescence et la fluorescence. Le phénomène d'incandescence développe la série progressive des radiations calorifiques et lumineuses, tandis que la luminescence produit une sélection d'ondes lumineuses. Cet état spécial est amené par une action antérieure, non encore définie, sur le corps luminescent. Lorsque le phénomène se produit à une température peu élevée, il porte le nom de phosphorescence. La luciole cubaine, étudiée par MM. Langley et Very, concentre toutes ses radiations dans les limites étroites des rayons visibles du spectre, le maximum d'énergie rayonnée étant compris entre les rayons jaunes et les rayons verts. C'est ce qui fait que cet insecte produit un foyer lumineux dont la température ne dépasse pas sensiblement celle des autres parties de son corps. La cause de la phosphorescence de la luciole est une combustion lente qui persiste après la mort de l'insecte, ce qui donne l'espoir d'arriver à produire artificiellement une lumière analogue. D'après M. Nichols (1), certains oxydes tels que ceux de magnésium et de zinc émettent, lorsqu'ils sont fraîchement préparés et chauffés, une quantité de lumière très supérieure à celle de corps incandescents à la même température. Si l'on parvenait à régénérer de telles substances et à les amener à la température voulue par un procédé électrique, on obtiendrait des sources de lumière beaucoup plus efficaces que les conducteurs rendus incandescents par le courant.

558. — Fabrication des lampes à incandescence. — En principe, tout conducteur qui peut être amené par le courant à la température du blanc incandescent, et qui supporte à l'air libre ou dans le vide cette température sans fusion ni désagrégation, se prête à la réalisation d'une lampe à incandescence. Comme l'émission de la lumière se fait par la surface du conducteur, il y a intérêt à donner à celui-ci la forme d'un fil ou d'une plaque mince, dont la surface est considérable relativement à la section. Parmi les métaux, les moins fusibles appartiennent à la famille du platine ; aussi a-t-on cherché à diverses reprises à utiliser ces métaux pour la fabrication des lampes. Malheureusement, le point de fusion du platine et de ses congénères est très voisin de la température de l'incandescence et tout accroissement accidentel du courant entraîne la perte du fil qu'il traverse. M. Edison a cherché à remédier à cet inconvénient à l'aide d'un régulateur automatique introduisant des résistances

(1) NICHOLS, *Electrician*, 5 décembre 1890.

destinées à empêcher le courant de dépasser sa valeur normale; mais cette disposition est compliquée et n'empêche pas la désagrégation plus ou moins rapide du filament.

Le corps qui paraît le mieux approprié au but en vue, est le charbon : son pouvoir émissif est considérable et il supporte dans le vide des températures plus élevées que tout autre conducteur. A l'inverse de celle des métaux, sa résistance électrique diminue quand la température augmente.

La difficulté de produire des filaments de charbon suffisamment minces et homogènes a été résolue par M. Edison et beaucoup d'autres inventeurs. En principe, le procédé consiste à carboniser en vase clos des fibres minces d'origine organique. On obtient ainsi un filament charbonneux dont la régularité et la solidité varient avec la nature de la fibre employée. Le filament de quelques lampes est obtenu par le passage d'une pâte charbonneuse à la filière.

Pour opérer la carbonisation, on peut disposer les brins sur une forme en charbon, fig. 346, et les retenir par des ligatures. Ces

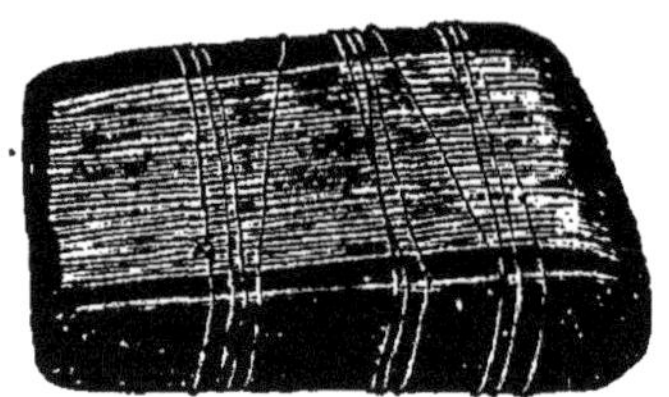

Fig. 346.

formes sont empilées dans un creuset et recouvertes de poussier de charbon pour empêcher l'accès de l'air pendant la cuisson. Les filaments carbonisés conservent la forme de leur support.

Souvent on soumet le filament à une opération appelée *nourrissage* qui a pour but de le consolider, de régulariser sa section et lui donner une surface compacte et homogène. Le nourrissage se fait en envoyant un courant électrique dans le filament préalablement plongé dans un hydrocarbure. Lorsque, sous l'effet du courant, la température du fil de charbon a atteint le rouge, l'hydrocarbure se décompose, et le carbone se précipite sur le filament en le couvrant d'une couche graphitoïde, dure et compacte, d'un gris d'acier, analogue au dépôt qui se produit sur les cornues à gaz pendant la distillation de la houille. La précipitation du carbone s'observe particulièrement dans les parties du fil dont la section est la plus faible, attendu que le courant les échauffe davantage, en vertu de leur résistance plus grande. Le nourrissage tend donc à rendre homogène la surface et la section. En outre, la couche brillante déposée jouit d'un pouvoir émissif plus grand que la surface terne que possède le fil après la carbonisation.

Le filament préparé et courbé en fer à cheval ou en boucle est soudé à des fils de platine sur lesquels on a, au préalable, écrasé les parois d'un tube en verre ou en cristal destiné à servir de support aux fils. Par sa composition, le tube doit avoir le même coefficient de dilatation que le métal, de manière à ce que l'étanchéité des orifices d'entrée soit assurée à toutes températures. La soudure du filament avec le platine peut se faire par un procédé analogue au nourrissage. On chauffe les jonctions dans un milieu hydrocarburé à l'aide d'un courant amené par des pinces de façon à limiter convenablement son action; le carbone se précipite sur les joints et forme un bourrelet solide et conducteur. D'autres fois la soudure se fait par une pâte charbonneuse qu'on sèche et carbonise.

Le tube supportant le filament est ensuite soudé dans une ampoule en verre communiquant·par un orifice étroit avec une pompe pneumatique à mercure, capable de produire un vide voisin de 0,01 mm de mercure. On se sert, à cet effet, d'appareils produisant le vide barométrique, comme c'est le cas pour la pompe de Sprengel, ou de trompes à mercure, lesquelles possèdent .l'avantage d'avoir une action continue. Les pompes à vide ont l'inconvénient d'être fragiles, coûteuses et lentes. On cherche à y substituer des pompes à piston étagées de manière à produire des raréfactions croissantes et à éviter l'importance des rentrées d'air par les joints, les deux faces du piston de chaque cylindre communiquant avec des réservoirs à des pressions peu différentes.

La pompe a non seulement pour objet d'extraire l'air de l'ampoule, mais aussi celui qui est condensé dans le filament, le charbon jouissant de la propriété d'absorber un volume gazeux très supérieur à son volume propre. Il est nécessaire d'extraire l'air occlus pour empêcher la combustion du filament soumis à l'action d'un courant intense, ainsi que pour éviter la désagrégation due à l'effet mécanique suivant. Supposons pour un instant que le fil de charbon soit enfermé dans une ampoule fermée et privée d'air. Au moment où il est porté à l'incandescence par le courant, les gaz occlus sont expulsés et entraînent avec eux quelques parcelles de charbon. Lorsque l'action du courant cesse, le phénomène d'absorption se reproduit; une nouvelle application du courant entraîne une nouvelle perte de carbone. Cette action répétée finit par mettre le filament hors d'emploi et amener sa rupture, en même temps que l'on constate un noircissement rapide de l'ampoule par suite du dépôt de charbon.

L'extraction de l'air de l'ampoule à l'aide d'une pompe à mercure demande en général de 3 à 5 heures ; pendant la seconde moitié de cet intervalle de temps, on soumet le filament à un courant croissant progressivement jusqu'à donner à la lampe son éclat normal. L'effet combiné de la chaleur et de la pompe à air détermine l'expulsion de la majeure partie des gaz condensés. Il semble toutefois en rester une certaine proportion, car on a remarqué que la pression à l'intérieur de l'ampoule est plus grande quand le filament est incandescent que lorsqu'il est froid. Sous l'influence du traitement qu'on vient de voir, la texture du charbon se resserre et le fil devient plus élastique et plus solide.

L'effet mécanique décrit plus haut n'explique qu'en partie la volatilisation du carbone, laquelle se produit d'une manière continue sous l'effet de la chaleur. Lorsque la température dépasse une certaine limite, le phénomène est très actif et le globe est susceptible d'être noirci en quelques instants. Il semble, en outre, y avoir un effet de répulsion électrique dans la projection des particules de charbon sur le globe. M. Edison a découvert qu'en interposant une plaque de platine entre les deux brins d'un filament en fer à cheval, porté à l'incandescence par le courant, et en reliant la plaque, à travers l'ampoule, à un galvanomètre sensible, pendant que le brin positif est relié à la seconde borne du galvanomètre, ce dernier accuse un courant du brin positif à la plaque, à travers le vide de l'ampoule. Aucun courant ne se manifeste entre la plaque et le brin négatif. M. Fleming, qui a donné à cette expérience des formes diverses, attribue l'effet observé à une désagrégation du brin négatif et à la répulsion des molécules de carbone chargées négativement sur la plaque qu'elles électrisent.

Des expériences faites par M. Hess ont montré que, pour obtenir un bon rendement lumineux, la pression ne doit jamais dépasser 0,2 mm de mercure, sans quoi la conductibilité calorifique de l'air de l'ampoule provoque la perte d'une certaine quantité d'énergie.

M. Higgins a essayé deux lampes dans l'une desquelles le vide était poussé aussi loin que possible, tandis que dans l'autre la pression atteignait 2,5 mm de mercure. Les filaments étant portés au rouge, l'ampoule de la première avait la température de 35° C, celle de la seconde 250° C. Pour amener les filaments à l'incandescence, la dépense d'énergie était de 4 watts par bougie, dans le premier cas, et de 15,2 watts dans le second.

D'autre part, certains électriciens prétendent qu'il n'est pas prudent de descendre en dessous de 0,03 mm de pression, lorsque le filament est chaud ; au delà de cette limite la désagrégation du fil serait plus active.

On peut mesurer la tension de l'air par des indicateurs de vide spéciaux tels que celui de Mac-Leod, mais un procédé plus commode se déduit de la remarque suivante. Lorsque la pression de l'air est voisine de 0,03 mm, il se manifeste une auréole bleue, de forme globulaire, autour de l'extrémité positive du filament. Cette auréole ne se confond nullement avec la lueur violacée qui remplit l'ampoule et que l'on peut constater dans l'obscurité.

Plusieurs fabricants jugent du degré de vide en présentant le filament à l'une des électrodes d'une bobine de Ruhmkorff, pendant que la main est appliquée contre l'ampoule. Si l'effluve observée est blanchâtre, le vide est satisfaisant ; si elle est rougeâtre ou violacée, c'est que le vide est insuffisant. L'effluve disparaît lorsque le vide dépasse une certaine limite.

Lorsque l'action de la pompe à air est terminée, il suffit de sceller l'orifice de sortie de l'ampoule et d'appliquer à l'embase de celle-ci le dispositif particulier nécessaire pour relier la lampe aux conducteurs qui amènent le courant.

A cet effet, la lampe se place sur un support, douille ou socket, auquel aboutissent les fils d'alimentation. Le mode de fixation au support doit être simple, solide et de nature à éviter les contacts défectueux qui donnent naissance à des échauffements et à des étincelles nuisibles.

On peut faire des lampes à incandescence de toutes dimensions donnant des intensités lumineuses variant d'une faible fraction de bougie à plusieurs milliers de bougies. Les lampes les plus répandues donnent de 10 à 25 bougies décimales (voir étalons photométriques). On commence à employer des lampes dites *Sunbeam* à gros filament, dont l'intensité moyenne est de 500 bougies. Les tensions habituelles pour lesquelles on calibre les lampes sont de 50, 65 et 100 volts.

559. — Modes d'alimentation et durée des lampes à incandescence. Effet Edison. — Généralement, les lampes à incandescence sont alimentées par des conducteurs maintenus à une différence de potentiel constante, entre lesquels elles sont disposées en dérivation ; d'où la nécessité d'accroître autant que possible la résistance des filaments en vue d'augmenter la tension et, par suite, de réduire la section des conducteurs. On n'a guère dépassé la différence de potentiel de 150 volts qui conduit, pour les lampes d'intensité lumineuse moyenne, à des filaments longs et fragiles. M. de Khotinsky fabrique exceptionnellement des lampes de 200 volts. Parfois, on soutient le sommet des filaments par des crochets en platine scellés dans le verre de l'ampoule. On a essayé de mettre plusieurs filaments en tension dans une même ampoule, mais ce procédé accroît sensiblement le prix de la fabrication.

Quelques électriciens ont préconisé la distribution des lampes en série dans les circuits parcourus par des courants constants. On cherche alors à réduire la tension aux bornes des lampes, en donnant à celles-ci des filaments courts et peu résistants, afin de ne pas atteindre des différences de potentiel excessives aux pôles des générateurs. Dans une distribution en série, il faut prévoir un appareil automatique mettant les lampes en court-circuit lorsqu'elles viennent à se briser.

Comme moyen terme, on groupe parfois en dérivation des séries de 2 lampes. Cette disposition n'est pas recommandable parce que si l'on substitue à l'une des lampes d'une série, dont le filament a été aminci par l'usure, une lampe neuve moins résistante, la tension aux bornes de la vieille lampe restante est notablement accrue, ce qui détermine sa rupture immédiate. Cet inconvénient ne s'observe pas au même degré s'il y a cinq ou six lampes dans chaque série et surtout si l'on emploie les conducteurs intermédiaire décrits au § 449.

La régularité de la différence de potentiel appliquée aux bornes des lampes a une grande influence sur leur durée. Les variations dépassant de 1,5 à 2 pour 100 la tension normale, réglée par des essais photométriques, accélèrent l'usure des lampes. Si l'on dépasse de 10 pour 100 la tension normale, la durée de la lampe est réduite à quelques heures, de même qu'un accroissement analogue de la température du corps humain détermine rapidement la mort. On a remarqué que l'emploi des accumulateurs est favorable à la conservation des filaments. A première vue, les courants alternatifs paraissent défavorables, mais l'expérience semble avoir établi qu'ils ne sont pas inférieurs à cet égard aux courants des machines continues. Il est probable qu'il se produit un effet d'inertie empêchant les filaments de suivre les variations des courants alternés.

On a vu par l'effet Edison, § 558, que les lampes parcourues par des courants continus tendent à se désagrégager plus particulièrement à l'une des extrémités. En général, les diverses parties des filaments s'amincissent avec le temps et l'on observe une diminution graduelle dans l'éclat d'une lampe soumise à une différence de potentiel constante. Nous reviendrons sur ce point à propos des mesures photométriques.

560. — Lampe Edison. — Le filament de la lampe Edison est obtenu par la carbonisation d'une languette aplatie de bambou.

On donne aux filaments la forme d'un fer à cheval ou la forme d'une boucle indiquée dans la fig. 347, qui représente la lampe Edison de fabrication allemande. La boucle occupe moins d'espace en hauteur que le fer à cheval. Elle est, en outre, plus avantageuse au point de vue de l'impression sur l'œil et présente une répartition lumineuse plus uniforme dans les diverses directions horizontales.

Les languettes sont placées dans des moules empilés dans un four et recouverts de charbon pulvérisé. De cette manière, on évite l'accès de l'air pendant la carbonisation. Dans les premières lampes

Edison, la soudure du filament avec les fils de platine donnant
accès au courant s'obtenait par un dépôt galvanoplastique de cuivre.

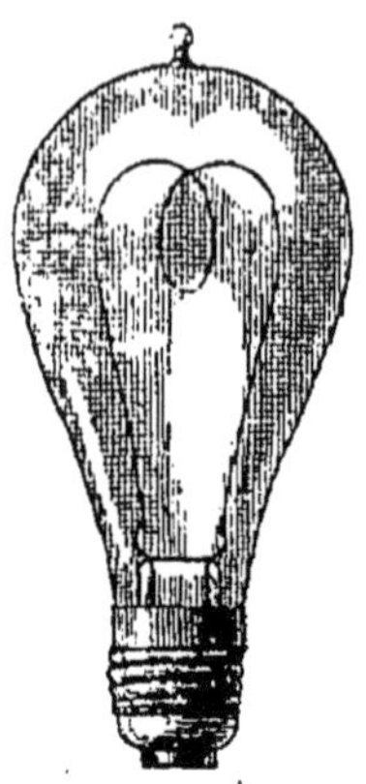

Fig. 347.

Actuellement, le joint est couvert d'un dépôt charbonneux séché,
puis carbonisé. Par économie, les fils de platine ont juste la
longueur nécessaire pour traverser le tube de support en verre.
Ils sont prolongés à l'extérieur par des fils de cuivre soudés à
l'embase de la lampe. Afin de permettre de fixer la lampe sur un
support, on coule, à la base de l'ampoule, une gaîne de plâtre
portant latéralement une vis estampée dans une tôle mince de
laiton, et, sur le fond, un piton de même métal, fig. 347. Ces
pièces métalliques sont soudées aux extrémités des fils de cuivre
reliés au filament.

La lampe se visse sur un support, dont la surface latérale
interne porte une feuille de laiton emboutie, de manière à cor-
respondre aux filets de la vis de la lampe. Le fond du support
est couvert d'une plaque de métal sur laquelle s'appuie le piton.
Parfois, on munit la douille d'une clef d'interruption qui permet
d'éteindre et d'allumer la lampe à volonté. La douille Edison est
très satisfaisante au point de vue de sa solidité et de l'efficacité du
contact ; elle peut se visser sur un tube par lequel arrivent les
conducteurs reliés à la canalisation.

561. — Lampe Swan. — Le filament de cette lampe courbé en
boucle s'obtient en carbonisant un faisceau de fibres de coton,
préparé par une immersion dans l'acide sulfurique dilué.

Les extrémités du filament sont soudées par un dépôt charbonneux à des fils de platine réunis par un petit pont en verre ([1]). Une

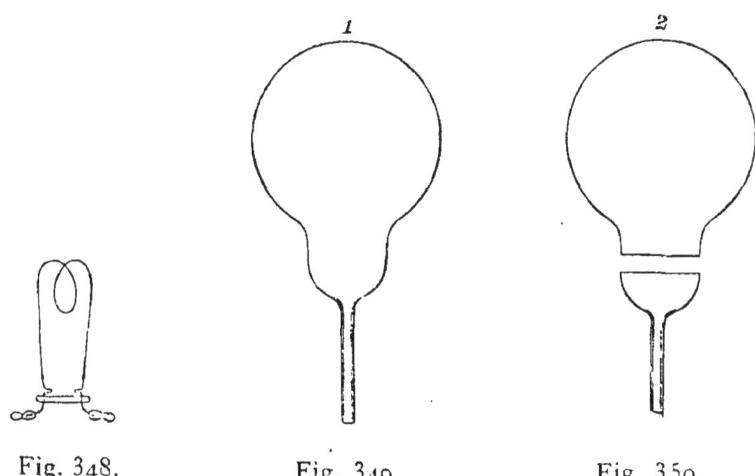

Fig. 348.   Fig. 349.   Fig. 350.

ampoule soufflée à la verrerie suivant la forme indiquée dans
la fig. 349 est ensuite coupée comme le montre la fig. 350.

Fig. 351.

Les fils de platine sont soudés au chalumeau avec les bords de
l'ampoule, puis les deux parties de celle-ci sont réunies de nou-

(¹) GORDON, *A pratical treatise of électric lighting*, p. 68.

veau de manière à donner à la lampe la forme indiquée dans la fig. 352. La tubulure inférieure sert à introduire le gaz pendant le nourrissage du brin charbonneux, puis à effectuer le vide autour

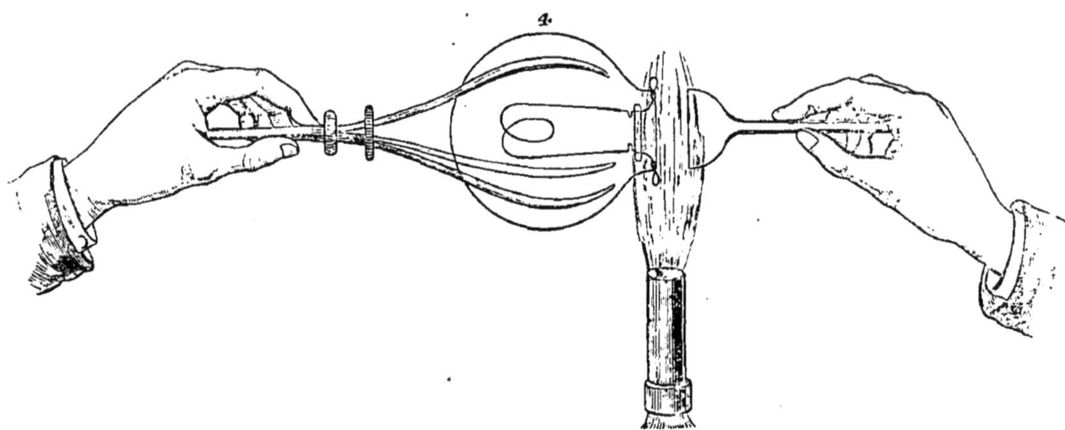

Fig. 352.

de celui-ci pendant qu'il est soumis à une température croissant jusqu'à l'incandescence.

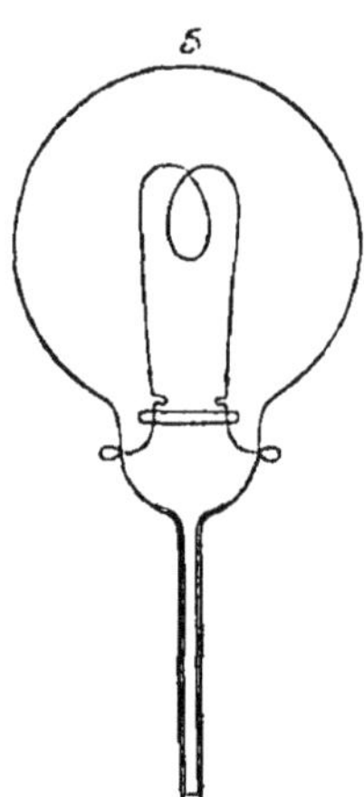

Fig. 353.

Actuellement, on abrège la fabrication de la lampe en soudant par écrasement les fils de platine dans un tube en verre, puis en fixant ce tube à l'embase d'une ampoule pourvue d'une tubulure supérieure servant à faire le vide.

Le support de la lampe Swan est très simple. Les extrémités des fils de platine, recourbées en œillets *a a'*, sont saisies par des crochets *b b'*, reliés aux bornes A B auxquelles s'attachent les conducteurs d'alimentation. Pour assurer le contact, on interpose entre la lampe et son support un ressort à boudin R qui tend à les maintenir écartés. Ce système présente une certaine élasticité qui garantit la lampe contre les chocs brusques qui pourraient provoquer la rupture du filament incandescent. Mais les surfaces de contact sont restreintes et il arrive souvent que le ressort tire

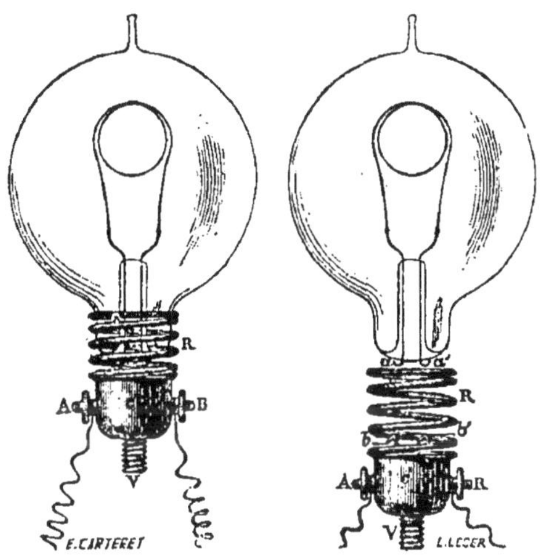

Fig. 354 et 355.

inégalement sur les crochets; l'un des contacts devient alors défectueux et donne lieu à des étincelles qui fondent le fil de platine.

562. — Lampe Victoria. — Le filament en fer à cheval est une fibre de chiendent carbonisée. Des têtes de vis *d*, fixées aux extrémités du filament, viennent buter sur des ressorts P P' reliés au circuit électrique. Une rainure de bayonnette *h*, traversée par des goupilles *f f'*, assure la lampe dans sa position de contact. Une autre disposition, représentée fig. 358, comporte une attache analogue à celle de la lampe Swan. Le ressort à boudin de cette dernière est remplacé par un épanouissement étoilé, formé de deux pièces à charnières qui sont pressées contre l'ampoule par une bague élastique. Les embases de la lampe Victoria sont d'aspect très gracieux.

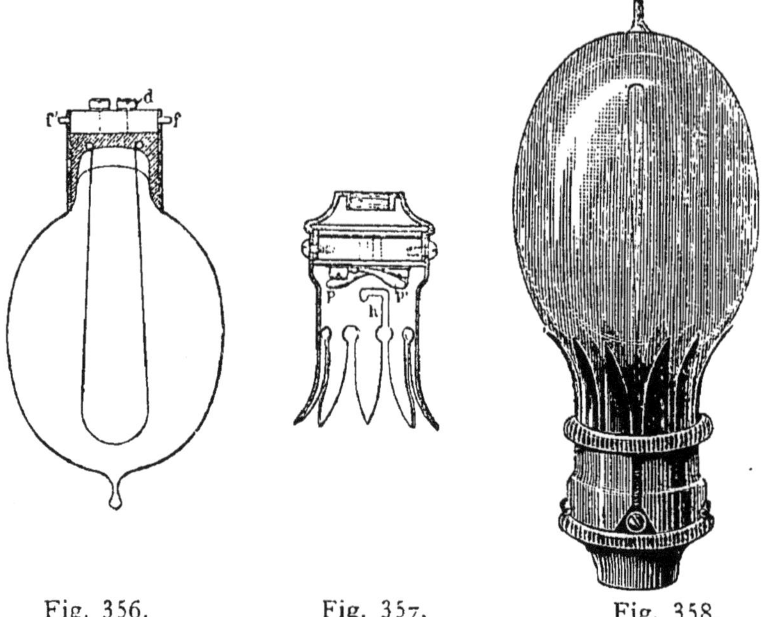

Fig. 356.   Fig. 357.   Fig. 358.

563. — **Lampe Cruto.** — *Premier procédé.* M. Cruto avait imaginé de recouvrir de charbon, par l'opération du nourrissage, un fil de platine extrêmement ténu (0,01 mm de diamètre) obtenu par le procédé Wollaston. Dans ce procédé, le platine passé à la filière jusqu'au diamètre de 0,03 mm environ, est recouvert d'un dépôt d'argent, tréfilé de nouveau, puis plongé dans l'acide nitrique qui dissout la gaîne d'argent.

Pendant le nourrissage du fil de platine, placé sous l'action du courant dans un milieu hydrocarburé, la résistance électrique diminue au fur et à mesure que le dépôt s'épaissit et l'intensité du courant augmente progressivement. Lorsque le dépôt a acquis l'épaisseur voulue, ce que l'on reconnait à l'intensité atteinte par le courant sous une différence de potentiel donnée, on pousse la tension jusqu'à la volatilisation du support de platine.

Le filament prend alors une forme tubulaire et sa résistance s'élève notablement.

Par suite de la flexibilité du fil de platine, la boucle tend à se déformer, lors de l'envoi du courant, sous l'action électro-magnétique due au magnétisme terrestre. Il est difficile d'obtenir, dans ces conditions, des boucles régulières comme celles que présentent les autres lampes. La grande surface d'émission de ces filaments leur assure un rendement lumineux élevé.

Second procédé. Le procédé qu'on vient de voir est assez coûteux, car il exige des fils de platine spéciaux et entraîne un nourrissage prolongé pendant lequel la consommation d'énergie électrique et les frais de surveillance sont élevés. M. Cruto y a substitué le système suivant beaucoup plus économique.

A une dissolution filtrée de 80 grammes de sucre dans 200 grammes d'eau distillée, on ajoute, goutte à goutte, 300 grammes d'acide sulfurique. La liqueur rouge et épaisse obtenue, est additionnée d'eau jusqu'à la densité correspondant à 2° Beaumé, l'uniformité du mélange étant assurée par une agitation continue. On filtre, et la pâte obtenue est passée à la filière. Les filaments ainsi produits sont séchés à l'air, puis à l'étuve et enfin carbonisés dans des moules remplis de poussier de charbon de bois. Les fils de charbon retirés du four sont nourris et traités par l'action combinée de la chaleur et du vide, comme on l'a vu précédemment.

564. — Lampe Seel. — La matière première des filaments est constituée par des brindilles, enlevées aux stipes d'une sorte de palmier appelée Piassava. La partie blanchâtre de ces brindilles doit être enlevée; le reste est amené à l'épaisseur voulue par le passage répété entre un support et une échancrue triangulaire pratiquée dans le fil d'un couteau. Les filaments réguliers ainsi obtenus, découpés à la longueur convenable, sont fixés par leurs extrémités, à l'aide de cire à cacheter, sur une forme en charbon. Celle-ci est une plaque rectangulaire, présentant vers l'un des bords, une fente parallèle à celui-ci, de manière à isoler une tige autour de laquelle on enroule une fois le milieu du filament. Ainsi se trouve assurée simplement la forme en boucle de ce dernier. Les formes, garnies de filaments, sont empilées dans des moules avec de la poudre tenue de plombagine et le tout est porté au four à carboniser. Les filaments charbonneux sont alors placés sous une cloche en verre, que l'on remplit plusieurs fois de gaz d'éclairage, après y avoir fait le vide.

Dans cet état, le filament est soumis à une différence de potentiel capable de le porter à l'incandescence. Précédemment très résistant et fragile, il acquiert ainsi de la dureté et de l'élasticité, devient gris-clair et sa résistance diminue rapidement. On arrête le courant quand celui-ci a atteint une intensité convenable.

Deux fils de platine sont emprisonnés dans une gouttelette de verre ; leurs extrémités supérieures sont aplaties et roulées en tubes dans lesquels on introduit les bouts du filament. On garnit le joint de pâte de charbon que l'on sèche à l'étuve. Le système est alors soudé dans une ampoule en verre que l'on recuit après la soudure. Le sommet de l'ampoule présente un tube, par lequel on la relie à une pompe à air destinée à commencer l'établissement du vide. Celui-ci est poussé aussi loin que possible à l'aide d'un appareil à mercure donnant le vide barométrique ; vers la fin de l'opération on établit un courant croissant à travers le filament.

565. — Support Westinghouse. — On a représenté dans les fig. 359 et 360 les détails du support à clef employé par M. Westinghouse. La lampe se termine par une douille saisie latéralement

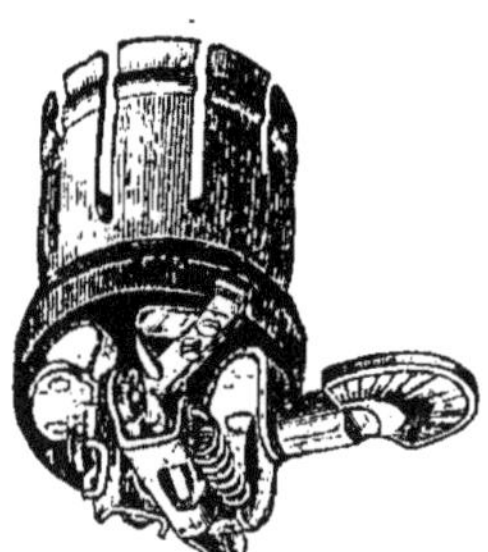

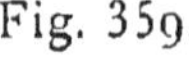

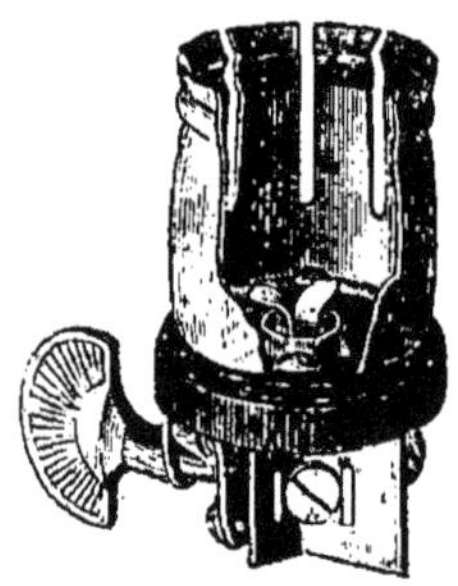

Fig. 359.   Fig. 360.

et retenue par l'épanouissement du support, tandis qu'un piton métallique, en relation avec une des extrémités du filament, pénètre entre deux lames de ressort destinées à assurer un bon contact. Une clef à excentrique permet de réunir deux autres lames représentées à la partie inférieure de la fig. 359. Les Américains font grand usage de ces clefs, analogues à celles des lampes à gaz, dans les éclairages privés. En Europe, on préfère, en général, employer un commutateur spécial pour une ou plusieurs lampes, et placé dans l'appartement à éclairer en un endroit d'un accès facile, près de la porte d'entrée, par exemple. Cette disposition exige un développement plus grand du circuit, mais elle est plus commode que la précédente. Le commutateur peut être rendu visible dans l'obscurité par un induit phosphorescent.

556. — **Monture Grivolas.** — Les fig. 361 à 363 indiquent les détails de la monture imaginée par M. Grivolas pour les lampes

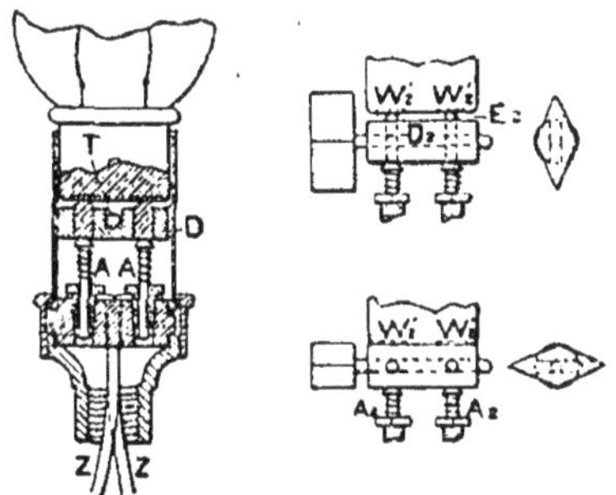

Fig. 361.   Fig. 362.   Fig. 363.

à incandescence. Les fils Z Z qui amènent le courant sont fixés à des pitons A A mobiles dans le sens vertical et sollicités vers le haut par des ressorts à boudin. La lampe, qui se fixe sur son support par un mouvement de bayonnette, porte, à la partie inférieure, deux contacts métalliques W'_2, reliés au filament. La fig. 361 montre, en dessous de ces contacts, un disque commutateur D, mobile autour d'un axe vertical, possédant deux tiges métalliques verticales qu'on peut, à l'aide d'une clef T, amener dans une position telle qu'elles font communiquer les pistons A avec les contacts W'_2. Les fig. 362 et 363 montrent une autre disposition. La clef D_2 est un cylindre en ébonite mobile autour d'un axe horizontal et traversé par deux goupilles susceptibles de relier le filament aux conducteurs amenant le courant. La fig. 362 indique la position de contact, la fig. 363, celle d'interruption.

Dans les supports sans clef, ces dispositifs sont supprimés et les contacts W'_2 appuient directement sur les pitons A_2.

557. — **Lampe Bernstein.** — M. Bernstein, l'un des promoteurs de l'alimentation des lampes à incandescence en série, emploie des filaments courts et peu résistants obtenus par la carbonisation de tubes en tissus de soie ou en pâte de charbon.

La forme tubulaire sert à accroître autant que possible la surface éclairante. Malgré cette disposition la grosseur du filament ne se prête pas à un rayonnement aussi considérable que dans les lampes précédentes. En outre, la perte de calorique par les supports du charbon réduit le rendement lumineux du système.

Le filament a, de forme rectiligne, est porté par des fils métalliques $b\ b'$ servant à amener le courant, fig. 364. Afin d'assurer la

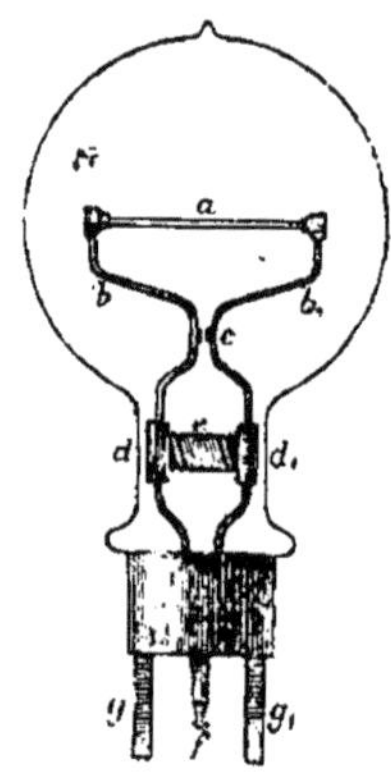

Fig. 364.

continuité du circuit des lampes, lorsque le filament vient à se briser, un ressort e, isolé des fils $b\ b'$, tend à rapprocher ceux-ci. Lors d'une rupture, le circuit se ferme aussitôt par le contact c.

Le support porte également un dispositif en vertu duquel un court-circuit se produit au moment où l'on retire la lampe pour la remplacer.

567bis. — Réparation des lampes à incandescence. Procédé Pauthonnier. — La durée limitée du filament des lampes à incandescence et le noircissement de l'ampoule par la volatilisation lente du charbon sont des inconvénients graves et tout procédé pratique tendant à y remédier mérite un sérieux examen. C'est à ce titre que nous indiquerons la méthode imaginée par M. Pauthonnier. L'expérience dira si la main d'œuvre du procédé est compatible avec le bas prix actuel des lampes à incandescence.

La lampe défectueuse est percée à la partie supérieure d'un orifice suffisant pour l'introduction d'un filament de rechange. Le filament à remplacer est coupé jusqu'à un millimètre environ des supports de platine. Les extrémités du brin nouveau sont amenées successivement contre les bouts restants et y sont soudées dans une atmosphère hydrocarburée par le procédé déjà décrit. Cela fait, on blanchit le globe à la flamme, de manière à lui rendre son éclat primitif, on y soude un ajutage par lequel on fait le vide et on termine l'opération comme avec une lampe neuve.

LAMPES A ARC VOLTAÏQUE.

568. — Phénomène de l'arc voltaïque. — Le courant qui traverse une lampe à incandescence doit être modéré dans la crainte de produire nne désagrégation rapide du filament, et l'intensité normale que l'on tolère est bien inférieure à celle qui produit le rendement lumineux maximum de la lampe, comme on le verra par les mesures photométriques. Pour atteindre tout l'effet lumineux dont le charbon est susceptible, il est nécessaire de sacrifier la matière en poussant l'incandescence jusqu'au degré de température où elle se volatilise rapidement.

C'est là le résultat obtenu dans l'arc voltaïque, produit pour la première fois par Davy dans les conditions suivantes. Ce savant relia les deux pôles d'une pile puissante à deux bâtons de charbon de bois en contact. En séparant progressivement les charbons, il constata que les pointes voisines produisaient une lumière éblouissante, et qu'elles étaient réunies par une flamme bleuâtre, courbée par le courant d'air chaud ascensionnel, à laquelle il donna pour cette raison le nom d'arc voltaïque.

Le charbon de bois se consumant rapidement, on l'a d'abord remplacé par du charbon taillé dans le dépôt qui se forme contre les parois des cornues à gaz pendant la distillation de la houille. Les crayons débités de cette manière sont très durs, mais ils ont une grande porosité et renferment des impuretés qui se volatilisent dans l'arc en le refroidissant et en produisant des vacillations et des changements de coloration dans la lumière. Actuellement, on emploie exclusivement du charbon artificiel.

569. — **Etude de l'arc voltaïque.** — L'arc voltaïque peut être considéré comme une étincelle électrique entretenue par la volatilisation du charbon qui produit entre les pointes voisines des crayons une atmosphère rendue conductrice par sa température excessive. Cette conductibilité permet de maintenir l'arc avec une tension de 35 à 45 volts entre les deux charbons, alors qu'il faudrait à l'électricité une tension énorme pour franchir un intervalle semblable dans l'air à la température ordinaire. Aussi est-il nécessaire de mettre les charbons en contact et de les écarter progressivement pour amener l'arc voltaïque à la longueur voulue.

Lorsque le phénomène se produit dans le vide, on constate un transport de matière dans le sens du courant supposé continu ; le charbon en relation avec le pôle positif du générateur se consume en se creusant, tandis que le charbon négatif se couvre d'une protubérance résultant de l'accumulation de la matière transportée. Toutefois le transport n'est pas unilatéral ; il y a également arrachement des particules du charbon négatif, ainsi qu'on peut s'en convaincre en employant un crayon négatif de composition différente de celle du crayon positif ; on retrouve des traces de la matière du crayon négatif sur le crayon positif. Cet effet peut s'expliquer par des oscillations électriques, § 195, dont l'arc est probablement le siège comme les étincelles électriques.

Lorsque l'arc est produit dans le vide ou dans un gaz inerte, on constate que du carbone est projeté contre les parois du récipient qu'il obscurcit rapidement. N'était cet effet, on trouverait avantage à développer l'arc dans un gaz neutre, afin de diminuer l'usure des charbons. Dans l'air, la vapeur de carbone est comburée à la surface du foyer et détermine une flamme bleuâtre qui entoure la masse gazeuse incandescente ainsi que les extrémités des charbons, et donne à la lumière sa teinte caractéristique, comparable à celle d'un clair de lune. Cet effet est cependant atténué par une atmosphère jaunâtre due au sodium des crayons. Lorsque ceux-ci renferment des hydrocarbures, on constate, en outre, des jets de flammes rougeâtres qui s'élèvent sous l'action du courant d'air et qui, en combinant leur couleur à celle de la flamme d'oxyde de carbone, donnent à l'arc un aspect violacé. Les extrémités des charbons, chauffées par le voisinage du foyer, sont brûlées latéralement par l'oxygène de l'air et affectent une forme tronconique d'autant plus marquée que les crayons sont moins denses ; toutefois, l'apparence des deux bouts n'est pas la même sous l'action d'un courant continu. Le charbon positif que l'on met généralement à la partie supérieure se creuse en forme de *cratère*, tandis que le crayon négatif prend une forme arrondie. Lorsque les crayons ont même diamètre et même composition, on constate que le charbon positif s'use environ deux fois plus vite que le charbon négatif.

L'observation montre que l'arc proprement dit est bien moins brillant que les extrémités des charbons et particulièrement le cratère du charbon positif, qui est le véritable foyer lumineux. Sur la somme de lumière fournie par l'arc, 10 pour 100 est due au crayon négatif et 5 pour 100 à l'arc lui-même. Le spectre de l'arc contient toutes les couleurs du spectre solaire ; il renferme de même les rayons ultra violets particulièrement propres aux réactions chimiques, entr'autres celles qui s'élaborent dans les tissus des végétaux pendant la croissance de ceux-ci et celles qui servent de base à la photographie.

Le spectre de l'arc est coupé de raies brillantes provenant particulièrement de la vapeur de carbone. M. Abney a reconnu que la composition spectrale du cratère est invariable quelle que soit la grandeur de l'arc et son intensité lumineuse totale. Cette observation tend à prouver que la température du cratère est invariable et qu'elle correspond au point de vaporisation du carbone. Cette remarque montre en même temps la raison pour laquelle toute matière étrangère contenue dans le charbon diminue la puissance lumineuse du foyer. Le carbone est, en effet, le corps qui possède le point de volatilisation le plus élevé; tout autre corps simple doit diminuer la température du foyer et, par suite, son éclat. Un corps composé est aussitôt dissocié dans l'arc et produit également un abaissement de température.

Le peu d'éclat de l'arc proprement dit, malgré sa température excessive que M. Rosetti a estimée à 4 800° C, tient au faible pouvoir émissif des vapeurs.

La pratique a montré qu'il est avantageux de placer les charbons verticalement dans le prolongement l'un de l'autre, le charbon

positif étant au dessus et pas trop rapproché du charbon négatif,
auquel on donne un diamètre plus faible. Le cratère qui forme le
foyer lumineux est ainsi mieux dégagé et peut envoyer ses rayons
latéralement vers le sol, sans que l'ombre portée par le charbon
négatif soit gênante. Lorsque les charbons sont trop rapprochés,
la différence de potentiel aux bornes diminue, le courant augmente, la lumière devient vacillante, l'arc produit un sifflement
particulier, et l'on constate que la pointe négative prend un éclat
inusité. Quand, au contraire, l'arc a sa longueur normale, il est
fixe et silencieux.

Dans le but d'éclairer des objets disposés au dessus du foyer, on
dispose parfois le charbon positif en dessous du négatif. L'arc a
alors une tendance à voyager autour des crayons.

570. — Résistance apparente de l'arc voltaïque. — La production de l'arc voltaïque exige que les charbons soient amenés à une
certaine différence de potentiel, environ 32 à 34 volts. A mesure
qu'on écarte les charbons pour allonger l'arc, la différence de
potentiel doit être accrue pour vaincre la résistance de la masse
gazeuse. Si l'on cesse de faire croître la tension avec l'écartement
des crayons, le foyer s'éteint. On peut toutefois interrompre le
courant pendant un dixième de seconde sans crainte d'extinction,
l'atmosphère gazeuse persistant entre les crayons pendant cet
intervalle de temps. Cette remarque montre la possibilité d'alimenter l'arc par des courants alternatifs, dont l'intensité passe
périodiquement par une valeur nulle.

La différence de potentiel e, nécessaire pour maintenir un foyer
à arc alimenté par un courant continu, peut être représentée par
une fonction linéaire de sa longueur. En supposant celle-ci
égale à l mm, on a

$$e = a + b\,l.$$

Le second terme du binome, dont le coefficient b varie entre 2
et 5 pour les arcs moyens, représente la perte de tension résultant
de la résistance propre de l'atmosphère incandescente. Le premier
terme a, dont la valeur est comprise entre 30 et 40 volts, a donné
lieu à des interprétations diverses. Edlung et un grand nombre
d'autres physiciens y voient la représentation d'une force contre-

électro-motrice dont le foyer serait le siège. Mais on n'a donné jusqu'à présent aucune preuve directe et probante de l'existence de celle-ci et il est difficile d'expliquer l'origine d'une différence de potentiel semblable, à moins que l'on n'admette que la force électro-motrice de contact entre les crayons et l'arc soit relativement considérable.

Beaucoup d'électriciens sont d'avis que le terme constant exprime une chute de potentiel simplement due à la résistance au passage entre l'arc et les extrémités des crayons. Ce terme est variable avec la section de l'arc; il se décompose en deux parties, l'une exprimant la chute de potentiel près du crayon positif, l'autre la chute de potentiel près du crayon négatif.

Avec des charbons de 12 mm de diamètre et un arc variant de 6 à 16 mm de longueur, M. Uppenborn a trouvé 38 volts pour la valeur de a. Il a mesuré la chute de potentiel entre les crayons et l'arc, à l'aide d'un voltmètre et d'une baguette de charbon auxiliaire taillée en pointe et placée dans l'arc successivement près des deux charbons. Il a trouvé 32,5 volts au crayon positif et 5,5 volts au crayon négatif.

Les deux coefficients a et b varient avec le diamètre des charbons, leur composition et l'intensité du courant.

M. S. Thompson attribue à la chaleur latente de vaporisation du carbone la chute de potentiel observée aux crayons, cette chute correspondant, d'après lui, au travail absorbé par le passage de l'état solide à l'état gazeux. Dans l'incertitude où l'on se trouve quant à l'existence d'une force contre-électro-motrice dans le foyer, on a désigné sous le nom de *résistance apparente* de ce dernier le rapport entre la différence de potentiel aux extrémités des charbons et l'intensité du courant.

Au point de vue de l'effet lumineux, il est avantageux d'employer des charbons aussi minces que possible. M. Schreihage a montré, qu'à intensité de courant et à différence de potentiel égales, la somme de lumière fournie par le foyer est sensiblement en raison inverse du diamètre des crayons, pour des crayons variant de 7 à 18 mm. Mais, dans le but de réduire l'usure et l'échauffement par le courant, il faut faire croître le diamètre des charbons avec le courant.

M. Vogel a reconnu que l'économie de l'éclairage par arc voltaïque augmente, jusqu'à une certaine limite, avec la longueur de ce dernier. Au-delà d'une longueur donnée, le cratère disparaît, l'arc voyage autour du crayon positif et la lumière devient instable.

Pour les courants variant de 4 à 25 ampères, on fait usage de charbons positifs ayant de 8 à 18 mm de diamètre. Dans le cas de foyers très puissants, on emploie des faisceaux de crayons ou des charbons cannelés. Le charbon négatif a toujours une section inférieure à celle du charbon positif.

Les arcs moyens mesurent de 4,5 à 5 mm de longueur, les charbons ayant respectivement 12 mm et 8 mm. L'intensité du courant est voisine de 8 ampères et la différence de potentiel de 42 volts. L'usure totale des crayons est alors de 4 à 5 cm à l'heure.

571. — Emploi des courants alternatifs. — Lorsque l'arc est alimenté par des courants alternatifs, les deux crayons sont le siège de phénomènes semblables et se taillent en pointe tous deux. Le charbon inférieur s'use légèrement moins que le charbon supérieur, par suite du courant d'air ascensionnel qui tend à consumer latéralement ce dernier. Les pointes des deux charbons sont également lumineuses, ce qui produit la même répartition de lumière vers le haut que vers le bas, contrairement à ce qui arrive avec les courants continus. Comme, en général, les objets à éclairer sont disposés sous le foyer, on est obligé de placer des réflecteurs au dessus des arcs à courants alternatifs. Ceux-ci n'exigent pas une différence de potentiel aussi forte que celle des arcs à courant continu. Tandis que ces derniers demandent en moyenne 40 à 44 volts, les premiers n'absorbent que 32 à 35 volts. Par contre, à intensité lumineuse égale, le courant doit avoir une intensité efficace plus grande avec les arcs alternatifs. Les variations des courants alternatifs font vibrer les crayons et amènent dans la lampe un bourdonnement assez désagréable dans les appartements. On arrive à diminuer le bruit par l'emploi de globes fermés.

572. — Fabrication des charbons artificiels. — Les charbons employés dans les lampes à arc doivent être compacts et homogènes. Dans ce but, on a suivi pendant longtemps le procédé employé par Carré et Gaudouin, et qui consiste à agglomérer du poussier de charbon de choix, graphite, coke de pétrole, de goudron, etc., au moyen de sirop de sucre, de gomme ou de tout autre agglutinant susceptible de laisser un dépôt charbonneux sous l'action de la chaleur en vase clos. La pâte est malaxée avec soin, puis passée à la filière sous une pression considérable, de manière à obtenir un cylindre de diamètre convenable que l'on découpe en crayons de 25 à 40 cm. Parfois les baguettes de charbon sont obtenues en emprisonnant la pâte dans des moules de forme cylindrique sous une pression considérable. Ce procédé fournit des produits plus denses, mais de section moins régulière.

Les baguettes de charbon sont desséchées avec soin à l'étuve sous une chaleur progressive, puis soumises à une carbonisation aussi complète que possible, afin d'éliminer de la pâte tous les produits hydrocarburés. Les charbons retirés du four sont poreux. Pour les rendre compacts, on les plonge dans une dissolution concentrée de sirop de sucre. La liqueur pénètre lentement dans la matière. Lorsque l'imbibition des charbons est suffisante, on les sèche, puis on les carbonise de nouveau en élevant graduellement la température pour ne pas déformer les cylindres. Cette opération est répétée jusqu'à ce que les crayons aient atteint une compacité suffisante. La pratique a montré que les charbons destinés aux lampes alimentées par une distribution en série doivent être moins durs que ceux destinés aux lampes alimentées en dérivation.

Les crayons destinés à former le pôle positif de l'arc sont généralement pourvus d'une mèche ou âme en pâte de charbon séchée et non cuite, de manière à conserver une légère proportion d'hydrocarbures. La volatilisation de ceux-ci augmente la conductibilité de l'atmosphère au centre de l'arc et contribue à maintenir ce dernier dans l'axe des crayons. Lors de l'allumage, les crayons à mèche produisent une flamme assez vive due à un brusque dégagement gazeux qui se tempère graduellement.

On recouvre parfois les crayons d'un dépôt de cuivre ou de nickel destiné à augmenter leur conductibilité (Reynier). Les crayons du commerce, de 11 à 15 millimètres de diamètre, ont une résistance variant de 0,45 à 0,6 ohm par mètre. Le charbon de cornue a une résistance 5 à 20 fois plus grande, tandis que le charbon artificiel cuivré n'a guère que 0,003 ohm par mètre.

Voici, d'après M. Pritchard, les détails d'un procédé dans lequel on applique le nourrissage des charbons. ([1])

Suivant ce fabricant, les charbons doivent avoir une dureté croissant progressivement du centre à la circonférence. Un charbon insuffisamment durci par les trempages et les recuits se taille en forme de cône allongé. Les champignons, qui se forment sur les crayons négatifs et qui amènent parfois ces derniers en contact avec les crayons positifs, sont dus à la silice. On les évite par une purification soigneuse des matières premières employées.

Les matières particulièrement utilisées sont le charbon de cornue, le noir de fumée et le graphite. Le premier est très impur, tandis que le second a un pouvoir absorbant considérable pour les gaz, dont l'expulsion amène des vacillations de l'arc. La substance que M. Pritchard considère comme la meilleure est le graphite feuilleté de Ceylan qui coûte 400 à 550 fr. la tonne et contient jusque 99,7 pour 100 de carbone.

Le graphite brut subit la préparation suivante pour éliminer la silice. On casse les rognons pour en retirer les fragments de quartz, puis on broie la matière de manière à obtenir une poudre impalpable. Cette dernière est additionnée de $1/18^e$ de son poids de chlorate de potasse et le tout est jeté dans une dissolution sulfurique à la densité de 1,8, la proportion du liquide étant 2 pour 1 de graphite. Le mélange est chauffé modérément jusqu'à ce que les dernières fumées d'acide chlorique se soient échappées; on laisse refroidir et on décante la liqueur. On ajoute alors une petite quantité de fluorure de silicium ; en mélangeant le tout, il se forme de l'acide fluorhydrique qui s'unit à la silice et donne de l'acide hydrofluosilicique, corps gazeux qui s'élimine dans l'atmosphère. Le produit obtenu est lavé, puis chauffé au rouge dans un creuset de graphite. Après refroidissement, on obtient une poudre impalpable formée de carbone à peu près pur. On mélange cette poudre avec 25 pour 100 de charbon de cornue préalablement purifié par un procédé analogue au précédent. Le mélange est additionné de caramel et d'eau en proportions suffisantes pour obtenir une pâte

-----

([1]) PRITCHARD, *Electrician*, 1890.

liante que l'on chauffe au four. La masse obtenue possède alors les qualités nécessaires pour la fabrication des charbons. Elle est pure et présente un grain fin qui permet de la comprimer sans occlure de gaz. Cette masse est broyée et passée au tamis très fin.

Pour agglomérer la poudre, M. Pritchard conseille le sucre pur et cristallisé. On chauffe 10 kg de sucre de canne dans une bassine pouvant en contenir quatre fois autant. On pousse la température graduellement jusque 210° C, de manière que le sucre fonde et prenne couleur sans déborder. Par précaution, on dispose des rails sur lesquels le récipient peut glisser lorsque la température s'élève trop vite. Lorsque la densité de 1,59 est atteinte, le sucre a perdu son eau de cristallisation et ne peut plus monter dans le récipient. Lorsque celui-ci est enlevé du feu, on y verse de l'eau chaude par petites quantités, afin de dissoudre le caramel. Le sirop obtenu est malaxé longuement avec la poudre de charbon dans un broyeur pour former la pâte destinée à la filière. La pression sous laquelle s'exécute le tréfilage n'est jamais inférieure à 120 atmosphères pour les charbons de 10 mm de diamètre et à 90 atmosphères pour les charbons de 14 mm.

La pâte est chargée dans une presse hydraulique dont le fond porte un orifice rétréci graduellement jusqu'au diamètre qu'on veut donner aux crayons. Lorsqu'on fabrique des crayons à mèche, on dispose une aiguille d'acier dans l'axe de l'orifice de sortie. Le boudin qui sort de la presse est coupé à la longueur choisie pour les crayons. Ceux-ci sont séchés d'abord dans les gorges de tôles ondulées et étamées. Il faut rejeter les crayons qui se courbent ou se fendent au séchage. La dessication est conduite graduellement dans des étuves à compartiments étagés de manière que la température passe en 4 jours de 50° à 105° C. On soumet ensuite les charbons à une cuisson progressive dans un four à gazogène, de manière à carboniser le caramel et à amener le charbon au rouge blanc en quatre jours.

Les crayons sont refroidis lentement, puis disposés verticalement dans des caisses métalliques et immergés pendant une demi-heure dans du sirop de sucre maintenu en ébulition. On les passe ensuite à l'eau chaude pour les laver, on les égoutte, on les sèche à l'étuve pendant 24 heures à la température de 105°, puis on les repasse au four. Cette opération se répète jusqu'à ce que les crayons rendent au choc un son métallique et qu'ils ne se laissent plus entamer par une lame d'acier. Il faut, en outre, qu'après avoir chauffé une des extrémités d'un crayon au rouge, celle-ci se refroidisse rapidement, ce qui indique une bonne conductibilité calorifique et électrique. La cendre du charbon doit être gris-bleuâtre. Une teinte rougeâtre indique un défaut de composition de la matière.

Les charbons à mèche employés spécialement pour les crayons positifs s'obtiennent en remplissant après la dernière cuisson les orifices ménagés dans les crayons par une pâte de graphite.

Actuellement les fabricants de crayons sont arrivés à d'excellents produits après une seule cuisson, ce qui permet de supprimer l'opération longue et coûteuse du nourrissage. Les matières servant à composer la pâte sont des cokes très purs que l'on agglomère par des goudrons débarrassés de toute matière alcaline ou terreuse. Les crayons sont tréfilés en deux fois sous une pression très élevée, de manière à obtenir une homogénéité et une compacité aussi grandes que possible. La cuisson est effectuée dans un four à gazogène à chambres séparées, dans lesquelles on peut faire varier la température par degrés pour volatiliser lentement les hydrocarbures et permettre à la matière de conserver sa compacité au refroidissement.

573. — **Division des lampes à arc voltaïque.** — Les lampes à arc se divisent en deux catégories, d'après la manière dont les pointes des charbons sont maintenues à distance constante, malgré l'usure par transport et par combustion.

1° Les *lampes à régulateur*, dans lesquelles les charbons sont rapprochés, au fur et à mesure qu'il se consument, par l'action d'un mécanisme spécial.

2° Les lampes à écartement fixe déterminé par une matière solide et isolante, maintenant les extrémités des charbons à une distance invariable. Les *bougies électriques*, dans lesquelles les charbons sont placés parallèlement et isolés l'un de l'autre, rentrent dans cette catégorie.

RÉGULATEURS A ARC VOLTAIQUE.

574. — **Conditions à réaliser.** — Les lampes à régulateur doivent réaliser les conditions suivantes :

1° Les charbons, d'abord au contact, s'écartent sous l'influence du courant à une distance déterminée et variable avec la puissance lumineuse à obtenir et l'intensité du courant de régime.

2° Lorsque les crayons s'usent, un mécanisme doit les rapprocher de manière à rétablir l'écartement normal ; si l'arc se rompt, les deux charbons sont ramenés au contact.

Afin de réaliser ces conditions, le régulateur comprend nécessairement :

1° Une force motrice tendant à ramener les charbons l'un vers l'autre. Le plus souvent l'effort moteur est le poids du charbon supérieur et de son support. Parfois, on a recours à des ressorts, voire même à de petits électro-moteurs.

2° Un mécanisme de séparation des charbons établissant l'écartement normal lorsque le courant passe. Ce mécanisme se réduit généralement à un électro-aimant traversé par le courant et qui attire un noyau ou une armature fixée à l'un des charbons, de manière à provoquer la séparation.

3° Un mécanisme de rappel de l'usure des crayons, qui se confond parfois avec le précédent et qui, d'autres fois, en est distinct. Si, par exemple, les charbons sont maintenus à une différence de potentiel constante, l'allongement de l'arc résultant de l'usure diminue l'intensité du courant et, par suite, l'action de l'électro-aimant commandant le mécanisme de rappel sur son noyau ou son armature, ce qui permet aux crayons de se rapprocher.

Il est désirable que l'un des deux mécanismes mentionnés ci-dessus soit à même d'écarter les charbons à une distance supérieure à la longueur normale, lorsque la résistance de l'arc vient à diminuer, par exemple lorsqu'un jet de gaz résulte de la décomposition d'hydrocarbures contenus dans les charbons. Ce réglage combat les variations d'éclat qui se produisent à cette occasion.

Les lampes à régulateur contiennent, en outre, certaines dispositions auxiliaires. Les mouvements des pièces mobiles sont souvent adoucis par des amortisseurs ou des freins. Lorsque de nombreuses lampes sont alimentées en série, un mécanisme particulier met les lampes en court-circuit, quand il s'y produit une extinction amenée, par exemple, par une rupture de crayons. Enfin, dans certaines lampes destinées à brûler pendant un laps de temps considérable, tel que 16 ou 20 heures, sans interruption, on évite l'emploi de charbons d'une longueur excessive en combinant deux paires de charbons, dont l'une est maintenue écartée jusqu'à ce que l'autre soit consumée. On arrive au même résultat par l'emploi de deux charbons plats de grande largeur, placés dans un même plan, dans le prolongement l'un de l'autre. L'arc jaillit entre les bords des charbons et se déplace de manière à réunir les parties les plus voisines de ceux-ci. On fait également usage de crayons multiples, formant des faisceaux plats et produisant un effet analogue au précédent. Ces combinaisons procurent une durée de fonctionnement très considérable, mais elles n'assurent pas la même fixité à la lumière que le dispositif ordinaire.

Pour simplifier le mécanisme, on fixe fréquemment le charbon inférieur d'une manière invariable. Le crayon supérieur se déplace seul au fur et à mesure de l'usure des charbons. Mais, dans ce système, l'arc descend progressivement et il n'est pas possible de faire usage de réflecteurs ni de projecteurs. Ceux-ci exigent que le point lumineux reste fixe et que les deux crayons soient mobiles, leur course étant réglée d'après leur usure respective.

Nous montrerons, d'après M. Pasqualini ([1]), le principe des organes de rappel de l'usure des charbons les plus employés.

La lumière émise par l'arc voltaïque dépend de sa longueur l, de l'intensité du courant i et de la différence de potentiel e des extrémités des crayons, et du diamètre de ceux-ci. Or, on a vu que, pour des charbons donnés et un courant d'intensité déterminée, on a la relation

$$e = a + b\,l,$$

où a et b sont des constantes.

Il en résulte qu'avec des charbons de diamètre déterminé, l'intensité lumineuse est une simple fonction de e et de i.

Les régulateurs peuvent avoir pour objet de maintenir constante une de ces deux quantités ou une fonction de celles-ci.

([1]) *La Lumière Électrique*, t. 34, page 312.

575. — Régulateurs à courant constant. — Ainsi les premiers régulateurs employés étaient à courant constant. Le schéma, fig. 365, montre le principe d'un tel appareil, dans lequel le charbon inférieur est supposé fixe. Le poids du charbon supérieur et de son

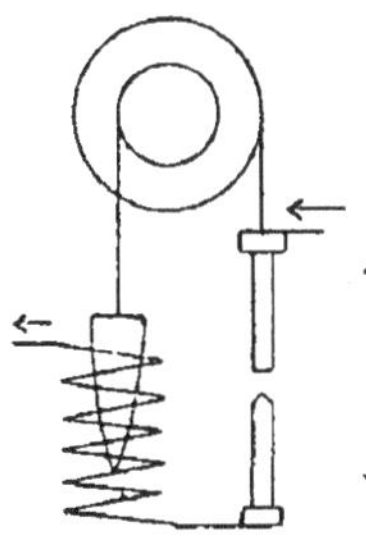

Fig 365.

porte-charbon sert de moteur pour rapprocher les crayons. Ce poids est partiellement équilibré par un noyau susceptible d'être attiré par un solénoïde en série avec les crayons. Les efforts sont transmis par des cordelettes à des poulies figurées au croquis.

Au moment de l'envoi du courant, le noyau est attiré et les charbons s'écartent ; l'équilibre est obtenu lorsque l'attraction magnétique compense la différence p entre le poids moteur et celui du noyau.

Le noyau est tellement proportionné que, sous un courant constant et dans les limites de course prévues, l'attraction est invariable, quelle que soit la position du noyau dans le solénoïde. On a vu, au § 155, que cette condition est réalisée dans des limites assez étendues avec des noyaux à section décroissante. Dans cette hypothèse, en appelant n le nombre de spires et k une constante, la condition d'équilibre est

$$k\, ni = p\,,$$

d'où l'équation du régulateur

$$i = C^{te}.$$

Afin que la force attractive reste bien constante, on est amené à limiter autant que possible la course du noyau en employant des poulies de diamètres différents, comme l'indique la figure.

Dans certains appareils, l'électro-aimant régulateur n'agit pas directement sur le porte-charbon supérieur. Celui-ci est sollicité par un mécanisme, dont le fonctionnement est arrêté par l'armature de l'électro-aimant. Dans ce système, que l'on peut appeler *à déclic*, par opposition au système *à action directe*, l'électro-aimant a pour effet de vaincre la résistance d'un ressort qui s'oppose au mouvement de l'armature. En appelant f l'effort résistant du ressort, l'équation du régulateur devient

$$k\,ni = f.$$

Le système à déclic n'a pas une action continue, comme le système à action directe. Il ne fonctionne que lorsque le courant dépasse des limites déterminées.

576. — Régulateur à potentiel constant. — Dans une seconde classe d'appareils, dont une disposition théorique est indiquée dans la fig. 366, le rappel de l'usure est effectué par un solénoïde régulateur en dérivation par rapport aux crayons, le poids du noyau étant ici plus grand que le poids du porte-charbon supérieur.

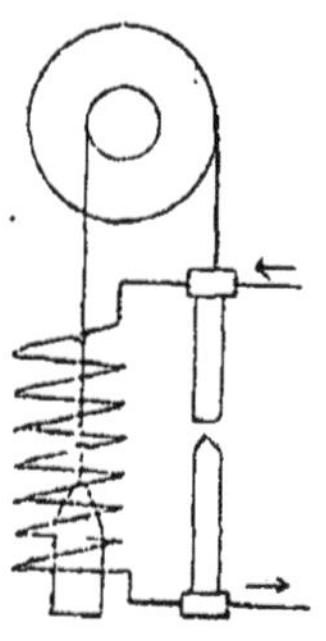

Fig. 366.

Un mécanisme spécial, non indiqué dans le dessin, a pour effet de maintenir les charbons au contact lorsque le courant est nul. Lorsque le courant passe, l'écart normal est déterminé par l'équilibre entre le poids p et l'attraction magnétique du solénoïde. En appelant n' le nombre de spires du solénoïde, r' sa résistance et i' l'intensité du courant qui le traverse, on a

$$k'\,n'\,i' = p.$$

Mais comme

$$i = \frac{c}{r'},$$

$$k'\, n'\, \frac{c}{r'} = p.$$

La seule variable de l'équation précédente étant e, la formule du régulateur est

$$e = C^{te}$$

d'où le nom de *régulateurs à potentiel constant* donné à cette classe d'appareils.

Généralement dans ces régulateurs, le charbon supérieur est retenu par un déclic commandé par le solénoïde, et l'écart des charbons est produit par un électro-aimant en série qui déplace le charbon inférieur lors de la fermeture du circuit. Lorsque l'arc s'allonge, il arrive un moment où le déplacement du noyau du solénoïde est suffisant pour agir sur le déclic et le charbon supérieur redescend par son poids, jusqu'à ce que l'arc normal soit rétabli.

577. — **Régulateurs différentiels.** — Dans une troisième classe d'appareils, les deux mécanismes précédents sont combinés. Un

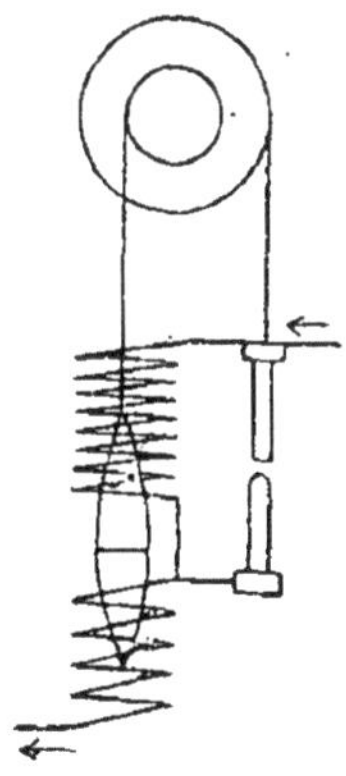

Fig. 367.

double noyau équilibre exactement le poids du crayon supérieur et de son support et pénètre à la fois dans deux solénoïdes dont l'un est en dérivation et l'autre en série par rapport aux crayons. Au moment de la fermeture du circuit, le courant principal est très intense, l'action du solénoïde inférieur prédomine, les crayons s'écartent et l'arc jaillit. L'écartement normal est réglé par la condition

$$kn\,(i + i') = k'\,n'\,i',$$

d'où

$$\frac{e}{i} = \frac{k\,n\,r'}{k'\,n' - k\,n} = C^{te}.$$

Dans ce système, le rapport de la différence de potentiel à l'intensité du courant, c'est à dire la résistance apparente de l'arc, reste constant. Ces régulateurs sont dits *différentiels* ou à *résistance constante*. Ils sont les plus sensibles aux variations des facteurs électriques e, i, par le fait même qu'ils obéissent à une action différentielle.

Ces combinaisons s'appliquent aux courants alternatifs, en ayant soin de donner aux électro-aimants des noyaux lamellaires ou filiformes destinés à diminuer les courants de Foucault.

578. — Alimentation des régulateurs. Résistance additionnelle. — Examinons le cas où les régulateurs sont alimentés en dérivation. On est alors obligé d'ajouter en série avec chaque lampe une *résistance additionnelle*, car les crayons ayant une résistance faible, le générateur électrique serait mis en court-circuit au moment de l'allumage et chaque fois que les charbons reviennent au contact, ce qui occasionnerait des chocs au moteur et des variations dans les autres lampes placées en dérivation. Il est d'ailleurs évident qu'à défaut de cette résistance, un régulateur à potentiel constant ne pourrait fonctionner dans une distribution à tension invariable, car le mécanisme de rappel de l'usure des charbons, étant basé sur les variations mêmes du potentiel, serait sans action.

Les résistances additionnelles se composent d'hélices en métal, disposées à l'air libre et soutenues par des isolateurs dans des chassis métalliques.

On utilise parfois des boudins de fil de fer mince, enroulés sur des tubes à gaz avec interposition de mica. Ce fil s'échauffe fortement lorsque les charbons de la lampe viennent accidentellement en contact et la résistance additionnelle augmente avec la température, ce qui évite que le courant n'atteigne une intensité trop élevée.

Avec les courants alternatifs on fait usage de bobines à réaction, § 416, qui entraînent une perte d'énergie plus faible que les résistances sans self-induction.

On compte généralement qu'une différence de potentiel d'au moins 55 volts est nécessaire pour alimenter des lampes disposées en dérivation absorbant 8 à 10 ampères. La chute de tension entre les crayons est de 41 à 42 volts ; les crayons ayant 25 à 30 cm de longueur absorbent 3 volts ; l'électro-aimant disposé éventuellement en série a une résistance de 0,05 à 0,2 ohm et dépense, avec la résistance additionnelle, la dizaine de volts restante. Les électro-aimants en dérivation reçoivent une résistance variant de 200 à 500 ohms.

Quand on alimente, par un générateur peu puissant et une distribution en dérivation, des lampes à incandescence en même temps que des lampes à arc, il faut craindre que ces dernières n'occasionnent des variations considérables dans les lampes à incandescence. On est alors obligé d'adopter une tension de distribution d'au moins 65 volts et de perdre 20 volts environ dans la résistance additionnelle, ce qui amène un déchet de près d'un tiers dans l'utilisation de l'énergie électrique.

Avec les courants alternatifs la différence de potentiel aux crayons est réduite, et l'emploi des bobines à réaction permet de restreindre la tension de distribution à 45 ou 50 volts.

On évite la perte occasionnée par les résistances additionnelles en mettant plusieurs arcs en série sur une distribution à tension constante. Avec une distribution à 110 volts, on alimente aisément deux arcs en série en employant une résistance additionnelle réduite. Lorsque le nombre des lampes dépasse 5 ou 6, on supprime la résistance, les lampes se régularisant mutuellement.

Les régulateurs à courant constant ne peuvent toutefois être associés en série dans une distribution à potentiel constant, car il est alors impossible de maintenir les arcs au même écartement dans les divers appareils. Le courant qui règle les foyers conserve, en effet, une valeur invariable lorsque la résistance totale des arcs est invariable. Or, cette condition peut être satisfaite avec des arcs inégaux, pourvu que l'excès de résistance des uns compense le défaut de résistance des autres. Cette raison a fait abandonner à peu près complètement les régulateurs à courant constant.

M. De Puydt explique de la manière suivante la nécessité d'une résistance additionnelle à la suite d'un foyer intercalé dans une distribution à potentiel constant.

Comme le mécanisme d'un régulateur ne possède pas une sensibilité indéfinie, il est indispensable que l'arc puisse se maintenir lors d'une variation faible du courant d'alimentation. Or, à écartement constant, la résistance apparente d'un arc augmente plus vite que le courant ne diminue et inversement ; en sorte que tout affaiblissement du courant entraîne une augmentation de la différence de potentiel aux charbons et réciproquement. Ainsi, dans un arc de 4,5 mm, fonctionnant avec un courant de 20 ampères et une différence de potentiel aux crayons de 46 volts, une diminution de courant de 2 ampères amène un accroissement de tension aux charbons de 1 volt. Il est donc nécessaire que la chute de tension dans la résistance additionnelle diminue d'une quantité équivalente pour donner à l'arc la différence de potentiel qu'il exige.

En appelant r la résistance additionnelle, on a la condition

$$2\,r = 1 \qquad \text{d'où} \qquad r = \tfrac{1}{2}\ \text{ohm.}$$

La chute de tension totale avec le courant normal de 20 ampères est alors de 10 volts.

En vue d'économiser les conducteurs, on dispose souvent un grand nombre d'arcs en série en les alimentant par un générateur à courant invariable. Il est évident que, dans un cas semblable, les régulateurs à courant constant sont sans effet et qu'il faut recourir aux systèmes à potentiel constant ou à résistance invariable.

Les systèmes de régulateurs sont excessivement nombreux. Nous ne décrirons que quelques types à titre d'application des principes précédents.

579. — Régulateur Jaspar. — Le régulateur Jaspar appartient au type des régulateurs à courant constant. Les deux porte-charbons t et t' se déplacent dans des glissières et leurs mouvements sont rendus solidaires grâce à des cordelettes qui sont fixées, d'une part, à l'extrémité de ces porte-charbons, et, de l'autre, à deux poulies R, calées sur le même axe. Les diamètres des deux poulies sont dans le rapport de 2 à 1, de sorte que, lorsque l'axe tourne, le charbon supérieur se déplace d'une longueur double de celle parcourue par le charbon inférieur. De cette manière, on parvient à rendre fixe le foyer lumineux lorsqu'il est alimenté par un courant continu.

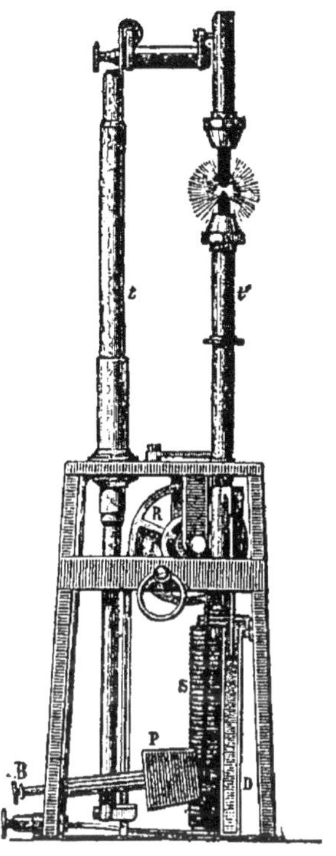

Fig. 368.

Le poids du porte-charbon supérieur détermine le rapprochement des charbons. Ce poids est partiellement équilibré par celui du porte-charbon inférieur et d'un contre-poids P, relié à l'axe des poulies par une cordelette et mobile sur son bras de levier; on règle l'effort moteur d'après l'intensité du courant. Celui-ci arrive au charbon supérieur par la glissière en contact avec le porte-charbon; il descend par le crayon inférieur dans une cataracte à mercure D, qui a pour effet d'adoucir les mouvements du mécanisme; enfin, il sort de l'appareil après avoir traversé un solénoïde à gros fil S. Le porte-charbon t' est terminé par un cylindre de fer plongeant en partie dans le solénoïde. Lorsque le courant est établi en réunissant la lampe et sa résistance additionnelle à un générateur à différence de potentiel constante, le cylindre est attiré et l'arc jaillit entre les charbons ; à mesure que ceux-ci s'écartent, l'intensité du courant et, par conséquent, l'attraction qu'exerce le solénoïde sur le porte-charbon inférieur, diminuent ; il en est ainsi jusqu'au moment où cette attraction fait équilibre au poids moteur. Lorsque l'arc s'allonge par suite de l'usure des charbons, le poids moteur rapproche ces derniers jusqu'à ce que l'intensité du courant ait repris sa valeur de régime.

L'attraction du noyau par le solénoïde varie avec sa position dans celui-ci. On pourrait régulariser cette action par l'adoption de noyaux coniques, § 155. D'un autre côté, le charbon supérieur se consume plus rapidement que l'autre, en sorte que la force motrice varie légèrement. Afin de corriger ces écarts des deux forces antagonistes, M. Jaspar a placé, excentriquement par rapport à l'axe des poulies, un contrepoids r, dont le bras de levier varie avec la position des poulies, de manière à compenser à chaque instant les variations susdites. Le haut du porte-charbon supérieur porte des genouillères mobiles qui permettent de disposer les crayons exactement l'un dans le prolongement de l'autre. Avec des charbons bien droits, tenus dans des griffes solides et convenablement dressées, cette disposition est inutile. On a vu, au § 578, la raison pour laquelle les régulateurs de ce système sont abandonnés.

580. — Régulateur Gramme. — Cette lampe appartient à la classe des régulateurs à potentiel constant. Le crayon inférieur, porté par les tringles E E, est sollicité, d'une part, par les ressorts R R, de l'autre, par un électro-aimant en série A A, dans lequel plongent des noyaux fixés à une traverse C. Cet électro-aimant provoque l'écart normal des charbons au moment de la fermeture du circuit de la lampe. L'arc produit, le porte-charbon inférieur reste fixe. Le mécanisme de rappel de l'usure est mû par le poids de la crémaillère D, agissant sur une série de rouages dont le dernier est une roue étoilée, arrêtée par un encliquetage S. Le doigt de l'encliquetage est suspendu au levier L, sur lequel est fixée l'armature I de l'électro-aimant en dérivation B. Lorsque l'armature rappelée par un ressort U s'abaisse sous l'effet d'un accroissement de différence de potentiel dû à l'usure des charbons,

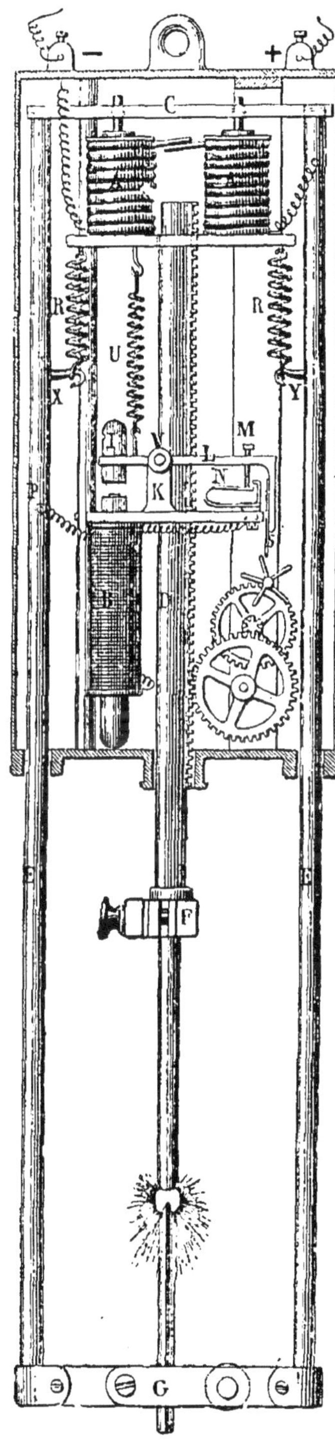

Fig. 369.

le rouage est débrayé et le porte-charbon supérieur descend.

Pour éviter un rapprochement trop brusque et trop considérable, on a recours à l'artifice suivant. Le doigt d'encliquetage, en se retirant pour dégager la roue étoilée, brise le circuit de la bobine en dérivation au contact de la vis M et de la lame N. Il s'ensuit que l'armature I se relève immédiatement et que la roue étoilée ne peut tourner que d'une dent, ce qui correspond à un déplacement très faible du charbon supérieur. Mais le relèvement de l'armature rétablit le courant comme dans les sonneries trembleuses et les mêmes actions se répètent tant que l'arc n'a pas repris sa longueur normale. Par ces dispositions, le mouvement de réglage se produit à des intervalles réguliers et par quantités insensibles, conditions indispensables pour obtenir une lumière fixe.

581. — Lampe Brush. — La lampe Brush appartient à la classe des régulateurs différentiels. Le porte-charbon inférieur est fixe. Le porte-charbon supérieur mobile tend à descendre par son poids contre le précédent. Il est engagé dans une bague A, saisie latéralement par une fourchette F portée par l'armature de l'électro-aimant régulateur E ; celui-ci comprend une bobine à gros fil en série et une bobine à fil fin en dérivation, agissant en sens contraire de la première. Quand le courant est envoyé dans la lampe, l'action prépondérante de l'enroulement à gros fil attire l'armature vers le haut. La griffe F soulève obliquement la bague qui coince le porte-

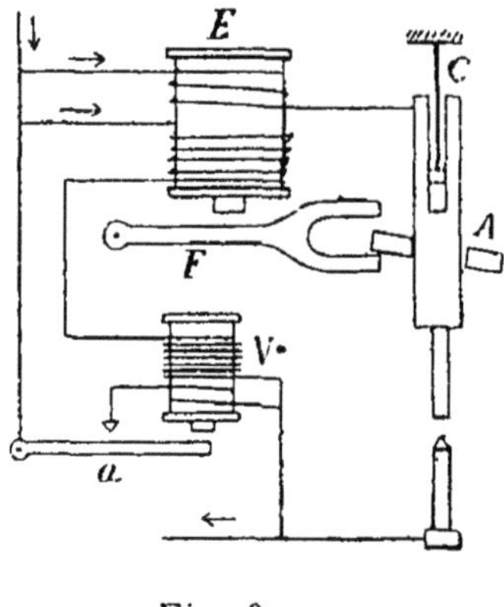

Fig. 370.

charbon supérieur et l'entraîne dans son mouvement ascensionnel. Le déplacement a lieu jusqu'à ce que l'action croissante du courant dérivé fasse équilibre à celle du courant principal, lequel diminue à mesure que les charbons s'éloignent; ceux-ci atteignent ainsi l'écartement normal.

Lorsqu'ils s'usent, l'armature retombe progressivement par l'effet de son poids. La bague se place horizontalement et le porte-charbon supérieur descend avec une vitesse modérée par une cata-racte à glycérine C. Mais, par le fait, le courant principal s'accroît, la fourchette est soulevée et la bague arrête de nouveau le charbon supérieur.

Lorsque la lampe doit rester allumée pendant plus de 8 heures, elle est pourvue de deux paires de charbons. L'armature porte deux fourchettes à des hauteurs différentes; par suite, lorsqu'on lance le courant, l'une des bagues est soulevée avant l'autre, de sorte que l'une des paires de charbons s'écarte davantage que les crayons voisins. L'arc jaillit entre les deux charbons les plus rapprochés et persiste jusqu'à ce qu'ils soient arrêtés par suite d'une usure com-plète. Le crayon supérieur de la paire de charbons voisine peut alors descendre et l'arc se produit entre les nouveaux charbons.

La lampe, particulièrement destinée à fonctionner à l'aide du système de distribution en série, est pourvue d'un veilleur ou appareil destiné à produire la mise en court-circuit, lorsqu'un accident, tel que le bris des charbons, se produit dans l'appareil. Dans ce but, un électro-aimant V est pourvu de deux enroulements dont les actions s'ajoutent sur une armature. Une bobine à fil fin est placée à la suite de la bobine dérivée de l'électro-aimant E. Une bobine à gros fil aboutit au buttoir de l'armature et peut mettre la lampe en court-circuit lorsque l'armature est attirée contre ce buttoir de contact. Quand la lampe fonctionne normalement, le courant dérivé qui passe dans le fil fin de l'électro-aimant V est trop faible pour provoquer l'attraction de l'armature. Mais si l'arc est interrompu, le courant augmente et l'armature est soulevée. Un courant direct passe alors dans le gros fil et la lampe est mise en court-circuit. Lorsque le contact des charbons se rétablit, le courant diminue assez dans le gros fil de l'électro-aimant V pour que l'armature retombe et permette à l'électro-aimant E d'entrer en action pour rétablir l'arc.

582. — Lampe différentielle Pieper. — La lampe Pieper est représentée dans les fig. 371 et 372. Les deux charbons se déplacent de manière à obtenir un foyer lumineux immobile. Ils sont fixés à des noyaux de fer latéraux qui soutiennent les porte-charbons et sont supportés par une corde enroulée autour d'une poulie.

Un électro-aimant différentiel porte deux épanouissements polaires en équerre, traversés par les noyaux mobiles qui complètent le circuit magnétique. Lorsque les ampères-tours des deux enroulements agissant en sens inverses sont égaux, le champ développé par l'électro-aimant est nul. Suivant que les ampères-tours en série ou les ampères-tours en dérivation prédominent, il se produit un champ dont les lignes de force vont de haut en bas ou de bas en haut dans les noyaux latéraux.

Les noyaux portent eux-mêmes des enroulements, cachés dans la fig. 371 par des gaines métalliques et qui sont par moitiés dextrorsum et sinistrorsum de manière à produire des pôles conséquents de noms contraires au milieu des noyaux. L'enroulement de l'un des noyaux est parcouru par le courant principal, celui de l'autre par le courant dérivé. La réaction des pôles de l'électro-aimant central sur les pôles conséquents tend à faire tourner la poulie dans le sens des aiguilles d'une montre, lorsque le courant principal a une action prépondérante, et en sens inverse dans le cas contraire. Les actions électro-magnétiques produisent d'ailleurs, dans les deux noyaux, des effets concourants, comme c'est le cas

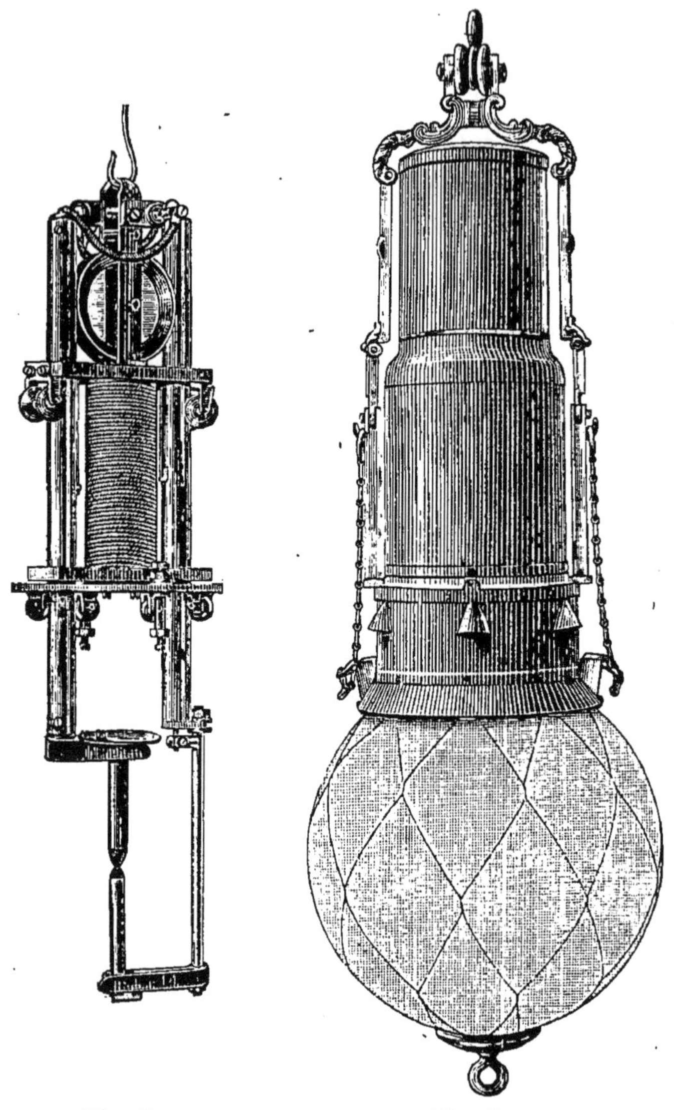

Fig. 371.   Fig. 372.

dans les deux moitiés d'un induit annulaire. La course des noyaux est limitée au déplacement, entre les pièces polaires, des pôles conséquents.

Au début du fonctionnement, si les charbons sont au contact, le courant principal exerce, dans l'électro-aimant principal, une action prédominante et les noyaux se déplacent de manière à écarter les crayons. Le mouvement persiste jusqu'à ce que l'électro-aimant revienne à l'état neutre. Si, au contraire, les charbons sont écartés au début, c'est le courant dérivé qui agit seul et déplace les noyaux jusqu'à amener les crayons en contact. Ce résultat atteint, les charbons s'écartent graduellement sous l'effet du courant principal jusqu'à l'obtention de l'arc normal.

Les noyaux et leurs enroulements sont garnis de tubes guidés entre des galets. Comme on le voit, la lampe ne contient aucune pièce susceptible de se dérégler.

La fig. 372, représentant la lampe garnie, montre le système d'attache du globe. Celui-ci est porté par des chaînettes latérales qui s'accrochent vers le milieu de la boîte entourant le mécanisme. Pour renouveler les charbons, on décroche les deux chaînettes, qui glissent dans des œillets fixés à la boîte de la lampe, jusqu'à ce que les anneaux qui les terminent soient arrêtés à ces œillets. Les porte-crayons sont alors à découvert. La lampe est fixée à sa boîte par l'intermédiaire de plateaux en verre, de sorte que les pièces métalliques extérieures sont isolées du circuit.

LAMPES A ARC SANS MÉCANISMES.

583. — **Bougies Jablochkoff.** — Dans ces lampes, les charbons, recouverts d'un dépôt de cuivre qui augmente leur conductibilité, sont disposés parallèlement à 3 millimètres de distance et isolés par une cloison formée de plâtre et de baryte (fig. 373). Les charbons, dont le diamètre est d'environ 4 millimètres ét la hauteur 30 cm, sont munis inférieurement de gaines métalliques séparées par une pâte solide argileuse et se disposent entre des machoires B C, réunies aux conducteurs électriques, fig. 374. A la partie supérieure, les crayons sont réunis par un enduit charbonneux afin de provoquer l'allumage. L'arc qui jaillit au sommet des charbons volatilise la séparation isolante au fur et à mesure de l'usure des crayons, et conserve une longueur constante, à la condition d'employer des courants alternatifs qui consument également les deux charbons.

On a donné à cette lampe le nom de *bougie électrique.* Les crayons de 3o cm ne brûlent que deux heures; il est donc nécessaire de disposer plusieurs bougies dans un socle ou chandelier, tel que celui que représente la fig. 374 et de les allumer successivement à l'aide d'un commutateur.

Fig. 374.

La bougie Jablochkoff, grâce à la simplicité de son fonctionnement, a grandement favorisé le développement de l'éclairage électrique, parce qu'au début les régulateurs paraissaient compliqués et qu'on ignorait les moyens de les alimenter par groupes à l'aide d'une seule machine. Mais la bougie présente des inconvénients sérieux. Son rendement lumineux est moindre que celui des lampes à régulateurs, probablement par suite du refroidissement de l'arc amené par la vaporisation de l'isolant. Ce dernier provoque, en outre, des changements dans la coloration de la lumière et des vacillations, par suite des impuretés qu'il contient. La nécessité de recourir exclusivement aux courants alternatifs est une cause d'infériorité pour la lampe Jablochkoff, dont les charbons spéciaux sont, en outre, plus coûteux que ceux des régulateurs.

Lorsqu'une bougie s'éteint, elle ne se rallume pas

Fig. 3₇3.

spontanément, et il est nécessaire de diriger le courant dans une autre bougie. La même manœuvre doit être faite toutes les deux heures, lorsqu'une bougie est usée. Des dispositifs ont été brevetés, entr'autres par M. Jablochkoff et M. Clariot, dans le but de provoquer automatiquement le rallumage et la commutation du courant, mais ces moyens ôtent à la lampe sa simplicité, qui constitue son principal avantage.

584. — **Lampe soleil.** — Dans cette lampe, inventée par MM. Clerc et Bureau, la chaleur dégagée par l'arc voltaïque est employée à porter à l'incandescence un bloc de calcaire représenté en perspective dans la fig. 375. Le fond du bloc est creusé en

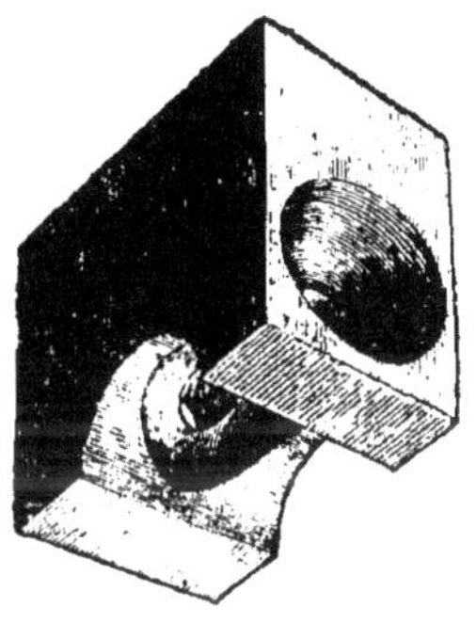

Fig. 375.

cuvette, et deux des faces latérales opposées sont percées de trous, dans lesquels pénètrent les extrémités des charbons poussés par des ressorts. L'un des crayons est creux et peut être traversé par une baguette de charbon qu'on pousse contre le crayon voisin, puis qu'on retire de façon à provoquer l'allumage de l'arc. Le fond de la cuvette est porté peu à peu à l'incandescence et transformé en chaux vive.

On remarquera que les pointes des charbons, qui constituent la partie la plus lumineuse d'une lampe à arc, sont dissimulées. L'éclat est dû presqu'entièrement à la chaux, dont la lumière chaude convient très bien pour certaines applications spéciales. La réserve de chaleur absorbée par la masse de chaux dissimule les varia-·ions de l'arc et donne à la lampe une grande fixité.

Les charbons, protégés par le bloc calcaire contre le courant d'air, s'usent beaucoup moins que dans les lampes ordinaires et peuvent être de qualité inférieure. Par contre, il faut remplacer le bloc chaque fois que la lampe a cessé de fonctionner, car la chaux se délite rapidement à l'air. Il convient d'alimenter la lampe soleil par des courants alternatifs qui produisent une usure symétrique des deux charbons et des parois de séparation.

Le rendement lumineux est inférieur à celui des régulateurs, par suite de l'occlusion des pointes des crayons et de l'ombre portée par le bloc qui projette toute la lumière d'un seul côté et oblige à placer les lampes très haut.

LAMPES A INCANDESCENCE A L'AIR LIBRE.

585. — Ces lampes, étudiées par MM. Reynier, Werdermann et Pieper, comportent une baguette de charbon en contact avec un bloc métallique, le point de contact étant traversé par un courant énergique. La pointe des crayons est ainsi portée à l'incandescence et se volatilise. Le poids des crayons ou un contrepoids rapproche les pièces en contact au fur et à mesure de l'usure du charbon.

Dans la lampe Pieper, la baguette est cannelée et porte sur deux disques de cuivre servant à l'entrée et à la sortie du courant.

La lumière de ces lampes est plus chaude que celle de l'arc et sa fixité est comparable à celle des meilleurs régulateurs. Ces lampes absorbent un courant intense et une faible différence de potentiel, 25 à 30 ampères et 6 à 8 volts. Cette circonstance est peu avantageuse au point de vue de l'utilisation des conducteurs, à moins qu'on n'emploie une distribution en série. Le rendement lumineux du système est intermédiaire entre celui des lampes à arc et celui des lampes à incandescence dans le vide; mais ces dernières ont l'avantage sur les lampes à incandescence à l'air libre d'être exemptes du renouvellement journalier des charbons.

PHOTOMÉTRIE.

586. — Principes de la photométrie. — Si l'on suppose qu'une source lumineuse, réduite à un point, est située au centre d'une sphère creuse de rayon R, la *quantité de lumière* Q développée tombe uniformément sur la surface sphérique. La quantité de lumière reçue par unité de surface, appelée *éclairement* de la sphère, est

$$e = \frac{Q}{4\,\pi\,R^2}.$$

La quantité de lumière, qui traverse un angle solide convergent vers le foyer et égal à l'unité, est $\dfrac{Q}{4\,\pi}$. Cette valeur, que nous désignerons par I, est constante pour une source lumineuse punctiforme et s'appelle l'*intensité lumineuse* de la source.

Si le rayon de la sphère était R′, la quantité de lumière par unité de surface deviendrait

$$e' = \frac{Q}{4\,\pi\,R'^2} = \frac{I}{R'^2}$$

d'où

$$\frac{e}{e'} = \frac{R'^2}{R^2}.$$

L'éclairement est inversement proportionnel au carré du rayon de la sphère.

On reconnaît dans ces notations une analogie de forme avec les notations employées dans l'étude des forces centrales (voir introduction). Cette analogie peut être d'un certain secours pour aider à retenir les définitions précédentes.

Si un faisceau lumineux, comparable à un flux de force, traverse un cône élémentaire divergent de la source, la quantité de lumière est constante en toute section du cône. L'éclairement d'une section normale au rayon à une distance r est

$$e = \frac{I}{r^2}. \qquad (1)$$

L'éclairement d'une section oblique faisant un angle α avec la section normale (angle d'incidence) est

$$e' = \frac{I \cos \alpha}{r^2}. \qquad (2)$$

En appelant $d\sigma$ la surface de la section, la quantité totale de lumière qui frappe celle-ci est

$$d q = \frac{I \, d\sigma \cos \alpha}{r^2}. \qquad (3)$$

La quantité totale de lumière qui frappe une section quelconque sera de la forme

$$q = I \int \frac{d\sigma \cos \alpha}{r^2}.$$

Les sources lumineuses usuelles ne sont pas punctiformes et l'on définit sous le nom d'*éclat* d'un foyer la quantité de lumière émise normalement par unité de surface. Ainsi, en désignant par q la quantité totale de lumière émise par une paroi lumineuse uniforme de surface s, l'éclat est

$$\varepsilon = \frac{q}{s}. \qquad (4)$$

Si l'on considère une paroi lumineuse dans une direction oblique, la quantité de lumière reçue est moindre que si le rayon était normal à la paroi. M. Lambert a montré que la quantité de lumière émise, par unité de surface d'une paroi, dans une direction faisant un angle β avec la direction normale, est $\varepsilon \cos \beta$.

C'est pourquoi un globe lumineux paraît uniformément éclairé, la quantité de lumière émise par chaque élément du globe étant la même que celle qui serait émise par la projection de l'élément normale au rayon visuel. Un peu de réflexion montre qu'il n'existe aucune différence essentielle entre la notion d'éclat et celle d'éclairement. Dans les deux cas, on est en présence d'une quantité de lumière par unité de surface ; on peut dire que l'éclairement est l'éclat d'un objet devenu lumineux par réflexion ou par transparence.

La lumière étant un phénomène essentiellement subjectif ne se mesure que par son impression sur la rétine. Les effets calorifiques et chimiques des rayons lumineux permettent de mesurer l'énergie relative de ces rayons, mais non leur aptitude à l'éclairement des surfaces, qui constitue le but des sources lumineuses.

La photométrie a pour objet la détermination de l'intensité lumineuse d'un foyer, en fonction de celle d'un autre foyer pris pour étalon. L'œil juge très-mal du rapport de deux éclats ou de deux éclairements. Comme l'a montré Fechner, l'intensité de la sensation croît non pas proportionnellement à l'excitation, mais au logarithme de celle-ci. Il en résulte que l'on ne peut espérer arriver à quelque exactitude dans les mesures qu'en ramenant l'opération à la constatation de l'égalité de deux éclairements. Le plus souvent on éclaire deux écrans semblables, sous des incidences égales, par les deux sources à comparer et l'on modifie les distances de celles-ci. de manière que les éclairements obtenus paraissent identiques. En vertu des relations précédentes, le rapport des intensités lumineuses des foyers est égal au carré du rapport des distances correspondantes.

Comme, en général, les distances des sources lumineuses aux écrans sont grandes relativement aux dimensions des foyers, on peut considérer les sources comme punctiformes, sauf lorsqu'elles sont couvertes de globes laiteux de grande surface.

L'expérience a montré que l'œil juge le mieux de l'égalité de deux éclairements lorsque ceux-ci sont de l'ordre de celui que donne la lumière diffuse du jour. Mais, même dans ces conditions, les personnes douées de la vue la meilleure commettent une erreur de 0,7 à 1 pour 100, lorsque les deux plages éclairées sont regardées avec le même œil. M. Nichols a montré que l'erreur peut varier entre 5 et 8 pour 100, lorsque les plages sont séparées par une cloison et regardées, la première avec un œil, la seconde avec l'autre œil.

L'erreur personnelle a donc une influence notable et l'on n'atteint jamais, dans les mesures photométriques, une exactitude aussi grande que dans les mesures électriques.

Théoriquement la comparaison des éclairements n'est possible que si les deux sources lumineuses émettent des rayons de même composition spectrale. Si, par exemple, l'une d'elles est plus riche en rayons rouges et l'autre en rayons bleus, les éclairements ne sont plus rigoureusement comparables, et la mesure devient une affaire d'appréciation personnelle, où les phénomènes de daltonisme amènent souvent des résultats très différents suivant les observateurs. On peut, dans un cas semblable, faire exécuter plusieurs déterminations par des observateurs différents et prendre des moyennes. Un autre procédé consiste à décomposer les deux faisceaux à l'aide du prisme et à comparer séparément les rayons de même couleur, pris deux à deux ; mais cette opération qui fait l'objet de la spectro-photométrie n'est pas appliquée par les praticiens à cause de sa lenteur.

MM. Nichols et Crova ont remarqué que l'égalité des éclairements moyens, fournis par deux foyers hétérogènes, correspond à l'égalité des éclairements fournis par des rayons d'une longueur d'onde déterminée. M. Nichols a indiqué la longueur d'onde égale à 0,0006 mm ($\lambda = 600$). M. Crova a trouvé que cette longueur d'onde critique est 0,000582 mm ($\lambda = 582$). M. Crova a, en outre, indiqué un procédé propre à obtenir ce rayon à l'exclusion des autres. Il suffit d'interposer, entre l'œil et l'écran éclairé, une cuve en verre contenant une épaisseur de 5 mm d'une solution de 22,321 gr de perchlorure de fer et de 27,191 gr de chlorure de nickel cristallisé, dissous dans l'eau distillée de manière à former un volume de 100 cm³ à 15° C. La solution est saturée de chlore pour assurer la conservation du liquide. Ce procédé supprime la nécessité de photométrer chacun des rayons du spectre séparément, et il permet d'obtenir, sans hésitation, le rapport photométrique de deux lumières de teintes différentes.

Lorsque les colorations des lumières sont très différentes, il est possible de tourner la difficulté par un autre artifice. On trace, sur les écrans éclairés par les deux sources, une série de dessins de plus en plus petits et l'on fait varier les distances des foyers, jusqu'à ce que l'œil perçoive avec la même netteté deux dessins d'égale grandeur sur les deux écrans.

587. — Étalons photométriques. — Les étalons photométriques sont nombreux ; c'est dire qu'aucun deux ne possède les qualités nécessaires pour justifier son emploi exclusif.

En France, on a adopté la lampe Carcel employée avec des prescriptions minutieuses indiquées par Dumas et Regnault. La consommation d'huile normale est de 42 grammes à l'heure.

Lorsque la consommation ne varie que de 4 grammes au dessus ou au dessous de cette valeur, on admet que la puissance du foyer suit une progression correspondante.

En Angleterre et aux États-Unis, on se sert d'un étalon moins précis, mais beaucoup plus commode, la bougie de blanc de baleine *(standard candle)* de 6 à la livre anglaise. Les Allemands emploient la bougie de paraffine *(vereinskerze)* de 12 au kilogramme.

Une petite lampe à mèche, étudiée par M. von Hefner et brûlant de l'acétate d'amyle, donne une intensité voisine de celle d'une bougie.

La hauteur de flamme de cette lampe et de toutes les lampes analogues se détermine aisément à l'aide d'un appareil de M. Krüss. Une lunette, fermée d'un côté par une lentille achromatique et de l'autre par une échelle divisée, tracée sur un verre dépoli, est placée devant la flamme à observer, la lentille étant à égale distance de celle-ci et du fond en verre. L'image de la flamme s'inscrit sur l'échelle, ce qui permet d'en lire commodément la hauteur.

La hauteur de flamme prescrite est de 45 mm pour la bougie anglaise, de 50 mm pour la bougie allemande et de 40 mm pour la lampe Carcel et l'étalon Hefner.

A diverses reprises, on a proposé des lampes étalons à gaz. M. Giroud a employé en France le gaz d'éclairage brûlant dans un bec de forme particulière en quantité déterminée. M. Vernon Harcourt brûle un gaz spécial de composition mieux précisée, obtenu par la distillation du penthane.

M. Violle a réalisé un étalon mieux défini, adopté par le Congrès des Électriciens de 1881. L'étalon Violle est la lumière émise par un centimètre carré de platine à la température de la solidification (1775). Dans le but de réaliser cet étalon, on fond le platine dans un creuset de chaux, à l'aide de la flamme oxyhydrique, puis on laisse refroidir. Pendant la solidification, dont la durée dépend de la quantité de platine fondu, on observe la lumière émise par la surface du bain à travers un écran percé d'un orifice de 1 centimètre carré.

Le Congrès des Électriciens de 1889 a recommandé, comme étalon secondaire, l'emploi de la *bougie décimale* valant un vingtième de l'étalon Violle. Cet étalon représente un peu plus du dixième de la Carcel. Il équivaudrait au dixième d'une Carcel brûlant 43,7 grammes d'huile à l'heure.

On remarquera que les lampes étalons fournissent leur intensité normale, prise pour unité, suivant l'horizontale, tandis que l'étalon Violle doit être considéré suivant la direction verticale. On emploie, dans ce dernier cas, des réflecteurs pour faire les comparaisons avec les autres lampes.

M. Siemens a cherché à simplifier l'étalon au platine, à l'aide d'un dispositif qui permet de fondre, par un courant électrique, une lame de platine de surface déterminée et d'observer la lumière émise au moment de la fusion.

Voici quelques indications sur les valeurs comparatives des principaux étalons ; il existe toutefois à ce sujet des différences appréciables entre les divers expérimentateurs.

Suivant M. Violle, une Carcel vaut :

0,481 étalon Violle,

9,62 bougies décimales,

8,91 candles (bougies anglaises),

7,89 kerzen (bougies allemandes),

9,08 étalons Hefner.

D'après la relation

$$e = \frac{I \cos \alpha}{r^2}, \qquad \S\ 586,$$

l'unité d'éclairement est l'éclairement fourni par une lampe étalon sur un écran normal au rayon lumineux et situé à l'unité de distance de la source. Souvent dans ces mesures, on prend comme unité de longueur le mètre. L'unité d'éclairement sera, par suite, exprimée par *une Carcel à un mètre* ou *une bougie décimale à un mètre.*

Il faut remarquer que la formule précédente n'est vraie que pour autant qu'on néglige les phénomènes de réflection et de diffraction. Il faut donc employer, pour la vérifier, des écrans d'un blanc mat. D'après des recherches faites par M. Seeliger, avec les meilleurs écrans, on ne peut admettre l'exactitude de la proportionnalité au cosinus de l'angle d'incidence qu'à la condition que cet angle soit inférieur à 50 degrés.

2

L'unité d'éclat est l'éclat d'une lampe étalon. L'éclat d'une candle étant 1, celui du disque solaire est 40 000, celui du platine fondant et d'une lampe à incandescence 50, enfin celui de l'arc voltaïque (cratère) 800.

588. — Méthodes photométriques. — La plupart des photomètres usuels sont basés sur la loi des distances. Deux moitiés d'un écran sont éclairées sous des incidences égales par les deux sources à comparer. On déplace celles-ci jusqu'à ce que les éclairements qu'elles produisent soient égaux.

En désignant alors par I et I' les intensités des deux sources, d et d' leurs distances à l'écran

$$\frac{I}{I'} = \frac{d^2}{d'^2}. \qquad (1)$$

La mesure doit se faire dans une chambre noire, afin d'éviter les reflets sur les écrans.

Lorsque les foyers comparés sont très inégaux, on est dans l'alternative de reculer l'un d'eux à une distance plus grande que ne le permet la salle d'essai ou de rapprocher la lampe la plus faible de l'écran, au point que l'éclairement de ce dernier cesse d'être uniforme. Pour éviter ces difficultés, on emploie une source lumineuse d'intensité intermédiaire que l'on compare simultanément aux lampes essayées.

La fig. 376 montre le plan d'une chambre noire AA, dans laquelle deux bancs photométriques P et P' sont séparés par une cloison B. Les lumières à comparer sont disposées en L et C, tandis que la source intermédiaire est placée en S.

Une autre méthode, préconisée par MM. Ayrton et Perry, consiste à interposer sur le faisceau émis par le foyer le plus intense un diaphragme, dans lequel se trouve une lentille divergente biconcave.

Si le foyer est à une distance l de la lentille, la divergence des rayons qui frappent l'écran est accrue comme si la source était au foyer conjugué, écarté de la lentille d'une distance l', telle que

$$\frac{1}{l'} - \frac{1}{l} = \frac{1}{f} \qquad (2)$$

f étant la distance focale principale de la lentille.

Par suite

$$l' = \frac{l\,f}{l + f}.$$

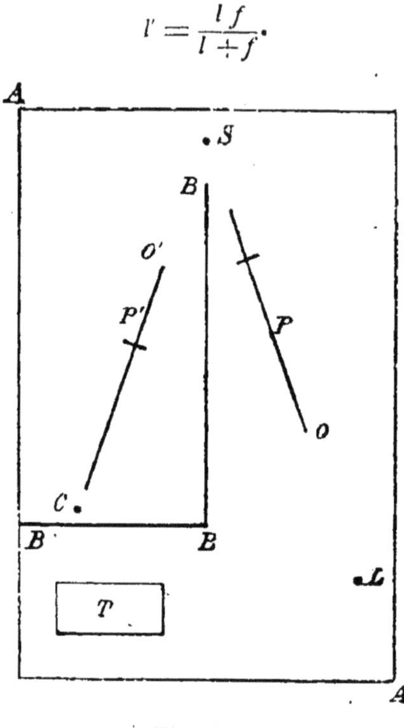

Fig. 376.

Désignons par ρ le rayon du cercle éclairé sur l'écran, lorsque le faisceau traverse le diaphragme sans lentille et par ρ' le rayon du cercle agrandi par l'interposition de la lentille dans le diaphragme. Le rayon de celui-ci étant r et sa distance à l'écran δ, on a

$$\frac{\rho}{r} = \frac{l + \delta}{l}$$

$$\frac{\rho'}{r} = \frac{l' + \delta}{l'}$$

d'où

$$\frac{\rho'}{\rho} = \frac{l\,(l' + \delta)}{l'\,(l + \delta)}$$

et en remplaçant l' par sa valeur

$$\frac{\rho'}{\rho} = 1 + \frac{\delta\,l}{f\,(l + \delta)}. \qquad (3)$$

Or, les intensités des éclairements produits sans et avec interposition de la lentille sont dans le rapport

$$\left(\frac{\rho'}{\rho}\right)^2 = \left(1 + \frac{\delta l}{f(l+\delta)}\right)^2.$$

Il faut donc, dans l'expression de la loi des distances, introduire, au lieu de la distance $d = l + \delta$, la distance virtuelle

$$d_1 = \frac{\rho'}{\rho}\,(l+\delta) = l + \delta + \frac{\delta l}{f};$$

mais, comme $l = d - \delta$,

$$d_1 = d + \frac{\delta\,(d-\delta)}{f} = d\left(1 + \frac{\delta}{f}\right) - \frac{\delta^2}{f}.$$

La formule (1) devient alors

$$\frac{I}{I'} = \frac{\left[d\left(1+\frac{\delta}{f}\right) - \frac{d^2}{f}\right]^2}{d'^2}.$$

Il est à remarquer que, dans ces formules, on a négligé les réflexions sur la surface de la lentille qui dépassent souvent 5 pour 100 de la lumière incidente.

On a vu, au § 586, que, lorsque les lumières sont hétérogènes, on facilite la comparaison de leurs intensités en ne comparant que les rayons de longueur d'onde $\lambda = 582$, qui sont entr'eux comme les quantités de lumière totales émises par les foyers.

Pour renseigner exactement sur les sources de lumière employées, il faut spécifier leur *degré d'incandescence*. Ce degré, défini par le Congrès des Électriciens de 1889, est le quotient des intensités, relatives à la carcel étalon, des radiations de longueurs d'ondes $\lambda = 582$ et $\lambda = 657$. Pour le déterminer, la lampe est comparée à une carcel et l'on place devant l'œil une cuve remplie, sous une épaisseur de 5 mm, de la solution de chlorure de nickel et de fer laissant passer une lumière dont la longueur d'onde est voisine de $\lambda = 582$; soit a l'intensité de la lampe dans ces conditions. La même mesure est recommencée en plaçant devant l'œil un verre rouge laissant passer une lumière dont la longueur d'onde est voisine de $\lambda = 657$; soit b l'intensité de la lampe dans ces nouvelles conditions; le rapport $\frac{a}{b}$ est le degré d'incandescence.

589. — Photomètre Foucault. — Cet appareil, employé particulièrement en France, comprend un écran en verre laiteux ou

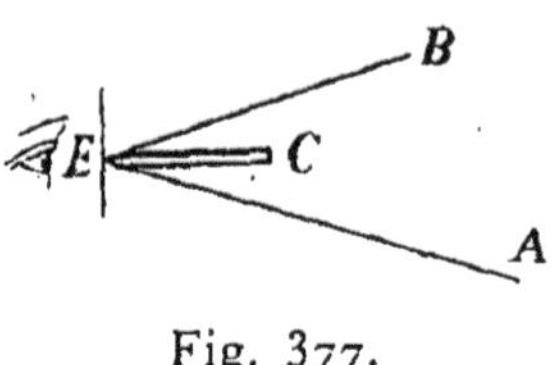

Fig. 377.

dépoli E, fig. 377, derrière lequel se placent les deux foyers à comparer A et·B, séparés par une cloison C ; cette dernière est légèrement écartée de l'écran, de manière que les deux plages lumineuses dues aux sources soient séparées par une mince ligne d'ombre projetée par la cloison. On déplace les deux foyers ou l'un d'eux seulement sur la direction de son rayon, jusqu'à ce que les éclats des deux moitiés de l'écran paraissent égaux. Il suffit alors d'appliquer la loi des distances aux deux faisceaux lumineux frappant l'écran avec des incidences supposées égales.

590. — Photomètre Bunsen. — Le photomètre Bunsen, très employé en Allemagne et en Belgique, repose sur cette observation qu'une tache d'huile faite sur une feuille de papier paraît brillante si le papier est éclairé par transparence et sombre si le papier est éclairé par réflexion. Il s'ensuit que si le papier reçoit des quantités de lumière égales sur les deux faces, la tache paraît se confondre avec le papier.

Si donc on dispose les deux foyers à comparer en A et B, la tache o semblera disparaître lorsque les intensités lumineuses satisferont à la loi des distances. Pour observer simultanément les deux faces de l'écran, on fait usage de miroirs plans $m\,p$ et $m\,q$ qui réfléchissent ces faces vers le spectateur. La disparition de la tache tient à ce que la somme des quantités de lumière émises par transparence et par réflexion par le papier est égale à la somme de lumière correspondante fournie par la tache. Comme les coefficients de réflexion des deux faces de l'écran ne sont jamais identiques, la disparition de la maculature n'a pas lieu des deux côtés à la fois.

On peut déterminer par tâtonnements la position pour laquelle la tache a la même apparence sur les deux faces du papier et appliquer la loi des distances à cette position. Si l'on veut une exactitude plus grande, on retournera l'écran et l'on recommencera l'opération. On prendra la moyenne des résultats obtenus dans les deux mesures. Il est important de regarder les deux images avec le même œil, § 586.

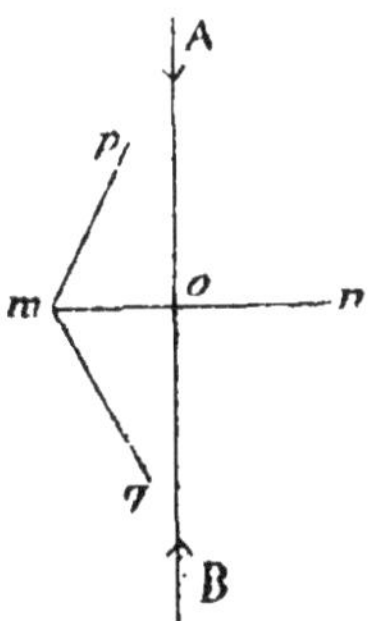

Fig. 378.

Pour préparer l'écran, on plonge un disque de laiton chauffé dans un bain de paraffine et l'on applique le disque sur une feuille de papier tendue. On fait ainsi un certain nombre de taches et on choisit la meilleure. On enlève l'excès de paraffine en étendant sur l'écran un papier buvard qu'on recouvre d'un fer légèrement chauffé.

Pour de plus amples détails sur les photomètres précédents, nous renverrons aux articles publiés par M. Palaz dans le tome XXXV de *La Lumière Électrique.*

591. — **Photomètre Rumford**. — Dans le photomètre Rumford, très usité en Angleterre, les deux foyers à comparer sont placés du même côté d'un écran blanc sur lequel une tige porte deux

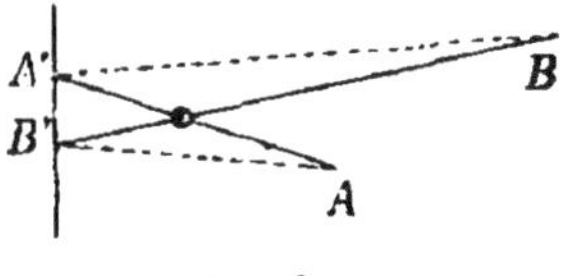

Fig. 379.

ombres A′ et B′ éclairées respectivement par le foyer situé du même côté. On a soin de rendre égales les incidences des deux rayons AA' et BB'. On écarte l'un des foyers jusqu'à ce que les ombres paraissent également éclairées, et l'on applique la loi fondamentale aux distances A'B et AB'.

592. — Intensité moyenne sphérique. — L'intensité lumineuse d'un foyer n'est pas la même dans les diverses directions ; la flamme d'une bougie, par exemple, émet des rayons plus intenses dans les directions horizontales que dans les directions obliques par rapport à l'horizon. La lampe-soleil, § 584, n'éclaire que d'un seul côté du bloc calcaire. Or, la valeur d'un foyer dépend, dans certaines circonstances, de l'éclairage moyen qu'il peut produire sous divers angles, en sorte qu'il est inté-ressant de mesurer l'intensité lumineuse rapportée à l'étalon, non seulement dans une direction horizontale, mais encore dans les divers azimuts et sous diverses inclinaisons, l'intensité de la lampe étalon étant considérée dans une direction invariable.

On arrive à ce résultat par les photomètres précédents en substi-tuant à la lumière étudiée un miroir mobile susceptible de renvoyer vers l'écran la lumière qu'il reçoit de la lampe essayée, lorsque celle-ci fait des angles variables avec l'hori-zontale. On compare l'éclairement de l'écran par le faisceau réfléchi à l'éclairement donné par la lampe étalon, dans les diverses positions de la lampe étudiée. On note l'inclinaison du rayon ainsi que son parcours total et l'on applique la loi des distances, en tenant compte du coefficient d'absorption du miroir, dont les valeurs ont été déterminées au préalable pour les diverses incidences.

Le miroir porté par le banc photométrique est incliné de 45° sur l'axe horizontal autour duquel il tourne. Afin de conserver constante la distance de la lampe au miroir, pour ne pas avoir à mesurer cette distance à chaque essai, on utilise le procédé suivant. La lampe est suspendue à une poulie mobile suivant une direction horizontale normale au banc photométrique. Le foyer est lui-même susceptible de se déplacer verticalement, de telle sorte qu'il décrive un cercle dont le centre coïncide avec celui du miroir.

593. — Photomètre Rousseau. — La manière de procéder ci-dessus suppose que la lampe essayée conserve une intensité inva-

riable pendant les mesures successives; sinon les résultats obtenus
ne seraient pas comparables entr'eux. Or, les lampes à arc, aux-

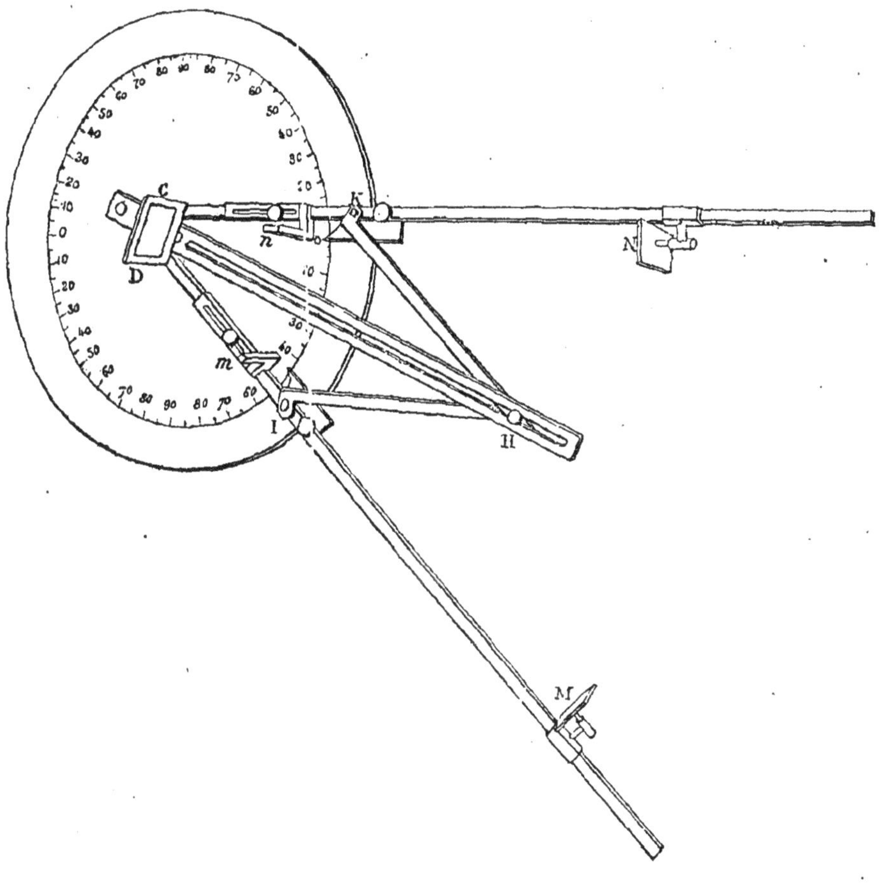

Fig. 380.

quelles on applique particulièrement ce mode d'investigation, sont
instables. M. Rousseau est parti de l'idée que, pendant les variations
de l'arc, les intensités dans les diverses directions conservent les
mêmes valeurs relatives, pour réaliser un photomètre dans lequel
on compare l'intensité de la lumière émise sous divers angles à
l'intensité émise par la même lampe sous une direction déterminée,
telle que l'horizontale.

La lampe, fig. 380, est suspendue derrière le centre d'un disque
opaque portant sur sa face antérieure une graduation en

360 degrés. Autour du disque se meuvent deux alidades radiales portant des miroirs N, M et des tiges métalliques n, m destinées à porter ombre sur un écran DC. Ce dernier est fixé normalement à une coulisse H, que deux tringles articulées KH et IH maintiennent suivant la bissectrice de l'angle des alidades. L'une de celles-ci est disposée suivant l'horizontale, l'autre suivant la direction pour laquelle on cherche l'intensité relative. On tourne les miroirs M et N, articulés sur des genouillères, de manière qu'ils réfléchissent la lumière de la lampe vers l'écran D C. Les incidences des rayons réfléchis sur l'écran sont égales par le fait de la disposition adoptée. Les deux tiges m et n portent sur celui-ci deux ombres.

L'ombre produite par un des faisceaux est éclairée par le faisceau voisin. On déplace les miroirs sur les alidades jusqu'à ce que les deux ombres paraissent de même intensité. Si alors d et d' représentent le double de la distance de chacun des miroirs à l'écran, on a, comme précédemment, en appelant i et i' les intensités des faisceaux comparées,

$$\frac{i}{i'} = \frac{d^2}{d'^2}.$$

La comparaison, sous une direction unique, de la lampe étudiée avec une lampe étalon fournit l'expression des intensités absolues dans les diverses directions.

594. — **Intensité moyenne sphérique.** — Si l'on porte suivant les diverses directions, prises dans un azimut, à partir d'un point A, fig. 381, des longueurs proportionnelles aux intensités lumineuses dans ces directions, l'intensité maxima AE étant représentée par l'unité de longueur, on obtient pour une lampe à arc voltaïque une courbe telle que A B C D E F. Pour une lampe semblable qui rayonne également dans les divers azimuts, la surface obtenue en portant des longueurs semblables sur toutes les directions passant par le point A, est une surface de révolution dont la courbe figurée est une section méridienne.

M. Rousseau représente la répartition de l'éclairage comme le montre la fig. 381. Les longueurs proportionnelles aux diverses intensités sont portées normalement à une droite P' Q' sur les abscisses correspondant aux extrémités des rayons de la circonférence de centre A.

On démontre que *l'intensité moyenne sphérique* du foyer, c'est
à dire la moyenne des intensités obtenues dans les diverses directions considérées autour du point A, est à l'intensité maximum
A E, comme la surface P′ B′ C′ D′ E′ F′ Q′ est à la surface du rectangle P′ R S Q′. Soit, en effet, i l'intensité dans une direction A D

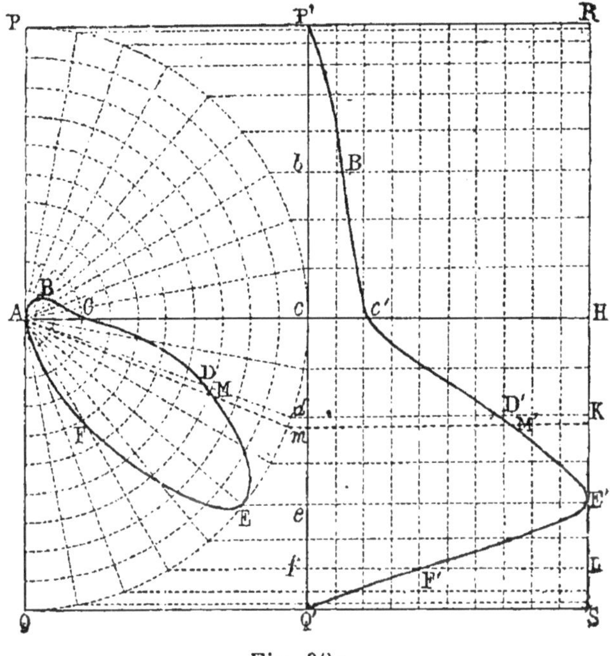

Fig. 381.

faisant un angle α avec l'horizontale; la zone sphérique correspondant à deux rayons infiniment voisins AD, AM a une hauteur
égale à $\cos\alpha\, d\alpha$ et une surface $2\pi \cos\alpha\, d\alpha$, la sphère ayant l'unité de
rayon. La quantité de lumière qu'elle reçoit, déduite de la for-
mule (3) du § 586, est $2\pi i \cos\alpha\, d\alpha$.

L'éclairement moyen de la zone limitée par les rayons A D, A F,
faisant des angles α et α' avec l'horizontale, s'obtient en faisant le
quotient de la quantité de lumière

$$\int_{\alpha}^{\alpha'} 2\pi\, i \cos\alpha\, d\alpha,$$

par la surface de la zone correspondante

$$2\pi\,(\sin\alpha' - \sin\alpha).$$

Mais, d'après la construction de la figure, la surface $F' f d D' E'$ représente la valeur de l'intégrale

$$\int_{\alpha}^{\alpha'} i \cos\alpha \, d\alpha,$$

et comme le rectangle d K L f a pour hauteur l'unité, il a pour mesure sa base

$$d f = \sin \alpha' - \sin \alpha.$$

L'intensité moyenne dans la zone considérée est donc mesurée par le rapport

$$\frac{\text{Surf. } d \, D' \, E' \, F' f}{\text{Surf. } d \, K \, L \, f}.$$

L'éclairement moyen de la sphère entière sera donné par le rapport de l'aire curviligne totale à l'aire rectangulaire qui la circonscrit.

Par conséquent, pour calculer l'intensité moyenne sphérique en fonction de l'intensité maximum, il suffit d'évaluer les deux surfaces en se servant du planimètre, ou en décomposant l'aire curviligne en une série de petites surfaces et en appliquant la règle de Simpson.

Pour les lampes à arc à courant continu, il suffit de mesurer les intensités lumineuses de 10° en 10° sous l'horizon et de 30° en 30° au dessus.

M. Rousseau a reconnu, en ce qui concerne ces lampes, que l'intensité horizontale varie dans les différents azimuts, par suite d'une obliquité que présente fréquemment le cratère, mais l'intensité maximum correspondant à un angle d'environ 40° est approximativement constante dans tous les plans verticaux passant par le foyer.

595. — Courbes d'éclairement. — Les méthodes photométriques précédentes ne s'appliquent qu'aux foyers de petites dimensions. Un foyer lumineux de grandes dimensions, tel que le globe opalin qui recouvre une lampe à arc, se prête mal à la mesure, par suite des pénombres qu'il produit.

Il est cependant intéressant de photométrer une lampe munie de son globe, attendu que celui-ci détermine une répartition toute différente de la lumière qu'il disperse dans toutes les directions. En outre, il est bon d'apprécier le coefficient d'absorption moyen qui varie de 15 à 40 pour 100, suivant qu'on emploie un globe dépoli, opalin ou laiteux.

Un autre problème, qui ne peut être résolu par les méthodes photométriques ordinaires, est la répartition de l'éclairement fourni par un foyer dans une salle ou dans un espace découvert.

Pour ce dernier cas, le calcul permet d'arriver aisément à la solution, lorsqu'on connaît l'intensité des rayons émis par les foyers dans les diverses directions et qu'on suppose n'exister aucune paroi réfléchissante ni diffusante. Ainsi l'éclairement produit par un rayon lumineux d'intensité i bougies sur une surface située à une distance r mètres du foyer est, en appelant α l'angle d'incidence, c'est à dire l'angle du rayon avec la normale au plan éclairé,

$$\frac{i \cos\alpha}{r^2} \text{ bougies à } 1 \text{ m}, \qquad \S\ 586.$$

Supposons qu'on ait calculé d'après cette formule la répartition sur le plan horizontal de l'éclairement fourni par un foyer. On pourra représenter la distribution de la lumière dans un plan vertical passant par la lampe, en prenant comme abscisses les distances au pied du foyer et comme ordonnées les valeurs des éclairements. S'il y a plusieurs foyers en ligne droite, on construira la courbe d'éclairement pour chaque foyer et, en additionnant les ordonnées correspondant à une même abscisse, on déterminera les ordonnées de la courbe d'éclairement résultante.

Voici un autre procédé graphique, emprunté au système des projections cotées et applicable à des foyers distribués d'une manière quelconque au dessus du plan horizontal, par exemple aux réverbères éclairant une place publique. Sur un plan de la surface à éclairer, on indique la position des sources lumineuses et l'on trace autour de celles-ci des circonférences concentriques, représentant les lieux des points d'égal éclairement relatifs aux foyers considérés isolément. En additionnant en un nombre de points suffisant les cotes d'éclairement dues aux diverses lampes, il est possible de tracer les courbes d'égal éclairement relatives à l'ensemble des foyers.

596. — **Photomètre L. Weber.** — Le photomètre suivant permet de mesurer directement l'éclairement d'une surface. L'appareil comprend deux tubes A et B noircis intérieurement. Le premier

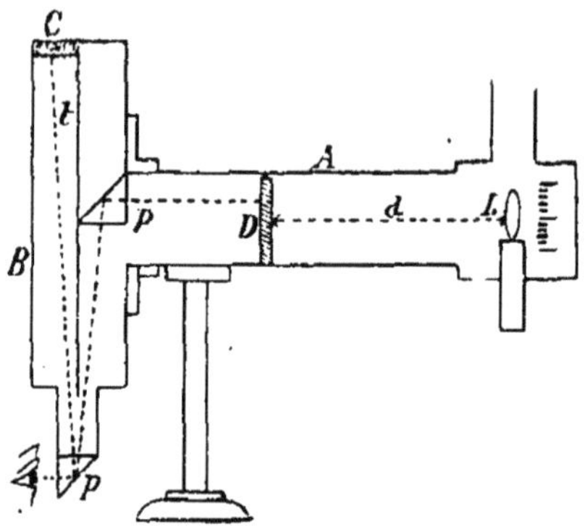

Fig. 382.

est fixé horizontalement sur un pied ; le second est mobile autour de l'axe de A et peut être incliné dans toutes les directions par rapport à l'horizon. Le tube A se termine par une lanterne pourvue d'une lampe-étalon, laquelle envoie un faisceau divergent sur une plaque laiteuse D que l'on peut mouvoir suivant l'axe du tube à l'aide d'un bouton extérieur.

La hauteur de la flamme étalon se lit sur une échelle, à travers une fenêtre allongée percée dans la paroi de la lanterne. Le tube B, fermé par une plaque laiteuse C, est divisé en deux parties par une cloison t. La plaque C est disposée suivant le plan dans lequel on veut mesurer l'éclairement, par exemple dans le plan horizontal comme l'indique la figure.

En regardant à travers l'orifice p, directement ou par réflexion dans un prisme, on distingue à gauche une partie de la plaque C éclairée par transparence grâce à la lumière d'un foyer ou à la lumière diffuse passant à travers les fenêtres de la pièce où l'on se trouve. A droite, on voit par réfraction dans un prisme P la plaque D éclairée par transparence par la lampe étalon.

En faisant varier la position de la plaque D, il arrive un moment où les deux plaques se détachent avec la même netteté, ce qui correspond à des éclairements égaux. Or, l'éclairement de la

plaque D est, en appelant d sa distance à l'étalon d'intensité égale
à l'unité,

$$\frac{1}{d^2}.$$

Vu la distance de la lampe à la plaque, on ne commet pas
d'erreur sensible en admettant que l'éclairement de cette dernière
est uniforme. L'éclairement de la plaque C sera exprimé également par

$$\frac{1}{d^2}.$$

Lorsque les lumières à comparer ont des intensités très différentes, on peut employer des plaques plus ou moins absorbantes,
qu'on a soin d'étalonner d'avance en plaçant devant le tube B, à
une distance déterminée, un foyer d'intensité connue.

Le photomètre Weber permet de photométrer des foyers de
grandes dimensions, tels que des lampes couvertes. d'un globe
laiteux, qui ne se mesurent que très difficilement avec les photomètres étudiés précédemment. Dans ce cas, on dirige le tube B
vers le foyer, de manière que la plaque terminale soit frappée
directement par les rayons émanant de la source.

Si les deux lumières sont de colorations très différentes, il est
difficile de comparer les illuminations des deux plaques.

On a recours alors à l'artifice suivant. On remplace les plaques
laiteuses par des plaques de verre dépoli portant une série de
dessins ou de caractères de dimensions décroissantes et l'on recule
la plaque D jusqu'à ce que le dernier dessin visible soit le même
de part et d'autre, § 586.

On évite cette opération spéciale en interposant entre l'œil et le
prisme p la solution donnant la longueur d'onde $\lambda = 582$, § 586.

M. Weber préconise l'emploi de verres colorés en vert et en
rouge, les résultats étant corrigés d'après une constante déduite
d'une détermination préalable, faite avec les plaques portant les
dessins décroissants.

Nous extrayons de l'*Électricien* la relation d'expériences faites
à l'Institut électro-technique Montefiore à l'aide du photomètre
Weber. Les essais d'éclairement ont été exécutés dans l'auditoire

de l'Institut, dont le plan est représenté dans les fig. 383, 384,
385 et 386. Pour expliquer l'influence des parois de la salle sur la
répartition de l'éclairement, remarquons que les deux fenêtres
étaient garnies de stores opaques. Les murs et le plafond sont
blanchis à la chaux ; la cloison opposée aux fenêtres est absolument nue ; sur le mur de droite se trouve un grand tableau
noir ($r\,s$), et des armoires vitrées occupent tout le fond de la salle
comme le plan l'indique ; enfin les deux grands rectangles tracés
sur les croquis représentent des pupitres et des bancs au milieu
desquels s'élève une grande colonne marquée en hachures; devant
le tableau est une table d'expériences. Pour comparer les éclairements obtenus avec différentes sources lumineuses, on a tracé sur
le plancher de la salle des carrés de 2 mètres de côté, dont les
sommets sont indiqués sur les figures par les lettres depuis a
jusqu'à q. En ces points et à 1 mètre au-dessus du plancher, on

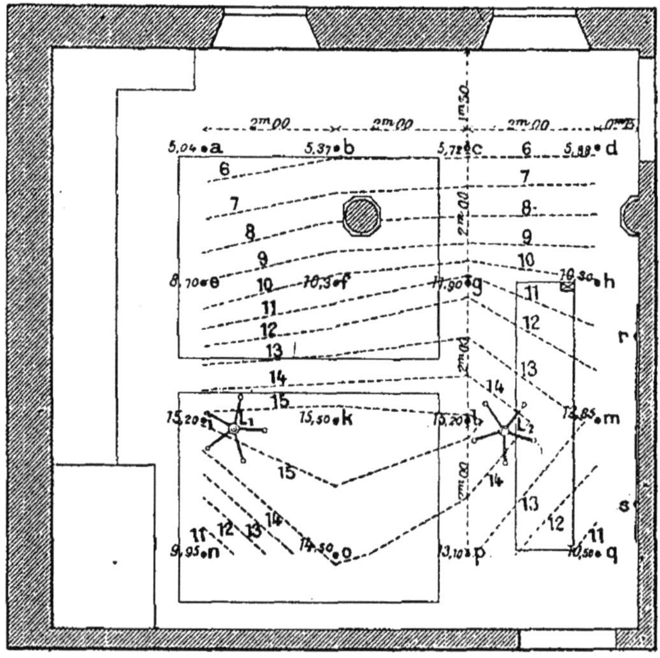

Fig. 383.

Système d'éclairage : 10 lampes à incandescence Swan de 16 bougies chacune.

Intensité du courant 14,37 ampères. — Force électro-motrice 53,5 volts. — Puissance électrique
769 watts. — Élévation des lampes 4,7 m. — Élévation du photomètre 1 m.

plaçait horizontalement la plaque objective du photomètre et on déterminait ainsi l'intensité d'éclairement des 16 points, en *bougies à 1 m*, pour les différentes sources lumineuses qu'on voulait comparer. Pour faire ressortir les résultats obtenus, on a représenté les lignes d'égal éclairement, tracées par interpolation entre les points dont les éclairements avaient été déterminés.

Les figures représentent les courbes dues aux quatre sources lumineuses suivantes :

N° 1. Dix lampes à incandescence de 16 bougies décimales, groupées sur deux lustres L_1 et L_2 ; chaque lampe était munie d'une cloche en verre dépoli ;

N° 2. Une lampe à incandescence « Sunbeam » de 400 bougies sans globe ni réflecteur ;

N° 3. Une lampe à arc système Pieper sans globe ;

N° 4. La même lampe à arc avec un globe en verre laiteux.

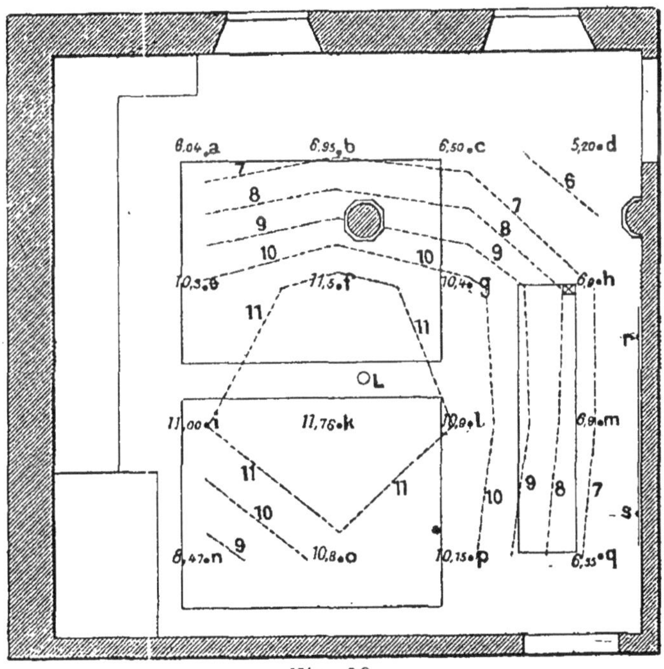

.Fig. 384.

Système d'éclairage : 1 lampe à incandescence « Sunbeam » (sans réflecteur).

Intensité du courant 15,5 ampères. — Force électromotrice 50,2 volts. — Puissance électrique 778 watts. — Élévation de la lampe 4,2 m. — Élévation du photomètre 1 m.

On voit sur les figures les positions des foyers L ; les légendes indiquent les élévations des foyers au-dessus du plancher ainsi que les puissances électriques qu'ils absorbent.

D'après ces essais, on a pu comparer les effets des différentes sources sous le rapport de la répartition de la lumière et du rendement lumineux.

La valeur du rendement de chaque source peut être estimée par le rapport de l'éclairement moyen obtenu à l'énergie électrique absorbée.

La répartition est caractérisée d'abord graphiquement par les courbes d'égal éclairement, et numériquement, pour un espace donné, par le rapport des intensités d'éclairement minimum et maximum obtenues dans cet espace.

D'après les nombres inscrits près des 16 points de repère, les intensités moyennes d'éclairement sont respectivement 10,63, 8,77,

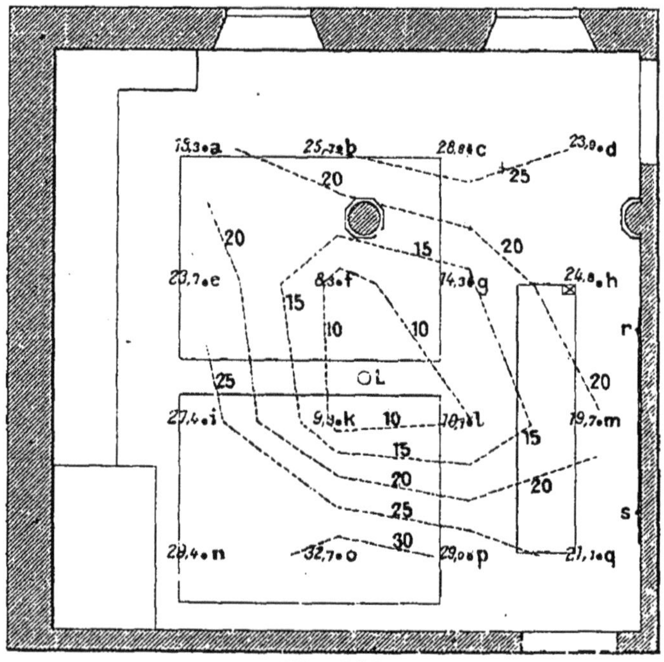

Fig. 385.

2I,64 et 19,8 bougies à 1 m et les puissances absorbées 769, 778,
3o5 et 3o8 watts. Les rendements lumineux sont donc entr'eux
comme les nombres 138, 113, 645 et 710 et les rapports des intensités minimum et maximum comme 0,40, 0,54, 0,33 et 0,5o.

Ces nombres sont très favorables aux lampes à arc; sous le
rapport de la répartition de la lumière, la lampe à arc sans globe
donne le résultat le moins satisfaisant, tandis qu'avec globe elle
procure une bonne distribution, ce qui compense largement la
légère perte de rendement.

La comparaison des répartitions lumineuses avec et sans globe
conduit, comme on peut en juger en examinant les fig. 385 et 386,
à un contraste intéressant. Sans globe (n° 3), l'espace central est
le moins éclairé (10 bougies à 1 m), et l'éclairement augmente
vers les parois de la salle (où il atteint 25 à 3o bougies à 1 m); avec
globe (n° 4), au contraire, c'est la partie centrale qui reçoit le plus

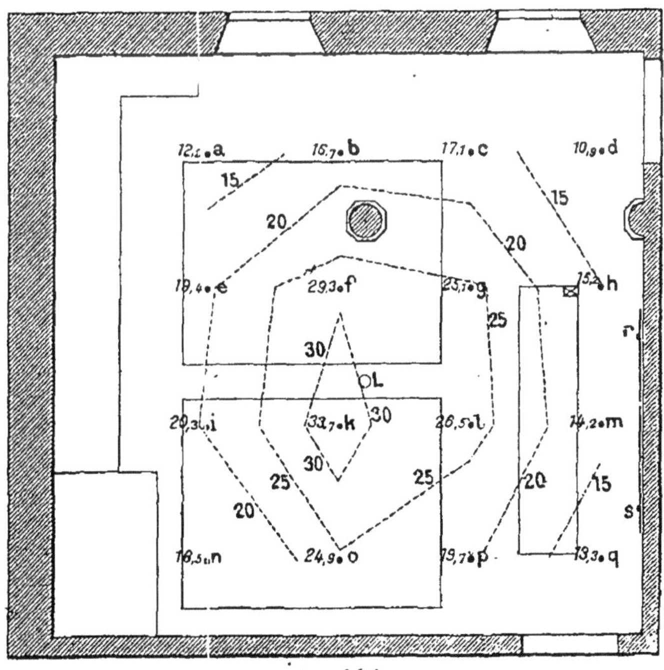

Fig. 386.

Système d'éclairage : 1 lampe à arc Pieper (avec globe en verre laiteux).

Intensité du courant 7,74 ampères. — Force électromotrice 39,8 volts. — Puissance électrique
3o8 watts. — Élévation de la lampe 4,2 m. — Élévation du photomètre 1 m.

de lumière (30 bougies à 1 m), et l'éclairement va en diminuant vers les murs. Cette comparaison amène à penser qu'en modifiant les qualités dispersives du globe, on pourrait s'approcher de la répartition pratiquement uniforme.

Les expériences que nous venons de relater constituent des jalons conduisant vers la solution du problème suivant : Étant donné un local à éclairer, déterminer le genre de foyers lumineux à employer et leur intensité. Ce problème peut difficilement recevoir une solution théorique, mais, en accumulant les résultats d'expériences, on procurera au praticien un guide sûr pour la résolution de toutes les questions d'éclairage.

RENDEMENT LUMINEUX DES LAMPES ÉLECTRIQUES.

597. — Lampes à incandescence. — La fig. 387 montre la répartition de la lumière fournie dans le plan horizontal par une lampe Siemens essayée à l'Exposition d'Anvers en 1885 ([1]). Pour cette lampe, dont le filament a une section rectangulaire et une forme en fer à cheval, l'intensité est maximum dans une direction à 45 degrés avec le plan du filament, L'intensité horizontale moyenne est 0,919 de l'intensité à 45 degrés. Elle diffère très peu de la moyenne entre les intensités transversale, longitudinale et à 45 degrés.

En général, quelle que soit la forme du filament des lampes à incandescence, fer à cheval ou boucle, ainsi que sa section, plate ou ronde, on obtient une moyenne horizontale approchée en considérant la moyenne entre les deux intensités tranversale et longitudinale.

Dans les plans verticaux, il y a des différences beaucoup plus marquées. Ainsi les fig. 388 et 389 présentent, pour la lampe Siemens ci-dessus, les courbes des intensités relatives et de la

---

[1] *Comptes-rendus des essais électriques effectués à l'Exposition d'Anvers.* Vaillant-Carmanne, 1886.

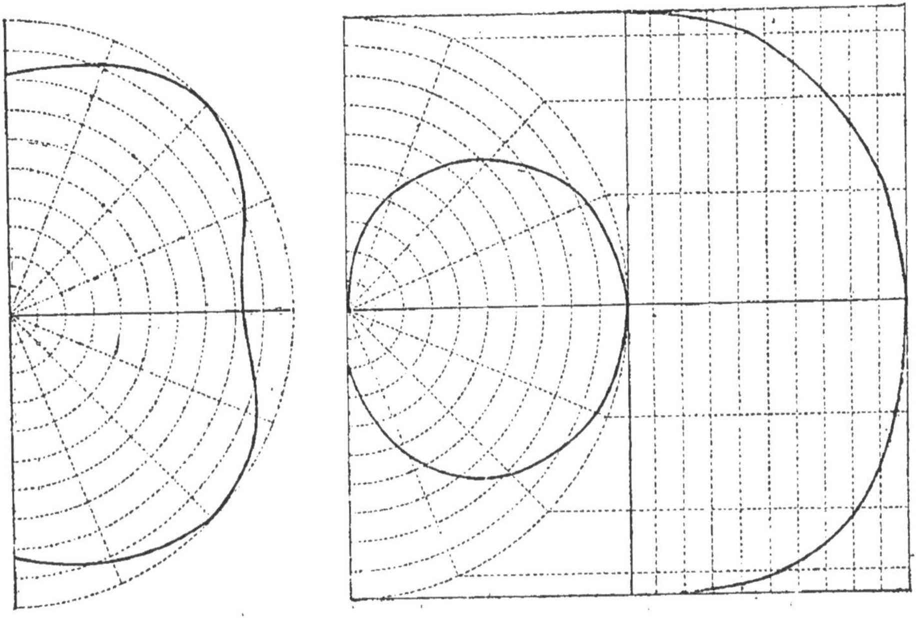

Fig. 387.   Fig. 388.

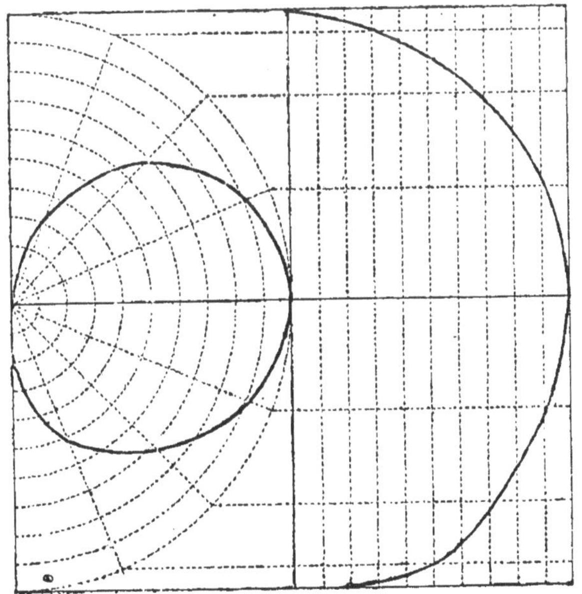

Fig. 389.

distribution de la lumière dans les diverses zones, § 594, du plan du filament et du plan transversal. Il résulte de ces diagrammes que, pour cette lampe comme pour plusieurs autres exposées à Anvers en 1885, l'intensité moyenne sphérique est égale aux 0,8 de l'intensité horizontale moyenne. Les lampes à incandescence essayées à Anvers à leur tension normale, indiquée par le fabricant, ont pris de 2,5 à 5 watts par bougie (décimale) horizontale moyenne, soit un quart de plus par bougie moyenne sphérique.

Très souvent, on adopte l'intensité horizontale moyenne comme terme de comparaison afin de faciliter les essais. Cette manière de faire est légalisée en Angleterre. Elle concorde d'ailleurs avec la pratique suivie pour les foyers à flammes.

L'intensité lumineuse des lampes dépend essentiellement de la puissance qu'elles absorbent. Elle peut se représenter par une fonction telle que

$$L = \alpha\, w + \beta\, w^3,$$

où L est exprimé en candles et w en watts.

On a, pour la lampe Swan,

$$\alpha = 0,0297, \qquad \beta = 0,000093,$$

et pour la lampe Edison,

$$\alpha = 0,0317, \qquad \beta = 0,0000198.$$

Les coefficients α et β dépendent de la nature du filament et particulièrement de sa surface. Un filament gris clair a un rendement optique supérieur à celui d'un filament noir terne.

MM. Ayrton et Perry ont proposé la relation suivante :

$$L = (e - k)^3,$$

où e est la tension observée et k la différence de potentiel pour laquelle le filament commence à rougir.

Pratiquement on peut dire que le pouvoir lumineux d'une lampe à incandescence ordinaire baisse de moitié lorsque le voltage tombe de 10 pour 100 et qu'il double au contraire pour une élévation de tension de 4 pour 100.

D'après le vœu émis par le Congrès dés Électriciens de 1889, l'indication de la puissance lumineuse d'une lampe devra à l'avenir être accompagnée de celle du degré d'incandescence auquel correspond cette puissance, § 588.

La durée d'une lampe dépend de la lumière qu'on exige d'elle. Ainsi M. Peirce a reconnu, par des expériences faites sur des lampes fabriquées en 1886, que des foyers qui consomment 2,7 et 3,5 watts par bougie décimale au début, prennent respectivement 5,4 et 3,8 watts après 900 heures de fonctionnement ; ce qui montre que plus on pousse le degré d'incandescence initial, plus la détérioration du filament est rapide. Le mieux est de régler la tension initiale, de manière que l'éclat reste sensiblement le même pendant toute la vie de la lampe, que l'on estime moyennement de 800 à 1 000 heures. Lorsque l'énergie électrique est à bas prix, il peut y avoir intérêt à diminuer le rendement afin de prolonger la vie des lampes. En général, on compte qu'un cheval mécanique dépensé à la dynamo produit 10 à 12 lampes de 16 bougies décimales avec les machines de grandes dimensions.

L'affaiblissement du pouvoir lumineux d'une lampe à incandescence, soumise à une différence de potentiel invariable, est dû, d'après M. Nichols, pour un tiers au noircissement de l'ampoule et pour les deux autres tiers à l'accroissement de résistance provenant de l'amincissement du filament et aux rentrées d'air qui favorisent le rayonnement et refroidissent le filament.

598. — Lampes à arc voltaïque. — La lumière émise par une lampe à arc bien réglée a sensiblement la même distribution dans les divers azimuts, de sorte qu'il suffit de déterminer la répartition des rayons dans un azimut donné, pour faire le calcul de l'intensité moyenne sphérique.

On a vu, § 594, la méthode employée par M. Rousseau pour la représentation graphique des résultats.

Les deux diagrammes, fig. 390 et 391, indiquent par ce procédé la répartition de l'éclairage pour une lampe Gramme de 13 ampères et pour une autre de 4 ampères, alimentées toutes deux par un courant continu.

Ces diagrammes montrent que les intensités sont assez faibles dans l'hémisphère supérieure, surtout avec les petits arcs, pour

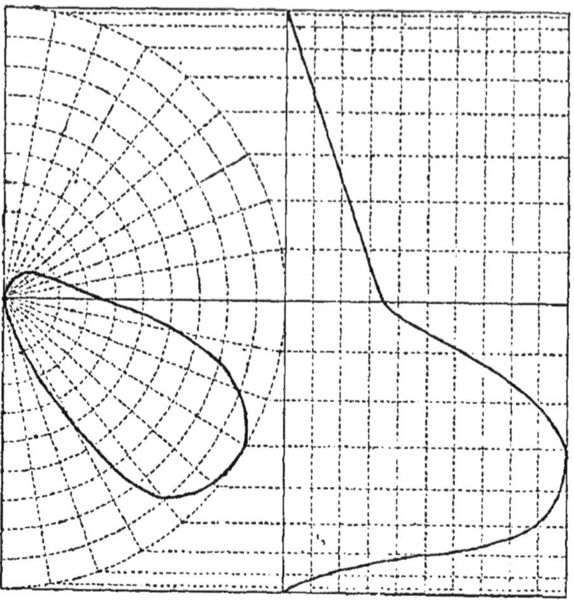

Fig. 390.

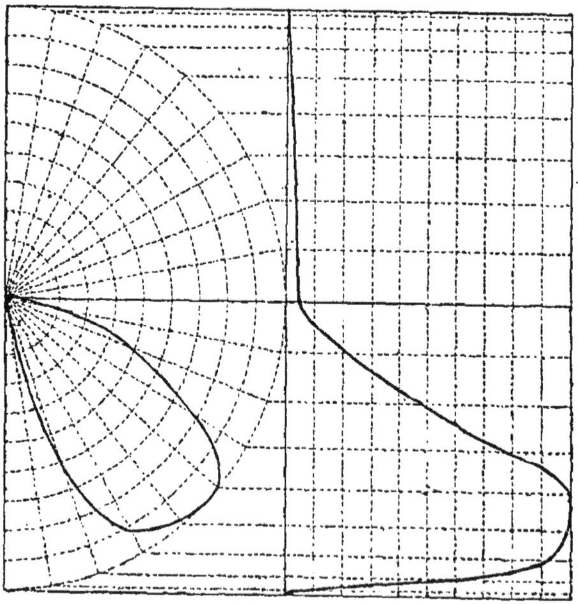

Fig. 391.

lesquels le charbon supérieur produit un cône d'ombre très ouvert. La courbe d'intensité présente une inflexion dans le plan horizontal, puis son rayon vecteur croît rapidement dans l'hémisphère inférieure jusqu'à un angle d'environ 40° sous l'horizontale.

En pratique, pour abréger les mesures, on admet souvent que l'intensité moyenne sphérique d'une lampe à courant continu est donnée par la formule suivante, dans laquelle H est l'intensité horizontale et M l'intensité que l'on mesure alors à 45° sous l'horizontale :

$$\frac{H}{2} + \frac{M}{4}.$$

Les essais effectués à l'exposition d'Anvers ont montré que le rendement lumineux des arcs varie avec leur intensité lumineuse totale et, par suite, avec l'intensité du courant qui les alimente et la différence de potentiel aux bornes de la lampe.

La lampe Pilsen a pris, sous une tension moyenne de 45 volts, 0,59 watt par bougie décimale (moyenne sphérique) avec un courant de 8 ampères et 0,47 watt avec 16 ampères.

Une lampe construite spécialement pour fonctionner sous des différences de potentiel faibles, voisines de 38 volts, a absorbé une puissance de 0,9 watt par bougie décimale avec 4 ampères et 0,75 watt avec 8 ampères. Cette réduction du rendement lumineux provient de la petitesse de l'arc et, par suite, de la grandeur du cône d'ombre porté par les charbons. Les bougies électriques Jablochkoff, essayées à l'exposition de Paris de 1881, ont demandé 1,53 watt par bougie décimale.

La qualité du charbon a une influence considérable sur le rendement lumineux. On trouve dans le commerce des charbons dits à haut voltage qui demandent 45 à 46 volts au foyer et des charbons à faible voltage qui se contentent de 38 à 40 volts. Les premiers sont les plus employés. Selon leur grosseur, ils admettent des courants de 20 à 6 ampères en produisant des arcs de 4,5 à 2,5 mm d'écartement sans que la tension aux bornes varie sensiblement. M. Marks a trouvé, qu'à égalité de puissance lumineuse, les charbons durs employés aux États-Unis avec les tensions faibles absorbent environ 40 pour 100 de puissance en plus que les charbons tendres admis avec les tensions élevées.

Lorsqu'on calcule l'effet utile des foyers, il faut tenir compte de l'absorption par les globes qu'on emploie pour disperser la lumière et atténuer sa crudité. On compte de ce chef une perte de 15 à 40 pour cent de la quantité de lumière totale. On conseille de souffler les globes en verre avec une couche opaline permettant de voir les crayons par transparence lorsque le foyer est éteint. En outre, les arcs en dérivation nécessitent une résistance additionnelle qui absorbe jusque un tiers de la puissance utile.

Dans les calculs relatifs à l'éclairement, il faut nécessairement tenir compte de l'intensité des rayons émis sous les diverses inclinaisons et, comme les objets à éclairer sont généralement sur le sol, la distance à laquelle un arc à courant continu peut éclairer utilement dépend beaucoup plus de l'intensité maximum que de l'intensité moyenne sphérique. C'est pour cette raison que les praticiens se contentent fréquemment d'exprimer la puissance lumineuse d'un foyer par l'intensité sous l'angle le plus favorable. D'après M. Palaz ([1]), l'intensité lumineuse maximum M, en bougies décimales, des arcs à courant continu fonctionnant à feu nu, sous une tension de 40 à 50 volts, est donnée approximativement en fonction de l'intensité du courant i, en ampères, par la formule empirique suivante déduite des résultats des expériences d'Anvers :

$$M = 200\,i + 4\,i^2.$$

L'intensité horizontale H est voisine de 0,2 fois l'intensité maximum.

Enfin l'intensité sous une inclinaison θ par rapport à l'horizontale est donnée au dessus de l'horizon par

$$H\,(1 - \sin\theta);$$

dans l'espace compris dans un angle de 40° sous l'horizon par

$$H + 1,5557\,(M - H)\sin\theta;$$

dans l'espace situé entre l'inclinaison de 40° et celle de 45° par M

([1]) *La Lumière Électrique*, t. 37, p. 408.

et dans l'espace compris entre l'inclinaison de 45° et la verticale
par

$$17,07 \text{ H} (1 - \sin \theta).$$

Les arcs alimentés par des courants alternatifs émettent des
radiations lumineuses distribuées de la même manière au dessus de
l'horizon qu'en dessous. Par suite, ces foyers ne sont pas aussi
favorables que les foyers à courant continu à l'éclairage du sol, et
l'on est obligé de les munir de grands réflecteurs destinés à renvoyer leur lumière vers le bas, ainsi que de les disposer sur des
mâts moins élevés que ceux qui supportent les lampes à courant
continu. Avec les courants alternatifs, on estime que l'intensité
moyenne sphérique est égale aux 0,9 de l'intensité horizontale.

Malgré les variations du courant alternatif, l'éclairement dû à ces
lampes paraît constant. Les changements d'éclat du foyer ne se
décèlent que par l'éclairage d'objets se mouvant rapidement, lesquels produisent sur la rétine une série d'images discontinue.

Nous avons déjà fait allusion à cette circonstance que les arcs
alternatifs, grâce à leurs propriétés et à l'emploi des bobines à
réaction, n'exigent pas une différence de potentiel aussi élevée que
les arcs à courant continu; les premiers ne demandent que 32 à 35
volts entre les charbons, tandis que les seconds en exigent 43 à 44
pour la même puissance lumineuse. Il en résulte que, dans une
distribution à 110 volts, on peut disposer trois lampes à courants
alternatifs en série, tandis que le nombre de lampes à courant
continu ne peut être supérieur à deux.

Les globes opalins ou dépolis, dont on munit les lampes à arc,
modifient la répartition des rayons dans une mesure variable avec
le pouvoir dispersif de ces globes.

La Commission instituée par la ville de Francfort pour l'examen
des appareils des deux systèmes a, à la suite d'expériences faites en
se plaçant dans les conditions de la pratique, reconnu que, à
dépense d'énergie égale, résistances additionnelles comprises, les
arcs à courant continu enfermés dans des globes présentent une
supériorité de 20 pour 100 sur les arcs à courants alternatifs, au
point de vue de l'éclairage intérieur des espaces clos.

La supériorité s'élève à 25 pour 100 dans le cas des espaces
découverts, sans parois réfléchissantes. La consommation de

crayons des lampes à courants alternatifs est de 20 pour 100 plus élevée que celle des lampes à courant continu.

599. — Comparaison des rendements optiques de diverses sources lumineuses. Méthodes de Tyndall et de Thomsen. — Indépendamment des méthodes photométriques que nous avons énumérées et qui permettent de déterminer les valeurs comparatives des sensations produites par les foyers lumineux sur la rétine, il existe des méthodes se prêtant à des mesures objectives intéressantes ; telle est la suivante due à Tyndall.

Supposons qu'une lampe à incandescence soit enfermée dans un calorimètre en cuivre à doubles parois, l'intervalle entre les deux enveloppes étant parcouru par un courant d'eau dont on mesure la température à l'entrée et à la sortie, § 235. On parviendra à mesurer de cette manière la chaleur dégagée par la lampe en l'unité de temps, c'est à dire la puissance totale w des radiations qu'elle émet.

Si l'on remplace le calorimètre en cuivre par un calorimètre formé de glaces polies, entre lesquelles circule également un courant d'eau, les radiations lumineuses traverseront pour la plus grande partie les parois, et la chaleur emportée par l'eau ne représentera que la puissance w' des radiations obscures.

Le rendement optique de la lampe pourra être défini par le rapport $\dfrac{w - w'}{w}$.

Cette méthode donne les résultats suivants :

NATURE DE LA SOURCE.	$\dfrac{w - w'}{w}$	WATTS DÉPENSÉS PAR BOUGIE.
Bougie	0,00293	86
Lampe à pétrole . . .	0,00315	80
Lampe à huile. . . .	0,00442	57
Gaz de houille	0,00317	68
Lampe à incandescence	0,06	3,5
Lampe à arc	0,1	0,7

La proportion de rayons rouges est beaucoup plus grande dans les flammes hydrocarburées que dans les lampes à arc. Le degré d'incandescence, § 588, étant 1 pour la Carcel, varie de 1,06 à 1,45 pour la lumière Drummond ; il atteint 1,7 avec la lampe à arc et 2 avec le soleil. L'arc voltaïque est donc la lumière artificielle qui se rapproche le plus de celle du jour. Elle est, par suite, supérieure à toute autre lorsqu'il est important de conserver aux objets leurs couleurs propres. Si, au contraire, il ne s'agit que de distinguer du noir sur du blanc, les flammes rougeâtres sont équivalentes à intensité égale.

Une autre méthode, due à Thomsen, permet de mesurer les radiations émises par un foyer, à l'aide de la pile thermo-électrique de Melloni et d'un galvanomètre. La pile est étalonnée au préalable en substituant au foyer à étudier une sphère remplie d'eau perdant en l'unité de temps une quantité de chaleur déterminée d'après les indications d'un thermomètre.

Si l'on interpose entre le foyer et la pile une solution d'alun qui jouit de la propriété d'être opaque pour les rayons obscurs, on mesure seulement les radiations lumineuses. En retirant la cuve, on relève les radiations totales.

Cette méthode a l'avantage sur la précédente de se prêter à la détermination des radiations lumineuses sous diverses inclinaisons. Les résultats suivants, obtenus par M. Nichols, montrent les valeurs du rendement optique obtenues sous divers angles considérés sous l'horizon, le foyer étant une lampe à arc à courant continu.

ANGLES.	RENDEMENTS $\dfrac{w - w'}{w}$.	ANGLES.	RENDEMENTS $\dfrac{w - w'}{w}$.
0°	0,0548	40°	0,1552
10°	0,0901	50°	0,1059
20°	0,1228	60°	0,0676
30°	0,1506	63°	0,0492

M. Nichols a reconnu que le rendement sphérique moyen est d'environ 0,10 pour les lampes à arc.

600. — Éclairement des espaces découverts et des espaces clos. Données pratiques. — La hauteur à laquelle on dispose les foyers puissants doit être relativement grande, afin de régulariser l'éclairement horizontal et de soustraire les lampes à la vue. Si l'œil est frappé par la lumière directe d'un foyer, la pupille faisant fonction de diaphragme se rétrécit et ne laisse entrer dans le globe oculaire qu'une quantité de lumière insuffisante pour permettre à la rétine de distinguer les objets peu éclairés. En outre, le contraste entre ceux-ci et les lampes diminue encore l'effet d'éclairement. Pour bien apprécier ces phénomènes physiologiques, il suffit de regarder les objets éclairés, d'abord en même temps que les foyers, puis en dissimulant les rayons directs des lampes à l'aide de la main ou d'une visière. La différence d'effet est remarquable.

La hauteur des foyers peut être déduite de considérations théoriques. Soit le cas d'une source lumineuse émettant des rayons d'égale intensité dans toutes les directions. L'éclairement produit à une distance l suivant l'horizontale est, en appelant h la hauteur du foyer,

$$e = \frac{i \cos\alpha}{r^2} = \frac{i\,h}{(l^2 + h^2)^{3/2}}. \qquad (1)$$

En considérant h comme variable, il est facile de voir que e est maximum pour

$$h = \frac{l}{\sqrt{2}}. \qquad (2)$$

L'angle d'incidence est alors $54°44'$.

Si l'on se donne la valeur de i et l'éclairement minimum à réaliser, on calculera la hauteur des foyers d'après les relations (1) et (2) qui conduisent à

$$e = \frac{i}{5,2\,h^2} = \frac{i}{2,6\,l^2}. \qquad (3)$$

Cherchons à déterminer l'éclairement moyen produit par le foyer dans le cercle horizontal de rayon l. L'éclairement à la distance x, suivant l'horizontale, est

$$e = \frac{i\,h}{(h^2 + x^2)^{3/2}}.$$

La quantité de lumière qui tombe sur une couronne annulaire infiniment étroite de rayon x est

$$dq = e \times 2\pi x\,dx = \frac{i\,h \times 2\pi x\,dx}{(h^2 + x^2)^{3/2}}.$$

La somme de lumière tombant dans le cercle de rayon l a pour expression

$$q = 2\pi\, i\, h \int_0^l \frac{x\,dx}{(h^2 + x^2)^{3/2}} = \frac{2\,\pi\, i\left(\sqrt{h^2 + l^2} - h\right)}{\sqrt{h^2 + l^2}}, \qquad \S\ 586.$$

L'éclairement moyen du cercle est

$$e_m = \frac{q}{\pi\, l^2} = \frac{2\,i\left(\sqrt{h^2 + l^2} - h\right)}{l^2\sqrt{h^2 + l^2}}. \qquad (4)$$

Si l'on introduit la condition (2)

$$h = \frac{l}{\sqrt{2}},$$

on obtient

$$e_m = \frac{0,84\ i}{l^2} = \frac{0,42\ i}{h^2}. \qquad (5)$$

Cette dernière équation permet de déterminer le rayon du cercle horizontal dans lequel une source lumineuse placée à la hauteur la plus avantageuse fournira un éclairement moyen donné.

Les foyers à arc donnant une répartition de lumière très inégale dans les diverses directions verticales, les équations précédentes ne leur sont pas rigoureusement applicables.

Si l'on trace, dans un plan vertical passant par le foyer, la courbe des éclairements produits sur le sol par ce dernier, on obtient avec une sphère éclairante homogène, une ligne présentant une ordonnée maximum au pied de la lampe et descendant rapidement vers le sol de part et d'autre de celle-ci, § 595.

Avec un arc à courant continu, au contraire, l'éclairement est nul au pied du foyer (si l'on néglige la lumière diffusée par l'atmosphère et si l'on suppose que le foyer ne possède pas de réflecteur). La courbe des éclairements s'élève rapidement de chaque côté du foyer, présente un maximum, puis décroît asymptotiquement vers le sol. Les ordonnées maxima correspondent à des distances au pied du foyer sensiblement égales à la hauteur de celui-ci. Cette circonstance indique que les arcs à courant continu doivent dépasser la hauteur déduite de la formule (2). Toutefois, comme on emploie des globes et des lanternes diffusantes et que le pouvoir absorbant de l'atmosphère dans les temps brumeux amène des pertes de lumière sensibles lorsque les lampes sont trop élevées, on se contentent parfois de considérer les foyers comme uniformément éclairants en adoptant l'intensité moyenne sphérique dans les calculs. Mais ce système est défavorable aux arcs à courant continu, qui projettent la presque totalité de leur lumière vers le sol. Pour tenir compte de ce fait, on peut admettre au lieu de la moyenne sphérique, la moyenne hémisphérique, en considérant seulement les rayons de l'hémisphère inférieure et en adoptant un certain coefficient de réduction pour tenir compte de l'absorption par les globes. Pour plus d'exactitude, on calculera la répartition des rayons en se servant des formules approchées de M. Palaz, § 598.

Le calcul de l'éclairement d'une salle présente de grandes difficultés, par suite du pouvoir diffusant des parois.

Le coefficient de diffusion atteint jusque 0,90 avec des murs blancs, mais il est généralement beaucoup inférieur dans les appartements.

Soit A le coefficient de diffusion d'une salle dans laquelle la quantité de lumière émise est Q. Une quantité de lumière A Q est renvoyée par les parois, tandis que la quantité $(1 - A)$ Q est absorbée. Une seconde diffusion rend de même une quantité de lumière A^2 Q et ainsi de suite. La lumière totale utilisable est

$$Q(1 + A + A^2 + \ldots) = Q\,\frac{1}{1 - A}.$$

Si A = 0,50, la salle paraît donc deux fois plus brillante que si les murs sont noirs. On voit l'importance de donner des teintes claires aux murs des appartements, au point de vue de la bonne utilisation de la lumière. Les salles d'atelier doivent être soigneusement blanchies à la chaux.

Un éclairement de luxe, permettant de lire commodément, équivaut à 20 ou 25 bougies décimales à 1 m. La lumière diffuse du jour dans les appartements représente de 25 à 200 bougies décimales à 1 m. Dans les ateliers exigeant beaucoup de lumière, comme les filatures, on demande 10 bougies à 1 m, tandis que dans les ateliers ordinaires, il suffit d'un éclairement général de

5 bougies à 1 m, indépendamment de l'éclairage spécial nécessaire pour certains outils.

Les places et les rues principales d'une ville exigent un éclairement moyen de 2 bougies à 1 m, tandis que les rues secondaires et les cours se contentent de 1 à 0,5 bougie à 1 m.

On exprime fréquemment en pratique l'éclairage d'un espace découvert ou d'un local fermé en divisant l'intensité totale des foyers par la surface horizontale éclairée. Ainsi 100 bougies placées dans une salle de 100 m² donnent un éclairage estimé à *1 bougie par mètre carré*. Cette expression ne correspond pas à l'unité d'éclairement employée précédemment. M. Fontaine a reconnu toutefois que l'éclairement d'une bougie à un mètre peut être obtenu grossièrement dans une salle, par une intensité lumineuse totale d'autant de bougies qu'il y a de mètres carrés dans l'emplacement considéré.

On a été amené dans les applications à adopter des règles empiriques analogues à la précédente, vu la difficulté dans les adjudications d'éclairages de mettre les foyers de différentes intensités sur une base de comparaison équitable.

Divers systèmes ont été proposés à cet égard. L'Administration des Chemins de fer de l'État Belge, par exemple, a appelé en concurrence l'électricité et le gaz pour l'éclairage des gares, en exigeant un éclairement minimum d'environ 0,2 bougie à 1 m. Cette condition s'est montrée très avantageuse pour les petits foyers, la règle contenue dans la formule (3) donnant dans le cas présent, pour les grands foyers, une hauteur inadmissible. Si, en effet, on pose $i = 20$ bougies et $e = 0,2$, l'équation (3) devient

$$0,2 = \frac{20}{5,2 \, h^2};$$

d'où $h = 4,4$ m.

Lorsqu'on a affaire à un foyer pour lequel $i = 1\,000$, la hauteur atteint 31 m, valeur tout à fait exagérée, parce qu'elle entraine des mâts trop coûteux et que les lampes ont, à cette hauteur, un effet utile trop faible en temps de brouillard.

Pour être juste, il faut faire entrer en ligne de compte la quantité totale de lumière fournie par le foyer et utilisée grâce au pouvoir diffusant de l'atmosphère et des objets en relief sur le sol. On imposera dans ce but un certain éclairement moyen, calculé comme on l'a vu précédemment. Pour éviter de trop grandes inégalités dans l'éclairement, il suffit de prescrire en outre un éclairement minimum. Cette indication supplémentaire est d'ailleurs inutile si la hauteur des foyers est désignée aux soumissionnaires.

601. — Qualités spéciales de l'éclairage électrique. — Les économistes ont remarqué que l'on peut mesurer le degré de civilisation d'un peuple à la façon dont il s'éclaire. Il est certain que l'industrie de l'éclairage est une de celles qui contribuent le plus au bien être et à l'hygiène et, à ce point de vue, il est incontestable que les lampes électriques réalisent un progrès considérable sur les autres illuminants.

Comparons ces systèmes au point de vue hygiénique. Une lampe à arc dégage, par heure et par 100 candles, 0,003 mètre cube d'anhydride carbonique et une quantité de chaleur de 60 calories (kg-d). La lampe à incandescence ne dégage pas d'anhydride carbonique et la chaleur produite est de 300 calories. En ce qui concerne le gaz, le bec d'Argand et le bec Manchester donnent respectivement 0,46 et 1,14 mètre cube d'anhydride carbonique, 4 860 et 12 150 calories. La lampe Carcel dégage 0,61 mètre cube d'anhydride carbonique et produit 4 200 calories. Or l'anhydride carbonique est nuisible dès qu'il dépasse la proportion de 6 volumes pour 10 000 et occasionne des maux de tête violents lorsque la proportion atteint 30 volumes. 5 m³ de gaz exigeraient donc 10 000 m³ d'air pour satisfaire aux lois de l'hygiène.

Ces chiffres montrent l'utilité de l'éclairage électrique pour éviter l'échauffement et la viciation de l'air des locaux. C'est particulièrement pour les théâtres, les clubs, les cafés, les magasins, que cet avantage de la lumière électrique est apprécié. D'après M. Mascart, un bec de gaz de 120 litres consomme autant d'oxygène que dix personnes adultes. Or, comme dans les salles de spectacle on compte environ un bec par personne, l'air respirable est aussi appauvri par l'éclairage au gaz que si l'on décuplait le nombre des spectateurs, sans compter que le gaz développe, dans une combustion incomplète, de l'acétylène et d'autres produits délétères.

Une atmosphère viciée par le gaz rend pénible le travail cérébral, ainsi que le travail physique. Il est incontestable que l'emploi de la lumière électrique dans les bureaux et les ateliers contribue à accroître la besogne effectuée par les employés et les ouvriers. D'après M. Preece, à la Savings Bank de Londres, où 1 200 personnes sont employées et où l'on a substitué l'électricité au gaz, la diminution des absences pour maladie a été assez grande pour que l'augmentation du travail fourni par le personnel payât le supplément de frais d'éclairage occasionné par la substitution. Outre leur action nuisible sur l'organisme, les produits de la combustion, particulièrement de celle du gaz, altèrent les peintures, les décorations et les tentures.

L'avantage qu'a l'arc voltaïque de conserver aux objets leurs tons naturels désigne ce système d'éclairage pour les industries où l'on doit discerner les couleurs : blanchiment du papier, triage des tissus, impression en couleurs, etc.

On reproche parfois à l'arc voltaïque de donner une teinte blafarde aux objets, parce qu'on prend pour terme de comparaison la lumière rougeâtre des flammes. Mais la lumière de l'arc est la seule capable de réaliser pratiquement un éclairement analogue, comme puissance et comme teinte, à celui de la lumière diffuse du jour.

Les lampes à arc conviennent tout particulièrement pour l'éclairage des grands espaces libres ou couverts. Il faut avoir soin de multiplier les foyers, de manière à éviter les ombres portées trop crues et à dissimuler les petites irrégularités dues à des défauts des régulateurs ou des charbons. Ces lampes s'accommodent des moteurs employés dans les usines.

Les lampes à incandescence se prêtent mieux à la division de la lumière dans les appartements. Elles n'exigent aucun entretien, mais elles demandent une constance de courant plus grande que les lampes à arc, et doivent, par suite, être alimentées par des moteurs spéciaux, à moins qu'on n'utilise des accumulateurs pour régulariser le courant, § 463. Lorsqu'on dispose des lampes à arc et des lampes à incandescence sur un même circuit alimenté par un générateur peu puissant, des précautions doivent être prises pour éviter que les irrégularités des premières n'occasionnent des vacillations dans l'éclat des secondes. Généralement on dispose les lampes en dérivation et on les soumet à une différence de potentiel de 65 à 70 volts, qui permet d'ajouter une forte résistance additionnelle à la suite des arcs.

USINES ÉLECTRIQUES.

602. — Règles générales présidant à l'établissement des usines électriques. — Les applications de l'éclairage par l'électricité se multiplient rapidement dans les villes, grâce aux distributions d'énergie électrique. Ces applications, qui se sont surtout développées aux États-Unis, où le prix élevé du gaz facilite la lutte sur le terrain économique, se répandent depuis quelques années en Europe, où il est peu de grandes villes qui ne possèdent ou ne projettent des usines électriques.

D'après M. H. Fontaine, il y a aujourd'hui près d'un million de chevaux-vapeur utilisés pour l'éclairage électrique, ce qui correspond à une intensité totale d'environ 260 millions de bougies décimales. Le nombre des stations centrales dépasse 1 500 et les capitaux qui y sont engagés s'élèvent déjà à plus d'un milliard de francs. Les États-Unis possèdent à eux seuls autant de foyers électriques que le reste du monde.

Les distributions d'énergie électrique peuvent être utilisées à l'alimentation des moteurs domestiques et des moteurs industriels.

Les deux applications se complètent très heureusement au point de vue de l'utilisation des usines électriques qui, lorsqu'on n'emploie pas les accumulateurs, doivent produire l'énergie électrique au fur et à mesure de la demande. Les moteurs sont des clients du jour, tandis que les lampes sont des clients du soir et de la nuit.

Aux États-Unis, où les moteurs électriques sont déjà très répandus, la demande moyenne d'énergie électrique pendant les 24 heures de la journée atteint parfois 40 pour 100 de la demande maximum. Dans les usines européennes, la moyenne dépasse rarement 20 pour 100 du débit total.

Avant de faire un choix entre les divers systèmes de distribution, il y a lieu de peser les conditions particulières de la localité à desservir. L'expérience apprend que les clients principaux d'une station électrique sont les établissements publics. Même aux États-

Unis, les particuliers n'entrent que pour une part insignifiante dans la consommation de l'électricité. Il en résulte que, sauf dans les quartiers commerçants, on doit s'attendre à un grand développement de conducteurs pour relier les abonnés.

Les systèmes directs qui exigent des conducteurs à fortes sections ne sont guère applicables que dans les parties d'une ville présentant une clientèle compacte.

Toutefois, on commence à faire usage de distributions à cinq fils qui permettent d'élever la tension dans le réseau jusque 450 volts et de desservir des agglomérations de plusieurs kilomètres de rayon. Dans le système Siemens par exemple, § 452, les machines de la station centrale produisent directement la tension totale de 450 volts et sont accouplées en dérivation. Des accumulateurs dérivés sur les conducteurs extrêmes, à l'usine ou en divers points du réseau, servent de régulateurs en même temps qu'ils assurent l'éclairage de nuit. La constance de la tension est assurée entre les conducteurs intermédiaires par des moteurs-dynamos fonctionnant d'après le principe exposé au § 451. Le potentiel pouvant acquérir une valeur élevée dans le circuit des lampes, au cas où il se produit un contact à la terre sur l'un des conducteurs extrêmes, il faut dans ce système veiller tout particulièrement à l'isolement des installations intérieures. Cette combinaison a l'avantage de fournir directement la tension utilisée dans les tramways électriques.

Lorsque les clients d'une distribution d'électricité sont clairsemés dans une ville, on recourt fréquemment aux systèmes de distribution indirecte, qui permettent d'employer des conducteurs de faibles sections et de concentrer la production de l'énergie dans une usine placée dans un quartier industriel, à proximité d'une voie de transport économique. On n'a pas ainsi à adopter des moyens dispendieux pour éviter la fumée, tels par exemple que de brûler des combustibles anthraciteux ou du coke. Lorsque, comme dans certaines parties de Londres, les conducteurs aériens sont autorisés, on réalise par l'emploi des hautes tensions une grande réduction dans les frais d'installation du réseau.

Parfois, on adopte une solution mixte : le quartier central d'une ville est desservi par une distribution directe et les faubourgs sont alimentés par des courants à haute tension et des appareils de transformation.

Il est bon d'estimer très largement la surface de terrain nécessaire à l'établissement d'une station centrale, car la demande d'énergie électrique suit ordinairement une progression rapide et les agrandissements sont toujours très coûteux. Les bâtiments de la station doivent être écartés des habitations voisines, afin d'empêcher la propagation des vibrations par les murs et de soustraire éventuellement ces habitations aux dangers d'incendie. Les usines électriques sont construites en matériaux incombustibles. Cependant, dans les salles renfermant des dynamos à haute tension on fait usage de planchers en bois, afin d'isoler les ouvriers chargés de l'entretien de ces dernières.

A Berlin, les usines électriques sont disposées au centre de pâtés de maisons. A cause de la cherté du terrain à l'intérieur des villes, on est obligé de disposer les machines à divers étages des bâtiments. A New-York, on est arrivé de la sorte à n'occuper que $0,18$ m² de terrain par cheval.

Il est important de s'assurer une quantité suffisante d'eau pour les machines à condensation. Si l'on n'est pas à proximité d'une rivière, à laquelle on peut se relier par une conduite, on cherchera à obtenir l'eau par des puits. Enfin, comme dernière ressource, on établira un réservoir à grande surface; fournissant l'eau aux condensateurs par un côté et recevant la vapeur condensée et l'eau chaude par le côté opposé. Pour activer le refroidissement de l'eau, on peut établir des bacs réfrigérants étagés en cascade. C'est en hiver que la demande d'énergie pour l'éclairage est la plus grande; c'est aussi à cette saison que le refroidissement sera le plus rapide. On emploie fréquemment, dans les usines électriques, un condensateur indépendant. En cas où l'on ne peut pas employer la condensation, la vapeur de décharge est utilisée, dans des réchauffeurs, à élever la température de l'eau d'alimentation.

Les générateurs de vapeur sont du type tubulaire pour diminuer le danger des explosions et permettre une mise en pression rapide et une production de vapeur très active aux moments de la journée où la demande de courant est maximum. Au besoin, on emploiera des ventilateurs pour activer les foyers.

L'alimentation se fait par une ou deux pompes à vapeur spéciales, de manière à assurer la régularité de ce service. Les chaudières tubulaires fournies à l'usine de la Spandauerstrasse, à Berlin, sont construites pour donner 10 kg de vapeur à 10 atmosphères par m² de surface de chauffe et par heure, l'eau entraînée avec la vapeur ne dépassant pas 1 pour 100. Il importe, dans des usines à marche aussi variable que les stations électriques, d'employer des chauffeurs expérimentés.

On divise les machines en un certain nombre d'unités; chaque unité comprend un moteur à vapeur attaquant une dynamo, dans le cas d'une distribution à deux fils, et deux dynamos en série, dans le cas d'une distribution à trois fils. Dans cette dernière application, on emploie communément des machines excitées en dérivation et simplement mises en tension, sans dispositif spécial. Le dispositif décrit au § 358 ne permettrait pas, en effet, de modifier séparément l'excitation de chaque machine pour faire face aux variations de la demande.

Par ces systèmes, on ne met en marche que le nombre de machines strictement nécessaire, de manière à leur faire produire leur rendement maximum. Les unités motrices ont une puissance variant de 300 à 1 000 chevaux, suivant les usines.

Les opinions sont divisées sur le type de machines à adopter. Les Américains préfèrent les moteurs à grandes vitesses (200 à 300 tours et davantage par minute), qui permettent une réduction de poids et, par suite, de prix des machines et qui diminuent l'importance des transmissions ou permettent, en cas d'attaque directe des dynamos, de simplifier la construction de celles-ci. En Europe, de nombreux électriciens sont partisans des moteurs à faibles vitesses (50 à 100 tours par minute), dont la marche est plus sûre et qui donnent lieu à moins de trépidations. Au point de vue de la dépense de combustible, il y a un léger avantage en faveur des faibles vitesses. Ainsi, les machines Van den Kerchove et Cⁱᵉ, de Gand, fournies à l'usine de la Spandauerstrasse de Berlin, donnent 1 000 chevaux à 75 tours et dépensent 6 kg de vapeur par cheval indiqué. Les machines Ball, livrées à la station Edison, à Brooklyn, développent 300 chevaux indiqués à 250 tours et dépensent 7,5 kg de vapeur par cheval. Les deux systèmes sont du type compound à condensation. Il faut toutefois remarquer que les frottements sont moindres dans les machines à grandes vitesses, ce qui réduit la différence si l'on considère les travaux effectifs au lieu des travaux indiqués.

On cherche autant que possible à supprimer les courroies et les transmissions intermédiaires, qui absorbent inutilement une partie de la force motrice et exposent à des interruptions. C'est ainsi que les grandes machines Van den Kerchove, spécifiées ci-dessus, commandent deux dynamos multipolaires Siemens disposées sur le prolongement de leurs arbres. Aux États-Unis, les dynamos multipolaires sont peu répandues, et l'on est obligé d'employer des courroies malgré la vitesse des moteurs.

Les tableaux de distribution sont en matière incombustible, telle que l'ardoise ou le marbre, soutenue par une carcasse métallique. Le tableau est séparé des murs par une distance suffisante pour que les ouvriers puissent circuler par derrière pour établir les connexions entre les appareils du tableau et les conducteurs.

603. — Station Edison, à New-York. — La fig. 392 donne une coupe d'une station construite par la Compagnie Edison, à New-York. Le bâtiment, limité par des murs épais, a une étendue de 30 m sur 17 m. Des charpentes et des pilastres massifs en fer et en fonte le divisent en 4 étages et un sous-sol. Tout le bâtiment est à l'épreuve du feu par l'emploi exclusif de matériaux incombustibles, tels que briques, tôles et béton.

Les moteurs à vapeur placés dans le sous-sol, afin de restreindre les vibrations, attaquent, à l'aide de courroies, les dynamos D D', situées au rez-de-chaussée. Les chaudières sont disposées au 2me étage; les foyers débouchent dans un couloir central qui constitue la chambre de chauffe. En dessous, au premier étage, de vastes carneaux de fumée F conduisent les produits de la combustion vers deux cheminées situées aux extrémités du bâtiment. A côté des carneaux, des voies de service sont parcourues par des wagonnets V destinés à l'enlèvement des scories et des cendres qui tombent par les trémies T. Au troisième étage, sont des réservoirs d'eau R et des soutes à charbon. Celles-ci sont alimentées par des voies de service situées au 4me étage et aboutissant à des monte-charges qui élèvent les wagonnets chargés de houille. Trois escaliers en fer donnent accès aux divers étages.

Les moteurs Armington et Sims, au nombre de 14, marchent à
200 tours par minute et ont une puissance totale de 2 800 chevaux.
Ils sont alimentés par de la vapeur à la pression de 6,4 kg par cm²,
le degré d'admission étant 0,25. Il n'y a pas de condensation. Les

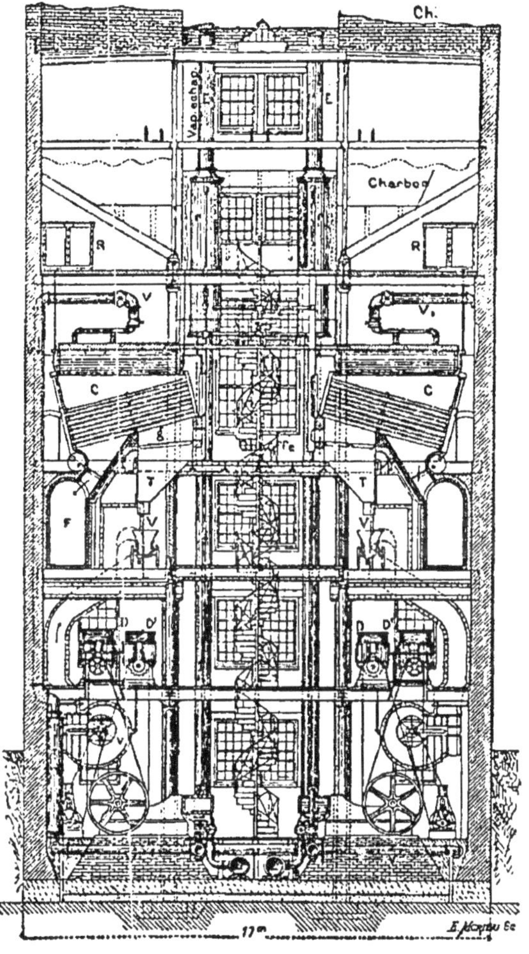

Fig. 392.

machines reposent sur une fondation en briques et béton, dans
laquelle passent les tuyaux de vapeur et d'échappement. De puissants ventilateurs V assurent le tirage forcé des foyers. Les tuyaux
d'échappement E passent au milieu de réservoirs en tôle *r* qui
servent de réchauffeurs pour l'eau d'alimentation.

Les dynamos, au nombre de 28, peuvent débiter 600 ampères à la tension de 140 volts, sous une vitesse de 650 tours par minute. Elles pèsent 6,7 tonnes chacune. Les murs du couloir central entre les dynamos sont occupés par le tableau de distribution comprenant les ampèremètres, les voltmètres et les régulateurs de champ magnétique.

Les chaudières tubulaires, du type Babcock et Wilcox, sont alimentées par l'eau de la ville pompée dans les réchauffeurs r r et les réservoirs R. Les cheminées Ch., qui ont cinquante mètres de hauteur à partir des carneaux F du premier étage, sont supportées à l'intérieur par d'énormes pilastres en fonte montant du sol jusqu'au second étage.

L'usine peut alimenter simultanément 35 000 lampes de 16 bougies et desservir par suite un réseau contenant environ 50 000 lampes. Il est à remarquer que les abonnés emploient des lampes de diverses intensités, 10, 16, 25 et 32 bougies. On ramène tous les foyers au taux uniforme de 16 bougies par une proportion. En général, les deux tiers seulement du nombre total des lampes fonctionnent simultanément.

La distribution se fait par le système à trois conducteurs, § 450, lesquels sont disposés dans des tubes de 6 mètres, reliés par des boîtes dans lesquelles s'opèrent les prises de courant pour les dérivations. Les conducteurs, disposés des deux côtés des rues afin de ne pas gêner la circulation lors de l'ouverture des tranchées, sont enfouis à 60 cm de profondeur. Les feeders se relient dans des boîtes spéciales avec le réseau de distribution.

Dans une autre usine, construite plus récemment par la Compagnie Edison à Brooklyn, on a réduit notablement les hauteurs des bâtiments, les chaudières ayant été disposées au rez-de-chaussée comme les machines à vapeur. Les dépôts de charbon et les réservoirs d'eau occupent le premier étage, de même que les dynamos ; tandis que les couloirs de dégagement des cendres et les pompes sont dans les caves. Un second étage sert pour les bureaux et les magasins de la Compagnie.

Le bâtiment mesurant 23 m sur 30 m peut contenir 12 moteurs de 300 chevaux, 24 dynamos et alimenter 40 000 lampes de 16 bougies.

Dans la salle des dynamos, qui se trouve au dessus de celle des moteurs, règne une galerie où l'on a placé le tableau de distribution. Un seul agent chargé de la manœuvre des appareils du tableau embrasse d'un coup d'œil les machines électriques. Un autre agent est préposé à l'entretien de ces dernières.

Le prix de la station de Brooklyn, de sa canalisation à trois conducteurs et des lampes est estimé à 3 200 000 fr. environ. Dans ce prix, le réseau souterrain, qui couvre un rectangle de 1 600 m sur 2 400 m, intervient pour près de 1 100 000 fr.

Le diagramme du débit de l'usine manifeste un courant moyen égal à 35 pour 100 du courant maximum.

604. — Usines centrales de Berlin. — Berlin compte un certain nombre de stations centrales, installées par une seule société et desservant un réseau de distribution à deux conducteurs, qui alimente environ 50 000 lampes de 16 bougies. Ce système de distribution conduit, pour les conducteurs seuls, à une dépense égale à tous les autres frais. La dépense totale étant environ de 1 250 fr. par cheval mécanique, non compris les lampes chez les abonnés ; celle du réseau proprement dit atteint 625 fr.

Afin de réduire les frais, on installe actuellement les nouvelles stations par le système à trois fils. Les câbles employés jusqu'à présent étaient du modèle Siemens et Halske, § 490. La société fait l'essai des conducteurs nus, placés sur isolateurs dans une conduite en béton. Les conducteurs adoptés sont des barres à sections rectangulaires et non des cordes de cuivre, ces dernières étant plus coûteuses et offrant une surface d'attaque plus grande à l'oxydation.

Dans la nouvelle station de la Spandauerstrasse, on a accumulé tous les perfectionnements suggérés par une expérience de plusieurs années. Une grande salle de 11 m de haut, située à 3 m en contrebas de la rue, contient les moteurs et les dynamos. Au dessus est un entresol de 3,60 m, puis vient la chambre de chauffe, laquelle a 7 m de haut. L'espace occupé par le bâtiment mesure 17 m sur 25 m.

Au lieu d'employer des machines de 200 à 250 chevaux à grande vitesse, comme à New-York et comme on l'a fait antérieurement à Berlin, on installe actuellement des unités motrices de 1 000 chevaux à faible vitesse. MM. Van den Kerchove et Cie, de Gand, ont construit pour la station de la Spandauerstrasse quatre machines verticales Corliss, du système compound à condensation, développant 1 180 chevaux indiqués et 1 000 chevaux effectifs à la vitesse de 75 tours. Ces machines sont construites de telle manière qu'un mécanicien peut effectuer d'un seul point toutes les manœuvres qu'entraîne un moteur, y compris sa pompe à air et son servo-moteur de mise en marche.

L'eau de condensation des stations de Berlin est fournie par des puits et par des conduites reliées à la Sprée. L'arbre de chaque machine à vapeur entraîne directement les induits de deux grandes dynamos à 10 pôles, du type Siemens, § 375. Ces machines, dont un modèle hexapolaire est représenté dans la fig. 393, n'ont

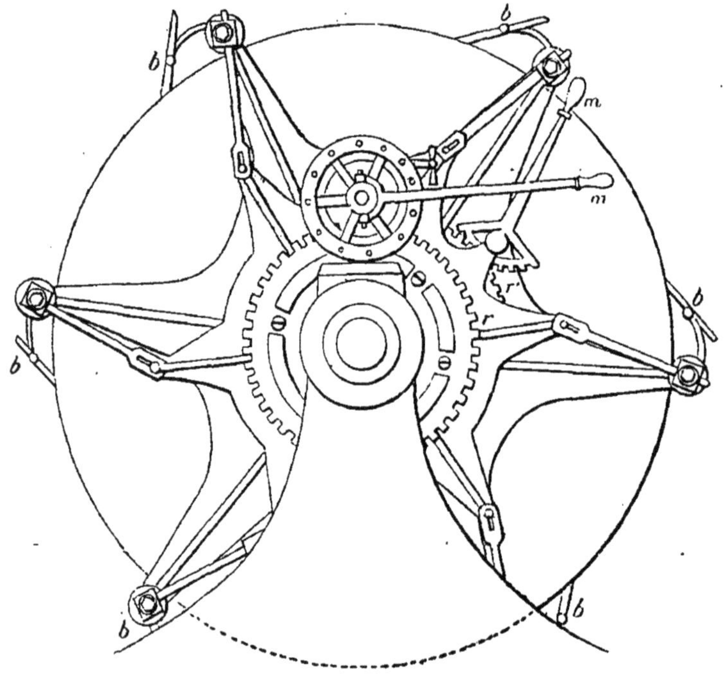

Fig. 393.

pas de collecteur distinct; la périphérie de l'induit est pourvue de lames de cuivre sur lesquelles frottent directement les balais.

Les dynamos ont des induits de 3 m de diamètre et développent, à 80 tours, 2 000 ampères sous une tension de 140 volts. L'excitation est en dérivation et les machines jumelles sont montées en tension pour effectuer la distribution par le système à trois conducteurs.

Les machines sont mises en marche au fur et à mesure de la demande. Avant de réunir une dynamo au réseau, on l'excite à vide, puis on la relie à un rhéostat formé de bandes de nickeline, de manière à lui faire produire son débit normal.

Par suite du nombre restreint de dynamos, le tableau de distribution est fort simple. On l'a disposé sur une galerie surélevée, d'où l'on embrasse toutes les machines. A chaque dynamo est affecté un levier de manœuvre qui permet de l'isoler, de la relier au rhéostat de réglage ou de la mettre en communication avec l'un ou l'autre des circuits de la distribution à trois fils.

Les feeders qui partent de la station sont réunis entr'eux à l'origine. Leurs résistances sont égalisées à l'aide de bandes de nickeline, de manière que la perte de tension soit sensiblement la même dans chacun d'eux pour le courant normal d'alimentation.

Les dynamos communiquent avec le commutateur par de larges barres de cuivre garnies d'une couche de ruban de coton. Le commutateur est relié aux feeders par des barres semblables, réunies en un point par un étau à vis. En cas d'accident grave à la canalisation, on peut supprimer brusquement cette connexion, en desserrant la vis de manière à provoquer la chute de l'étau. On ne conserve alors qu'une communication avec les théâtres, destinée à éviter la panique que produirait l'extinction des lampes. Cette mesure de précaution n'a toutefois pas encore trouvé son application.

Les fils pilotes, § 454, reviennent à un voltmètre commun, qui indique la tension moyenne dans le réseau et sur lequel l'agent dirigeant la manœuvre du commutateur a constamment les yeux. Chaque machine possède un ampèremètre indiquant le courant fourni au rhéostat ou au réseau, ainsi qu'un voltmètre servant lors du réglage de la dynamo. Ce voltmètre est différentiel : l'un des circuits est relié au réseau, l'autre à la machine.

L'emploi des grandes machines permet de desservir une usine avec un personnel restreint. Lorsque l'usine de la Spandauerstrasse alimentera 40 000 lampes de 16 bougies, le personnel comprendra :

1 ingénieur ;
1 électricien ;
1 aide-électricien ;

4 machinistes pour les moteurs;
4 machinistes pour les dynamos;
2 nettoyeurs pour les pompes d'alimentation;
1 chauffeur en chef;
6 chauffeurs.

Les stations centrales de Berlin assurent l'éclairage de quelques grandes artères de la ville à l'aide de circuits spéciaux alimentant des lampes à arc sous une tension de 600 volts.

On a constaté à Berlin que la durée moyenne d'allumage des lampes est de 700 heures par an. Le maximum de lampes allumées simultanément n'y dépasse pas 70 pour 100 du nombre des lampes placées.

Fig. 394.

605. — Station centrale de Genève. — La ville de Genève présente un exemple d'utilisation d'une chute d'eau à la production de l'éclairage électrique. La station de cette ville est alimentée par une distribution d'eau sous une pression de 13,5 atmosphères obtenue par le barrage du Rhône. On a installé cinq turbines Piccard de 200 chevaux, activant chacune deux dynamos Thury, associées en série afin de distribuer l'énergie par le système à trois conducteurs, sous une tension totale de 220 volts. Les câbles sont du système Siemens et Halske, de Berlin.

La figure 394 montre une vue d'ensemble du tableau de distribution pour trois groupes de dynamos. A la partie inférieure se trouvent les rhéostats servant à régler les champs magnétiques des machines. Des manivelles permettent d'ajuster ces rhéostats séparément. Au besoin, les axes des manivelles correspondant aux dynamos reliées en quantité peuvent être embrayés et manœuvrés par une manivelle unique.

Les groupes de dynamos communiquent avec trois grosses barres horizontales, au-dessus desquelles sont les interrupteurs qui permettent de relier les barres avec quatre faisceaux de feeders. Sous les barres de jonction sont figurés les ampèremètres servant à mesurer le débit des machines et les voltmètres.

606. — Stations de Dieulefit et de Valréas. — On compte, en France, un certain nombre d'installations municipales utilisant des chutes d'eau. L'une des plus intéressantes est celle qui alimente les deux villes de Dieulefit (Drôme) et de Valréas (Vaucluse), situées à 16 kilomètres l'une de l'autre, à l'aide d'une chute située à Béconne, à 5 kilomètres de la première ville et à 15 kilomètres de la seconde.

L'éclairage de chacune des villes est assuré par une turbine et une dynamo Ganz, à excitation indépendante, produisant 2 000 volts et 12 ampères. Une troisième dynamo-turbine sert de réserve.

La ligne la plus courte est formée d'un fil aérien de bronze de 3,2 mm de diamètre, ayant 15 ohms de résistance pour le circuit double. La plus longue, également aérienne, comprend un câble de même résistance. Dans la campagne, ces lignes sont placées sur poteaux avec isolateurs en porcelaine à double cloche. Dans les villes, les fils primaires s'appuient sur le faîte des maisons et les transformateurs sont logés dans des boîtes en zinc portées sur des consoles fixées aux murs.

La fig. 395 donne le schéma des appareils servant à l'une des distributions. Afin de relever la tension utile aux extrémités des

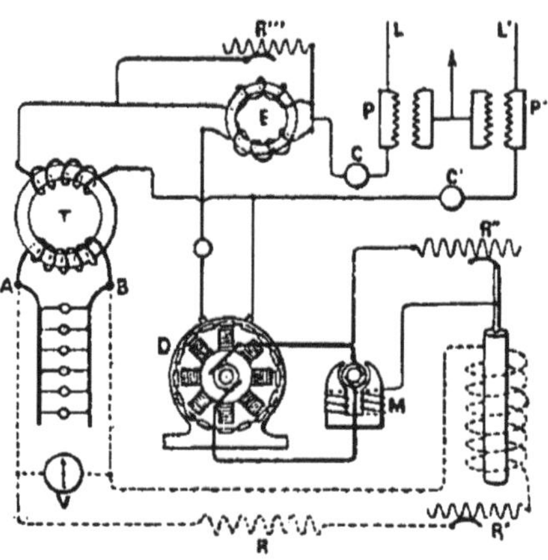

Fig. 395.

feeders, on emploie le dispositif différentiel décrit au § 460, qui sert également à alimenter les lampes de l'usine.

Le courant qui parcourt les feeders L L′ traverse le circuit primaire d'un transformateur E dont le secondaire, mis en tension avec le primaire du transformateur T, est dérivé par rapport aux bornes de la dynamo. Les connexions sont faites de manière que la force électro-motrice secondaire de E soit de sens opposé à celle de l'alternateur et réduise la différence de potentiel agissant aux bornes primaires de T proportionnellement à la chute de tension dans les feeders. En graduant convenablement cette réduction par un rhéostat R‴, on arrive à obtenir à chaque instant aux bornes de T exactement la différence de potentiel aux extrémités des feeders. En effet, en désignant par V la tension aux bornes de l'alternateur et par V′ la force électro-motrice secondaire de E, la tension aux bornes de T est V — V′; mais V′ est proportionnelle au courant I fourni par l'alternateur et traversant le primaire de E. En réglant convenablement la résistance R‴, on peut faire en sorte que le facteur de proportionnalité soit précisément égal à la résistance R des feeders. Par suite, la tension utile aux bornes de T sera V — I R comme aux bornes des transformateurs des abonnés et les lampes ainsi que le voltmètre reliés au secondaire de T seront soumis à la même différence de potentiel que les lampes des abonnés.

Le voltmètre V indique donc la tension des lampes du réseau et la disposition différentielle évite le placement onéreux des fils pilotes.

Aux bornes secondaires du transformateur T, on a également relié un solénoïde régulateur dont on verra le détail au paragraphe suivant et qui a pour fonction d'introduire automatiquement des résistances dans le circuit des inducteurs de la machine excitatrice M, lorsque la tension utile augmente dans le réseau et d'en retrancher au contraire, lorsque la tension diminue. En P sont les parafoudres à pointes servant à protéger les appareils de la station contre les décharges atmosphériques.

Dans la ville de Dieulefit, qui s'étend en longueur, on compte 6 transformateurs dérivés successivement sur la canalisation primaire. Afin d'éviter les différences de tension qui pourraient en résulter, les circuits induits des transformateurs sont réunis en dérivation. Par ce procédé, on égalise les tensions secondaires.

.607. — Usine électrique de Rome. — La ville de Rome possède la plus grande usine à courants alternatifs qui existe actuellement sur le continent. Cette usine, installée par MM. Ganz et Cie pour le compte de la Société gazière de la ville, alimente environ 2 400 lampes à incandescence de 16 bougies et 200 lampes à arc.

Le réseau s'étend jusqu'à une distance de 5 kilomètres de la station, laquelle est en dehors de la ville, près des ruines du Colisée et à proximité du Tibre.

La canalisation primaire est formée de câbles concentriques, système Siemens et Halske, enfouis dans une conduite souterraine en bois remplie de ciment. Des feeders partent de l'usine dans les principales directions et alimentent en dérivation des transformateurs d'une puissance uniforme de 10 chevaux. La tension primaire de 2 000 volts est réduite à 110 volts dans les circuits secondaires. Lorsque ceux-ci alimentent des lampes à arc, on emploie un conducteur intermédiaire de manière à obtenir 55 volts aux bornes des lampes mises en série avec des bobines à réaction servant de résistances additionnelles.

L'usine ne présente qu'un étage et contient de grandes dynamos de 320 kilowatts (2 000 volts et 160 ampères), attaquées directement par des machines Van den Kerchove marchant à 125 tours, et pourvues d'excitatrices spéciales à courant continu activées par des moteurs Westinghouse à grande vitesse.

La fig. 396 montre la disposition de ces machines à courant continu, réunies en parallèle par rapport à la ligne d'excitation, sur laquelle se branchent les inducteurs des alternateurs. Chaque machine excitatrice possède un rhéostat à main servant à régler le champ de ses inducteurs. En outre, un régulateur automatique à mercure permet de modifier l'excitation de l'ensemble des machines continues. Dans ce but, un solénoïde S, mis en dérivation sur la ligne d'excitation et traversé par un courant réglé par la résistance R_m, attire un noyau équilibré par un flotteur inférieur plongeant dans un vase contenant de l'eau. A la partie supérieure du noyau se trouve une cuvette remplie de mercure, dans lequel baignent des fils de longueurs variables reliés à des résistances intercalées dans le circuit des inducteurs des machines excitatrices. Si la différence de potentiel diminue dans la ligne d'excitation par suite de l'addition d'un alternateur, le noyau est attiré avec moins de force et la cuvette remonte; le mercure met un certain nombre de résistances en court-circuit et l'excitation des machines continues est accrue.

Quand l'appareil automatique est arrivé au bout de sa course, on le ramène en arrière au moyen des rhéostats de réglage à main.

Le tableau de distribution, fig. 397 et 398, mesure 2,40 m de hauteur sur 5 m de largeur. Il porte un certain nombre de barres doubles horizontales 1, 2, 3, 4, 5, 6, isolées sur des rondelles en porcelaine et reliées aux couples de feeders quittant la station. De ces barres descendent des tiges verticales que l'on voit dans les élévations de face et de côté.

Le commutateur porte autant de sections semblables à celle figurée qu'il y a d'alternateurs. Dans chaque section, deux barres marquées par les signes + et — sont reliées aux pôles d'un des alternateurs et supportent des tiges verticales descendant à la même hauteur que les tiges des feeders. Pour faire communiquer

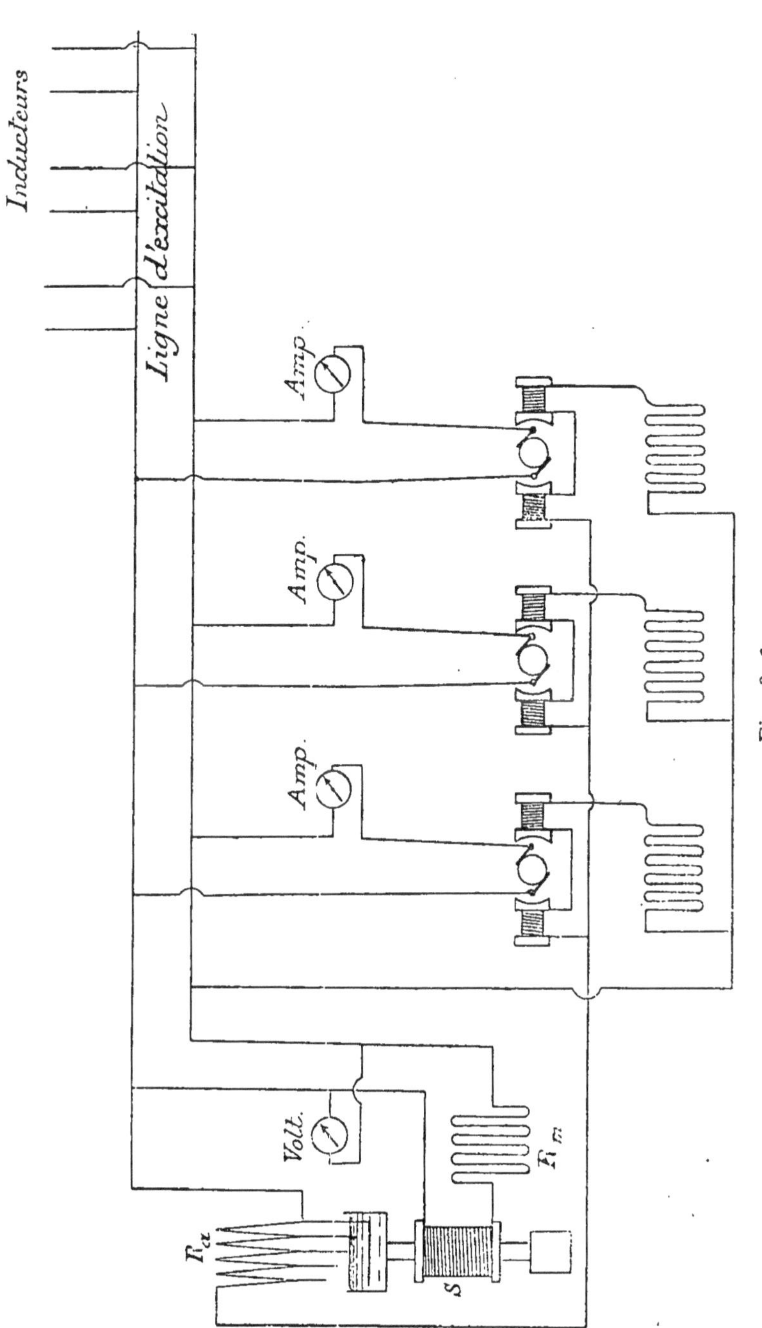

Fig. 396.

une des paires de feeders avec une des dynamos, il suffit de relever,
à l'aide d'une manivelle B, une paire de godets à mercure C. La
figure montre trois couples de feeders ainsi reliés. Le but des

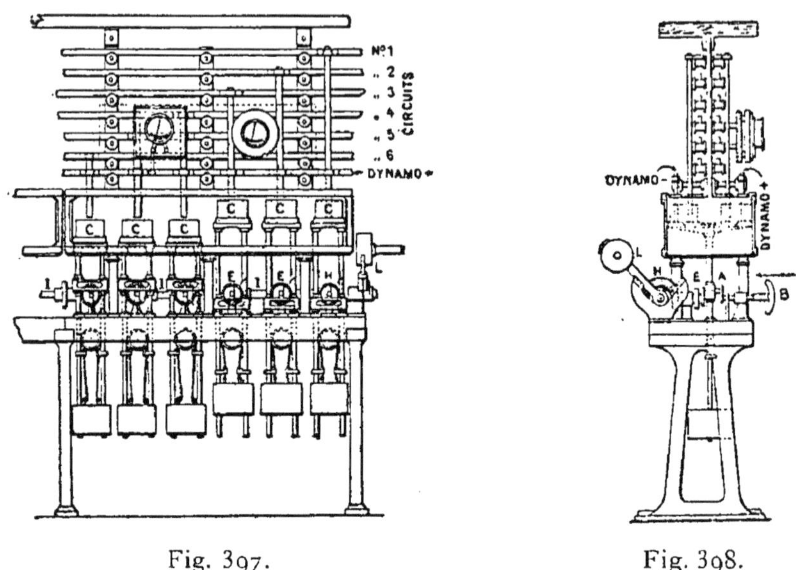

Fig. 397.   Fig. 398.

transmissions A , B , E , H est de permettre d'embrayer les mouvements des divers godets, de telle sorte que, par le déplacement de
la manivelle L, on puisse connecter un ou plusieurs alternateurs
avec les feeders, en même temps qu'on rompt la communication
de ceux-ci avec d'autres dynamos.

L'observation de la tension dans le réseau se fait à l'aide du
réducteur différentiel décrit au paragraphe précédent.

Les alternateurs sont associés en dérivation à mesure que la
demande s'accroît. Avant d'ajouter un alternateur, on commence
par le faire fonctionner sur des lampes ou des résistances disposées à l'usine et capables d'utiliser sa puissance totale, l'induit
tournant à sa vitesse normale. On relie cet induit au primaire
d'un transformateur voisin d'un second transformateur communiquant avec le réseau. Les secondaires de ces deux transformateurs sont mis en opposition dans un circuit contenant une
couple de lampes. Selon que les phases de l'alternateur coïncident
avec celles du réseau ou leur sont opposées, les lampes s'éteignent

ou s'allument. On constate des périodes plus ou moins longues pendant lesquelles l'éclat des lampes témoins diminue jusqu'à l'extinction et remonte ensuite. On saisit le moment d'une extinction pour réunir l'alternateur au réseau. On retire alors graduellement les résistances d'essai reliées aux bornes de la machine.

Le service commence à une heure de relevée en hiver et à trois heures en été. Avant de mettre la première dynamo en marche, on la règle sur le grand rhéostat capable d'absorber toute sa puissance. Un ampèremètre Hummel marque l'intensité du courant et un voltmètre Cardew, relié au réducteur de la machine, indique la différence de potentiel. Lorsque la demande approche du débit maximum du premier alternateur, un second alternateur est réglé de la même manière que le premier et réuni en parallèle avec celui-ci au moment où l'indicateur de phases montre que les machines marchent en cadence.

Quand un théâtre ou un magasin utilise un nombre de lampes très considérable, il prévient l'usine par téléphone dix minutes avant l'allumage, de manière que l'on ait le temps de préparer un des alternateurs pour l'ajouter en parallèle.

La maison Ganz emploie des alternateurs ne produisant que 42 périodes par seconde. Ce degré de fréquence facilite le couplage en parallèle des machines et permet d'alimenter de petits moteurs tétrapolaires ne faisant que 1 250 tours par minute, alors que, si la fréquence était plus grande, il faudrait ou multiplier beaucoup les pôles, ce qui rendrait le moteur coûteux, ou adopter des vitesses angulaires exagérées.

607bis. — Distribution Westinghouse. — La maison Westinghouse a contribué dans une large mesure au développement considérable pris par les distributions par transformateurs aux États-Unis. Nous avons eu l'occasion de décrire l'alternateur et le transformateur, § 404 et 424, que cette maison construit. Nous examinerons les caractères principaux des procédés de distribution qu'elle préconise.

Pour l'éclairage privé qui utilise surtout les lampes à incandescence, M. Westinghouse alimente les transformateurs en dérivation sous une tension d'un millier de volts, réduite dans les circuits secondaires à 50 volts. Ce voltage est considéré aux États-

Unis comme favorable à l'obtention de lampes à incandescence solides et de longue durée.

Les canalisations sont généralement aériennes dans les villes américaines et les poteaux qui supportent les fils soutiennent parfois le transformateur destiné à desservir un immeuble voisin, comme l'indique la fig. 399.

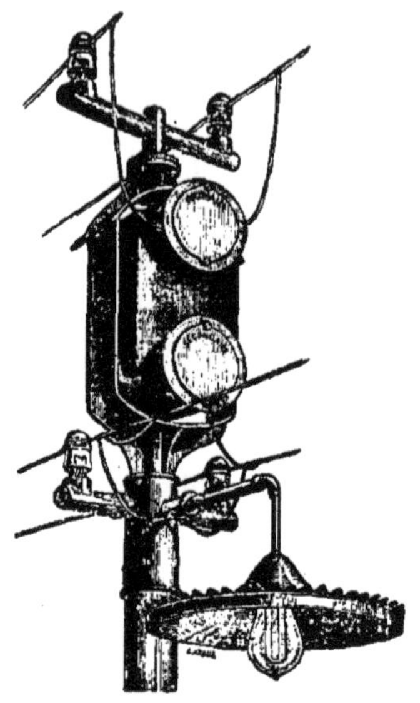

Fig. 399.

Lorsqu'on fait ainsi usage de conducteurs aériens, il est nécessaire de munir les transformateurs non seulement d'un coupe-circuit double sur le primaire et d'un appareil de sûreté empêchant tout contact entre le primaire et le secondaire, § 460^{quater}, mais encore d'un parafoudre préservant l'appareil en cas de décharges atmosphériques. L'ingénieuse disposition de M. E. Thomson, § 443, dans laquelle un électro-aimant traversé par le courant de la dynamo éloigne l'arc produit par celle-ci entre les plaques de sûreté et le rompt, pourra être mise à profit. Les transformateurs américains se disposent également contre les murs, extérieurement aux immeubles desservis.

Les alternateurs Westinghouse sont susceptibles d'être associés en quantité. Toutefois, la pratique américaine ne semble pas favorable à ce mode de groupement qui suppose tous les récepteurs reliés par un réseau commun. La facilité avec laquelle il se produit des terres dans un réseau à haute tension, dont l'isolement n'est pas très soigné, engage à diviser les récepteurs en groupes isolés communiquant par des feeders avec les alternateurs. De cette manière, si des mises à terre surviennent aux deux bornes primaires d'un transformateur, on isole le feeder correspondant à l'usine et il n'y a qu'un nombre restreint d'appareils interrompus.

A la station génératrice, on dispose des commutateurs permettant de relier un feeder ou un faisceau de feeders avec chacun des alternateurs. Aux heures où la demande de courant est faible, une seule dynamo suffit pour alimenter tous les feeders. A mesure que les lampes sont allumées, on sépare les feeders en les reliant isolément ou par groupes avec des alternateurs indépendants. Par ce moyen on fait en sorte que chaque machine fonctionne avec le meilleur rendement, tout en assurant l'indépendance des groupes de transformateurs. On règle la tension dans le réseau à l'aide d'un voltmètre Cardew relié au secondaire d'un transformateur dont le primaire communique avec des fils pilotes ou encore à l'aide de la disposition différentielle de MM. Ganz et Cie.

Les feeders peuvent être reliés avec un indicateur de terre dont le principe est analogue à celui du dispositif du § 494. Un transformateur dont une des bornes primaires est unie au sol peut être mis en communication par la seconde borne primaire avec l'un ou l'autre des conducteurs du circuit essayé.

Une lampe placée sur le secondaire brûle avec un éclat plus ou moins vif lorsqu'il existe une terre dans le réseau.

Toutes les clefs placées sur les circuits à haute tension doivent être doubles, c'est à dire qu'elles interrompent à la fois les deux conducteurs de chaque circuit, afin de ne pas laisser persister dans l'un d'eux une tension qui peut être dangereuse.

607ter. — Station de Sardinia Street, à Londres. — Les principes de la distribution Westinghouse ont été appliqués dans la station électrique de Sardinia Street, située dans un des quartiers riches de Londres ([1]) et au sujet de laquelle nous donnerons quelques

---

([1]) FLEMING, *Electrician,* 24 octobre 1890.

détails en raison du soin qui a été apporté par les ingénieurs de la Metropolitan Electric Light C⁰ dans l'étude de cette usine.

Les moteurs à vapeur sont établis au rez-de-chaussée sur des fondations en maçonnerie reposant sur une couche de feutre recouverte de plomb et appuyant elle même sur un massif de béton. L'ensemble de ces fondations est isolé dans une excavation à parois maçonnées, de 4 m de profondeur. On évite par ce moyen que les trépidations des machines ne se communiquent aux habitations voisines. En outre, les murs de l'usine sont doubles afin d'empêcher la propagation des bruits de celle-ci. Les dynamos sont situées au premier étage et attaquées par des courroies traversant le plancher.

Dix moteurs compound du système Westinghouse, produisant 250 chevaux à 200 tours par minute, commandent chacun un alternateur. Trois excitatrices à courant continu sont attaquées par des moteurs distincts.

Les chaudières se trouvent dans une halle latérale située, de même que le magasin à charbon, en contrebas de la rue, afin de pouvoir vider le combustible par des soupiraux ouvrant à la rue.

Sur un des côtés de la salle des dynamos se trouve un immense tableau de distribution, de 18 mètres de longueur et 4 mètres de hauteur, permettant d'effectuer les combinaisons suivantes entre les 3 excitatrices, les 10 alternateurs et les 20 feeders transportant l'énergie électrique de l'usine à 20 groupes distincts de transformateurs éparpillés dans le district desservi par l'usine.

1⁰ Une des excitatrices doit pouvoir être reliée à un groupe quelconque d'alternateurs.

2⁰ Un feeder ou un faisceau de feeders doit s'embrancher avec un alternateur quelconque ou exceptionnellement avec un groupe d'alternateurs associés en quantité.

3⁰ Un alternateur de réserve doit pouvoir remplacer rapidement une machine défectueuse.

Le tableau est formé de panneaux en ardoise emboîtés dans une charpente métallique. Il est suffisamment écarté du mur pour qu'un ouvrier puisse faire aisément les connexions à l'arrière entre les conducteurs et les appareils de commutation.

A chaque feeder correspond un panneau à la tête duquel se

trouvent un ampèremètre, un voltmètre marquant la tension au départ et un autre voltmètre permettant d'estimer la tension aux récepteurs grâce à la disposition différentielle déjà décrite. Chaque panneau porte également des résistances artificielles servant à régler séparément le voltage utile de chaque feeder, lorsqu'un même alternateur alimente plusieurs circuits.

Le voltage d'un faisceau de feeders peut être relevé ou abaissé par l'introduction de résistances dans le circuit dérivé d'une des excitatrices.

Le commutateur des excitatrices est situé au centre du tableau, en un point d'où l'on domine l'ensemble des dynamos.

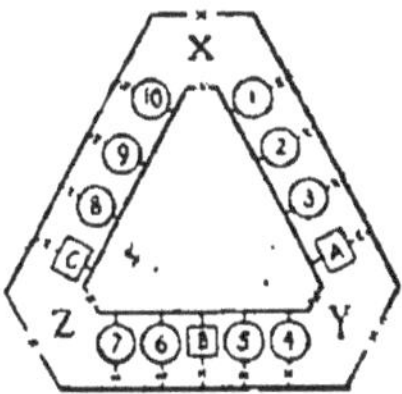

Fig. 400.

Les cercles marqués de 1 à 10 figurent les inducteurs des alternateurs qui, à l'aide de clefs d'interruption, peuvent être intercalés en dérivation par rapport à un des couples de conducteurs entre lesquels sont branchés les trois excitatrices A, B, C. Trois clefs doubles X, Y, Z permettent de fermer les triangles formés par les conducteurs. En manœuvrant les clefs des alternateurs et les trois doubles clefs, on peut former un grand nombre de combinaisons entre les excitatrices et les alternateurs.

Au panneau correspondant à un feeder se trouve un commutateur à l'aide duquel il est possible de relier cette artère à un alternateur ou à un groupe d'alternateurs, en même temps que de substituer rapidement un alternateur à un autre. La fig. 401 montre le principe de la disposition appliquée au cas de 3 alternateurs n° 1, n° 2 et n° 3. Ceux-ci communiquent par des conducteurs 1, 2, 3, 1', 2', 3', avec des blocs de laiton a, b, c, a', b', c', disposés entre deux rangées de barres h, g, h', g'. Des chevilles métalliques permettent de relier les blocs aux barres. Ces dernières sont raccordées d'autre part à un commutateur central dont l'organe principal est un levier double dont les branches communiquent avec les

deux conducteurs 4, 4′ constituant le feeder. Si l'on pousse le
double levier vers le haut, on voit que l'on peut faire communiquer
F, F′ avec G, G′. Si le levier est poussé vers le bas, c'est avec H, H′

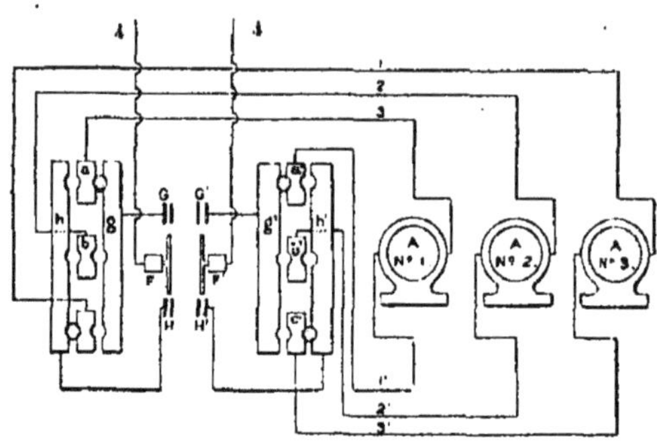

Fig. 401.

que la liaison s'établit. Enfin, dans une position intermédiaire, le
levier relie F, F′ à la fois avec G, G′ et H, H′. Cela compris, pour
connecter l'alternateur n° 1 avec le feeder, on mettra des chevilles
entre les blocs a, $a′$ et les barres g, $g′$ et l'on relèvera la double clef.

Pendant ce temps, on fera tourner une dynamo de secours, n° 3,
par exemple, à vide et à faible vitesse et l'on insérera des chevilles
entre c, $c′$ et h, $h′$. Si l'alternateur n° 1 vient à manquer, l'agent
préposé à la manœuvre du commutateur demandera au conducteur
des machines de donner au n° 3 une allure normale. Il suffira alors
d'abaisser brusquement le double levier pour opérer la transposition sans que l'on s'aperçoive de l'oscillation du courant dans le
feeder. On pourrait associer le n° 1 et le n° 2 en quantité, après les
avoir réglés à l'aide d'un synchroniseur de phases, en plaçant des
chevilles entre b, $b′$ et g, $g′$.

Comme il y a dix alternateurs dans la station de Sardinia Street,
il faut 20 panneaux contenant dix paires de blocs tels que a, $a′$.
On pourra ainsi grouper les feeders et les alternateurs de toutes
les manières possibles.

Les conducteurs du réseau sont souterrains. Ce sont des câbles
isolés au caoutchouc et tirés dans des conduites en fonte.

La fig. 402 montre un feeder arrivant à une boîte de distribution e
où il se raccorde par l'intermédiaire de fils fusibles avec des conducteurs alimentant des groupes de transformateurs a, b, c, h et d, m, n

disposés sur des circuits fermés en vue de permettre au courant d'arriver par deux côtés à ces appareils et de diminuer ainsi les chances d'arrêt de ceux-ci. Les conducteurs sont figurés par un trait unique pour simplifier le dessin. Le détail *h* montre qu'en avant d'un transformateur se trouve un coupe-circuit primaire qui est double.

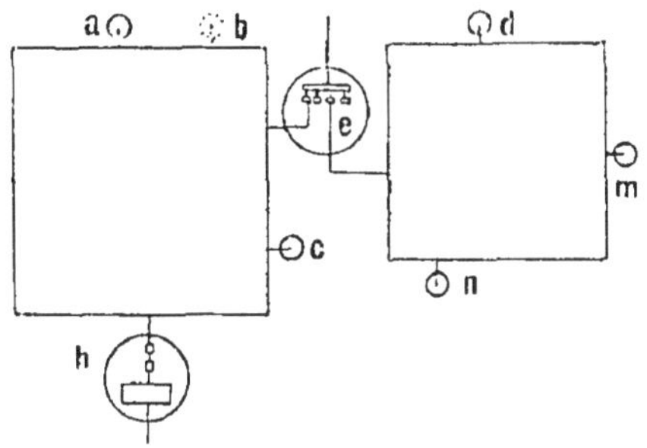

Fig. 402.

Devant chaque maison d'abonné la conduite présente un raccord en T par lequel on tire les bouts de câble allant vers le transformateur, afin de supprimer les joints au point de branchement. Si un nouvel abonné *m* demande un raccordement, on enlève le câble entier situé entre *d* et *n* et l'on tire deux bouts de câble nouveaux *dm*, *mn* pour éviter le joint. Le câble retiré est remisé jusqu'au moment du réemploi.

607^{quater}. — Distribution par le système de Ferranti, à Londres [1]. — La *London Electric Supply Corporation*, qui exploite le système de Ferranti, possède la station de Grosvenor Gallery, située au milieu de la cité et qui alimente par transformateurs environ 25 000 lampes à incandescence distribuées dans une concession étendue.

La difficulté de trouver dans la ville même l'emplacement nécessaire aux extensions de la distribution et les conditions propres à réaliser la plus grande économie possible dans le transport et l'utilisation du combustible, ont inspiré à M. de Ferranti le

---

[1] Haubtmann, *Lumière Électrique*, 30 août 1890.

projet hardi de reporter l'usine à Deptford, sur les bords de la Tamise, à 13 kilomètres de Grosvenor Gallery. L'usine nouvelle est entre le fleuve et la ligne du South-Eastern, ce qui fournit des voies d'accès économiques pour le combustible et les matières premières. Le fleuve donne, en outre, l'eau nécessaire à la condensation et sert à l'évacuation des eaux de décharge.

Enfin, un accord avec la Compagnie du chemin de fer permet de conduire les câbles de l'usine jusqu'au cœur de la ville par des conduits creusés à peu de frais dans les bas côtés de la voie ferrée. Mais l'éloignement de la station génératrice oblige à employer une tension très élevée pour ne pas devoir recourir à des sections de cuivre trop coûteuses. M. de Ferranti s'est arrêté à une tension de 10 000 volts dans les conducteurs partant de l'usine et qui, dans l'avenir, alimenteront une série de stations secondaires distribuées dans le périmètre concédé à la corporation. Actuellement, la seule station de distribution est celle de Grosvenor. Dans ces postes secondaires, des transformateurs ramèneront la tension à 2 400 volts dans des conducteurs desservant les transformateurs des abonnés, où une seconde transformation réduira le potentiel à une centaine de volts.

Les unités génératrices choisies à Deptford consistent en alternateurs de 10 000 chevaux; l'induit forme le volant de deux moteurs à vapeur de 5 000 chevaux, situés de part et d'autre de la dynamo. Pour le service du jour une dynamo de 1 250 chevaux suffit.

La nouveauté d'une telle solution et les proportions inusitées des éléments électriques et mécaniques mis en œuvre entraîneront nécessairement des tâtonnements; mais les débuts de l'entreprise, qui excite le plus vif intérêt parmi les électriciens, puisqu'elle ne tend à rien moins qu'à l'éclairage d'une grande ville par une usine unique, permettent d'augurer favorablement du triomphe de l'inventeur sur les difficultés inhérentes à un problème technique aussi grandiose.

Voici quelques détails au sujet de l'usine. Les bâtiments sont séparés de la Tamise par un dock destiné au déchargement et à l'emmagasinage du combustible. Celui-ci est transporté dans la chambre de chauffe et déversé entre deux lignes de chaudières par des bennes suspendues à une voie à rail unique.

Les générateurs de vapeur du type Babcock et Wilcox forment 4 rangées doubles de 6 chaudières, soit 48 générateurs de 500 chevaux. Deux énormes cheminées, disposées comme des tours de chaque côté du bâtiment, sont divisées par des cloisons en quatre compartiments, dont chacun est réservé à un massif de 6 chaudières.

Les moteurs à vapeur sont du type Corliss vertical à deux cylindres en tandem.

Les dynamos de 10 000 chevaux qui sont l'extension du modèle décrit au § 398 ont des induits de 14,76 m de diamètre et sont destinées à tourner à une vitesse tangentielle de 43 mètres par seconde, chiffre presque double de celui qu'on admet ordinairement dans les machines à disque.

Des dispositions spéciales ont été prises pour réparer rapidement les parties dérangeables des machines et pour éviter les accidents résultant des hautes tensions. Les bobines induites sont interchangeables et facilement démontables. De grands ponts roulants permettent de supporter un arbre et de remplacer un coussinet grippé. Le commutateur, pièce qui dans les alternateurs s'use extrêmement peu et ne demande aucun réglage, est enfermé dans une cage en verre dont la porte interrompt le circuit d'excitation en s'ouvrant.

Les machines excitatrices à courant continu sont attaquées directement par des moteurs Allen faisant 175 tours par minute.

Les conducteurs primaires ont été décrits au § 491bis. Ils sont soumis avant la pose à une tension de 30 000 volts. Ils offrent cette particularité de constituer un condensateur cylindrique et de donner lieu à des réactions qui amènent un potentiel plus élevé à l'extrémité de la ligne qu'à l'origine. Dans une expérience faite avec une tension de 8 500 volts à Deptford, on a trouvé 10 000 volts à Grosvenor. Il va sans dire que l'accroissement de la tension correspond à une diminution du courant efficace, dont une partie est absorbée par la capacité de la conduite.

APPLICATIONS DIVERSES.

608. — Éclairage public des villes. — Les lampes de faible intensité, employées habituellement pour l'éclairage des rues et des places publiques , n'éclairent qu'un périmètre très restreint et laissent le haut des maisons dans une obscurité presque complète. Pour l'éclairage des artères principales d'une ville, rien ne remplace la puissante lumière de l'arc voltaïque, qui produit l'effet d'un beau clair de lune et fait valoir l'architecture des maisons jusque dans les moindres détails.

Les lampes à arc doivent se placer à une hauteur suffisante pour ne pas gêner la vue par l'éclat direct du foyer. Les globes opalins corrigent du reste la crudité de la lumière directe. Les hauteurs de 8 à 20 m sont les plus courantes. Aux États-Unis, on a adopté dans certaines villes des mâts en treillis beaucoup plus élevés. Mais les lampes éclairent alors inutilement les faîtes des maisons, et l'entretien des foyers est rendu très difficile.

Les lampes peuvent être portées par des poteaux métalliques, disposés sur les trottoirs ; parfois elles sont suspendues au milieu des rues par des chaînes tendues entre deux poteaux ou entre deux maisons opposées. La fig. 403 montre la disposition adoptée dans l'avenue des Tilleuls, à Berlin.

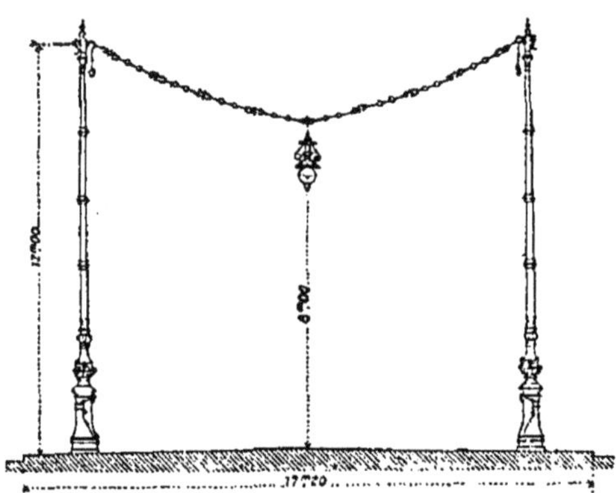

Fig. 403.

Lorsque les lampes sont portées par des poteaux, divers moyens sont en usage pour faciliter le renouvellement des charbons. Les lampes peuvent, par exemple, être descendues par un treuil fixé au bas du support et à l'aide de câbles passant sur des poulies à la partie supérieure. Lorsque la lampe est remise en place, elle vient butter à frottement contre des contacts métalliques reliés à la canalisation.

Pour éviter ces contacts mobiles, on peut descendre, avec la lampe, des câbles conducteurs flexibles, mais ce procédé expose ceux-ci à une usure rapide.

M. Jaspar emploie des mâts basculant autour d'un axe situé au tiers de la hauteur. Un contre-poids équilibre la partie supérieure du mât et la lampe pendant le mouvement.

Les lampes à arc destinées à l'éclairage des rues sont fréquemment alimentées en série par des dynamos à haute tension, afin de permettre l'emploi de conducteurs à faibles sections. On recommande dans ce cas, de disposer les lampes alternativement sur deux circuits, de sorte que, si un accident survient à l'un d'eux, la rue reste éclairée par la moitié des foyers.

Les machines à courant constant, des systèmes Brush et Thomson-Houston, §§ 382 et 383, sont spécialement affectées à l'alimentation en série des lampes. Ces dernières sont pourvues de veilleurs automatiques qui les mettent en court-circuit lors d'un accident aux charbons, § 581.

Récemment, la Compagnie Westinghouse a utilisé la distribution par transformateurs en série pour l'éclairage des rues par l'arc voltaïque. Un alternateur développant un courant constant alimente les circuits primaires de transformateurs disposés en série ; on a vu, § 458, que, dans ces conditions, le courant secondaire reste également invariable. Les circuits secondaires reçoivent une ou plusieurs lampes, suivant les dimensions des transformateurs. De cette manière, on évite les potentiels élevés aux bornes des foyers tout en permettant de faire usage de conducteurs d'alimentation à faibles sections. Lorsqu'on éteint une lampe, on doit la mettre en court-circuit. La dépense d'énergie est alors négligeable dans le circuit secondaire, vu la faible résistance de ce dernier, et, par suite, la puissance absorbée par le circuit primaire devient très minime.

Les lampes peuvent être employées sans résistances additionnelles ni bobines à réaction, puisque le contact accidentel des charbons n'accroît pas sensiblement le courant qui les traverse. La Compagnie Westinghouse a abaissé la fréquence du courant de 130 à 62 dans cette application. Le ronflement des lampes à arc baisse ainsi d'une octave, et la force contre-électro-motrice développée dans les électro-aimants des lampes est diminuée de moitié, ce qui permet de réduire les dimensions de ces appareils.

L'alternateur Stanley qui alimente les transformateurs jouit de
la propriété de donner un courant constant sans réglage spécial.
Sa réaction d'induit est telle que les variations de la force électro-
motrice et de l'angle de phase maintiennent l'intensité du flux à sa
valeur normale, quelle que soit la résistance extérieure.

Dans des villes disposant de distributions d'eau à haute pression,
M. Dulait, de Charleroi, a installé des lampes à arc de grande
puissance lumineuse portées par des mâts élevés, dans le socle desquels se trouvent une petite turbine et une dynamo, fig. 404. Cette

Fig. 404.

solution, d'une application toute spéciale, évite les canalisations
électriques.

Le rendement des lampes à incandescence n'étant guère que le cinquième de celui des foyers à arc voltaïque, les premières ne conviennent pas pour l'éclairage des grands espaces. Mais, dans les rues secondaires, dont la largeur ne permet pas de mettre à profit la lumière d'une lampe à arc et où l'on ne demande qu'un éclairement moyen minime, on pourra adopter les foyers à incandescence.

C'est ce que fait la Compagnie Edison, aux États-Unis, dans les petites villes. Pour cette application, elle emploie ordinairement la distribution en série sous une tension qui s'élève, aux pôles de la machine, à 500 ou 600 volts. Le courant est maintenu constant par un mécanisme automatique agissant sur l'excitation. Les lampes à faible différence de potentiel et à gros filament possèdent, comme les lampes Bernstein, § 567, un dispositif de sûreté qui met les fils d'alimentation en court-circuit, lorsque le charbon vient à se briser, ainsi que quand on enlève la lampe de son support.

Une solution simple et économique a été donnée par M. Westinghouse à l'alimentation des lampes à incandescence destinées à l'éclairage des voies publiques. Des lampes sont disposées en série entre les deux conducteurs primaires des distributions destinées à l'éclairage privé par transformateurs, § 607bis. Aux bornes de chaque lampe se place en dérivation une bobine à réaction qui n'absorbe qu'un courant négligeable tant que la lampe voisine est en activité, mais qui est traversée par le courant de circulation entier aussitôt que le filament vient à se briser et qui assure de la sorte la continuité du courant dans les autres lampes de la série.

Lorsqu'on adopte la distribution à 5 fils, § 452, les lampes à arc ou les lampes à incandescence servant à l'éclairage public peuvent être disposées en série entre les conducteurs extrêmes.

609. — Éclairage des gares et des usines. — Les grands espaces couverts ou découverts que présentent les gares et les usines s'éclairent fort bien avec les lampes à arc. Celles-ci permettent d'obtenir à peu de frais des foyers qui, placés à une hauteur suffisante, réduisent les ombres portées et permettent au personnel de travailler avec la même sécurité qu'à la lumière du jour. En outre, le bon éclairage des chantiers améliore le travail des ouvriers et facilite leur surveillance, ce qui permet de réaliser une économie sérieuse dans les frais d'exploitation.

C'est à ces titres que les Congrès tenus par les ingénieurs des chemins de fer à Milan (1885) et à Paris (1889) ont recommandé tout spécialement l'éclairage électrique dans les gares. Les lampes à arc employées doivent être placées assez haut, non seulement pour assurer une bonne répartition de la lumière, mais aussi pour ne pas gêner la vue des signaux optiques. En Belgique, les chemins de fer ont essayé des mâts ayant jusque 32 m d'élévation, mais l'expérience a montré que la hauteur de 16 m est une bonne limite pratique dans les régions basses du pays, où les brouillards sont fréquents et absorbent une fraction de la lumière d'autant plus grande que les foyers sont plus élevés.

Les lampes à arc devant brûler pendant les plus longues nuits sont pourvues de charbons simples ou doubles suffisants pour un éclairage de 16 heures.

Lorsque les foyers sont placés dans des halles couvertes ou dans des salles d'usines, on accroît l'effet des lampes en blanchissant les murs et les plafonds à la chaux.

Dans les cas où une grande uniformité est nécessaire dans l'éclairement, on s'est bien trouvé du système d'éclairage par réflexion. Ce système, qui s'applique aux foyers puissants, tels que les lampes à arc, consiste à disposer la lampe, le crayon positif en dessous, dans une lanterne fermée inférieurement et latéralement par des réflecteurs qui renvoient toute la lumière sur un écran blanc ou sur un plafond plat blanchi. Les rayons sont alors diffusés dans toutes les directions et donnent une lumière douce et égale qui supprime toute ombre portée. Le bureau principal des télégraphes de Bruxelles a été éclairé à l'aide de ce procédé par M. Jaspar, dès l'année 1879. Ce système est également appliqué avec succès dans les filatures.

Les gares et les usines trouvent généralement avantage à produire elles-mêmes l'énergie électrique qu'elles consomment. Autant que possible, il convient d'activer les dynamos par des moteurs spéciaux en vue d'assurer la fixité de la lumière. Cependant, lorsqu'un des moteurs de l'usine possède une allure suffisamment constante, il peut y avoir économie à l'utiliser pour la conduite des machines électriques. Un moteur irrégulier est susceptible d'être employé à la condition de régulariser la tension des dynamos par des accumulateurs en dérivation sur le circuit des lampes, § 463.

Dans beaucoup d'installations industrielles, on alimente les lampes à arc en dérivation par des conducteurs partant de l'usine pour chaque foyer, afin d'assurer l'indépendance de ces appareils et de permettre de les allumer et de les éteindre d'un seul point. La résistance de ces conducteurs est alors calculée de manière à ce qu'ils tiennent lieu autant que possible des résistances artificielles exigées par les arcs en dérivation. On emploie même dans ces occasions des conducteurs en fer étamé ou galvanisé, dans les endroits à l'abri de la pluie. On dispose, au tableau de distribution, dans chaque circuit, un avertisseur d'extinction formé d'un électro-aimant traversé par le courant et dont l'armature dégage un voyant lorsqu'elle est attirée. Cette précaution permet au mécanicien de juger d'un coup d'œil de l'état des foyers. Ce système a l'inconvénient d'exiger un grand développement de conducteurs. On peut économiser ceux-ci en groupant 6 à 12 foyers en série, diverses séries étant réunies en dérivation sur les conduites d'alimentation.

610. — Éclairage des théâtres, cafés et magasins. Éclairage de blocs de maisons. — L'éclairage électrique des théâtres et des grands magasins se recommande au point de vue de la sécurité et de l'hygiène; aussi ce genre d'applications a-t-il pris un grand développement. Comme ces installations comptent généralement un grand nombre de lampes, on trouve souvent avantage à les munir de machines et de dynamos spéciales, même dans les villes où il existe des distributions d'électricité. Ces dernières ont, en effet, des frais généraux considérables résultant des canalisations et des taxes municipales, ce qui élève le prix de revient de l'énergie électrique au delà du prix de revient obtenu dans une usine spéciale d'une certaine importance, dont toute la puissance est utilisée pendant la durée de l'éclairage, alors que dans les usines urbaines le débit moyen des machines est relativement faible.

Parfois un groupe d'habitations voisines possède une installation commune pour la production de l'énergie électrique. Les machines motrices et les dynamos s'installent dans une cave ou dans un hangar et celles-ci se raccordent avec les immeubles desservis par une canalisation qui est généralement aérienne, eu égard à la faible section admissible avec des conducteurs de peu de développement. Les fils sont placés sur les toits ou sur des poteaux plantés dans les arrière-cours des bâtiments. Ce mode d'installation est très développé dans certaines villes. Il permet de se soustraire aux taxes municipales qui frappent les canalisations posées dans les rues et évite l'emploi des conducteurs souterrains qui constituent une des charges les plus lourdes des distributions urbaines. Toutefois, ce système d'éclairage exige une entente entre les propriétaires voisins. Comme chacun de ceux-ci est maître d'empêcher le passage des fils au-dessus de sa propriété, il suffit du mauvais vouloir de quelques-uns d'entr'eux pour empêcher le succès de l'entreprise.

Les moteurs employés dans ces installations doivent être aussi peu bruyants que possible, particulièrement lorsqu'ils sont placés dans les sous-sols d'un théâtre. On peut, dans ce dernier cas, étouffer complètement le bruit en tendant les parois de la chambre des machines d'un matelas de coton ou de laine. La propagation des vibrations mécaniques est évitée en adoptant les précautions spécifiées au § 372. A Bruxelles, la Société Tudor s'est bien trouvée de l'interposition d'une double couche de dalles en liége bitumé sous les fondations des machines, dont le massif est séparé des murs des bâtiments. Les courroies donnent lieu à un bruissement particulier qu'on évite par l'emploi de cordes de transmission ou par l'attaque directe des dynamos.

Les règles suivies dans les distributions électriques des villes trouvent leur application dans ces installations particulières. On utilise fréquemment la distribution en boucle, § 447, en vue d'égaliser la chute de tension aux lampes. Les lampes à incandescence sont en dérivation sur des conducteurs de section suffisante, pour éviter des différences de tension trop grandes entre les divers foyers. Au besoin, on peut recourir à l'emploi des feeders, de manière à permettre de satisfaire à la règle d'économie de Thomson, tout en maintenant la tension aux foyers entre les limites prescrites. Si l'on n'emploie qu'une seule dynamo, l'enroulement hyper-compound des inducteurs permet de conserver la tension constante à l'extrémité des feeders. Dans le cas de plusieurs dynamos, on préfère recourir à l'enroulement en dérivation qui facilite l'association des machines en parallèle. Lorsque les machines sont assez éloignées des locaux à éclairer, on fait aboutir les feeders à un tableau de distribution secondaire d'où partent les circuits alimentant les divers groupes de lampes. Les fils de sûreté protégeant ces circuits sont fixés au tableau. Les lampes à arc peuvent former divers groupes de foyers en série. Souvent cependant on raccorde chaque foyer directement aux pôles des dynamos, en munissant chacun des circuits d'un avertisseur d'extinction, comme on l'a vu au paragraphe précédent.

Les magasins remplacent parfois les lampes de la vitrine par des arcs disposés à l'extérieur, qui éclairent l'étalage à l'aide de réflecteurs, en même temps qu'ils constituent une attraction pour le public qui se porte vers les endroits ainsi éclairés.

611. — Dispositions particulières prises dans les théâtres. — L'éclairage d'un théâtre exige, au point de vue tant de la sécurité que des effets spéciaux à produire dans la salle et sur la scène, des dispositions particulières.

L'éclairage intérieur se fait généralement par des lampes à incandescence, dont la teinte chaude se prête mieux que celle des lampes à arc aux effets de décoration et de toilette auxquels nos yeux sont habitués.

L'arc trouve son application dans les péristyles, ainsi que dans la production de certains effets de scène, tels que l'éclairage des ballets. On utilise souvent pour l'éclairage de la salle les supports des lampes à gaz, lustres et girandoles, sur lesquels on dispose des lampes à incandescence qui produisent un effet d'illumination autant que d'éclairement. Dans plusieurs théâtres on a distribué les petites lampes à incandescence suivant des cordons dessinant les galeries des étages successifs. Cette disposition n'empêche pas, comme un lustre, la vue de la scène pour les spectateurs des étages supérieurs. On s'est bien trouvé également de l'emploi de lustres à cristaux, au milieu desquels on dissimule les lampes qui peuvent alors avoir une grande intensité. Les facettes cristallines dispersent les faisceaux lumineux, en même temps qu'elles produisent des jeux de lumière d'un effet agréable.

L'effet d'éclairement proprement dit peut s'obtenir plus économiquement par quelques grosses lampes à incandescence ou par quelques arcs suspendus au plafond, mais ce système s'écarte de nos habitudes et prête, par conséquent, à certaines critiques. En outre, la lumière des lampes à arc ne peut être graduée comme celle des lampes à incandescence pour produire les effets de crépuscule. L'éclairage de la scène, des loges d'artistes et des couloirs se fait par des lampes à incandescence. Souvent on dispose des lampes de secours alimentées par des circuits spéciaux reliés à des accumulateurs.

L'éclairage de la scène est celui qui présente la plus grande complication. La fig. 405 montre la répartition des lampes au théâtre du Vaudeville à Paris (¹). A la *rampe*, se trouve une série de lampes fixes *c*. Plusieurs lignes de lampes sont suspendues à des *herses*, *f*, *g*, *h*, *i*, *m*, à la partie supérieure de la scène; on fait varier la hauteur de ces lampes suivant la nature des décors. Le courant est amené aux herses par des câbles doubles qu'on fixe à des prises de courant situées au niveau du premier étage de la scène. Ces câbles flexibles sont souvent enfermés dans une gaîne de cuir afin d'éviter que les frottements n'amènent l'usure des isolants et ne mettent les conducteurs à nu.

Les côtés de la scène sont, en outre, éclairés par des faisceaux de lampes fixées sur des planches verticales qu'on accroche aux *portants*. Des conducteurs souples semblables aux précédents alimentent les lampes des portants. Ils sont reliés à des conducteurs fixes représentés en pointillé et placés sous le plancher de la scène. Toutes ces lampes sont naturellement dissimulées aux spectateurs placés dans la salle par les décors et par des réflecteurs blanchis qui projettent toute la lumière vers la scène.

Il est important de protéger les circuits, particulièrement ceux qui comportent des conducteurs flexibles, par des fils de sûreté, à cause de l'inflammabilité des décors.

Dans la salle des machine G se trouve un tableau de distribution d'où partent les conducteurs principaux. Les lampes de la

---

(¹) DIEUDONNÉ, *L'éclairage des Théâtres de Paris. La Lumière Électrique*, t. 29.

scène et de la salle, soumises aux effets de lumière, sont raccordées
à un commutateur spécial ou *jeu d'orgue,* situé contre le mur séparant la salle du bas de la scène, à proximité du trou du souffleur
ou dans la coulisse. Ce commutateur doit permettre d'affaiblir progressivement ou brusquement l'éclat des lampes, depuis l'intensité
normale jusqu'à une intensité nulle.

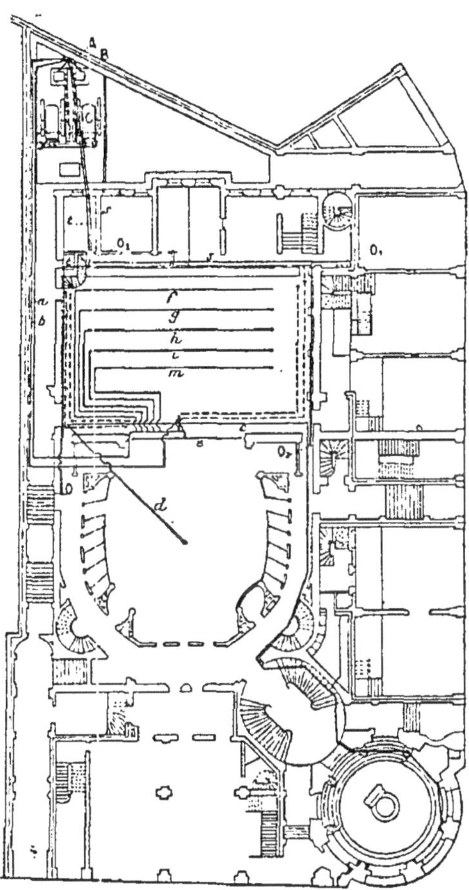

Fig. 405.

Dans certaines installations très complètes, les herses et la rampe
sont fournies de trois séries de lampes qu'on peut substituer les
unes aux autres. La première est formée de lampes ordinaires à
ampoules incolores, la deuxième comporte des ampoules de verre
rouge, et la troisième des ampoules de verre bleu.

Ces deux dernières séries servent à produire des jeux de lumière spéciaux pour simuler les effets d'incendie, de jour baissant, etc.

Afin de graduer l'éclairement, les circuits spéciaux qui alimentent les divers groupes de lampes de la salle et de la scène contiennent des résistances artificielles que l'on peut faire varier à l'aide de leviers placés dans le jeu d'orgue. Ces divers leviers se manœuvrent séparément ou simultanément. Dans ce dernier cas, on les embraie tous avec un arbre spécial commandé à l'aide d'une manivelle.

Les résistances artificielles nécessaires à ces jeux de lumière occupent un assez grand espace. Elles se composent de fils ou de toiles de maillechort ou de nickeline supportés par des isolateurs et tendus côte à côte sur un chassis en fer. On empêche les contacts entre les fils voisins à l'aide de séparations en carton d'amiante. Ces faisceaux de fils se placent sous les jeux d'orgue, dans le dessous de la scène. L'ensemble du commutateur et du rhéostat est protégé par une cage en tôle ou par des cloisons en briques destinées à éviter les dangers d'incendie.

L'installation de trois séries de lampes de colorations différentes exige que tous les circuits et les commutateurs de la scène soient disposés en triple, ce qui entraine des frais assez élevés. Dans certains cas, on évite ces frais en n'installant qu'une seule série de lampes à ampoules incolores aux herses et à la rampe, et en amenant devant ces lampes des écrans en gélatine rouges ou bleus, selon les effets à produire.

Parfois, les effets de théâtre exigent des foyers à arc mobiles, à l'aide desquels on projette des faisceaux de vive lumière sur certains points de la scène. Ces lampes, pourvues de réflecteurs paraboliques, sont maniées par des agents spéciaux. Elles sont placées sur un trépied à roulettes et pivotent sur un genou, afin que le faisceau lumineux puisse être dirigé aisément ; une lanterne munie d'une glace enferme complètement le foyer, pour éviter la chute de fragments de charbon incandescents.

Lorsque les théâtres contiennent leur installation motrice, on emploie deux moteurs et deux dynamos, un des groupes de machines pouvant alimenter les lampes strictement nécessaires, afin qu'en cas d'accident à l'une des machines, l'éclairage ne soit pas interrompu. L'emploi d'accumulateurs en quantité suffisante supplée à une machine de réserve.

612. — Éclairage des trains. — Depuis quelques années, de nombreux essais ont été effectués en vue d'éclairer les voitures des trains à l'aide de lampes à incandescence. Ces essais, limités d'abord aux wagons-salons, tendent à s'étendre à toutes les voitures des trains. Les lampes électriques peuvent se placer au-dessus du dossier des sièges, de manière à permettre aux voyageurs de lire avec commodité. Des abat-jour et des écrans mobiles servent à voiler la lumière pour les voyageurs placés en face des lampes. Partout où les essais ont eu lieu, le nouvel éclairage a été considéré comme un progrès considérable sur l'éclairage par les lampes à gaz ou à l'huile.

Les accumulateurs ont été reconnus indispensables dans cette application, afin de régulariser la tension des lampes et d'assurer la continuité de l'éclairage pendant la formation des trains et les arrêts.

Divers systèmes sont employés pour la production de l'énergie électrique et le chargement des accumulateurs :

1° Le système le plus généralement adopté consiste à placer sous chaque voiture, dans une ou plusieurs caisses en tôle, des boîtes renfermant les couples secondaires nécessaires à l'alimentation des lampes du wagon. Celles-ci ont une intensité lumineuse de 8 à 12 bougies décimales et sont soumises à une tension de 15 à 25 volts. Un commutateur ou un rhéostat permet de parer à la baisse de différence de potentiel occasionnée par la décharge des éléments qui dure de 12 à 15 heures. Le poids d'accumulateurs, pour une voiture, varie de 120 à 600 kg, suivant le nombre de lampes, la longueur des wagons et le système de batterie employé.

Les accumulateurs se chargent à postes fixes, dans des dépôts où les voitures sont amenées et où les batteries sont mises en charge sans transbordement. On utilise, à ce service, le personnel des lampisteries.

2° Un second système consiste à charger les accumulateurs par une dynamo commandée par un moteur placé dans le fourgon de tête du train et recevant la vapeur de la chaudière de la locomotive. Cette disposition évite le retour des voitures au dépôt et permet un éclairage continu de longue durée, tel que celui exigé par les voitures effectuant des parcours étendus.

La vapeur d'échappement de la petite machine peut servir, pendant la mauvaise saison, au chauffage du train. Il faut remarquer, en effet, que si la vapeur est admise à 10 atmosphères (179°96) et s'échappe à 1 atmosphère (100°), elle n'a perdu que 4 pour 100 de sa chaleur.

3° Un dernier système consiste à charger les accumulateurs en cours de route par une dynamo commandée par un essieu du fourgon. Cet essieu reçoit une poulie sur laquelle passe une courroie munie d'un tendeur et enroulée autour de la poulie de la machine électrique. Cette dernière ne peut évidemment charger les couples qu'à partir du moment où le train a acquis une vitesse déterminée. Il faut donc prévoir un commutateur automatique qui ferme le circuit de la dynamo lorsque cette vitesse est atteinte, et qui règle l'excitation lorsque l'allure du train devient trop rapide. Ce mécanisme est nécessairement assez délicat ; aussi les essais de ce système n'ont-ils pas toujours réussi.

D'après le rapport présenté par MM. E. Sartiaux et Weissenbruch au Congrès des chemins de fer, en 1889, les essais effectués par le premier système, en Europe, ont donné un prix de revient de 1,9 à 3 centimes par lampe-heure, pour des lampes de 6 à 8 bougies. Le deuxième système, essayé aux États-Unis, coûte de 3,5 à 5 centimes par lampe-heure de 16 bougies. Enfin le troisième système est revenu, en Europe, à 4 ou 5 centimes par lampe-heure de 5 bougies.

En regard de ces prix, il est intéressant de placer le coût des autres systèmes d'éclairage. D'après le bureau impérial des chemins de fer allemands, le gaz coûte 3,764 centimes et l'huile de colza 5,636 centimes par lampe-heure de 5 à 6 bougies. La Compagnie Paris-Lyon-Méditerranée paie 4,37 centimes pour le gaz, et celle du Gothard 5,37 centimes.

En présence de ces faits, la Commission technique de l'Union des chemins de fer suisses a, dans sa séance du 2 novembre 1889, formulé la conclusion suivante :

Eu égard à l'état actuel de l'éclairage électrique, on ne peut encourager le développement de l'éclairage au gaz des voitures de chemins de fer. Il est préférable d'étudier le système de l'éclairage des voitures à l'électricité et de chercher à le perfectionner par des essais pratiques.

613. — Eclairage des mines. — Lorsqu'une mine possède une distribution électrique servant à l'alimentation des moteurs, § 527, il est naturel d'employer le courant pour l'allumage des lampes disposées à poste fixe. Dans les mines à grisou, ces lampes peuvent être rendues inoffensives en cas de bris de l'ampoule par une lanterne hermétiquement fermée et pourvue d'un globe en verre épais.

La propriété des lampes de mineur ordinaires de décéler la présence du grisou peut être suppléée par un avertisseur spécial utilisant l'endosmose des gaz en vue de déterminer une pression dans une cavité à fermeture élastique. Le déplacement de cette dernière est mis à profit pour fermer le circuit d'une sonnerie.

L'alimentation des lampes portatives, qui doivent contenir leur générateur électrique, présente plus de difficultés, par suite de la nécessité de leur donner un poids faible. Voici quelques données extraites d'une communication de M. Watts :

La lampe Swan utilise quatre éléments secondaires groupés dans un bloc de gutta-percha renfermé dans une boîte en bois. Le poids de l'appareil est de 3,2 kg. La lampe d'une intensité lumineuse de 1 à 1,3 bougie peut brûler pendant 10 heures. Prix : 33,75 fr. Frais d'entretien journaliers : 5 centimes. La lampe Schanschieff comprend une pile zinc-solution de sulfate mercureux-charbon. Le tout pèse 2,5 kg et est susceptible de produire une intensité de 2 à 3 bougies pendant 9 heures. Prix : 37,50 fr. Frais d'entretien journaliers : 6 centimes.

Il reste beaucoup à faire dans cette voie. L'emploi des piles légères, primaires ou secondaires, permettra d'arriver à une solution susceptible de se généraliser.

COUT DE L'ÉCLAIRAGE ÉLECTRIQUE.

614. — Prix des appareils (¹). — Afin de permettre de dresser approximativement les devis relatifs aux dépenses d'installation et

---

(¹) H. Fontaine, *Traité d'éclairage électrique*. Paris, Baudry.

d'exploitation de l'éclairage électrique, nous donnons ci-après les prix des principaux appareils utilisés.

Ces chiffres se rapportent aux tarifs actuels des fabricants, mais il ne faut pas perdre de vue que l'extension de la concurrence et les progrès de la construction mécanique des appareils produisent d'année en année un abaissement de prix. L'on fera bien de vérifier soigneusement les détails de construction des appareils afin de voir si leur solidité est en rapport avec leur coût. Si l'on ne possède pas d'expérience spéciale, il est prudent de prendre l'avis de personnes expertes. En tous cas, il est bon de ne s'adresser qu'à des fabricants sérieux.

Le prix des dynamos varie avec le type et la grandeur de ces appareils. Ainsi, les dynamos à grande vitesse angulaire sont plus économiques que les dynamos à allure plus lente, car, à vitesse périphérique égale, les premières sont plus légères et plus faciles à construire.

Les prix établis par les différents constructeurs tendent à se niveler au taux uniforme de 2 francs par kilogramme de matière totale. Il s'opérera naturellement des réductions avec les progrès effectués dans la construction mécanique des machines, mais ces réductions ne seront pas très importantes étant donné le prix du cuivre qui constitue un des éléments principaux de la construction (¹). A cet égard, les machines à grand rendement, qui absorbent plus de cuivre dans leur contruction, sont les plus coûteuses.

Les machines de 8 kilowatts coûtent de 200 à 300 fr. par kilowatt.
   »   20   »   150 à 250 »   »
   »   60 et au delà »   120 à 200 »   »

Les prix des régulateurs à arc voltaïque varient de 80 à 200 fr. suivant les types et les garnitures. Ceux des lampes à incandescence sont voisins de 2 fr. par unité, avec des réductions proportionnelles à la quantité acquise. Les charbons à lumière, de 6 à 14 mm de diamètre, coûtent de 0,30 fr. à 0,60 fr. le mètre courant. Les charbons à mèche se paient 0,10 fr. de plus au mètre.

(¹) Hospitalier, *Formulaire pratique de l'Électricien.* Paris, Masson.

Le coût des accumulateurs est de 0,50 fr. à 1,20 fr. par watt de puissance spécifique.

Les conducteurs ont des prix variables avec leurs diamètres et la nature des isolants. Voici un tableau extrait du prix-courant d'un des principaux fabricants belges (juillet 1890) :

Nombre de brins.	Sections totales en mm².	Fils nus.	Fils à isolement ordinaire.	Fils à isolement fort.
		Prix, par hectomètre de fil, en francs.		
1	0,5	1,35	6,10	12,50
1	1,0	2,75	8,40	16,50
1	1,5	4,10	10,75	19,00
1	2,5	6,50	15,00	26,00
1	6,0	15,60	27,50	43,00
1	10,0	27,25	41,50	62,50
1	25,0	65,00	92,50	133,00
7	35,0	93,75	142,00	200,00
19	50,0	135,00	203,00	280,00
19	95,0	255,00	365,00	475,00

Nous donnons dans le tableau de la page 365, d'après M. Crompton, le prix de canalisations souterraines comprenant des câbles isolés et des conducteurs nus.

Prix des installations. L'installation complète du matériel électrique nécessaire à un foyer à arc de 1 500 bougies décimales est estimée à 800 fr. ; pour 30 foyers de 1 500 bougies, le prix est de 500 fr. par foyer.

Le matériel électrique complet pour 60 lampes à incandescence de 16 bougies coûte de 50 à 60 fr. par lampe dans une installation domestique. Le prix est un peu inférieur dans une installation industrielle, où l'on peut faire certaines économies dans l'appareillage. Sans les dynamos et leurs accessoires, le prix est de 20 à 25 fr. par lampe.

Dans la distribution urbaine à trois conducteurs de Brooklyn, décrite au § 603, et qui comporte 3 600 chevaux de puissance, le prix global des bâtiments, de l'installation mécanique, du matériel électrique et de la canalisation est estimé à 850 fr. par cheval. Dans ce prix, la canalisation est comprise pour 320 fr. Si l'on estime que

Dépenses d'établissement d'un décamètre de conducteurs doubles, pour circuits à haute tension, sous les trottoirs de Londres.

	7 FILS CORDÉS.	19 FILS CORDÉS.	19 FILS CORDÉS.	19 FILS CORDÉS.	37 FILS CORDÉS.	2 CORDES DE 37 FILS.	4 CORDES DE 37 FILS.	6 CORDES DE 37 FILS.
Sections en millimètres carrés . .	14,6	50	104	161,25	322	645	1290	1935
Prix du cuivre, à fr. 1,80 le kg, en fr.	4,73	16,20	34,60	51,40	118,00	216	408	614
Prix de l'isolement	12,30	27,80	68,00	98,20	194,00	388	775	1135
Enveloppe de bitume et ciment, main-d'œuvre de pose, tranchée et réfection du trottoir, regards et boites de distribution, ingénieur et surveillants .	130,00	145,00	170,00	170,00	194,50	233	370	480
Dépenses totales par décamètre, fr.	147,03	189,00	272,60	319,60	506,50	837	1553	2229

Dépenses d'établissement d'un décamètre de conducteurs doubles en cuivre nu portés sur des isolateurs dans un caniveau sous les trottoirs.

Sections en millimètres carrés.	161,25	322	645	1290	1645	1935
Prix du cuivre, à fr. 1,80 le kg, en fr.	51,40	118	216	408	520	645
Pose, isolateurs, regards et boites de raccordement, caniveau de 48 cm sur 30 cm en briques et ciment, réfection du trottoir, ingénieur et surveillants	204,00	. 240	240	240	240	250
Dépenses totales par décamètre . . . . fr.	255,40	358	456	648	760	895

le cheval mécanique permet de produire 10 lampes de 16 bougies, on arrive au prix d'installation de 85 fr. par lampe de 16 bougies.

En Allemagne, les municipalités ont à diverses reprises mis l'installation des usines et des distributions électriques au concours, en demandant aux sociétés de supputer les frais qu'entraînent l'exploitation de ces usines.

La ville de Hanovre, qui a récemment procédé de cette manière, a reçu les offres de 4 sociétés allemandes. Le problème à résoudre consistait à installer un réseau pour 15 000 lampes à incandescence, en commençant par établir les machines capables d'alimenter 8 000 lampes, les extensions devant se faire au fur et à mesure de l'accroissement de la demande.

Trois entrepreneurs, la Société d'électricité d'Aix-la-Chapelle, la maison Siemens et Halske, la firme Schuckert et Cie de Nuremberg, recommandent les courants continus, avec adjonction d'accumulateurs en vue de faire fonctionner les dynamos sous un régime constant pendant un nombre d'heures limité chaque jour, les batteries secondaires fournissant l'excès de demande aux heures de grand débit et alimentant le réseau aux heures d'arrêt des machines. Le premier entrepreneur propose la distribution à deux conducteurs sous une tension de 100 volts, la tension pouvant aller jusque 135 volts à la station centrale aux heures de débit maximum, soit une perte de 35 pour cent.

Les deux autres soumissionnaires préconisent la distribution à trois conducteurs, avec pertes maxima s'élevant respectivement à 16 et à 10 pour 100.

La Société Helios recommande les courants alternatifs et les transformateurs avec une tension primaire de 2 000 volts et une perte maximum de 3,6 pour 100 dans les conducteurs. L'usine est reportée hors de la ville, ce qui facilite son alimentation en combustible. Dans les divers projets, les moteurs attaquent directement les dynamos sans courroies. Les devis de la Société Helios sont plus élevés que ceux de ses concurrents, ce qui tient en partie à l'emploi de moteurs et de dynamos à faibles vitesses. Il faut d'ailleurs se garder de juger un système d'après les prix de soumission, l'expérience ayant montré que les devis d'entreprises présentent souvent des différences qui tiennent à des raisons personnelles aux entrepreneurs.

Le tableau ci-dessous montre les dépenses et les recettes dans les diverses hypothèses. Les dépenses d'installation comprennent tous les frais d'établissement, sauf les raccordements chez les particuliers. Le prix de vente du kilowatt-heure est supposé égal à 1 fr.

	Société d'Aix.	Maison Siemens.	Schuckert et Cie.	Société Helios.
	FRANCS.	FRANCS.	FRANCS.	FRANCS.
Frais totaux de premier établissement pour 8000 lampes de 16 bougies, y compris le réseau des câbles et les bâtiments pour 15000 lampes . .	1 091 250	1 250 000	1 187 500	1 496 250
Frais d'exploitation, y compris 9,5 pour 100 d'intérêt et d'amortissement, 8000 lampes étant en service :				
Dépenses	186 437,50	198 300	200 452,50	215 587,50
Recettes	238 250	243 250	241 625	244 815
Dividende supputé en pour 100	4,80	2,80	3,50	1,95
Frais totaux d'établissement pour les 15000 lampes	1 346 250	1 435 000	1 453 750	1 983 750
Prix moyen par lampe installée	90	96,25	97,50	132,50
Frais d'exploitation pour le nombre total de lampes :				
Dépenses	236 783,75	250 187,50	255 927,50	264 043,75
Recettes	394 125	396 000	396 750	398 750
Dividende supputé en pour 100	11,60	10,10	9,70	5,08

615. — Prix de revient de l'éclairage électrique industriel. — Le prix de l'éclairage électrique varie avec la nature du moteur employé, le nombre total de lampes placées et la durée moyenne d'allumage des foyers.

Dans les usines où l'on dispose souvent d'un surcroît de force motrice, le prix de l'énergie mécanique ne monte guère qu'à 5 centimes le cheval-heure. Mais lorsqu'un moteur spécial doit être installé dans une habitation privée, le prix du cheval peut atteindre 10 à 30 centimes par heure, selon l'importance du moteur et la durée de fonctionnement. Les moteurs à gaz livrent le cheval-heure à fr. 0,25, si le gaz coûte fr. 0,10 le mètre cube.

Les renseignements publiés par les compagnies de chemins de fer peuvent servir de base pour l'établissement du coût de l'éclairage industriel. Suivant les données statistiques contenues dans le rapport dressé par MM. E. Sartiaux et Weissenbruch pour le Congrès des chemins de fer de 1889, le prix de l'éclairage rapporté au *kilowatt-heure* revient, tous frais généraux et d'entretien des installations et des lampes compris, dans les installations de gares les plus récentes,

à 1,20 fr. pour   500 heures d'éclairage par an,

0,95	»	1 000	»	»	»
0,75	»	1 500	»	»	»
0,58	»	2 000	»	»	»
0,42	»	3 000	»	»	»
0,34	»	4 000	»	»	»

. Ces prix sont basés sur les résultats obtenus dans des installations comprenant de 34 à 70 lampes à arc et de 30 à 940 lampes à incandescence. Fait curieux, le prix de 0,34 fr. pour 4 000 heures d'éclairage concorde à peu près exactement avec les données moyennes déduites par M. Raymond des résultats de l'éclairage public de 336 localités des États-Unis.

Les rapporteurs ont trouvé que le prix de revient de l'éclairage par incandescence est inférieur à celui de l'éclairage au gaz, ce dernier étant compté à 18 centimes le m^3, lorsque la durée de l'allumage dépasse 3 250 heures par an. Quant à l'éclairage par arcs, il faudrait, à partir de 2 000 heures d'éclairage par an, que le gaz fut à 7 centimes le m^3 pour entrer en lutte avec l'électricité, même en employant les becs intensifs les plus perfectionnés. Pour 3 000 heures, le prix du m^3 devrait être inférieur à 5 centimes.

Ces résultats économiques, joints aux grands avantages que procure l'éclairage par les foyers puissants dans les gares, § 609, ont engagé la plupart des compagnies de chemins de fer à généraliser l'emploi de l'éclairage électrique.

On a admis dans les conclusions précédentes que le bec de gaz dont l'intensité est comparable à celle d'une lampe à incandescence de 16 bougies ne dépense que 150 litres par heure, ce qui est une hypothèse très favorable au gaz, au dire des rapporteurs. Les lampes Wenham donnant 170 bougies décimales dépensent 720 litres, celles de 1450 bougies, 4500 litres. Les foyers à arc d'intensités correspondantes absorbent respectivement 157 et 750 watts.

Dans les trois hypothèses, un mètre cube de gaz équivaut, au point de vue de la production de la lumière, respectivement à 300, à 218 et à 166 watts.

D'après M. Wybauw, ingénieur de la ville de Bruxelles, qui possède une grande expérience dans les questions d'éclairage, les lampes à gaz à bec circulaire consomment pratiquement 190 litres de gaz pour un bec de 16 bougies. On obtient dans les laboratoires des rendements plus avantageux en réglant soigneusement la pression au bec, mais, dans la pratique journalière, il est impossible d'obtenir ces soins. Les lampes perfectionnées, telles que le système à double couronne, ne se répandent pas par suite de leur prix et de l'entretien plus soigné qu'elles exigent. Au contraire, dans beaucoup de cas, on recourt aux becs fendus sans cheminée dont la consommation horaire atteint 20 litres par bougie.

M. Fontaine, également très expert en matière d'éclairage, estime à 200 litres la dépense moyenne de gaz pour la production d'une flamme de 16 bougies décimales au moyen des becs usuels.

D'après des expériences effectuées par MM. Rousseau et Van Vloten sur les becs de gaz employés au Théâtre de la Monnaie, à Bruxelles, voici les consommations moyennes de gaz des différents brûleurs pour une lumière équivalente à 16 bougies décimales :

bec papillon en fer	368 litres,
bec papillon en stéatite	325 —
bec rond en stéatite à 12 trous	252 —
bec rond en stéatite à 42 trous	188 —

616. — Tarifs de l'énergie électrique fournie par les usines urbaines. Comparaison avec les autres illuminants. — Les systèmes de tarification adoptés par les stations centrales sont variables; ils peuvent se diviser en deux principaux : abonnement à forfait et abonnement au compteur.

Dans certaines villes, les usines centrales ne fonctionnent pas d'une manière continue; les machines ne tournent que de la tombée de la nuit à minuit, par exemple. Dans ce cas , les contrats entre la société de distribution et les abonnés portent souvent une redevance fixe par lampe et par an.

Ce système à forfait est tout indiqué lorsque les sociétés électriques entreprennent l'éclairage des rues, car alors la durée d'allumage des lampes est invariable.

Dans les villes où l'on exige que les distributions fonctionnent nuit et jour, on règle presque partout les taxes des abonnés suivant les indications d'un compteur donné en location comme les compteurs à gaz ou à eau.

Le prix de l'énergie électrique fournie varie avec celui du combustible, à moins qu'on n'utilise une chute d'eau. A Londres, le prix de vente du kilowatt-heure est, en moyenne, de 0,80 fr. A Newcastle, en plein bassin houiller, le prix descend jusque 0,46 fr. Sur le continent, le prix moyen paraît voisin de 1 fr., par suite du coût plus élevé du combustible et des redevances payées aux municipalités par les compagnies d'éclairage. Partout on prévoit des réductions de tarif allant jusque 25 pour cent, lorsque la durée d'allumage des lampes suit une progression croissante. Par contre, lorsqu'un abonné possède des lampes qu'il allume rarement et qui peuvent, à un moment donné, provoquer un accroissement de demande d'énergie auquel l'usine doit faire face par des machines de réserve, il est juste d'exiger un accroissement de tarif. On peut, par exemple, frapper chaque lampe d'un droit fixe annuel ou imposer un minimum de consommation par foyer.

L'énergie électrique utilisée dans les moteurs est dégrevée en vue de favoriser la production des usines pendant le jour.

Étant donné le prix de l'énergie électrique, il est facile d'évaluer le coût de l'éclairage par heure.

Cas d'une lampe à incandescence de 16 bougies, consommant 50 watts, le tarif étant de 0,80 fr. le kilowatt-heure et la durée de la lampe de 1 000 heures.

1. Prix de l'énergie. . . . . fr. 0,0400
2. Intérêt et amortissement à 10 pour 100 sur 25 fr. représentant le prix de l'installation intérieure par lampe, pour 700 heures d'allumage, soit par heure . . . . » 0,0036
3. Renouvellement de la lampe coûtant 3 fr. et fonctionnant 1 000 heures . . . . » 0,0030

Par lampe et par heure : fr. 0,0466

Cas d'une lampe à arc de 8 ampères.

1. Prix de l'énergie, 440 watts . . . . fr. 0,352
2. Intérêt et amortissement à 10 pour 100 sur 200 francs représentant le prix de la lampe et de sa quote-part d'installation, pour 700 heures d'allumage . . . . » 0,029
3. Consommation de charbons et placement de ceux-ci. » 0,050

Par lampe et par heure : fr. 0,431

Nous avons cité, au § 599, la valeur des rendements des diverses sources lumineuses usuelles, et nous avons reconnu que les foyers électriques ont un effet utile très supérieur à celui des lampes à flammes. Il est intéressant de rapprocher de ces chiffres les consommations des divers foyers par bougie décimale.

NATURE DES FOYERS.	ÉLÉMENTS CONSOMMÉS.	PRIX DE L'UNITÉ.	QUANTITÉS CONSOMMÉES PAR BOUGIE DÉCIMALE.	PRIX DE LA CONSOMMATION PAR BOUGIE DÉCIMALE.
		Francs.		Centimes.
Bougie . .	Paraffine Spermaceti	1,50 le kg	9 gr	1,350
Lampe modérateur .	Huile de colza	1,00 le kg	4,2 gr	0,420
Lampe à pétrole . .	Pétrole	0,20 le kg	2,5 gr	0,050
Bec papillon	Gaz	0,20 le m³	20 litres	0,400
Bec Bengel .	Id.	Id.	12 litres	0,240
Lampes à incandescence	Électricité	0,80 le kilowatt	3,5 watts	0,280
Lampes à arc voltaïque .	Id.	0,80 id.	0,6 watt	0,048

Ces chiffres montrent que l'éclairage domestique fourni par le pétrole est de beaucoup le plus économique dans les pays où cette substance n'est pas frappée de droits élevés. Cependant l'incommodité et les dangers de ce mode d'éclairage lui ont fait préférer le gaz dans un grand nombre d'installations, malgré la dépense considérablement plus élevée qui en résulte.

A son tour, l'éclairage par incandescence tend à se substituer au gaz dans les villes où existent des distributions d'électricité bien établies, par suite de ce que l'éclairage électrique est plus hygiénique, plus propre et plus commode que l'éclairage au gaz et qu'il réalise le plus parfait des modes d'éclairement artificiels. Cependant, au prix actuel de l'énergie fournie par les usines électriques européennes, les lampes à incandescence donnent une lumière sensiblement plus chère que les becs à gaz Bengel qui, bien qu'anti-hygiéniques, contribuent l'hiver au chauffage des locaux. La différence de prix ira toutefois en s'atténuant ; pour s'en convaincre, il suffit de considérer qu'un kilogramme de charbon produit une énergie égale à un cheval-heure, laquelle entretient 10 lampes à incandescence de 16 bougies, soit 160 bougies ; la même quantité de combustible développe 280 litres de gaz fournissant dans les becs Bengel 24 bougies seulement. Aux États-Unis, où le charbon à gaz est cher, l'électricité est, dès à présent, plus avantageuse que le gaz dans plusieurs villes.

Lorsque la grandeur des locaux se prête à l'emploi de l'arc voltaïque, l'électricité apporte partout une sérieuse économie, même relativement aux becs à gaz intensifs les plus perfectionnés, § 615.

Si, en Europe, l'éclairage électrique par incandescence revient actuellement plus cher que le gaz, on peut dire que les avantages qu'il procure compensent dans bien des cas la différence de prix.

La détérioration par le gaz des tentures et des décorations intérieures oblige à des frais d'entretien qu'on peut supprimer en recourant à l'éclairage électrique. Il est juste de tenir compte de l'amélioration apportée dans les conditions de travail soit des gens d'étude, soit des ouvriers, par un mode d'éclairage qui ne produit ni chaleur ni gaz délétère. La diminution des dangers d'incendie et la suppression complète des risques d'explosion et d'asphyxie sont également des éléments à considérer ; elles ont conduit diverses compagnies d'assurances à dégrever les bâtiments éclairés à l'électricité. Un point d'une importance réelle est la commodité d'extinction des lampes électriques. Les lampes à gaz éclairant les couloirs, les dégagements et même les pièces principales des appartements brûlent souvent sans nécessité, parce qu'on cherche à s'éviter l'ennui des rallumages. Rien de semblable avec l'électricité. En pénétrant dans une pièce, on tourne un bouton qu'on peut rendre lumineux par un enduit phophorescent ; en sortant, on coupe le circuit, et la dépense d'éclairage est réduite au strict nécessaire. Enfin, il ne faut pas oublier que les lampes à gaz nécessitent un certain entretien ; les verres doivent être frottés journellement ; les trous des becs nettoyés de temps à autre ; chaque fois que la pression varie par suite de l'allumage de becs voisins, il faut toucher au robinet de réglage pour que la flamme du gaz ne brûle pas dans de mauvaises conditions, à moins qu'on n'emploie des régulateurs qui exigent eux-mêmes de l'entretien. Tous ces petits soins sont complètement évités avec les lampes à incandescence.

La propriété des lampes à incandescence de ne développer que peu de chaleur est mise à profit pour rapprocher considérablement les foyers des points à éclairer. Ainsi l'éclairage d'un pupitre de bureau peut se faire par une seule lampe de 8 bougies, placée à une trentaine de centimètres de la tête du buraliste sans incommoder celui-ci. Un bec de gaz doit, au contraire, être éloigné à près d'un mètre et exige par suite une intensité lumineuse beaucoup. plus forte pour produire un même éclairage utile. De là résulte une économie indirecte notable dans l'éclairage des bureaux et des ateliers par l'électricité.

L'ensemble de ces considérations fait que partout où les stations centrales sont bien établies, elles trouvent immédiatement une clientèle nombreuse et prennent une extension rapide.

Aussi les gaziers, qui traitent volontiers la lumière électrique d'éclairage de luxe, comme si le gaz n'était pas lui-même luxueux par rapport au pétrole, commencent-ils à comprendre que leur véritable intérêt est de prendre en mains l'exploitation de l'électricité, afin de ne pas se voir enlever leur meilleure clientèle ; dans nombre de villes, les sociétés de gaz ont installé des usines électriques.

Comme les villes tirent, en général, un revenu important de l'éclairage effectué en régie ou par des sociétés concessionnaires, elles ont intérêt au développement des exploitations électriques, en vue de restreindre le développement des distributions limitées à des blocs de maisons, qui n'empruntent pas la voirie pour les canalisations et partant ne paient aucune redevance.

En fait, la lutte entre les divers illuminants profite à chacun d'eux. Nos yeux demandent de plus en plus de lumière. Lorsque, dans une ancienne salle de fêtes, nous allumons les bougies des lustres, nous trouvons mesquin un éclairage considéré autrefois comme très brillant. En 1745, la Galerie des Glaces du Palais de Versailles était illuminée, à l'occasion du mariage du Dauphin, à raison de 2,5 bougies par m², tandis que, sous la troisième République, les salons de l'Hôtel-de-Ville de Paris reçoivent, les jours de réception, un nombre de lampes correspondant à 16 bougies par m². On est encore loin, toutefois, de la lumière diffuse du jour, qui constitue l'éclairage idéal et qui fournit jusque 200 bougies à 1 m.

Aussi, la concurrence de l'électricité, du gaz et du pétrole, loin de tuer l'un des rivaux, n'a fait que les développer tous les trois. Les bougies et les lampes à huile seules ont, dans ces dernières années, subi le sort des vaincus.

Le tableau suivant, soigneusement compilé par M. Fontaine, montre les progrès rapides de l'éclairage électrique à Paris. Le pétrole n'a pas atteint, dans cette ville, le même développement que dans d'autres pays, par suite du droit d'entrée, qui représente le triple de sa valeur.

Quantités de lumière consommées à Paris par an et par habitant, évaluées en bougies décimales-heure.

ANNÉES.	BOUGIES et CHANDELLES.	HUILES		GAZ.	ÉLEC- TRICITÉ.	QUANTITÉS TOTALES.
		VÉGÉTALES.	MINÉRALES.			
1855	220	1174	»	2376	»	3770
1872	250	967	503	4272	»	5992
1877	210	770	722	4776	65	6543
1883	217	649	1244	6086	230	8426
1889	190	517	1995	6470	2130	11302

PROJETS D'ÉCLAIRAGE.

617. — Règles à suivre dans les installations pour l'éclairage électrique. — L'électricité ne présente pas, comme le gaz, des dangers d'explosion et d'asphyxie, et, dans une installation faite dans les règles, les dangers d'incendie sont très restreints ; aussi, un grand nombre de municipalités ont-elles prescrit l'emploi de l'éclairage électrique dans les théâtres. Toutefois une installation électrique mal faite peut donner lieu à l'inflammation des matières combustibles voisines des conducteurs et il convient de ne s'adresser pour l'exécution des entreprises d'éclairage qu'à des firmes sérieuses, possédant un personnel technique capable et exercé, et non à des constructeurs qui tirent leur principal profit de la vente d'un matériel défectueux et font ainsi le plus grand tort à l'industrie naissante de l'éclairage électrique.

Il convient de ne pas adopter une tension trop élevée dans les circuits à portée du public. On est généralement d'accord pour fixer entre 200 et 250 volts la différence de potentiel limite à laquelle une personne peut être soumise; on ne cite pas d'ailleurs d'accidents sérieux occasionnés par des courants continus dont la tension est inférieure à 500 volts.

Si l'on touche un point d'un circuit mal isolé, on produit une dérivation à travers le corps à moins que l'on ne repose sur un diélectrique. L'établissement du courant dérivé détermine une commotion nerveuse, mais il n'y a réellement de danger que lorsque la tension est très élevée; il se produit alors des effets électrolytiques et calorifiques qui amènent des modifications plus ou moins profondes dans l'organisme. Si l'on touche à la fois des conducteurs en relation avec les deux pôles d'un générateur, les effets sont plus marqués par suite de l'accroissement de la différence de potentiel à laquelle le corps est soumis.

Pour éviter pareils accidents avec les générateurs à haute tension, on fera bien de munir les ouvriers d'un gant et de galoches en caoutchouc et de leur recommander de ne toucher que d'une main les appareils intercalés dans les circuits. Dans les cas semblables, quelques industriels habituent leurs ouvriers à mettre une main en poche ou derrière le dos.

Les courants alternatifs amènent des effets différents: les changements de potentiel produisent dans le corps des courants variables qui affectent surtout le système nerveux. On a reconnu que le corps est capable de supporter une tension continue double de la tension alternative limite.

Voici quelques dispositions recommandées pour assurer la sécurité des installations électriques. Plusieurs d'entr'elles sont prescrites par les compagnies d'assurances, en vue de permettre une réduction de prime par rapport aux installations éclairées au gaz ou au pétrole.

Les conducteurs doivent avoir une section et une conductibilité suffisantes pour que le courant qui les traverse puisse prendre une intensité double de l'intensité normale sans compromettre les isolants qui les entourent. Il convient que ces isolants ne se ramollissent pas à une température inférieure à 90° C et qu'ils empêchent le conducteur de se décentrer sous son propre poids.

Les sections à donner aux conducteurs peuvent être déduites des tableaux et formules résultant des expériences de M. Kennely, § 440. Plusieurs compagnies admettent les densités de courant suivantes par mm^2 :

4 ampères pour des fils de   1 à   5 mm^2 de section,
3   »   »   5 à 15   »   »
2,5   »   »   15 à 100   »   »
2   »   » au delà de 100 »   » .

Pour les circuits des moteurs on réduit la densité de courant de moitié.

La chute de potentiel maximum tolérée dans les installations intérieures est de 2 pour 100. Il est fait exception à cette règle dans les circuits des lampes à arc où les conducteurs peuvent servir de résistance additionnelle, à la condition que la densité de courant ne dépasse pas les limites admises.

Dans les installations intérieures, on exige généralement que les conducteurs aient une gaine isolante continue et, lorsqu'ils sont dans des lieux humides ou accessibles à l'humidité, que l'enveloppe soit imperméable. L'imperméabilité peut être assurée par une gaine de plomb, au dessus de la couverture diélectrique. Le plomb a toutefois l'inconvénient d'être attaqué par les rats ; il faut le protéger par une enveloppe goudronnée lorsqu'il est accessible aux rongeurs.

Il convient de disposer autant que possible les conducteurs de manière qu'on puisse les retirer aisément pour les visiter. Dans ce but, au lieu de les enfouir sous les plâtras des murs, on les enferme dans des moulures en bois en deux parties qui se fixent l'une à l'autre par des vis. Les fils sont logés dans des rainures creusées dans le bois des moulures et distantes d'un cm au moins. On peut aussi protéger les fils par des tubes de plomb apparents.

Lorsque les câbles traversent des murs ou des planchers, on les revêt d'un tube de porcelaine, de verre ou d'ébonite qu'on protège par un tuyau en cuivre ou en fer. Ces tubes sont prolongés de 25 cm au dessus des planchers, pour éviter le contact de l'humidité et le frottement des appareils de nettoyage. Aux croisements des conducteurs, ceux-ci sont protégés par une garniture supplémentaire.

Le tableau suivant résume les prescriptions imposées par la Compagnie des usines centrales de Berlin dans les installations d'éclairage, en ce concerne les revêtements des conducteurs.

On défend le retour par la terre dans les circuits d'éclairage, afin de diminuer les chances de dérivations et de courts-circuits. Les circuits doivent être complètement métalliques et isolés avec soin. Il existe cependant des exceptions à la règle précédente; ainsi lorsqu'on fait usage de câbles concentriques, on relie parfois le conducteur extérieur à la terre, afin de pouvoir toucher ce conducteur sans inconvénients.

En ce qui concerne la résistance d'isolement, § 493, exigée des conducteurs, les prescriptions varient. Parfois, on requiert qu'en reliant les conducteurs au sol à travers un galvanomètre, le courant dérivé n'atteigne pas une valeur dépassant 0,0001 du courant total utilisé par l'installation ou l'immeuble desservi. D'autres fois, on fixe des minima de résistance d'isolement variant avec la longueur totale des conducteurs posés. Telle est la règle adoptée par la Compagnie des usines centrales de Berlin, laquelle impose les résistances suivantes dans lesquelles on doit comprendre tous les interrupteurs, foyers et autres appareils intercalés dans les circuits.

LONGUEURS DES CONDUCTEURS POSÉS, EN MÈTRES.	RÉSISTANCES MINIMA A L'ISOLEMENT, EN OHMS.
Sous 200	300 000
200 à 300	200 000
300 à 500	100 000
500 à 750	80 000
750 à 1 000	60 000
1 000 à 1 500	40 000
1 500 et plus.	30 000

SPÉCIFICATION des CONDUCTEURS.	MODES D'EMPLOI.					
	Dans les planchers ou les lambris.	*A l'extérieur des habitations.*	*Dans les locaux secs.*	*Dans les locaux humides.*	*Dans les locaux chargés de gaz ou de vapeurs.*	*Sur les lustres et appliques.*
Fils de cuivre nu.	Emploi défendu.	Sur isolateurs en porcelaine.	Emploi défendu.	Emploi défendu.	Emploi défendu.	Emploi défendu.
Fils de cuivre étamé à enveloppe de coton ou de jute.	Id.	Id.	Sur isolateurs en porcelaine.	Id.	Id.	Id.
Fils de cuivre étamé avec enveloppes successives de coton, de caoutchouc, d'un ruban de coton et de jute goudronné.	Placés dans des moulures sèches avec circulation d'air.	Id	Sur isolateurs ou sous moulures.	Sur isolateurs en porcelaine.	Sur isolateurs en porcelaine.	A l'intérieur des tuyaux ou fixés à l'extérieur par une bande isolante ou une bande métallique.
Fils de cuivre étamé isolés sous plomb.	Emploi défendu.	Avec interposition d'un corps mou entre le câble et son attache en bois ou en métal.	Sur lattes en bois avec interposition d'un corps mou dans l'attache.	Emploi défendu.	Id.	Emploi défendu.
Fils de cuivre isolés avec enveloppe de plomb et une tresse de jute goudronné sur celui-ci.	Dans des tubes métalliques.	Attaches en métal ou en bois.	Id.	Avec attaches métalliques étamées.	Id.	A l'intérieur des tuyaux ou fixés à l'extérieur par une bande métallique ou isolante.
Câbles isolés sous plomb avec armature métallique.	Peuvent être placés directement.	Id.	Id.	Id.	Id.	Id.

Dans un autre cas, on a imposé une résistance minimum de 100 000 ohms par kilomètre de conducteurs en spécifiant un minimum de 500 000 pour chaque appareil pris isolément.

Les joints des conducteurs doivent être aussi peu nombreux que possible. On les soude à la résine et on protège la soudure par une couverture isolante faite avec des soins minutieux. C'est souvent par les joints que les installations laissent à désirer.

Les circuits dérivés doivent être protégés par des coupe-circuits disposés près des points de raccord des conducteurs de sections inégales. Si l'on ne rapproche pas les fils de sûreté des points de raccord, un court-circuit peut se produire en avant du coupe-circuit sans que ce dernier fonctionne. Il convient de disposer un fil de sûreté sur le conducteur d'aller et un autre sur le conducteur de retour. En ne protégeant qu'un des conducteurs seulement, il peut arriver que, dans deux circuits présentant des parties parallèles, les fils fusibles soient l'un sur le fil d'aller, l'autre sur le fil de retour. Si les deux fils non garantis viennent à se toucher accidentellement, un courant dangereux prend naissance sans que les appareils de sûreté fonctionnent aux points de dérivation.

On admet qu'un coupe-circuit est nécessaire dans tout circuit dérivé alimentant plus de 5 lampes à incandescence de 16 bougies. Lorsqu'on fait usage de lampes portatives et de fils flexibles, un coupe-circuit est indispensable au raccord du cordon souple avec la conduite fixe.

Les plombs de sûreté doivent fondre pour un courant dépassant de 50 à 100 pour 100 l'intensité normale. Il convient que les supports des coupe-circuits portent l'indication du courant pour lequel ceux-ci fonctionnent. Il est, en outre, désirable que les plombs de sûreté soient montés dans des gaînes qui ne s'adaptent qu'aux supports portant l'indication correspondant à la section de ces plombs. De cette manière on évite qu'un ouvrier peu soigneux ou mal avisé ne remplace un fil de sûreté fondu par un autre de section trop forte.

Les commutateurs, interrupteurs et coupe-circuits doivent être construits de telle manière qu'il ne puisse pas se produire d'arc voltaïque permanent entre les pièces métalliques qui les composent. Dans ce but, l'écartement de celles-ci est en rapport avec la tension.

électrique et un ressort ou tout autre dispositif empêche les pièces mobiles de rester dans une position intermédiaire entre les positions extrêmes.

Les interrupteurs et les coupe-circuits sont munis de supports et de couvercles incombustibles. Il est bon de n'admettre dans les commutateurs et interrupteurs que les contacts à frottement. La surface de contact doit être calculée pour une densité maximum de o,1 ampère par mm². Les interrupteurs des circuits à haute tension sont toujours doubles de manière à couper à la fois les deux branches de chaque circuit et à éviter qu'une tension élevée ne persiste sur l'une d'elles. Ces interrupteurs sont construits de telle façon qu'on ne puisse toucher les blocs de contact et autres parties de circuit sans démonter l'appareil.

Les lampes à arc sont protégées par des globes avec cendriers, afin d'éviter la chute de particules de charbon incandescentes. On spécifie fréquemment que l'absorption par les globes ne doit pas dépasser o,25 de la lumière qui les traverse. Si les arcs sont alimentés par des courants à haute tension, il convient d'isoler du circuit les pièces métalliques extérieures, de crainte d'accidents.

Dans le montage des lampes à incandescence, on emploie souvent les appareils à gaz, lustres, appliques, en guise de supports pour les conducteurs. Cette disposition expose à des dérivations vers la terre. Pour empêcher ces dernières, on isole ces appareils de la conduite générale par une rondelle de fibre interposée dans le joint des tuyaux et placée de manière à ne pas gêner le passage du gaz.

Les conducteurs servant à alimenter une lampe électrique ne doivent jamais servir à la suspendre, ni à supporter un poids quelconque. On utilise à cette fin des fils ou des câbles métalliques auxiliaires.

Les résistances artificielles ajoutées aux lampes, ainsi que celles introduites dans les circuits des inducteurs des machines, sont éloignées de toute matière combustible et disposées de manière à permettre la circulation de l'air autour des fils.

Le circuit primaire d'un transformateur doit être soustrait à l'accès du public et une disposition est prise pour que, si un contact se produit avec le circuit secondaire, la tension ne puisse devenir dangereuse dans ce dernier. La distance entre les circuits primaires et secondaires doit être d'au moins 1 cm, §§ 421 et 460^quater. Les transformateurs disposés à l'intérieur des habitations doivent être placés dans des caisses incombustibles.

Les dynamos ont leurs boulons de serrage isolés du massif des fondations en vue de diminuer les chances de contact avec la terre. Il faut éviter de les installer dans des lieux humides.

Les accumulateurs doivent être disposés sur des étagères, supportés par des isolateurs en verre ou en porcelaine.

Au cas où il est fait usage de conducteurs aériens, il est bon de suivre les prescriptions du Board of Trade spécifiées au § 476. A l'entrée dans les bâtiments, les fils sont protégés par des coupe-circuits et des parafoudres, §§ 442 et 443. Les fils d'introduction passent dans des tubes en porcelaine terminés extérieurement par un entonnoir recourbé vers le bas et destinés à éviter l'accès de l'humidité.

618. — Projet d'une distribution électrique. — Le projet d'une distribution urbaine rencontre toutes les difficultés que peuvent présenter les installations d'éclairage. Nous indiquerons les principales règles qui président à un travail de ce genre. Si l'on a le choix entre divers systèmes, la première question qui se pose est la recherche du système de distribution à adopter. On se guidera, à cet égard, sur les considérations que nous avons développées dans la première partie de ce volume et qui se résument comme suit : une distribution directe s'indique lorsqu'on doit desservir une agglomération contenant une clientèle compacte ; au contraire, une distribution indirecte convient si les abonnés sont clairsemés, si l'usine doit être reportée en dehors d'une agglomération étendue ou enfin si l'on utilise une chute d'eau à proximité de celle-ci.

Les statistiques des usines à gaz et des usines électriques existantes fournissent des indications précieuses au sujet de la répartition des abonnés dans les villes. Ainsi la Société des usines électriques de Berlin estime que, dans cette ville, on peut compter actuellement sur 1 lampe de 16 bougies par mètre courant de canalisation dans les rues principales et sur 1/2 lampe dans les rues secondaires. La clientèle de cette société se répartit comme suit. Sur 100 abonnés, il y a 10 cafés et restaurants, 34 magasins,

21 banques, 27 théâtres et seulement 8 maisons particulières et diverses. Eu égard au peu de lampes placées chez les particuliers, la clientèle privée est donc une quantité négligeable pour une usine électrique.

Le calcul des canalisations doit être fait largement, en prévision du développement de la demande. Aussi, au début de l'installation, on pose ordinairement des conducteurs pouvant supporter un courant double de la demande, afin de ne pas avoir à retoucher à la conduite peu de temps après sa pose.

Dans le calcul des dimensions des conducteurs employés dans les canalisations, nous avons vu, § 440 et suivants, qu'on doit avoir égard aux conditions d'économie et de sécurité, tout en restant dans les limites de pertes de tension prescrites. En fait, avec les gros conducteurs, la densité de courant la plus économique est généralement voisine de celle que l'on peut tolérer au point de vue de l'échauffement des conducteurs, soit de 1,5 à 2,5 ampères par mm^2 de section, selon la nature du revêtement et le diamètre.

Si, en effet, on calcule, d'après la table de la page 365, le coefficient n entrant dans le prix de la canalisation, on voit qu'il est voisin de 0,05 pour les câbles isolés. En estimant le taux d'intérêt et d'amortissement à 10 pour 100 ($a = 0,1$), la résistance spécifique du cuivre à $\rho = 1,7.10^{-6}$ ohm, le nombre moyen de secondes pendant lequel la canalisation fonctionne annuellement à 700 . 3 600 et enfin le prix de revient d'un watt-seconde supplémentaire produit par l'usine à $\dfrac{0,000\,12}{3\,60c}$ fr., la densité la plus économique est

$$\delta = \sqrt{\frac{n\,a}{\rho\,t\,p}} = \sqrt{\frac{0,05 \cdot 0,1}{1,7 \cdot 10^{-6} \cdot 700 \cdot 3\,600 \cdot 0,00012 \cdot 3\,600^{-1}}} = 187$$

soit 1,87 ampère par mm^2.

Il faut noter que ce résultat se rapporte à la densité de courant moyenne calculée comme on l'a vu au paragraphe 441bis. Or, le courant maximum dépasse considérablement le courant moyen. Il en résulte que la règle de Thomson conduit à faire travailler le cuivre à la densité la plus haute compatible avec la conservation de la canalisation. Cette condition s'allie fort bien avec la tendance des compagnies d'électricité, qui cherchent à réduire autant que possible le poids des conducteurs, en vue de diminuer le capital immobilisé dans la canalisation.

Le système de distribution le plus employé est la distribution en dérivation avec feeders. Ce système s'applique aux modes d'alimentation directs, comme aux modes d'alimentation indirects des lampes; dans ce dernier cas, les feeders alimentent le réseau primaire. Pour préciser, considérons une ville à éclairer par une usine centrale, à l'aide du système à trois conducteurs, § 450. La canalisation comprend des distributeurs longeant les rues et raccordés entr'eux à chaque carrefour, de manière à former les mailles d'un réseau. Ce dernier est alimenté par un certain nombre de feeders rayonnant de l'usine et maintenant une tension invariable aux points de jonction avec les distributeurs. Les variations de tension tolérées en général sont de 1,5 pour 100 dans les distributeurs et de 5 à 20 pour 100 dans les feeders. Dans les rues très larges et sur les places publiques, on dispose parfois deux artères distributrices, une sous chaque trottoir.

Connaissant la densité maximum admise dans les conducteurs (souvent 2 ampères par mm²), on n'aura aucune peine à calculer les distributeurs propres à fournir le courant demandé par les divers branchements d'abonnés, figurés au préalable sur le plan de la ville. Dans ce but, on part d'une boîte de jonction que l'on considère comme une source d'énergie électrique à tension invariable capable d'entretenir les lampes situées dans un district dont on calcule les dimensions de telle sorte que la chute de tension ne dépasse pas 1,5 pour 100 à la périphérie lorsque les 2/3 des lampes sont allumées, cette fraction représentant le maximum de la demande courante. On arrive ainsi à une perte limite de 3,3 volts dans une distribution à 220 volts. Le conducteur neutre reçoit une section moitié moindre que celle des conducteurs extrêmes. Dans une distribution à 220 volts, les blocs ainsi limités ont, en général, de 150 m à 300 m de côté. On pourra vérifier les résultats du calcul d'après les méthodes indiquées aux §§ 455 et suivants.

On a soin d'indiquer, sur un plan de la ville, les limites de chaque district desservi par un faisceau de feeders, les divers districts étant d'ailleurs contigus et réunis entr'eux. Reste alors le calcul des alimentateurs qui se composent de deux conducteurs extrêmes et d'un conducteur neutre de section moitié moindre. Ces feeders se placent dans les tranchées à côté des distributeurs, en suivant la voie la plus courte entre l'usine et les divers districts. D'ordinaire, afin de pouvoir coupler toutes les machines en dérivation, on réunit les bouts correspondants de tous les feeders à l'usine. Comme alors la chute de tension doit être la même dans les diverses artères (5 à 20 pour 100 au maximum), il faut que celles-ci aient des résistances calculées d'après l'équation

$$r = \frac{0,05 \text{ ou } 0,2 \; e}{i},$$

e étant la tension de distribution et i le courant correspondant aux 2/3 des lampes du district à desservir. Comme, en général, les divers districts renferment des nombres de lampes peu différents, la densité de courant dans les feeders sera d'autant moindre que ceux-ci s'écartent davantage de l'usine. Si le calcul conduisait à une densité dangereuse pour les feeders les plus courts, plus de 3 ampères par mm² par exemple, il conviendrait d'accroître la section de ceux-ci et de parfaire la résistance calculée par des bandes de nickeline ajoutées en série avec ces feeders à l'usine. Ces diverses estimations admettent une tolérance d'environ 5 pour 100.

On tracera sur le plan de la ville les diverses conduites calculées, en notant, à côté de chaque conducteur, la valeur de la section. Pour distinguer les feeders des distributeurs et des branchements, on emploiera des traits de couleurs différentes. Les boîtes de jonction des feeders avec le réseau seront également distinguées des boîtes de raccord des distributeurs entr'eux.

On dressera des tableaux comportant une énumération ordonnée des conducteurs employés dans les diverses parties du réseau avec leurs sections, leurs compositions (barres, cordes de cuivre, nombre et sections des brins) et leurs poids.

Dans le calcul du réseau primaire d'une distribution par transformateurs, on suivra une marche analogue à la précédente. La chute de tension tolérée dans les feeders est alors très faible, eu égard à la petitesse des courants qui les traversent. Parfois, lorsque le rayon de distribution est peu considérable, la chute est inférieure à 1,5 pour 100 pour les feeders et les distributeurs réunis.

Restent à considérer les raccordements des abonnés. Quelques règles simples président à l'établissement de ces réseaux locaux.

Dans les distributions à trois conducteurs, on a soin de relier les abonnés alternativement à l'un et à l'autre circuit. Les abonnés importants sont raccordés à la fois aux deux circuits, de manière à réduire autant que possible le courant dans le conducteur neutre.

La chute de tension maximum tolérée dans les installations privées est d'environ 2 pour 100, sauf dans les circuits des lampes à arc où la chute peut atteindre 15 à 20 pour 100. Il convient de calculer les conducteurs principaux alimentant les groupes de lampes placés dans les diverses parties des habitations de telle sorte que la chute de tension y soit uniforme, lorsque toutes les lampes sont allumées. Au besoin, on emploiera pour réaliser ce résultat la distribution en boucle, § 447. Les courants à admettre dans les conducteurs intérieurs sont au maximum ceux indiqués dans le tableau du § 440, lequel donne la perte de charge par kilomètre dans les fils des divers diamètres. Le mode d'isolement des conducteurs sera choisi d'après les indications mentionnées au § 617.

Au point de vue de la régularisation de la chute de tension dans les circuits dérivés d'une distribution intérieure, comme en ce qui concerne la facilité de pose et d'entretien d'une telle distribution, il y a quelques dispositions que la pratique a sanctionnées.

Au début, on suivait dans la pose des conducteurs intérieurs les errements des gaziers. Un branchement partant de la conduite de la rue traversait les divers étages du bâtiment à éclairer, et, sur ce branchement, se greffaient les dérivations successives vers les lampes. Les coupe-circuits se disposaient au hasard en des endroits souvent peu accessibles ou près des interrupteurs, ce qui les éloignait des points de raccordement où ils doivent se trouver.

Actuellement, on procède comme suit. A chaque étage et, au besoin, à chaque appartement, on affecte un tableau de distribution secondaire. Ces tableaux, renfermés dans des armoires spéciales, se placent dans des couloirs ou des réduits et se raccordent avec la prise de courant de la rue par des circuits occasionnant la même chute de tension. De ces tableaux partent les faisceaux de conducteurs alimentant les lampes et donnant également lieu à des chutes de tension uniformes. Généralement, chaque groupe de 5 à 6 lampes de 16 bougies est relié au tableau correspondant par un tel branchement et le raccordement s'y fait par un coupe-circuit double facile à inspecter. On cherche autant que possible à donner à ces branchements la forme en boucle, § 447, de manière à régulariser la tension aux lampes. Ainsi les conducteurs qui alimentent les lampes d'une salle feront, en sens inverses, le tour de la corniche du plafond, l'un d'eux descendant jusqu'à l'interrupteur situé en général près de la porte d'entrée principale.

Les dérivations vers le lustre, les appliques, etc. se feront par des conducteurs dérivés sur la boucle du plafond et dissimulés le long des saillies que présente la décoration des murs. Parfois, pour ne pas rendre apparents les conducteurs desservant le lustre, on opère le raccord au moyen de fils placés sous le plancher de l'étage supérieur. Ce genre de pose est plus coûteux et entraîne l'emploi d'armatures métalliques afin d'éviter que les conducteurs ne soient dénudés par les rongeurs.

Il conviendra, pour chaque installation privée, de figurer, sur un plan des divers étages du bâtiment, les tableaux secondaires, la position et l'intensité lumineuse des lampes, le chemin suivi par les conducteurs principaux et les dérivations.

Au plan sera joint un tableau contenant l'énumération des locaux avec leur destination, ainsi que le nombre et la puissance des lampes qu'ils contiennent. Les locaux humides et ceux qui renferment des substances ou des gaz explosifs seront soigneusement indiqués. Le tableau fournira également la spécification des conducteurs, interrupteurs, coupe-circuits, en un mot, de tous les appareils employés.

Disons un mot, pour terminer, de la répartition des foyers employés pour l'éclairage des espaces découverts, tels que les rues et les places publiques d'une ville. La hauteur des foyers se calcule, d'après leur intensité lumineuse, par les formules indiquées au § 600. Si l'on se donne l'éclairement moyen à réaliser, on déterminera par ces formules le rayon du cercle qu'un foyer est susceptible d'éclairer. Sur un plan de la surface donnée, on tracera autant de circonférences de ce rayon qu'il en faut pour la remplir, en disposant, si c'est possible, les foyers en quinconce en vue de réduire les espaces entre les cercles tracés. Si des habitations bordent la surface à éclairer, elles diffusent une partie de la lumière qu'elles reçoivent, ce qui permet de laisser un certain intervalle entre les cercles d'éclairement et les lignes des maisons.

ÉLECTRO-MÉTALLURGIE.

---

619. — Lois régissant l'électro-métallurgie. (¹) — Nous désignerons sous le nom d'*électro-métallurgie* l'ensemble des procédés électriques propres à la réduction et au travail des métaux.

Ces procédés restreints pendant longtemps à la galvanoplastie se sont développés à partir du jour où les dynamos ont fourni l'énergie électrique à bon compte. Les pays montagneux où les chutes d'eau abondent sont, à cet égard, dans une situation favorisée, et le jour viendra où ils pourront se passer du charbon et traiter par l'électricité une grande partie des richesses minérales qu'ils contiennent.

Les traitements électro-métallurgiques se divisent en deux classes : dans la première, qui forme l'objet de l'électro-métallurgie par voie humide, les métaux sont traités au sein de dissolutions

---

(¹) H. Ponthière, *L'Électro-chimie et l'électro-métallurgie.* Louvain, Peeters-Ruelens, 1886.

A. Minet, *Application de l'électricité à la chimie. La Lumière Électrique*, 1889.

Gore, *The electrolytic separation of metals.* Londres, 1890.

salines ; la seconde, l'électro-métallurgie par voie sèche, utilise les procédés électriques de production de la chaleur avec ou sans le concours des actions électrolytiques.

Les décompositions électrolytiques, qui forment la base de la plupart des modes de traitement que nous allons étudier, sont régies en premier lieu par les *lois de Faraday* et *de Becquerel*, qui établissent la proportionnalité entre les quantités de matière intéressées dans les réactions et l'intensité du courant, § 122. Ces lois peuvent se résumer dans l'énoncé suivant :

I. Les poids d'électrolytes décomposés par un coulomb sont proportionnels à leurs poids moléculaires, pourvu que l'élément électro-négatif entre dans la formule du composé avec un seul équivalent.

Au lieu d'employer les formules chimiques, telles que $Ca\,Cl^2$, $Fe^2\,Cl^6$, on adoptera les *formules électrolytiques* $Ca^{\frac{1}{2}}\,Cl$, $Fe^{\frac{1}{3}}\,Cl$ dans les calculs. Dans ces conditions, si l'on remplace chaque élément par son équivalent chimique exprimant des milligrammes, et si l'on tient compte des coefficients fractionnaires, la somme trouvée pour chaque électrolyte représente le poids décomposé par 96,3 coulombs. Si l'on se sert d'une table de poids atomiques on devra, pour les corps d'atomicités paires, ne prendre que la moitié des nombres inscrits.

II. La *loi de Joule* indique qu'il se forme dans le bain, par seconde, une quantité de chaleur égale à sa résistance multipliée par le carré de l'intensité du courant.

III. La *loi de Thomson*, déterminant la force électro-motrice minimum nécessaire à l'électrolyse, est ainsi conçue :

La force électro-motrice minimum est proportionnelle à la chaleur de formation du composé, à la condition de rapporter comme ci-dessus l'élément électro-négatif à un seul équivalent. On a vu, § 274, que l'application de cette loi peut être soumise à certaines restrictions.

Si l'on désigne par c, en calories (gr-d), la chaleur de formation de la molécule électrolytique estimée en milligrammes, la force électro-motrice s'exprime en volts par

$$e = 0,043\ c.$$

IV. La *loi de Sprague*, qui complète la précédente, établit que, si plusieurs électrolytes sont mélangés, les premiers décomposés sont ceux dont la chaleur de formation est la plus faible.

Ainsi, la décomposition d'une solution de chlorure de chrome, opérée entre des électrodes insolubles en faisant croître progressivement la différence de potentiel aux électrodes, fournit à la cathode d'abord de l'hydrogène, puis de l'oxyde de chrome, puis de l'oxydule et finalement du chrome. Une opinion souvent émise est que le sel est décomposé en métal et en radical acide, et que le métal libéré donne lieu à des réactions secondaires au contact du liquide et des gaz qui entourent la cathode. Mais, en réalité, les divers produits successifs correspondent à des forces contre-électro-motrices croissantes. Ce n'est que quand la différence de potentiel aux électrodes a atteint une certaine valeur déterminée, que le chrome apparaît à l'état métallique.

Les réactions secondaires se produisent toutefois quand plusieurs corps sont électrolysés simultanément; ainsi, la décomposition du sulfate de zinc en solution exige une force électro-motrice supérieure à la tension de 1,5 volt, à laquelle l'eau s'électrolyse. Les deux décompositions sont par suite simultanées; mais le corps le plus réductible, le sel métallique, se décompose en plus forte proportion. L'électrolyse de l'eau donne non seulement lieu à une dépense considérable en pure perte, mais l'hydrogène naissant décompose le sel métallique et fait que le métal déposé à la cathode est noir et pulvérulent.

La densité du courant, c'est à dire le rapport de son intensité à la surface de la cathode, est souvent prise en considération pour définir les conditions de fonctionnement des traitements électrolytiques. Cet élément résulte de la différence de tension aux électrodes, de la force contre-électro-motrice du bain, ainsi que des dimensions de celui-ci. La notion de densité de courant permet, par suite, de condenser en un seul renseignement numérique un ensemble de caractères différents.

ÉLECTRO-MÉTALLURGIE PAR VOIE HUMIDE.

620. — Divisions. — Les procédés de l'électro-métallurgie par voie humide se classent, d'après le résultat que l'on cherche à atteindre, en quatre catégories :

1º La galvanoplastie, dont l'objet est la reproduction de modèles.

2º La formation de dépôts métalliques destinés à durcir ou à rendre inaltérables des objets de métal ou d'autre matière.

3º Le raffinage des métaux.

4º Le traitement des minerais.

A un autre point de vue, les procédés électrolytiques se caractérisent par l'emploi d'anodes solubles ou d'anodes insolubles. On a un exemple du premier cas dans le transport qui s'opère entre des électrodes de cuivre plongées dans une solution cuivrique traversée par le courant; l'électrolyse d'une telle solution à l'aide d'une anode en platine ou en charbon fournit une application du second cas.

Le caractère distinctif de ces deux modes de traitement se trouve dans l'énergie dépensée : le premier, permettant d'utiliser l'énergie due à la dissolution de l'anode dans l'électrolyte, exige beaucoup moins de dépense de travail que le second.

Considérons, par exemple, l'électrolyse du sulfate cuivrique. La décomposition du sel absorbe 28,4 calories (gr-d) par équivalent chimique (mmg), ce qui représente une énergie de 1,07 kilowattheure par kilogramme de métal réduit. Lorsque l'anode est insoluble, il faut dépenser, pour la décomposition de l'électrolyte, ce travail augmenté de celui que représente l'échauffement du bain par l'effet Joule.

Si, au contraire, on fait usage d'une anode en cuivre, la dissolution de ce métal dans l'acide libéré par l'électrolyse restitue intégralement 28,4 calories par équivalent, en sorte que la seule dépense nécessaire au dépôt de cuivre sur la cathode correspond à l'effet Joule. Dans le cas où l'on emploierait le sulfure cuivrique comme anode, le métal se dissoudrait dans l'acide sulfurique libéré, avec dépôt de soufre, et l'ensemble des réactions chimiques se bornerait à la réduction du sulfure, qui absorbe 5,1 calories par équivalent.

Les procédés par voie humide se prêtent à une surveillance attentive de la marche des opérations et à une graduation du courant qu'on peut régler de manière à obtenir des dépôts métalliques homogènes. Lorsque le bain renferme un mélange de plusieurs sels, il est d'autant plus facile d'obtenir un produit pur à la cathode

que la proportion du sel qu'on cherche à réduire est plus grande
et que sa force électro-motrice de décomposition est moindre que
celle des autres sels du bain. L'inverse est également vrai, ce qui
donne la possibilité de déposer à l'état de mélanges et même
d'alliages des métaux dissous en mêmes proportions et ayant des
chaleurs de combinaison peu différentes.

**620bis. — Effets de la diffusibilité des bains. Densité de courant à
adopter.** — L'électrolyse d'une solution métallique amène une
modification dans la composition du bain au voisinage des électrodes. C'est la diffusion qui régularise la solution, laquelle tend à
s'appauvrir au voisinage de la cathode et à s'enrichir au contact
d'une anode soluble. C'est aussi la diffusion qui tend à s'opposer à
l'accumulation au fond du bain du liquide enrichi, le liquide
appauvri cherchant à gagner la surface. Le résultat de cette séparation serait une inégale distribution du courant et un dépôt
irrégulier. En outre, lorsqu'une électrode métallique est ainsi en
contact avec deux couches liquides de concentrations différentes, il
tend à se produire un couple local en vertu duquel la partie de la
lame baignée par le liquide appauvri est corrodée, tandis que la
partie en contact avec la liqueur plus concentrée se couvre d'un
dépôt de métal réduit.

L'appauvrissement du bain au voisinage de la cathode tend à
favoriser la décomposition des impuretés de l'électrolyte et par
suite à altérer le métal déposé. Parfois la concentration du bain à
l'anode amène dans les solutions riches un dépôt de sel à l'état
cristallin sur cette électrode. Pour ces raisons, on choisit les solutions ayant le pouvoir diffusif le plus élevé et, au besoin, on favorise
la diffusion par une élévation de température ou par une circulation
établie au sein du liquide. L'élévation de température diminue, en
outre, la résistance du bain.

Certaines solutions salines, telles que celle de sulfate de cuivre,
demandent à être acidulées pour fournir des dépôts réguliers.
L'acide libre attaque alors dans une proportion plus ou moins forte
le dépôt de la cathode. La chaleur ainsi que l'agitation favorisent
cette corrosion.

La densité du courant a une influence capitale sur l'état du dépôt à
la cathode. Si elle est faible, le métal est réduit à l'état cristallin.

Pour une densité moyenne, le dépôt a la texture du métal fondu. Lorsque la densité est forte, la réduction donne un produit noir et pulvérulent. Aux arêtes des électrodes, où la densité est souvent plus forte, le métal peut affecter la forme de nodosités faiblement adhérentes.

Une densité excessive est susceptible de soustraire un métal très oxydable à l'attaque du bain. C'est le cas lorsqu'on électrolyse un sel de potassium avec une petite cathode en mercure. Le métal alcalin est mis à l'abri de l'action chimique de l'électrolyte par le courant et s'amalgame avec le mercure.

Voici, d'après M. Gore, les valeurs de la densité de courant et de la différence de potentiel à appliquer à l'électrolyse de quelques sels.

NATURE DU SEL A ÉLECTROLYSER.	AMPÈRES PAR DCM^2 DE CATHODE.	DIFFÉRENCE DE POTENTIEL AUX ÉLECTRODES.
Sulfate de cuivre	1,2 à 1,7	0,7
Cyanure de cuivre . . .	0,6	3,0
Cyanure d'argent	0,5	1,0
Cyanure d'or	0,1	4,0
Sulfate double de nickel et d'ammonium	0,3 à 0,6	2 à 3

M. Minet admet, comme règle générale, que la densité de courant doit être proportionnelle au rapport de l'équivalent électro-chimique à la densité de l'élément électro-positif déposé. Le meilleur dépôt de cuivre correspondant à une surface de cathode d'environ 1 décimètre carré par ampère, la surface de cathode sera, par unité de courant, de 0,63 dm² pour le nickel, de 0,67 dm² pour le fer, de 1,27 dm² pour le zinc, de 1,3 dm² pour le platine, de 1,44 dm² pour l'or et de 2,9 dm² pour l'argent. Cette règle peut fournir une première indication, mais elle a l'inconvénient de faire abstraction de la diffusibilité du sel électrolysé.

GALVANOPLASTIE.

621. — **But.** — La galvanoplastie, découverte par Jacobi, a pour objet la reproduction de modèles par un dépôt métallique effectué dans un moule pris sur l'objet à reproduire. Le moule forme la cathode dans une dissolution du métal à déposer ; l'anode est le plus souvent une plaque de ce même métal. Dans ce cas, l'opération se réduit à un transport d'une électrode à l'autre et la dépense d'énergie électrique est minime.

La galvanoplastie rend de grands services à l'art industriel en permettant d'obtenir des reproductions en cuivre d'œuvres d'art. L'opération se faisant à froid, les contours des objets sont rendus avec beaucoup plus de fidélité que par les procédés de moulage par fusion.

Au nombre des applications les plus répandues, il faut citer l'*électrotypie* qui permet d'obtenir des planches de cuivre d'après les gravures sur bois. Ce procédé, à l'aide duquel une planche gravée peut se tirer à un nombre d'exemplaires considérable, a beaucoup diminué le prix des ouvrages illustrés ayant un grand tirage.

622. — Moules. — Les moules sont parfois formés au moyen d'alliages Darcet, dans lesquels l'empreinte de l'objet à mouler se fait à chaud (5o à 100°), ou bien de matières plastiques, telles que le plâtre, la cire, la stéarine, la gélatine ; mais le plus souvent on fait usage de gutta-percha ramollie dans l'eau chaude et appliquée par compression sur le modèle. On peut aussi fondre la matière et la couler après y avoir introduit une substance qui abaisse son point de fusion.

A part les alliages métalliques, les substances que nous venons d'énumérer sont isolantes. On les rend conductrices en les recouvrant de plombagine à la brosse.

Lorsque les pièces présentent des détails très délicats, on provoque un précipité conducteur de sulfure d'argent à la surface du moule, en plaçant ce dernier dans une solution de nitrate d'argent traversée par un courant d'hydrogène sulfuré.

Pour reproduire les objets en ronde bosse, tels que statues, bas-reliefs, etc., on forme le moule en plusieurs parties qu'on assemble entr'elles.

623. — Conduite des opérations. — Le moule préparé est placé dans le bain électrolytique, que nous supposerons formé d'une solution de sulfate de cuivre, en vue d'un dépôt de cuivre. Diverses conditions sont à remplir pour obtenir un bon dépôt solide, d'épaisseur uniforme et moulant exactement tous les détails.

La solution, acidulée au dixième d'acide sulfurique, est chargée de sulfate de cuivre à saturation. On y ajoute souvent de la gélatine en très petite quantité, afin d'accroître la dureté et la ténacité du dépôt, qui atteint une densité de 8,9, supérieure à celle du cuivre fondu.

Le moule et l'anode formée de cuivre ou d'un métal insoluble doivent être convenablement disposés relativement l'un à l'autre. Lorsque les écartements présentent des différences trop grandes, les parties de la surface à métalliser les plus rapprochées de l'anode se recouvrent d'un dépôt abondant, d'aspect grenu, tandis que les parties les plus éloignées ne présentent qu'une mince couche de métal. On empêche cet effet de se produire en plaçant les anodes à une distance suffisamment grande des saillies du moule et en changeant de temps à autre la position des pièces à recouvrir.

Pour la reproduction des objets en ronde bosse, des statues par exemple, l'anode est constituée par un squelette métallique épousant aussi bien que possible la forme intérieure du moule, sans cependant venir en contact avec lui. On ne peut, dans ces conditions, faire usage d'anodes solubles qu'il serait impossible de renouveler. Les carcasses primitivement employées par Lenoir étaient confectionnées au moyen de fils de platine. Elles donnaient lieu à une dépense notable, à cause du capital considérable immobilisé pendant l'opération qui dure des semaines, et parce qu'il n'est pas toujours possible de retirer toutes les parties de la carcasse hors des pièces moulées. Planté a eu l'idée de construire les squelettes en feuilles de plomb et c'est à cette occasion qu'il a constaté la force électromotrice de polarisation considérable causée par l'anode, ce qui a conduit à la découverte de l'accumulateur.

Le squelette étant fixé à l'intérieur du moule, celui-ci est placé dans le bain après avoir été percé de quelques trous, afin de permettre la circulation du liquide. Celle-ci peut être favorisée par l'agitation, de manière à renouveler plus rapidement la solution au contact des électrodes, au fur et à mesure de l'appauvrissement. Des cristaux de sulfate de cuivre sont suspendus dans le bain dans des récipients percés de trous.

On a fait remarquer précédemment l'influence de la densité du
courant sur la nature des dépôts. Dans les opérations de la galvanoplastie, il convient d'employer au début de l'opération une densité
très faible, 0,3 ampère par décimètre carré de surface de cathode,
afin que le dépôt reproduise fidèlement les détails du moule. Lorsque
cette première couche est formée, il n'y a aucun inconvénient à faire
croître progressivement le courant, de manière à diminuer la durée
de l'opération. Quand le dépôt a acquis une épaisseur suffisante,
on le retire du bain. Pour consolider la coquille galvanique, on
coule un métal très fusible, tel que du laiton, à l'intérieur. Afin
d'améliorer l'aspect de la surface extérieure, on dépose sur celle-ci
une pellicule électrolytique d'étain. Par l'action d'un feu de moufle
sur l'objet on obtient alors une couche superficielle de bronze.

Dans la confection des clichés électrotypiques et des objets
analogues, le dépôt peut être de peu d'épaisseur. On le consolide
en coulant sur la face postérieure une doublure de métal plus
fusible que le cuivre, tel que l'alliage des caractères d'imprimerie.

624. — Appareils. — Jacobi a découvert la galvanoplastie en
remarquant que le dépôt de cuivre dont se couvre la cathode de la
pile Daniell moule exactement cette électrode. Il en résulte que,
pendant longtemps, on a employé, pour cette opération, de grandes
piles au sulfate de cuivre dont les objets à reproduire formaient le
pôle positif. Ces objets baignaient dans une solution de sulfate
de cuivre entretenue à saturation par des cristaux de ce sel. Au
milieu de la solution, on plaçait des vases poreux contenant de
l'eau acidulée d'acide sulfurique et des lames de zinc amalgamé.
Il suffisait de réunir celles-ci avec les extrémités libres des fils
servant à suspendre les moules pour produire le courant et, par
suite, le dépôt.

Aujourd'hui, les galvanoplastes se servent de piles spéciales,
de couples thermo-électriques ou de dynamos, à moins qu'une
distribution d'électricité ne leur permette de se passer complètement de générateurs et de n'employer que des accumulateurs
destinés à être chargés en série et déchargés sous la tension
voulue pour le succès de l'opération électrolytique. .   .

On peut se rendre compte de l'économie réalisée par la dynamo
sur la pile par ce fait, reconnu à la maison Christofle et Cie: avec la

pile, la production de la quantité d'électricité nécessaire au dépôt de 1 kg. d'argent coûtait fr. 3,87 ; avec la machine Gramme, cette dépense se réduit à fr. 0,94.

Les bains reliés à une machine peuvent être groupés en série ou en dérivation. Le second procédé a l'avantage de rendre les bains indépendants, mais comme les courants employés sont souvent très intenses, on est conduit à des conducteurs coûteux et difficiles à manier.

Dans les procédés par anodes solubles, il y a avantage à combiner les deux dispositions et à placer en série des groupes de bains en dérivation. Le calcul suivant montre l'avantage de cet arrangement. Supposons, pour plus de simplicité, que la force électro-motrice de polarisation soit négligeable, et appelons r la résistance intérieure de chaque bain, i l'intensité du courant fourni par la source. Pour un seul bain, le dépôt, par seconde, est ki, k étant l'équivalent électro-chimique du cuivre ; la puissance dépensée est $i^2 r$ et le rendement $\dfrac{ki}{i^2 r} = \dfrac{k}{i r}.$

Si, au lieu d'un bain, on en met quatre identiques, par deux en dérivation, la résistance combinée reste la même, ainsi que la puissance dépensée. Dans chacun des bains, le dépôt n'est que moitié du dépôt primitif, mais, comme il y a quatre bains, le dépôt total est $2ki$, c'est à dire que le rendement est doublé. Si l'on associe neuf bains, par trois en dérivation, le rendement est triplé, et ainsi de suite.

Ce fait ne présente aucune contradiction avec le principe de la conservation de l'énergie, parce que le transport de cuivre d'anode à cathode, s'opérant horizontalement, ne demande aucune dépense de travail. On remarquera toutefois que le capital immobilisé augmente avec le nombre des bains.

FORMATION DE DÉPÔTS MÉTALLIQUES.

625. — Dans les opérations électrolytiques comprises sous cette dénomination, la cathode, formée d'un objet de métal commun ou d'une substance peu résistante, telle que le plâtre, est recouverte d'un dépôt métallique destiné à la soustraire aux agents atmosphériques ou à lui donner un aspect décoratif. Dans les ateliers électriques, on fait grand usage des dépôts de métaux inoxydables en vue de préserver les métaux communs contre l'action des agents atmosphériques. Les traitements que nous considérons sont souvent confondus avec ceux qui précèdent sous le nom de galvanoplastie.

Il est indispensable, pour assurer le succès du dépôt, que la surface à recouvrir ait une conductibilité bien uniforme. Pour cela, elle doit être parfaitement nette, exempte d'oxydes ou d'enduits gras, tels que celui que laisse le contact des doigts.

Les oxydes s'enlèvent par un bain de décapage, composé d'une solution sulfurique au dixième pour le fer et ses dérivés et d'une solution nitrique faible pour le cuivre et ses alliages. Les dépôts gras s'éliminent dans un bain de dégraissage contenant une lessive alcaline. Pour des objets récemment fabriqués, on se contente souvent d'un polissage à la brosse mécanique chargée d'émeri suivi d'un bain de dégraissage au carbonate de soude et d'un rinçage à l'eau claire, après quoi on a soin de ne plus toucher les objets avec les doigts.

Les observations faites au sujet de la galvanoplastie, en ce qui concerne la disposition des électrodes, des bains et la conduite des opérations, s'appliquent aux dépôts métalliques..

626. — Argenture. — L'industrie de l'argenture galvanique a pris un développement considérable. Suivant M. Bouilhet, le poids d'argent déposé annuellement par l'électrolyse dans le monde entier serait de 125 tonnes, représentant une valeur d'environ 25 millions de francs.

Après dégraissage, décapage, nettoyage et lavage, les objets de cuivre ou de laiton à argenter sont placés dans des bains contenant des anodes solubles en argent. Les bains connus sous le nom de bains de Ruolz contiennent un cyanure double de potassium et d'argent que l'on peut obtenir en précipitant le nitrate d'argent par du cyanure de potassium et en ajoutant un excès de ce dernier, de manière à arriver à une redissolution du précipité et à une réaction alcaline. Le bain doit contenir environ 3o gr. d'argent par litre ; la surface des anodes est égale à celle des objets à recouvrir et le courant d'électrolyse a une densité d'un tiers d'ampère par décimètre carré.

On juge de l'épaisseur du dépôt par la quantité d'électricité utilisée dans le bain ou par une pesée.

Au sortir du bain, les pièces sont soumises au frottement d'une brosse mécanique circulaire, puis le polissage s'achève au moyen de brunissoirs en acier. On donne parfois au métal la couleur du vieil argent en passant sur la surface un pinceau humecté de sulfhydrate ammonique plus ou moins étendu, suivant la teinte cherchée.

627. — Dorure. — On emploie pour la dorure comme pour l'argenture des bains de cyanure double renfermant moins de 2 grammes d'or par litre. La densité du courant ne doit pas dépasser 0,8 ampère par décimètre carré de surface de cathode.

Parfois, pour les petits objets, on opère à la température de 70° à 80° C en se servant d'anodes insolubles en platine. La couleur du dépôt peut être variée du jaune pâle au rouge en faisant croître la densité du courant. On obtient des dépôts d'or vert ou d'or rouge en employant comme anodes des alliages d'or et d'argent ou d'or et de cuivre.

628. — Cuivrage. — Le cuivrage s'emploie pour donner un aspect artistique aux objets en fer, fonte, plâtre, zinc, plomb, et pour soustraire les premiers à l'action des agents atmosphériques. On cuivre également les objets en fer qui doivent être dorés ou argentés, parce que le fer décompose les bains d'argenture et de dorure.

Le bain de cuivrage varie avec la matière des objets à recouvrir; on emploie fréquemment le cyanure double de potassium et de cuivre. M. Gaudoin recommande, pour le cuivrage du fer, une solution d'oxalate double de cuivre et d'ammoniaque avec excès d'acide oxalique et anode en cuivre. Ce bain n'attaque pas sensiblement la cathode. Lorsque le dépôt est commencé par ce procédé, on le termine dans un bain de sulfate de cuivre acide, beaucoup moins coûteux.

M. Oudry soustrait le fer à l'action de l'acide sulfurique contenu dans le bain de sulfate, en revêtant les objets d'une peinture au minium ou d'un vernis, la surface étant rendue conductrice par de la plombagine. On opère ensuite le dépôt dans un bain de sulfate de cuivre.

629. — Nickelage. — Le nickelage, qui donne aux objets usuels un aspect agréable et une grande inaltérabilité et qui a pris pour ces raisons beaucoup d'extension, s'obtient au moyen d'anodes en nickel pur et d'un bain de sulfate double de nickel et d'ammoniaque, marquant une densité de 1,06 environ. Il est nécessaire de maintenir la neutralité du bain, dont on s'assure par de fréquents essais au papier de tournesol. On chauffe généralement le bain vers 40° C. Les pièces de zinc ne peuvent être nickelées qu'après avoir été cuivrées ou encore après avoir été amalgamées légèrement à la surface par immersion dans une solution mercurielle.

630. — Cobaltage. — Le dépôt de cobalt a une teinte plus claire que celui de nickel. Il s'obtient, d'après M. S. Thompson, dans un bain composé de la manière suivante. On fait une solution au huitième de chlorure ou de sulfate de cobalt qu'on mélange à une solution au seizième de sulfate de magnésium. Le mélange est étendu de son volume d'eau et électrolysé avec une anode en cobalt.

631. — Platinage. — Pour obtenir un dépôt de platine, d'iridium ou de palladium, M. Thompson recommande un bain chauffé entre 60° et 90° C et contenant 2 parties de chlorure du métal à déposer, 16 parties de borate sodique, 16 de carbonate sodique, 2 de sel ammoniaque et 150 d'eau. On ne peut entretenir la richesse du bain par une anode en platine, à cause de l'insolubilité de ce métal. Il en résulte que la liqueur s'appauvrit rapidement, ce qui rend le dépôt défectueux.

.Pour remédier à ce défaut, M. Wahl a eu l'idée d'utiliser la solubilité de l'hydrate de platine dans les alcalis et les acides (potasse, acide oxalique ou phosphorique), en vue de maintenir constante la composition du bain. Celui-ci est, par exemple, formé de 50 gr. d'acide phosphorique sirupeux ($d = 1,7$), de 12 à 15 gr. d'hydrate de platine et de 1 kg d'eau distillée. La dissolution est faite à 100° C. Des additions successives d'hydrate entretiennent la richesse de la liqueur. On se sert d'une anode en charbon ou en platine. Les objets en fer, en nickel ou en zinc doivent être cuivrés au préalable.

632. — Gravure et incrustation galvaniques. — Lorsque certaines parties des électrodes en cuivre d'un bain cuivrique sont enduites d'un vernis isolant, elles échappent à l'action de l'électrolyse qui, dans les parties non vernies, creuse l'anode et donne du relief aux cathodes.

On déduit de cette observation un moyen de graver soit en creux, soit en relief. Ainsi pour obtenir une planche en relief, il suffit de la recouvrir d'un vernis isolant, de tracer le dessin voulu avec un burin et de mettre la planche dans un bain où elle sert de cathode. Une autre application est le damasquinage des métaux. Si l'on réunit une plaque de cuivre, gravée en creux par le procédé précédent et encore recouverte de l'enduit isolant, à la cathode d'un bain d'argenture, l'argent se dépose dans le creux et reproduit le dessin en incrustation.

RAFFINAGE DES MÉTAUX.

633. — Raffinage du cuivre. — Avant d'aborder la description du raffinage des métaux et du traitement électrolytique des minerais, opérations auxquelles on restreint souvent le nom d'électrométallurgie, rappelons sommairement les phases de la métallurgie ordinaire du cuivre, celui des métaux usuels auquel on a appliqué les méthodes d'électrolyse par voie humide avec le plus de succès.

Cette métallurgie consiste en une série de grillages au réverbère, ayant pour but l'oxydation des minerais et l'élimination des matières volatiles, surtout du soufre, suivis chacun d'une fusion par laquelle on élimine les scories en débarrassant le cuivre des métalloïdes et des métaux auxquels il est allié. La teneur en cuivre va en augmentant avec le nombre des opérations, mais de plus en plus lentement; ainsi, la première fusion peut élever la proportion de cuivre de 10 à 60 pour cent, tandis que le dernier raffinage n'enlève que quelques centièmes d'impuretés. Néanmoins, la consommation de combustible et le déchet en cuivre restant sensiblement les mêmes pour chaque fusion, il s'ensuit que le prix de revient du métal augmente rapidement avec le degré de pureté.

Le raffinage électrolytique a pour but de tirer du cuivre pur des cuivres bruts industriels.

Ceux-ci sont coulés en plaques et employés comme anodes d'un bain de sulfate cuivrique dont la cathode est formée par une lame mince de cuivre déjà affiné. Le métal est transporté d'une électrode à l'autre et les impuretés tombent sous forme de boues au fond de la cuve électrolytique ou restent en solution.

Par cette opération, on obtient un métal exceptionnellement pur, qui, à cause de sa grande conductibilité électrique, a une valeur beaucoup plus considérable que le cuivre ordinaire. De plus, on peut recueillir dans les boues les plus petites teneurs en métaux précieux des cuivres bruts.

Les cuivres bruts à raffiner ne contiennent généralement pas moins de 96 pour 100 de cuivre pur et les impuretés se composent de soufre, arsenic, antimoine, bismuth, platine, or, argent, étain, fer, cadmium, cobalt, zinc, aluminium, etc. Dans une solution acidulée de sulfate de cuivre, le zinc, le fer, le cadmium, le cobalt, ainsi que les métaux plus positifs se dissolvent directement pendant l'électrolyse (¹). L'antimoine, le bismuth, l'étain et la silice se dissolvent imparfaitement ; le carbone, l'or, le platine et le soufre sont insolubles et se précipitent complètement. La présence du fer et du manganèse à l'anode donne lieu à des sels ferriques et manganiques qui se réduisent à l'état de protosels à la cathode en absorbant une partie de l'énergie du courant. Le fer ne se dépose que lorsque cette transformation est complète. C'est l'arsenic, l'antimoine et le bismuth qui, parmi les corps étrangers, se réduisent le plus facilement à la cathode, et il convient d'employer une densité de courant d'autant plus faible que ces corps sont en proportion plus forte. Au bout d'un temps plus ou moins long, l'électrolyte se charge d'impuretés, au point de favoriser la réduction de celles-ci, en vertu d'une action de masse, et il est nécessaire de renouveler la solution.

La force électro-motrice de polarisation des bains étant faible, il y a avantage, ainsi qu'on l'a vu au § 624, à réduire la densité de

---

(¹) GORE, *The electrolytic separation of metals.* Londres, 1890.

2   26

courant, en vue de diminuer la dépense de puissance motrice. Toutefois, à mesure que l'on diminue la densité de courant, on augmente le capital immobilisé en terrains, en matériel et en cuivre, pour une production donnée. Il y a donc une juste limite à garder pour la densité, qui sera d'autant plus faible que la force motrice est plus chère et que les cuivres à raffiner sont plus chargés d'impuretés, particulièrement d'arsenic, d'antimoine et de bismuth. Dans les usines favorisées au point de vue de la force motrice et où l'on traite des anodes à 98 pour 100 de cuivre, exemptes des impuretés ci-dessus, la densité va jusque 1 ampère par dcm² de cathode. Dans les cas extrêmes, on descend jusqu'au dixième de cette valeur. La dépense d'énergie varie dans les usines existantes entre 170 et 470 watts-heure par kilogramme de cuivre. La surface occupée oscille entre 0,6 et 3 m² par tonne de cuivre raffiné annuellement.

La force électro-motrice choisie aux générateurs sera suffisante pour que les dimensions des bains ne soient pas trop fortes et que les conducteurs soient maniables. On installe généralement 60 à 120 bains en tension pour une production de 1 tonne par 24 heures. Les dynamos sont enroulées en dérivation pour permettre le réglage du champ magnétique et pour éviter les renversements de pôles par une force contre-électro-motrice; elles développent une tension de 0,3 à 0,5 volt par cuve de la série. Elles sont construites de manière à pouvoir fonctionner jour et nuit sans arrêt.

Les cuves sont en bois, garnies intérieurement de feuilles de plomb soudées au chalumeau d'hydrogène. Elles contiennent souvent 8 anodes coulées avec des saillies qui reposent sur les bords des cuves et 9 cathodes suspendues dans le liquide par des bandelettes de cuivre fixées à des tiges appuyant également sur les bords. Les anodes sont plus épaisses vers le haut où, comme on l'a vu, la corrosion est plus rapide. Elles ont chacune 10 à 15 kg, poids qui permet de les manier aisément.

La liqueur cuivrique acidulée a une densité variant de 1,12 à 1,19. Elle doit être chauffée l'hiver, par des injections de vapeur, à 20 ou 25° C. Une circulation de liquide est établie dans les bacs pour assurer l'homogénéité des bains. Dans ce but, on dispose parfois les cuves en cascade, en établissant un écoulement entre les bains. Le liquide de la cuve inférieure est remonté au niveau du bain

supérieur par un injecteur. On peut aussi syphonner indépendamment le liquide du fond de chaque bain, comme on le fait dans les
piles, § 262 ; ce procédé amène une homogénéité plus grande entre
la composition des divers bains.

Les électrodes sont surveillées afin d'éviter des courts-circuits
provenant des fragments qui se détachent des anodes par une usure
irrégulière de celles-ci. On a soin d'ailleurs de laisser au moins 5 cm
entre les électrodes pour diminuer la fréquence de cet accident.
Après un certain temps, on vide les bains pour remplacer la solution devenue impure et l'on recueille les boues qu'on sèche et dont
on retire éventuellement l'or et l'argent par la coupellation.

Suivant M. Gore, pour raffiner 30 tonnes de cuivre par semaine
avec une densité de courant de 1 ampère par dcm² de cathode, il faut
immobiliser 400 tonnes de cuivre, ce qui, à 1 250 fr. la tonne, donne
un capital de 500 000 fr., auquel il faut ajouter 250 000 fr. pour le
matériel, les bâtiments, etc. Une telle installation occupe une
vingtaine d'ouvriers et un chimiste ; elle demande une force motrice
de 200 chevaux environ.

Parmi les premières usines qui ont appliqué le raffinage électrolytique, la Nord-Deutsche Affinerie, de Hambourg, produit 2,5
tonnes par jour et recueille dans les résidus plus de 1 000 kilogrammes d'or par an. Actuellement, les principales usines à cuivre
font le raffinage par l'électricité.

634. — Raffinage du plomb. — M. Keith a proposé de raffiner
les plombs bruts dans une dissolution de sulfate de plomb dans
l'acétate sodique. Ce raffinage n'accroît pas la valeur du métal, car
on a vu que les métaux étrangers en petites proportions donnent au
plomb une élasticité favorable dans beaucoup d'applications, § 485 ;
mais le traitement permet d'extraire les corps étrangers, tels que l'or,
l'argent, l'antimoine et l'arsenic, qui restent dans les boues sous
l'anode de plomb brut. Ces boues sont traitées au creuset avec
du nitrate sodique et du borax. Le zinc et le fer mélangés au plomb
brut restent en solution.

TRAITEMENT DES MINERAIS.

635. — L'extraction des métaux de leurs minerais par la voie
électrolytique a fait l'objet, dans ces dernières années, de tentatives

intéressantes. Ce mode de traitement est surtout avantageux là où des forces naturelles permettent d'obtenir l'énergie électrique à bon compte, ce qui arrive fréquemment dans des pays riches en minerais mais dépourvus de combustibles.

Les premières études des traitements électro-métallurgiques sont dues à M. Becquerel, qui avait proposé, en 1854, de réduire les minerais d'argent, amenés à l'état de chlorures et dissous dans une solution concentrée de chlorure sodique, à l'aide d'un courant produit dans le bain même par des lames de zinc, § 624. L'argent se dépose sur la cathode en plomb ou en charbon.

Un procédé semblable ne peut, naturellement, être employé que lorsque la force électro-motrice de décomposition du sel est inférieure à celle du couple zinc-chlorure sodique-plomb.

On a, à diverses reprises, préconisé des modes de traitement analogues consistant à mettre les minerais en solution dans l'eau, après les avoir transformés en sulfates par le grillage ou en chlorures par l'acide chlorhydrique pur, et à les électrolyser par le courant d'une dynamo en faisant usage d'une anode insoluble en charbon ou en plomb.

Ces procédés mettent en jeu des forces électro-motrices de polarisation plus ou moins considérables et conduisent à une dépense d'énergie souvent inadmissible, surtout lorsque la polarisation est supérieure à 1,5 volt et que l'eau du bain est décomposée. Dans ce dernier cas, il y a un travail effectué en pure perte, et les gaz provenant de la décomposition de l'eau empêchent d'obtenir des dépôts convenables.

Cependant M. Alex. Watt prétend avoir obtenu de bons dépôts de zinc par l'électrolyse de l'acétate de ce métal. Les minerais oxydés ou amenés à l'état d'oxydes par le grillage sont dissous dans l'acide acétique du commerce; le plomb et le fer sont éliminés par l'hydrogène sulfuré et la liqueur est ensuite traitée avec une anode en charbon.

MM. Blas et Miest ont fait breveter, en 1882, un mode de traitement très ingénieux, applicable aux minerais sulfurés et à l'aide duquel on parvient à tourner la difficulté. Ils ont remarqué que les sulfures métalliques sont en général assez conducteurs, et qu'on peut les employer comme anodes dans une solution du métal à réduire, le bain servant uniquement de véhicule au métal qui se transporte de l'anode en sulfure à la cathode. Le soufre provenant de la décomposition du sulfure tombe en boue au fond de la solution. Si l'on traite par ce moyen le sulfure cuivrique, la force électro-motrice de décomposition n'est que 0,22 volt, au lieu de 1,22 volt, force électro-motrice minimum nécessaire pour décomposer le sulfate avec une anode en charbon. Le traitement de MM. Blas et Miest procure donc une notable économie de force motrice ainsi que la suppression de l'électrolyse de l'eau.

Ce système a été perfectionné par M. Marchese, qui l'a appliqué dans diverses usines en Italie.

636. — Traitement des sulfures de cuivre. — Le procédé Marchese est appliqué à Sestri-Levante (Italie) à des chalcopyrites à gangue serpentineuse mélangées à la pyrite de fer, et dont la teneur moyenne en cuivre est de 15 pour 100.

Les minerais sulfurés sont fondus au four à manche, puis les mattes sont coulées dans des moules en fonte en plaques qui doivent servir d'anodes. Ces plaques, dont la conductibilité électrique est suffisante, communiquent avec le circuit extérieur par des bandelettes de cuivre emprisonnées dans les anodes pendant la fusion. Les mattes contiennent environ 35 parties de cuivre, 38 de fer et 27 de soufre.

Le bain électrolytique est obtenu en traitant au four à réverbère des minerais riches et en soumettant les produits du grillage à l'action de l'acide sulfurique dilué dans des récipients en plomb à grande surface; le traitement au réverbère doit être conduit de manière à obtenir des oxydes, et non des sulfates, afin d'éliminer autant que possible le fer dont l'oxyde n'est pas soluble dans l'acide sulfurique étendu. La solution de sulfate de cuivre contenant du sulfate de fer est amenée dans des bacs de traitement dont les cathodes sont constituées par des lames de cuivre pur peu épaisses, placées dans des cadres en bois pour éviter leur gondolement.

La présence de la pyrite de fer dans les mattes sulfurées nécessite de grandes précautions dans la conduite des opérations, afin d'éviter que le fer ne se dépose avec le cuivre sur la cathode. Il est vrai que la force électro-motrice de polarisation du sulfure de fer est supérieure à celle du sulfure de cuivre, mais il ne faut pas

perdre de vue que, pour maintenir un courant intense dans le
bain, la différence de potentiel aux électrodes doit dépasser ces
forces électro-motrices. Il en résulte que le sulfure de fer est
décomposé et que le fer passe dans le bain à l'état de sulfate ferrique qui tend à se réduire en sulfate ferreux et en fer à la
cathode. Le sel cuivrique de la solution se réduit donc peu à
peu et est remplacé par des sels de fer.

De nombreuses expériences de laboratoire ont montré que le
dépôt de cuivre reste net et brillant tant qu'il subsiste du cuivre
dans la solution. On peut réaliser cette condition en provoquant
un renouvellement continu des liquides dans les bacs électrolytiques, par une circulation établie entre ces bacs et les bassines de
dissolution en plomb où le sulfate ferrique dissout une certaine
quantité de cuivre. La solution est amenée par un chenal en bois
aux bacs disposés en cascades par séries de six, fig. 406 ; après avoir

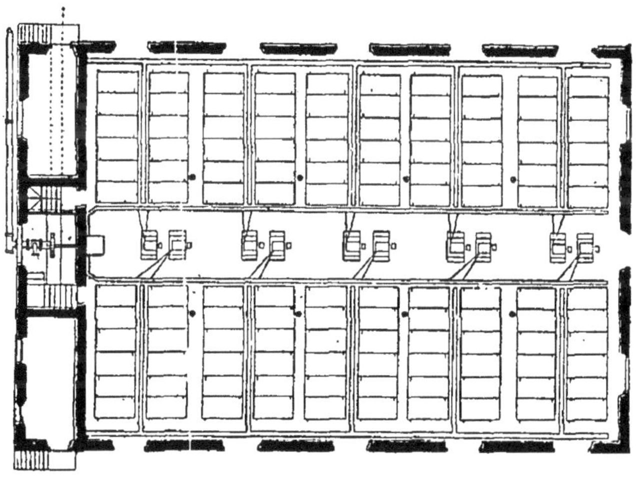

Fig. 406.

traversé ceux-ci, elle est reprise par des pompes centrifuges qui la
ramènent aux bassins de dissolution. Elle doit être renouvelée
de temps à autre, parce qu'à la longue elle se sature de sulfate
ferreux, et, dans cet état, ne dissout plus le cuivre.

Le courant est fourni par 20 machines Siemens, excitées en
dérivation afin d'éviter les renversements de pôles dans les inducteurs. Chaque dynamo dessert 12 bacs réunis électriquement en

série et précipite journellement 100 kg de cuivre en développant 10 volts aux bornes et 250 ampères ; la différence de potentiel entre les bornes de chaque bac électrolytique est donc inférieure à 1 volt. La force électro-motrice de polarisation est faible , 0,45 volt environ.

D'après les données citées ci-dessus, la dépense d'énergie est

$$\frac{10 \cdot 250 \cdot 24}{100} = 600 \text{ watts-heure par kilogramme de cuivre.}$$

En admettant que cette énergie est produite par des machines à vapeur consommant 1 kg de charbon par cheval-heure et des dynamos d'un rendement industriel de 90 pour 100, la consommation du combustible sera

$$\frac{600}{736} \times \frac{100}{90} = 0,91 \text{ kg.}$$

Le traitement des sulfures par la méthode ordinaire exige environ 3 kg de charbon, soit 3 fois plus que la méthode électrolytique, laquelle permet d'ailleurs d'utiliser des forces naturelles.

Lorsque la solution est devenue trop riche en sulfate de fer, elle est soumise à l'action de l'acide sulfhydrique provenant du traitement des déchets des fours à manche par l'acide sulfurique ; le cuivre est précipité à l'état de sulfure qui passe au réverbère ; le sulfate de fer est réduit en sulfate ferreux que l'on fait cristalliser. Les résidus des anodes sont d'abord traités pour en retirer le soufre, puis ajoutés aux minerais.

En résumé, les produits de cet industrie sont : 1º du cuivre pur obtenu avec une perte de métal très faible et une consommation de combustible minime ; 2º du soufre, dont la valeur représente les frais de fusion et de main d'œuvre ; 3º du sulfate de fer dont la vente compense l'achat de l'acide sulfurique.

Nous avons exposé avec quelque développement ce procédé, bien qu'il soit encore dans la phase des essais, afin de montrer les difficultés qu'un traitement métallurgique théoriquement très simple peut présenter dans l'application. La composition des minerais de cuivre présente en effet des variations qui exigent des modifications continuelles dans la conduite du traitement et occasionnent des difficultés dont une longue expérience peut seule venir à bout.

ÉLECTRO-MÉTALLURGIE PAR VOIE SÈCHE.

637. — **But.** — Les procédés de l'électro-métallurgie par voie humide sont soumis à des restrictions nombreuses. On est obligé de modérer la densité du courant de crainte qu'il ne se forme des réactions secondaires capables d'altérer le produit déposé. De là, la nécessité de bains de grande étendue pour développer un effet utile donné. Le liquide des bains doit être choisi avec soin et surveillé au cours des opérations afin qu'il n'attaque pas les produits de l'électrolyse. Enfin la réduction par voie humide est impraticable avec les métaux ayant une grande affinité pour l'oxygène.

Lorsqu'il est possible de fondre les matières à traiter et de leur donner une conductibilité suffisante pour qu'elles se prêtent au passage de courants intenses, la réduction peut s'opérer par voie sèche entre des électrodes en charbon; la chaleur dégagée par le courant vient alors en aide à l'action électrolytique de ce dernier et ces effets combinés ont une telle puissance de désagrégation qu'aucun composé ne leur résiste.

L'application de ces procédés a fait accomplir des progrès importants à la métallurgie des minerais irréductibles par le charbon; tel est le cas des composés alcalins, alcalino-terreux et terreux, dont les éléments électro-positifs forment avec l'oxygène des combinaisons dégageant plus de chaleur que l'oxydation du carbone et qui, en vertu du principe du travail maximum, ne le cèdent pas à ce dernier.

L'électrolyse par voie sèche n'est pas subordonnée aux mêmes conditions que l'électrolyse par voie humide. On n'a pas à se préoccuper des réactions d'un dissolvant sur les produits de la réduction et la densité du courant n'est limitée que par le pouvoir conducteur des électrodes, ce qui implique plus de latitude dans la conduite des opérations.

Le prix élevé de l'énergie électrique sous forme de chaleur ou d'agent réducteur semble, à première vue, devoir limiter son emploi aux métaux pour lesquels le charbon est impuissant. En effet, il n'y a guère que les huit centièmes de l'énergie du combustible brûlé dans une chaudière qui soient utilisés dans le circuit extérieur d'une dynamo. Mais il ne faut pas perdre de vue que, dans les fourneaux métallurgiques, une grande partie de la chaleur du combustible est employée à échauffer la maçonnerie des fours et le combustible lui-même, et, qu'en raison de la surface des appareils utilisés, les pertes par rayonnement sont considérables.

Au contraire, l'énergie voltaïque peut être concentrée dans un espace très restreint et employée presque toute entière au but en vue. En outre, la réduction a lieu en une seule opération, tandis que certaines métallurgies exigent des refontes très onéreuses en combustible, §§ 633 et 636. Enfin l'utilisation des chutes d'eau réduit considérablement les frais de production de l'électricité et permet de traiter des minerais dans des pays dépourvus de charbon.

Ces considérations montrent qu'il n'est pas impossible que les procédés électro-métallurgiques par voie sèche s'étendent au traitement de certains métaux usuels. Jusqu'à présent, ils sont restreints presque exclusivement à la production de l'aluminium. Nous allons passer en revue des méthodes appliquées dans ce but, en nous renseignant, comme nous avons eu plusieurs fois l'occasion de le faire au cours de cet ouvrage, dans les articles érudits de M. Richard, parus dans *la Lumière Électrique*, ainsi que dans la monographie de l'aluminium, publiée par M. Minet dans le même journal.

638. — Généralités sur l'aluminium et ses emplois. — L'aluminium, qui est probablement le plus répandu des métaux qui entrent dans la composition de la croûte terrestre, jouit de propriétés telles qu'il a pu être appelé le fer de l'avenir.

Sa faible densité (2,67) et sa tenacité (20 kg par mm²) le rendent, à poids égal, aussi résistant que l'acier. Sa conductibilité électrique, qui est la moitié de celle du cuivre, doit le faire préférer à ce dernier métal, lorsque la considération de poids est prédominante. Son inaltérabilité aux agents atmosphériques et sa malléabilité, jointes à ses autres qualités, le rendent précieux pour la confection des instruments de précision. Enfin son innocuité et son bel éclat blanc le destinent à un grand nombre d'usages domestiques et artistiques.

Cependant, à cause de son prix élevé, l'aluminium n'est guère employé, jusqu'à présent, à l'état pur ; mais, en revanche, il est utilisé à l'état de combinaison, soit directement, soit dans la métallurgie d'autres métaux.

L'aluminium forme, avec le cuivre, le zinc et le fer, des alliages stables, non susceptibles de·liquation et qui jouissent de propriétés tout à fait remarquables.

Les alliages d'aluminium et de cuivre sont connus sous le nom de bronzes d'aluminium. Lorsqu'on incorpore, au creuset, 10 pour 100 d'aluminium dans le cuivre, l'alliage se forme avec un dégagement de chaleur violent qui accuse une combinaison définie. Le produit a une belle couleur d'or ; il est susceptible de prendre un poli brillant qu'il conserve sans altération à l'air. Ce métal résiste, en outre, aux gaz sulfurés, aux acides faibles ou gras, aux savons et à l'eau salée. Ces propriétés restent acquises à l'alliage tant que·la teneur en aluminium ne descend pas en dessous de 5 pour cent.

Au point de vue des propriétés mécaniques, les bronzes d'aluminium, unis à une petite proportion de silicium, tels qu'on les obtient par le procédé Cowles ci-après, sont susceptibles de présenter des caractères très variables avec la composition. Le bronze contenant 10 pour 100 d'aluminium et 1 à 2 pour 100 de silicium est peu malléable et résiste à une charge de 80 kg. par mm² avec un allongement qui va jusque 5 pour 100.

Lorsque la teneur en silicium reste égale à 1 pour 100 et que la proportion d'aluminium tombe à 2,25 pour 100, le métal ne résiste plus qu'à 20 kg par mm², mais il est extrêmement ductile et l'allongement avant la rupture va jusque 60 pour 100. Entre ces limites extrêmes, il est possible d'obtenir une échelle de produits, dont on règle les qualités mécaniques selon le but en vue. Les bronzes d'aluminium se moulent et se travaillent aisément.

Le laiton d'aluminium, contenant 3 à 4 pour 100 de ce métal et 40 pour 100 de zinc, possède une limite d'élasticité allant jusqu'aux quatre cinquièmes de la charge de rupture, laquelle est voisine de 50 kg. par mm².

Enfin le composé qui a trouvé le plus d'applications est le ferro-aluminium, alliage riche d'aluminium et de fer, qu'on peut obtenir en une seule opération et qui sert d'intermédiaire pour incorporer de petites quantités d'aluminium dans le fer.

L'addition, au dosage voisin du millième, de l'aluminium au fer et à ses carbures, l'acier et la fonte, jouit de la propriété caractéristique d'abaisser le degré de fusion de ces corps, de leur donner de la fluidité et de l'homogénéité et de permettre d'obtenir des moulages nets et sans soufflures.

Le rôle de l'aluminium dans le fer est complexe. Il parait à peu près certain qu'il se forme une combinaison qui, comme tous les alliages, possède un point de fusion inférieur à ceux des métaux composants. Mais, en outre, l'aluminium jouit, comme le silicium et le manganèse, mais à un degré plus élevé, de la propriété d'absorber l'oxygène emprisonné dans le fer à l'état d'air, d'oxyde de carbone ou d'oxyde métallique et de purifier le métal, en formant une scorie d'alumine qui surnage.

Il est possible que cette combinaison apporte dans le bain en fusion une quantité de chaleur suffisante pour entretenir sa fluidité et lui permettre de se mouler aisément.

En ajoutant 0,0005 à 0,0014 d'aluminium sous forme de ferro-aluminium dans des creusets en plombagine contenant du fer et chauffés au four à réverbère, M. Ostberg est arrivé à faire tomber le degré de fusion du métal de 1 700° C à 1 400° C et à obtenir un bain homogène d'une fluidité remarquable, susceptible d'être coulé dans les moules les plus compliqués. Le fer ainsi obtenu, désigné par son inventeur sous le nom de *fer mitis*, se soude et se travaille comme le fer ordinaire dont il possède la résistance et ne diffère que par sa texture homogène et grenue.

L'introduction du ferro-aluminium dans les poches de coulée de l'acier obtenu par les divers procédés (Bessemer, Martin, au creuset) empêche le métal de rocher, l'affine et lui donne une homogénéité et une ténacité exceptionnelles, tout en permettant d'obtenir des moulages sans soufflures, ce qui rend les aciers propres à certains usages nouveaux, tels que la coulée des carcasses de dynamos.

La proportion d'aluminium ainsi ajoutée varie avec la composition des bains, mais ne s'éloigne jamais beaucoup du millième. Le ferro-aluminium est chauffé avant son introduction dans la poche de coulée et le bain est brassé avec des ringards en fer.

Enfin, un traitement identique améliore considérablement les fontes et jouit de la propriété de transformer la fonte blanche en fonte grise. Il augmente la résistance transversale de la matière, lui permet de mieux résister aux chocs, diminue le retrait, ce qui facilite les moulages et rend le grain fin et régulier. C'est à l'aide de ce procédé que les Américains sont arrivés à produire les belles pièces de fonte décorative que l'on observe entr'autres dans les poêles qu'ils importent chez nous.

Les minerais d'aluminium les plus purs sont le corindon ou alumine cristallisée (formule électrolytique : $Al^{2}_{3}O$), la bauxite ou alumine hydratée et la cryolithe ou fluorure double d'aluminium et de sodium (formule électrolytique : $Al^{2}_{3}Fl$, $NaFl$).

Dans les procédés électro-métallurgiques de traitement, les minerais sont fondus sous l'action du courant seule ou par l'action successive de la chaleur empruntée au charbon et de celle produite par le courant. Les effets calorifiques et électrolytiques du courant sont ensuite combinés pour séparer les éléments et isoler l'aluminium ou l'unir au métal qui doit former la base d'un alliage riche.

639. — Procédé Cowles. — Le procédé Cowles, appliqué à Stoke-on-Trent (Angleterre), où le charbon ne coûte que 5 à 6 fr. la tonne, est basé sur l'application de l'action combinée de la chaleur voltaïque et du pouvoir réducteur du charbon à la décomposition de la bauxite.

L'opération s'effectue dans une série de fourneaux quadrangulaires en terre réfractaire visibles dans la fig. 407. Ces foyers, de $1,70 \times 0,80 \times 0,50$ m, sont garnis intérieurement d'un revêtement réfractaire et peu conducteur obtenu en délayant du charbon de bois dans un lait de chaux. Les ouvertures supérieures se ferment à l'aide de couvercles métalliques à garnitures réfractaires, percés d'orifices pour le dégagement des gaz.

Chaque foyer porte deux tubulures latérales en fonte dans lesquelles glissent des faisceaux formés de 9 crayons de charbon de 65 millimètres de diamètre. Les deux faisceaux, inclinés à 30°, peuvent être rapprochés ou éloignés à l'aide de vis de réglage dont on voit les poignées à l'avant de la figure. Les charbons sont réunis par des têtes métalliques coulées sur les faisceaux de manière à les emprisonner et reliées à des câbles de cuivre qui reçoivent le courant par des rails de cuivre sur lesquels glissent des chariots soutenant les conducteurs. Un seul foyer fonctionne à la fois.

Le courant est produit par une puissante dynamo de 300 kilowatts (5 000 ampères × 60 volts) commandée, par l'intermédiaire de cordes de chanvre, par un moteur de 600 chevaux, lequel est pourvu d'un volant de 30 tonnes, afin de parer aux à-coups pro-

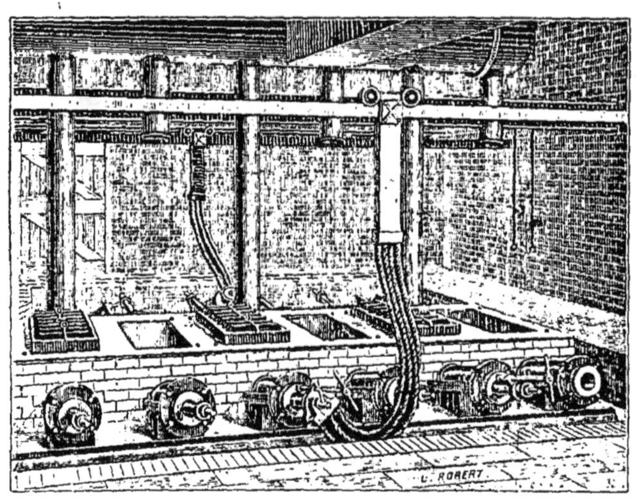

Fig. 407.

duits par les brusques variations du courant, qui peut atteindre 8 000 ampères à certains moments. Au delà de cette intensité, des lames de sûreté en plomb rompent le circuit.

Dans toutes les opérations électrolytiques par voie sèche donnant lieu à des variations de courant soudaines, il serait avantageux, au point de vue de la bonne utilisation des machines et de leur conservation, d'adopter des accumulateurs en dérivation sur la dynamo. Ce procédé, dont on a déjà vu l'application dans les distributions, § 463, et dans l'alimentation des moteurs de tramways, § 551, permet de développer momentanément un courant dépassant beaucoup la capacité de production des machines, de sorte que celles-ci peuvent marcher à une allure constante sous le rendement maximum.

Pour préparer une opération, on forme la brasque de la sole à l'aide du charbon chaulé, puis on amène les électrodes en contact et l'on place au milieu du four un gabarit en tôle autour duquel on bat également une garniture de charbon. On enlève ensuite la forme et on verse dans la chambre ainsi ménagée un mélange de charbon, de bauxite et de cuivre ou de fer, suivant que l'on veut obtenir du cupro-aluminium (bronze riche) ou du ferro-aluminium. On recouvre encore le mélange de charbon et on ferme le four en ayant soin de luter le couvercle.

On relie ensuite les faisceaux de charbons à la dynamo et on les écarte progressivement à mesure que la masse entre en fusion. Sous l'effet de la chaleur intense, ainsi que de l'action réductrice du charbon et du courant, le minerai se décompose et le métal s'unit, avec un peu de silicium réduit, au cuivre ou au fer du bain. L'opération prend une heure et demie et exige un courant croissant jusque 5 000 ampères.

Les gaz dissociés s'échappent avec de l'alumine par les ouvertures ménagées dans le couvercle et produisent une flamme brillante. On a soin de retirer les électrodes lorsqu'on arrête le courant, afin qu'elles ne soient pas prises dans le bain pendant le refroidissement.

Lorsque l'opération est terminée, on recueille le lingot d'alliage blanc et cassant, contenant 18 à 30 pour cent d'aluminium, qu'on refond au creuset ou au réverbère avec un poids de cuivre propre à donner les alliages commerciaux couleur d'or. Pour juger de la qualité de ceux-ci, on se contente de prélever des éprouvettes dans le bain de seconde fusion et de les soumettre à des essais mécaniques.

La scorie retirée du four Cowles consiste en un mélange d'alliage et de charbon. Elle est concassée et retraitée avec du minerai nouveau.

La production du kilogramme de bronze riche demande 45 chevaux-heure électriques. Celle d'un kilogramme de ferro-aluminium, 65 chevaux-heure. On a soin de ne pas fabriquer les deux alliages dans le même four, afin d'éviter que du fer ne souille le premier ou que le second ne soit altéré par du cuivre.

Dans les fours représentés dans la fig. 407, on était obligé de laisser refroidir le lingot dans le creuset avant de l'enlever. Actuellement, on emploie des fours ayant un orifice de coulée fermé par un crayon de charbon, de manière à vider le creuset immédiatement après l'opération, ce qui permet de refaire la brasque sans perte de temps.

M. Crompton a préconisé un creuset représenté dans la fig. 408 et qui se prête au chauffage préalable des matières au moyen d'un chalumeau à gaz A B, de manière à économiser de la chaleur voltaïque.

Fig. 408.

Dans le procédé Cowles, le traitement est intermittent. Il est très désirable d'arriver à l'emploi de four à action continue, afin d'éviter les réchauffages des massifs de maçonnerie et d'accroître la production; on verra ci-après les tentatives faites dans cet ordre d'idées.

640. — Electrolyse des composés alumineux par fusion ignée. Méthode Minet. — Le procédé Cowles n'utilise pas l'action réductrice du courant de la même manière que les électrolyses ordinaires dans lesquelles le métal se rend à la cathode, et il est assez difficile de faire la part de l'effet calorifique et de l'effet électrolytique dans ce mode de traitement, où le produit obtenu n'est pas un métal pur.

M. Minet, reprenant une méthode essayée sans résultats par Sainte-Claire Deville à une époque où les générateurs d'électricité étaient insuffisants, est parvenu à produire industriellement l'aluminium par l'électrolyse, entre des électrodes de charbon, des composés de ce métal maintenus en fusion.

Le bain est formé de cryolithe qui fond à 900° C si l'on y ajoute 60 pour 100 de chlorure sodique. Le mélange ne commence à se volatiliser qu'à 1 100°, de sorte qu'en le maintenant aux environs de 1 000° on est certain que la perte de matière par sublimation sera peu importante.

Le mélange est placé dans une cuve en fonte de fer quadrangulaire scellée dans un fournèau réfractaire et garnie intérieurement de plaques de charbon servant de cathode. Les anodes suspendues dans le mélange sont des prismes parallèles de charbon artificiel. Sous la cuve est un creuset destiné à recevoir l'aluminium et pourvu d'un trou de coulée. Le composé est amené à la température de fusion par le foyer. La chaleur développée par le courant suffit ensuite pour maintenir l'électrolyte en fusion. Celui-ci se décompose et l'aluminium, qui se dépose à l'état liquide sur la cathode, tombe en gouttelettes dans le creuset. On surveille aisément l'opération, grâce à la transparence du sel fondu.

On ne peut entretenir le bain avec de la cryolite pure, car, au fur et à mesure de la réduction de l'aluminium, le mélange s'enrichit en fluorure sodique et le sodium finit par se déposer à la cathode. M. Minet tourne cet écueil en entretenant le bain avec de la bauxite ou un mélange de bauxite et de fluorure d'aluminium.

La différence de potentiel à créer aux électrodes est représentée par

$$v = e + r\,i,$$

où e exprime la force électro-motrice de décomposition du sel, laquelle est voisine de 2 volts, et r sa résistance.

La différence de potentiel ne doit pas dépasser sensiblement 4,35 volts, sinon on décompose le chlorure sodique qui domine dans le bain.

En modifiant la température de l'électrolyte entre 900° et 1 000°, M. Minet a reconnu que le coefficient de variation de résistance avec la température se déduit de la formule suivante

$$r = \alpha - \beta\,t = 0,0143 - 0,000011\,t.$$

La densité de courant atteint 50 ampères par dcm² à la cathode. Elle n'est limitée que par la conductibilité des électrodes auxquelles on donne une forte section.

L'équivalent électro-chimique de l'aluminium est 0,095 milligramme. Le dépôt observé varie de 0,55 à 0,60 de ce chiffre lorsqu'on emploie une cathode en charbon. Lorsqu'on destine l'aluminium à la production d'alliages riches, il n'y a aucun inconvénient à employer une cathode formée du métal allié. Dans ce cas, l'aluminium coule plus facilement le long de l'électrode et n'est pas soumis aussi longtemps à l'action du fluor à l'état libre dans le bain.

Le procédé suivant qui utilise également l'électrolyse ignée est destiné, comme le système Cowles, à la production directe des alliages riches.

641. — Procédé Héroult. — Le procédé de M. G. Héroult est appliqué, à Lauffen, dans une usine qui utilise une chute d'eau de 300 chevaux. Le fourneau électrique est formé d'une caisse en fonte *a*, doublée intérieurement d'un revêtement réfractaire et conducteur A, en briques de charbon aggloméré lutées au goudron. Le fourneau est fermé par une plaque de graphite *k'*, percée de deux ouvertures latérales *n*, par lesquelles on introduit les matières à traiter, et d'une ouverture centrale de forme carrée qui donne accès à une électrode formée d'un faisceau de plaques de charbon *b* réunies par des cadres métalliques.

Un orifice de coulée *c*, fermé par un tampon en charbon, permet l'évacuation des produits dans une lingotière mobile sur rails.

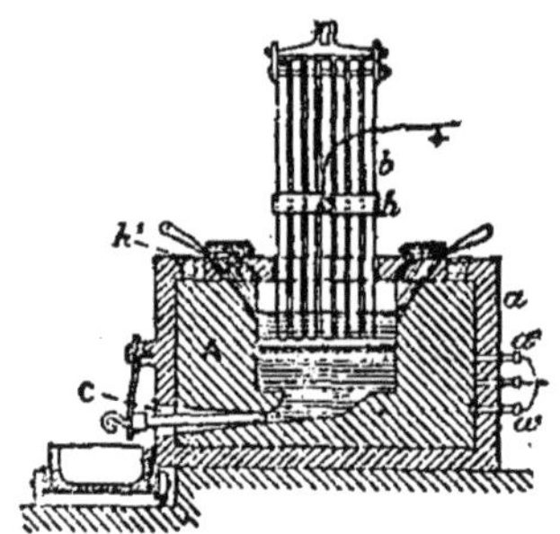

Fig. 409.

Le revêtement de charbon A communique, par la caisse de fonte et par des bornes multiples *a'*, avec le pôle négatif d'une dynamo. Le faisceau de charbons, en relation avec le pôle positif, est suspendu par un treuil et mû par un mécanisme régulateur remplissant le même effet que celui des lampes à arc en série, § 575. Dans ce but, le treuil est commandé par une petite dynamo à laquelle le courant arrive par un ampèremètre régulateur. Selon que le courant qui traverse le fourneau est trop fort ou trop faible, la dynamo relève ou redescend le faisceau de charbons.

Le courant principal est fourni par deux dynamos Brown à six pôles donnant chacune 20 volts et 6 000 ampères. Elles sont excitées par une dynamo spéciale de 65 volts et 300 ampères. Chacune des machines de 120 kilowatts pèse 10 tonnes. Le courant est amené au fourneau par des câbles flexibles de la grosseur du bras. Les deux grandes machines sont actionnées directement à 180 tours par une turbine Jonval de 300 chevaux. La dynamo excitatrice reçoit le mouvement par l'intermédiaire d'une courroie.

On prépare une opération en chargeant au fond du creuset du cuivre en morceaux destiné à former la base de l'alliage d'aluminium. On amène l'électrode positive sur cette couche métallique qui entre en fusion sous l'action du courant, lequel passe du faisceau mobile au revêtement conducteur ; puis on verse, par les orifices n, la bauxite qui fond à la chaleur voltaïque et devient conductrice. On obtient ainsi, comme le montre la figure, un bain formé d'une couche inférieure de cuivre et d'une couche supérieure de minerai en fusion, au sein duquel se déplacent les charbons positifs. Sous l'effet combiné de la chaleur et de l'électrolyse, le minerai se décompose, l'aluminium s'allie au cuivre faisant partie de la cathode, l'oxygène se porte sur les charbons supérieurs et forme de l'oxyde de carbone qui sort du creuset sous forme d'une flamme rendue blanche et éblouissante par les particules d'alumine entraînées. On produit ainsi des bronzes à 25 ou 30 pour cent d'aluminium.

Cette installation permet d'obtenir par jour 300 kilogrammes d'aluminium alliés à trois ou quatre fois ce poids de cuivre. Le four fonctionne pendant des mois sans arrêt. D'après l'inventeur du procédé, le kilogramme d'aluminium contenu dans le bronze ne reviendrait qu'à 3,50 fr. Le procédé se prête également à la fabrication du ferro-aluminium.

SOUDURE ÉLECTRIQUE.

642. — Procédé Thomson. — Parmi les applications de l'électricité au travail des métaux, la soudure électrique, d'invention récente, a acquis une certaine importance.

Dans le procédé de M. E. Thomson, les pièces à souder, barres ou fils métalliques, sont amincies et limées sur les faces à réunir. On maintient solidement les pièces, dans des étaux, pressées l'une contre l'autre par un ressort. On fait ensuite passer, par l'intermédiaire des étaux, un courant suffisamment intense à travers les bouts a réunir. La résistance opposée par le contact imparfait amène le joint au blanc soudant. A ce moment précis, on cesse l'envoi du courant et les pièces restent intimement unies. Si elles sont en fer, il est bon de marteler, après coup, le joint réchauffé, afin de rendre au métal son élasticité. Il reste, en tous cas, un bourrelet de métal fondu qu'on enlève à la lime.

Le courant employé par M. E. Thomson est alternatif. Il peut être obtenu par un transformateur dont le circuit primaire est formé par un rouleau de fil fin en relation avec un alternateur, tandis que le circuit secondaire ne comprend qu'un seul tour d'un faisceau de barres de cuivre dont les extrémités sont reliées directement aux étaux. On règle l'intensité du courant secondaire par des résistances artificielles introduites dans le circuit primaire.

Dans un des appareils employés par M. Thomson, la machine génératrice, tournant à 1 800 tours, peut fournir 600 volts et 20 ampères. Le circuit secondaire du transformateur ne donne qu'un volt, mais l'intensité du courant atteint 200 000 ampères, ce qui permet de souder des barres de cuivre de 11 mm de diamètre. Pour souder les pièces de petit diamètre, l'inventeur fait aussi usage du courant produit directement par une machine auto-excitatrice à courants alternatifs dont l'induit est formé de gros fil.

Le procédé de M. Thomson se prête à la soudure des conducteurs électriques et des tuyaux de conduite. Il permet de réparer des objets brisés, tels que des outils, des arbres de machines. Il peut être employé à la soudure de métaux de natures ou de qualités différentes. Lorsque le système est appliqué à la soudure d'un cercle métallique ou d'un maillon de chaîne, on empêche le courant dérivé par la partie entière de prendre une intensité trop vive en lui faisant produire des effets magnétiques qui accroissent l'impédance opposée au flux électrique. M. Thomson a utilisé son procédé à la rivure des tôles, en portant le rivet mis en place au blanc par le courant, ce qui permet de former la tête par une pression minime.

D'après une communication faite par M. Bramwell à la Société royale de Londres, on peut souder une barre de fer rond de 29 mm de diamètre en 2,25 minutes par le procédé Thomson, tandis que des forgerons exercés ne font qu'une soudure semblable en 4,25 minutes. En désignant par 1 la résistance à la traction de la barre, la résistance de la soudure électrique est 0,92 et celle d'une soudure ordinaire 0,89. Le prix de la soudure électrique est estimé à 0,22 fr.; il comprend 0,06 fr. de main-d'œuvre et 0,16 fr. de force motrice.

643. — Procédé de Bénardos. — En 1881, M. de Bénardos a eu l'idée d'appliquer la chaleur de l'arc voltaïque à la soudure autogène du plomb. Il a étendu ce procédé aux autres métaux usuels. Les pièces à souder sont placées côte à côte sur une table en fonte en relation avec le pôle négatif d'une machine ou d'une batterie d'accumulateurs. Un crayon de charbon communiquant par un conducteur souple avec le pôle positif est amené en contact avec le point à souder, puis écarté légèrement de manière à développer, au dessus de ce point, un arc voltaïque dont la chaleur fond le métal et provoque la réunion des pièces en contact. Il faut avoir soin de ne pas intervertir les pôles, parce qu'il se développe, autour du métal en rapport avec le pôle négatif, une atmosphère réductrice qui s'oppose à son oxydation.

On retarde aussi l'oxydation en disposant au-dessus des pièces à souder un fondant siliceux qui soustrait le métal à l'accès de l'oxygène de l'air.

Le même procédé permet de souder deux tôles de fer par leurs abouts. Dans ce but, on biseaute ceux-ci, puis on remplit la cuvette ainsi ménagée entre les tôles au moyen de limaille de fer qu'on fond en provoquant un arc entre le joint et un crayon de charbon comme précédemment. Si les tôles sont disposées verticalement, on supporte la limaille par un coussinet en charbon.

Pour percer un trou dans une tôle, il suffit de la mettre en contact avec le pôle négatif du générateur et de provoquer un arc entre le point à percer et le crayon positif. Le métal fond et, si la durée de l'arc est suffisante, celui-ci perfore la pièce.

Pour river deux tôles ainsi percées, il suffit d'introduire une tige métallique dans le trou. En fondant les extrémités, on obtient des masselottes tenant lieu de têtes. On peut aussi remplir l'ouverture de rognures de métal qu'on fond au moyen de l'arc.

M. de Bénardos se sert d'accumulateurs au nombre de 28, en relation constante avec un générateur électrique dont l'énergie s'emmagasine ainsi jusqu'au moment de l'emploi. On évite par ce procédé les à-coups provoqués par l'emploi direct des machines. Les ouvriers chargés des soudures doivent être protégés contre le rayonnement de l'arc par des verres rouges portés par la poignée du crayon positif à l'aide duquel s'effectue l'opération. Sans cette précaution, la peau des mains et de la figure éprouve des effets semblables à ceux que provoque un coup de soleil. En outre, les yeux peuvent être atteints de maladies graves.

Les procédés de M. de Bénardos ont été appliqués à la confection, au moyen de tôles, de réservoirs et de tonneaux métalliques, à la fabrication de tubes en fer et en cuivre, à la confection de meubles de fer, etc. Ils peuvent servir également à la réparation de pièces brisées. Il faut remarquer toutefois que la partie soudée prend une structure cristalline par suite du mode de fusion et qu'elle perd une partie du carbone, du manganèse et du silicium qu'elle peut contenir. Le martelage restitue partiellement les qualités de ténacité et d'élasticité perdues par le métal.

Table analytique des matières

DU SECOND VOLUME

RÉSISTANCE A L'ISOLEMENT DES CANALISATIONS.

ÉLECTRO-MOTEURS.

MOTEURS A COURANT CONTINU.

MOTEURS A COURANTS ALTERNATIFS.

ÉCLAIRAGE ÉLECTRIQUE.

LAMPES A INCANDESCENCE.

LAMPES A ARC VOLTAÏQUE.

PHOTOMÉTRIE.

USINES ÉLECTRIQUES ET APPLICATIONS DIVERSES.

COUT DE L'ÉCLAIRAGE ÉLECTRIQUE.

PROJETS D'ÉCLAIRAGE ÉLECTRIQUE.

ÉLECTRO-MÉTALLURGIE.

FIN DU TOME SECOND.

tation indépendante, 354; en dérivation, 355; en série, 348; mécaniques des moteurs, 508.

Carcel, 587.

Cardew. Calorimètre, 212; dispositif de sûreté pour éviter les hautes
tensions dans le secondaire des
transformateurs, 460[4].

Carey-Foster. Méthode de mesure
des coefficients d'induction mutuelle, 243.

Carpentier et Clamond. Pile thermo-électrique, 252; et Deprez,
ampèremètre, 209.

Cathode. Définition, 122.

Centurione. Application numérique
de la méthode de sectionnement de
MM. Herzog et Stark, 455[3].

Chaleur spécifique d'électricité, 246.

Champ de force. Cas de deux
masses agissantes, 16; cas d'une
masse agissante, 14; définition, 11;
uniforme, 16.

Champ électrique. Définition, 11.

Champ magnétique. Définition, 36;
dû à un courant rectiligne indé-
fini, 126; d'une bobine annulaire,
143; d'un électro-aimant, 152; d'un
solénoïde, 141; équilibre d'un corps
dans un champ magnétique, 63;
mesure de son intensité, 236, 237,
238; modifications des propriétés
des corps dans un champ magnétique, 157; son action sur un
aimant, 37; son action sur un élément de courant, 128; terrestre, 38.

Chaperon et *Delalande.* Élément
de pile, 272.

Charbons à lumière. Fabrication,
572.

Chemins de fer de Bessbrook à
Newry, 537; de Londres à Stockwell, 550[2]; urbains, 550.

Circuit. Constante de temps d'un
circuit électrique, 175; électrique
hétérogène. Application de la loi
d'Ohm, 114; indépendance d'un
circuit électrique, 179; magnétique;
lois de Kirchhoff appliquées aux
circuits magnétiques, 154.

Clamond et Carpentier. Pile thermo-électrique, 252.

Clark. Étalon de force électro-
motrice, 202.

Classification des appareils de me-

sure d'intensité des courants, 204;
des résistances électriques, 219.

Clerc et Bureau. Lampe soleil, 584.

Cobaltage, 630.

Coefficient d'aimantation. Définition, 52; dimensions, 159.

Coefficient de la loi de Coulomb,
94; sa valeur, 161.

*Coefficient de perméabilité magné-
tique*, 61; dimensions, 159.

Coefficient de self-induction. Définition, 134; expression, 153, 188;
mesure, 242, 242[2], 242[3].

*Coefficient de susceptibilité magné-
tique*, 52; dimensions, 159.

Coefficient d'induction mutuelle de
deux circuits, 133; de deux feuillets,
46; dimensions, 159; expression,
184; mesure par la méthode de
Carey-Foster, 243.

Collecteur d'une dynamo, 296, 370.

Commelin et Demazures. Accumulateur, 279.

Commutateur d'une dynamo, 296;
redresseur, 297.

Composition Callender, 482.

Compteurs électriques Aron, 469;
de Ferranti, 470; Edison, 468;
Frager, 472; Shallenberger, 471;
Thomson, 470[2].

Condensateur à anneau de garde,
83; charge résiduelle, 96; cylindrique, 85; décharge dans un galvanomètre shunté, 178; définition,
81; plan, 82; sphérique, 81.

Conducteurs. Aimantation par le
courant, 156; capacité, 80; circuits
électriques; retour par la terre, 439;
définition, 65; électrisés, 88; en
équilibre, 72; résistance, 111; section à donner aux conducteurs;
condition d'économie; règle de
Thomson, 441, 441[2]; conditions de
sécurité, 440; self-induction d'un
conducteur cylindrique, 188; travail
accompli pendant le déplacement
des conducteurs électrisés, 89, 90.

Conservation de l'énergie, 6.

Constante de temps d'un circuit.
Définition, 175.

Constantes d'une pile, 260.

*Constantes spécifiques des accumu-
lateurs*, 277.

Constitution des aimants. Hypothèse, 39.

D

E

J

K

N

New-York. Station électrique Edison, 603.
Nickelage, 629.
Nigrite, 482.
Nobili et Melloni. Pile thermo-électrique, 250.
Noë et Rebicek. Pile thermo-électrique, 253.

O

Oersted. Découverte de l'action du courant sur un aimant, 125.
Ohm. Loi, 109; unité, 162; légal, 198; vrai, 198.
O'Keenan. Pile voltaïque, 266.
Okonite, 482.
Ondes électriques. Leur transmission dans le milieu ambiant, 196.
Ozokérite, 481.

P

Paliers des dynamos. Construction, 371.
Paraffines, 481.
Parafoudres, 443.
Parallélogramme de Wheatstone, 118.
Paratonnerres, 79.
Pauthonnier. Procédé de réparation des lampes à incandescence, 567².
Peltier. Effet Peltier, 121, 244.
Période variable d'un courant, 112, 175.
Perméabilité magnétique. Coefficient, 60; dimensions, 159; du fer et de la fonte, 62, 386; mesure par le magnétomètre, 240³; méthodes de mesure basées sur l'induction, 239, 240, 240²; méthode basée sur la force portante, 241; variations de la perméabilité du noyau des transformateurs, 428.
Perreur. Pile voltaïque, 273.
Pescetto. Accumulateur, 284.
Photomètre Bunsen, 590; Foucault, 589; Rousseau, 593; Rumford, 591; Weber, 596.
Photométrie. Applications, 600; calcul, mesure et représentation de

l'éclairement, 595, 596; étalons photométriques, 587; intensité lumineuse moyenne sphérique, 592, 593, 594; méthodes photométriques, 588; photomètres, 589, 593, 596; principes, 586.
Picou. Bobines à réaction, 416; détermination de la résistance d'un défaut d'isolement, 494; formule relative aux alternateurs, 417; résistance totale d'isolement d'un réseau, 493.
Pièces polaires des dynamos. Construction, 362; influence sur le décalage des balais, 363.
Pieper. Dynamos, 378; induit à tambour multipolaire, 317; régulateur à arc voltaïque, 582.
Piles hydro-électriques primaires; choix des corps à employer, 260; cloisons et récipients poreux, 261; constantes, 260; coût de l'énergie qu'elles fournissent, 275; éléments à l'acide chromique, 268; à l'acide nitrique, 267; à l'hydrate ferrique, 271; à l'oxyde de cuivre, 272; à sous-produits utilisables, 273; au bioxyde de manganèse, 270; au sulfate de cuivre, 263; Volta, 258; force électro-motrice, 274; groupement des éléments, 262; mesure de la résistance intérieure, 229; polarisation, 257, 259; puissance et rendement, 256; secondaires, 276; thermo-électriques, 249; description, 250; emploi, 254; groupement des éléments, 255.
Pirani. Méthode de mesure des coefficients de self-induction, 242².
Planté. Accumulateurs, 281.
Platinage, 631.
Poggendorff. Méthode de mesure des angles, 50.
Pointes. Leur pouvoir, 77.
Polarisation de la lumière dans un champ magnétique, 157; des piles, 257; moyens de la combattre, 259.
Pôles des aimants, 32; magnétiques, dimensions, 159; masse d'un pôle, 34; unité de pôle, 35.
Pollak. Accumulateur, 284.
Poncelet. Unité, 5, 162.
Pont à fil divisé, 225; de Kohlrausch, mesure de la résistance des électrolytes, 228; de Sir W. Thomson, me-

T

Tamine et Arnould. Accumulateur, 282.

Tangentes. Galvanomètre, 137.

Température de régime des dynamos, 361, 368²; neutre ou d'inversion, 245.

Tesla. Électro-moteur à flux inducteur tournant, 518.

Thermo-électricité. Effet Seebeck et Peltier, 244; effet Thomson, 245; lois des actions thermo-électriques : des températures successives, des métaux intermédiaires, de Thomson, 246; piles thermo-électriques, association, 255; description, 249; emploi, 254, pouvoirs thermo-électriques, 247; thermo-dynamique appliquée aux phénomènes thermo-électriques, 248.

Thermomètre différentiel de Becquerel, 251.

Thompson (S). Condition d'auto-excitation d'une dynamo, 336; formule, 58.

Thomsen. Rendement optique des lampes, 599.

Thomson (E). Balais en charbon pour électro-moteurs, 509; compteur, 470²; déplacements dûs aux courants alternatifs, 192; dispositif de sûreté pour éviter les hautes tensions dans le secondaire des transformateurs, 460⁴; dynamo, 383; électro-moteur à flux inducteur périodique, 517; parafoudre, 443; soudure électrique, 642; système de distribution à trois conducteurs, 451; voiture pour tramways électriques, 533, 540.

Thomson (Sir W.). Ampèremètre balance, 211; effet, 245; électromètre absolu, 83, 215; à quadrants, 67, 91, 216; expression de la force électro-motrice de polarisation, 124; galvanomètres, 138; lois régissant l'électro-métallurgie, 619; loi relative à la thermo-électricité, 246; méthode de mesure des angles, 50; pont pour la mesure des faibles résistances, 226; pouvoir thermo-électrique, 247; replenisher, 100; règle pour le calcul de la section des conducteurs, 441, 441².

Thury. Induit à tambour multipolaire, 316.

Traction électrique. Effort de traction, 534; généralités, 531; modes d'emploi des moteurs, 532; modes de transmission du mouvement, 533; prix de revient de la traction animale, 553; de la traction par accumulateurs, 554; de la traction par câble souterrain, 556; de la traction par fil aérien, 555; de la traction sur les chemins de fer électriques, 556²; puissance absorbée par les tramways, 544; systèmes de traction, 535; traction avec générateurs de courant fixes : machines motrices à employer, 544; modes de liaison entre les véhicules et les générateurs, 536; conducteurs aériens, effet sur les téléphones, 543; prises de courant Siemens, 538, 538²; Short, 541; Thomson-Houston, 540; Van Depoele, 539; conducteurs au niveau de la voie, 537, 550²; conducteurs souterrains, 545; système Bentley-Knight, 546; Siemens, 546²; Lineff, 547, 548²; voie de Northfleet, 548; traction par accumulateurs : examen des conditions techniques, 551; systèmes divers : Gadot, Julien, Philippart, Reckenzaun, 552.

Tramway de Budapest, 346²; de Francfort à Offenbach, 538; de Lichterfelde, 538²; de Northfleet, 548; de Richmond, 542.

Transformateurs à courant continu, emploi dans les distributions, 461; systèmes divers : Laurence, Paris et Scott, 511; à courants alternatifs, 420; but, 418; description, 422; emploi dans les distributions, 458; essais, 429; mesures de sécurité, 421, 460⁴; procédés d'utilisation, 460⁴; projet, 435, 438; régularisation de la différence de potentiel secondaire, 434, théorie algébrique, 426; théorie graphique, 427.

Transformations d'une dynamo de type donné, 387; d'unités, 164.

Transmission de l'énergie. Modes divers : air comprimé, câbles, eau sous pression, électricité, gaz, 530.

Transmission électrique de l'énergie. Applications, 526; à l'art des mines,

ERRATA.

Page 174. Compléter ce qui concerne l'attraction d'un noyau par un solénoïde de la manière suivante :

Un solénoïde attirant un noyau cylindrique dont la longueur est au moins double de la sienne donne lieu à un effort croissant à mesure que le plongeur pénètre dans la bobine. L'effort est maximum lorsque l'extrémité d'avant du noyau atteint le fond du solénoïde.

Si le noyau a la même longueur que le solénoïde, l'effort est maximum quand l'extrémité d'avant a dépassé légèrement le milieu de la bobine.

Enfin, pour un noyau relativement court, l'effort est le plus grand quand le plongeur a dépassé faiblement l'entrée du solénoïde.

Pages 480 et 483 :

Le passage de la section circulaire à une section d'autre forme, dans le noyau des inducteurs, ne permet pas de majorer la densité du courant dans le fil des bobines, attendu qu'à densité égale, l'échauffement et la surface rayonnante sont proportionnels au périmètre.